민방경 · 방효진 · 이주미 · 김수민 · 설현진 · 김정시
최은미 · 최인희 · 전민규 · 김옥인 · 박소현 · 이희정

Gadam BOOK & DESIGN PLUS

머리말

이전까지의 네일인은 미용인이라는 통합된 틀 아래서 독립되지 못하고 있었으나 국가자격제도의 '미용사(네일)'과 NCS 세 분류의 '네일미용'을 통하여 하나의 독립된 학문분야로 자리잡아가고 있습니다. 현재 많은 변화와 발전이 이루어지고 있어 추후 네일미용 분야는 명실공히 전망 있는 분야 중 하나로 발돋움 할 것이라 예상됩니다.

국가직무능력표준(NCS)에서 네일미용의 정의는 "네일에 관한 이론과 기술을 바탕으로 건강하고 아름다운 네일을 유지, 보호하기 위해 네일미용 기구와 제품을 활용하여 자연 네일관리, 인조 네일관리, 네일아트 기법 등의 서비스를 고객에게 제공하는 일이다."라고 제시하고 있습니다.

국가직무능력표준이 제시되었고 이런 상황에서 필자는 업계 최고의 집필위원들과 네일의 전반적인 기술과 이론을 쉽고 정확하게 파악할 수 있는 전공서의 필요성을 느끼고 이 책을 기획하게 되었습니다.

네일 분야는 미용 분야에서 비록 후발 주자로 성장하였지만 기술적인 부분에서는 많은 성장세를 이어왔습니다. 하지만 구체적인 이론과 기술에 바탕이 되는 지식적인 부분이 부족하고 실무와 연계되는 교육과정이 절실히 필요한 실정이었으나, 최근 여러 대학에서 미용 분야에 한 과목으로 네일을 공부하는 것이 아닌 네일 전공학과들이 신설되고 있습니다.

네일의 관한 모든 작업에는 이론적인 기본 지식을 먼저 습득하고 다양한 기술을 연마해야만 진정한 기술력이 향상됩니다. 네일 분야는 이제 기술에서 학문으로 전환하는 시기이며 앞으로는 NCS를 기반으로 네일 분야의 학문도 정착될 것입니다.

이 책에 사용되는 모든 용어들은 국립국어원 외래어 표기법에 근거하여 명명하였으며, 부디 이 책이 네일미용을 전공하는 학생들에게 꼭 필요한 전공서가 되길 바라며 출판을 위해 도움을 주신 도서출판 가담플러스에 감사의 뜻을 전합니다.

누구나 할 수 있지만 아무나 될 수 없다!

네일 전공의 입문을 축하드리며, 진정으로 가치 있고 멋진 네일 미용인이 되길 바랍니다.

2020년 1월

대표저자 민방경

국가직무표준 NCS(National Competency Standards)

산업현장에서 직무를 수행하기 위해 요구되는 지식 · 기술 · 소양 등의 내용을 국가가 산업부문별 · 수준별로 체계화한 것으로, 국가적 차원에서 표준화한 것을 의미

국가직무능력표준 개념도

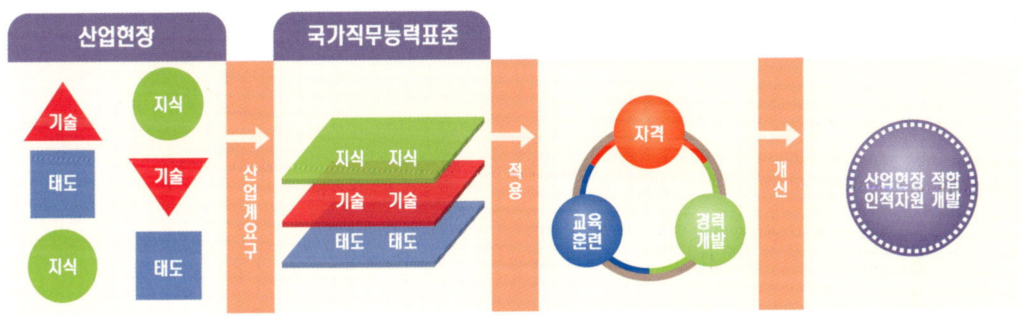

국가직무능력표준 분류체계

대 분 류	중 분 류	소 분 류	세 분 류
12. 이용 · 숙박 · 여행 · 오락 · 스포츠	1. 이 · 미용	1. 이 · 미용서비스	1. 헤어미용 2. 피부미용 3. 메이크업 4. 네일미용 5. 이용

네일미용의 직무 정의

네일에 관한 이론과 기술을 바탕으로 건강하고 아름다운 네일을 유지, 보호하기 위해 네일미용 기구와 제품을 활용하여 자연 네일관리, 인조 네일관리, 네일아트 기법 등의 서비스를 고객에게 제공하는 일

네일미용의 능력단위와 능력단위요소

능력단위	수준	능력단위요소
네일미용 위생서비스	2	네일숍 청결 작업하기
		네일숍 안전 관리하기
		미용기구 소독하기
		개인위생 관리하기
네일미용 고객서비스	2	데스크 안내 업무하기
		대기 고객 응대하기
		사후관리 안내하기
		불만족 고객 대처하기
네일 화장물 제거	2	일반 네일 폴리시 제거하기
		젤 네일 폴리시 제거하기
		인조 네일 제거하기
네일 화장물 적용 전 처리	2	일반 네일 폴리시 전 처리하기
		젤 네일 폴리시 전 처리하기
		인조 네일 전 처리하기
네일 화장물 적용 마무리	2	일반 네일 폴리시 마무리하기
		젤 네일 폴리시 마무리하기
		인조 네일 마무리하기
		네일 기본관리 마무리하기
네일 기본관리	2	프리에지 모양 만들기
		큐티클 부분 정리하기
		보습제 도포하기
네일 컬러링	2	풀 코트 컬러 도포하기
		프렌치 컬러 도포하기
		딥 프렌치 컬러 도포하기
		그러데이션 컬러 도포하기
팁 위드 파우더	2	네일 팁 선택하기
		풀 커버 팁 작업하기
		프렌치 팁 작업하기
		내추럴 팁 작업하기

능력단위	수준	
자연 네일 보강	2	네일 랩 화장물 보강하기
		아크릴 화장물 보강하기
		젤 화장물 보강하기
팁 위드 랩	3	팁 위드 랩 네일 팁 적용하기
		네일 랩 적용하기
		팁 위드 랩 네일 파일 적용하기
팁 위드 아크릴	3	팁 위드 아크릴 네일 팁 적용하기
		아크릴 적용하기
		팁 위드 아크릴 네일 파일 적용하기
팁 위드 젤	3	팁 위드 젤 네일 팁 적용하기
		젤 적용하기
		팁 위드 젤 네일 파일 적용하기
랩 네일	3	네일 랩 재단하기
		네일 랩 접착하기
		네일 랩 연장하기
젤 네일	3	젤 화장물 활용하기
		젤 원톤 스컬프처하기
		젤 프렌치 스컬프처하기
아크릴 네일	3	아크릴 화장물 활용하기
		아크릴 원톤 스컬프처하기
		아크릴 프렌치 스컬프처하기
디자인 스컬프처 네일	5	아크릴 디자인 스컬프처하기
		젤 디자인 스컬프처하기
		혼합 디자인 스컬프처하기
네일 장식물 활용	2	평면 장식물 활용하기
		2D 장식물 활용하기
		3D 장식물 활용하기
기초 핸드페인팅 아트	3	점으로 아트하기
		선으로 아트하기
		면으로 아트하기

능력단위	수준	
네일 폴리시 아트	3	일반 네일 폴리시 아트하기
		젤 네일 폴리시 아트하기
		통 젤 네일 폴리시 아트하기
응용 핸드페인팅 아트	5	원 스트록 기법 아트하기
		세필 기법 아트하기
		수채화 기법 아트하기
에어브러시 네일아트	5	에어브러시 기구 활용하기
		점 · 선 · 면 표현하기
		네일 스텐실 활용하기
2D 입체 네일아트	3	아크릴 화장물 2D 아트하기
		젤 화장물 2D 아트하기
		혼합 화장물 2D 아트하기
3D 입체 네일아트	5	아크릴 화장물 3D 아트하기
		젤 화장물 3D 아트하기
		혼합 화장물 3D 아트하기
융합 네일아트	5	형태별 인조 네일 프리에지 작업하기
		복합 디자인 작업하기
		복합 장식물 작업하기
		융합 네일아트 작업하기
네일미용업 재무관리	5	재무관리 계획하기
		재무관리 실행하기
		재무관리 평가하기
네일미용업 인사관리	5	인사관리 계획하기
		인사관리 실행하기
		인사관리 평가하기
네일미용업 홍보관리	5	홍보관리 계획하기
		홍보관리 실행하기
		홍보관리 평가하기
네일미용업 재고관리	5	재고관리 계획하기
		재고관리 실행하기

능력단위	수준	
네일미용 응용관리	3	네일 주변 보습 관리하기
		네일 주변 유연화 관리하기
인조 네일 보수	4	팁 네일 보수하기
		랩 네일 보수하기
		아크릴 네일 보수하기
		젤 네일 보수하기
네일 디자인 자료 수집	3	네일 디자인 소비시장 파악하기
		네일 디자인 트렌드 파악하기
		네일 디자인 아이디어 자료 수집하기
네일 디자인 스케치	5	네일 디자인 이미지 배치하기
		네일 디자인 스케치하기
네일미용 특수관리	3	손 · 발톱 네일 팁 보정하기
		손 · 발톱 네일 랩 보정하기
		손 · 발톱 아크릴 보정하기
		손 · 발톱 젤 보정하기
헤나아트	4	헤나 준비하기
		헤나 디자인 선정하기
		헤나 디자인 적용하기
		부재료 활용하기
네일 드릴	5	네일 드릴 기구 활용하기
		네일 드릴 관리하기
		네일 드릴 인조 네일 파일하기
네일미용업 직무교육	5	직원 직무역량 개발하기
		직원 직무 수행하기
		직원 성과 평가하기
네일미용업 교수법	5	교수학습 설계하기
		교수매체 계획하기
		교수지도안 준비하기
네일미용업 교육과정 운영	5	교육과정 개발하기
		교육훈련 실시하기
		교육훈련 성과 평가하기

• NCS 네일미용

1편 자연 네일관리

PART 1	네일미용 위생서비스
PART 2	네일미용 고객서비스
PART 3	네일 화장물 제거
PART 4	네일 화장물 적용 전 처리
PART 5	네일 화장물 적용 마무리
PART 6	네일 기본관리
PART 7	네일 컬러링

2편 인조 네일관리

PART 8	팁 위드 파우더
PART 9	팁 위드 랩
PART 10	팁 위드 아크릴
PART 11	팁 위드 젤
PART 12	랩 네일
PART 13	젤 네일
PART 14	아크릴 네일
PART 15	자연 네일 보강
PART 16	인조 네일 보수

• NCS 네일아트

PART 1	네일 디자인 자료 수집
PART 2	네일 디자인 스케치
PART 3	네일 폴리시 아트
PART 4	기초 핸드페인팅 아트
PART 5	응용 핸드페인팅 아트
PART 6	디자인 스컬프처 네일
PART 7	네일 장식물 활용
PART 8	2D 입체 네일아트
PART 9	3D 입체 네일아트
PART 10	융합 네일아트
PART 11	에어브러시 네일아트

Table of
Contents

1편 자연 네일관리

2편 인조 네일관리

PART 1.

네일미용 위생서비스

고객에게 안전하고 위생적인 서비스를 제공하기 위해 작업자와 고객의 위생을 관리하고 네일숍 환경을 청결하게 관리하는 능력

능력단위요소	수 행 준 거
네일숍 청결 작업하기	1.1 네일숍의 작업환경을 최적화할 수 있다. 1.2 청소도구를 활용하여 실내를 청소할 수 있다. 1.3 정리요령에 따라 집기류를 정리할 수 있다. 1.4 청소 점검표에 따라 청결상태를 점검할 수 있다.
네일숍 안전 관리하기	2.1 화재예방 수칙에 따라 안전 상태를 수시로 점검할 수 있다. 2.2 전기안전 수칙에 따라 안전 상태를 수시로 점검할 수 있다. 2.3 안전사고 발생 시 대책기관의 연락망을 확보할 수 있다.
미용기구 소독하기	3.1 기구유형에 따라 효율적인 소독방법을 결정할 수 있다. 3.2 소독방법에 따라 미용기구를 소독할 수 있다. 3.3 일회용 네일 용품을 위생적으로 관리할 수 있다. 3.4 위생 점검표에 따라 미용기구의 소독상태를 점검하고 정리할 수 있다.
개인위생 관리하기	4.1 소독제품의 특성에 따라 소독방법을 선정할 수 있다. 4.2 작업자의 개인위생관리를 위해 손을 소독할 수 있다. 4.3 고객의 개인위생관리를 위해 네일과 네일 주변을 소독할 수 있다.

네일미용 위생서비스의 주요 학습 포인트!

네일미용업은 다수인을 대상으로 위생관리서비스를 제공하는 영업으로 공중이용시설이다. 네일 미용인은 공중위생관리법을 숙지하고 그에 따른 위생과 소독을 이행해야하며, 네일 미용인과 고객의 안전 관리의 유념해야한다. 네일관리에 필요한 제품의 종류와 특성을 숙지하고 네일 제품에 사용 방법뿐만 아니라 제품의 성분, 화학적 반응에 대한 지식도 요구된다.

본 파트에서는 네일미용의 전공자로서 숙지해야 할 위생 및 소독 방법, 안전 관리에 대해 학습하고 네일 제품의 특성과 사용 방법을 파악하고 개인위생 관리방법에 대해 알아본다.

SECTION 1	네일숍 청결 작업
SECTION 2	네일숍 안전 관리
SECTION 3	미용기구 소독
SECTION 4	개인위생 관리

SECTION 1. 네일숍 청결 작업

1. 공중위생관리법의 목적

공중이 이용하는 영업의 위생관리 등에 관한 사항을 규정함으로써 위생수준을 향상시켜 국민의 건강 증진에 기여함을 목적으로 한다.

2. 공중이용영업의 정의

다수인을 대상으로 위생관리서비스를 제공하는 영업으로서 숙박업, 목욕장업, 이용업, 미용업, 세탁업, 건물위생관리업을 말한다.

숙박업	손님이 잠을 자고 머물 수 있도록 시설 및 설비 등의 서비스를 제공하는 영업
이용업	손님의 머리카락 또는 수염을 깎거나 다듬는 등의 방법으로 손님의 용모를 단정하게 하는 영업
미용업	손님의 얼굴, 머리, 피부 및 손·발톱 등을 손질하여 손님의 외모를 아름답게 꾸미는 영업
목욕장업	손님이 물로 목욕을 하거나 맥반석·황토·옥 등을 직접 또는 간접 가열하여 발생되는 열기 또는 원적외선 등을 이용하여 땀을 낼 수 있는 시설 및 설비 등의 서비스를 제공하는 영업
세탁업	의류 기타 섬유제품이나 피혁제품 등을 세탁하는 영업
건물위생관리업	공중이 이용하는 건축물·시설물 등의 청결유지와 실내공기정화를 위한 청소 등을 대행하는 영업

3. 미용업의 정의

일반	파마·머리카락자르기·머리카락모양내기·머리피부손질·머리카락염색·머리감기, 의료기기나 의약품을 사용하지 아니하는 눈썹손질을 하는 영업
피부	의료기기나 의약품을 사용하지 아니하는 피부상태분석·피부관리·제모·눈썹손질을 하는 영업
네일	손톱과 발톱을 손질·화장하는 영업
화장·분장	얼굴 등 신체의 화장, 분장 및 의료기기나 의약품을 사용하지 아니하는 눈썹손질을 하는 영업
종합	일반, 피부, 네일, 화장·분장의 업무를 모두 하는 영업

4. 미용업의 시설 및 설비기준

구분	기준
미용업 (네일) (화장 · 분장) (일반)	- 미용기구는 소독을 한 기구와 소독을 하지 아니한 기구를 구분하여 보관할 수 있는 용기를 비치해야 함 - 소독기 · 자외선 살균기 등 미용기구를 소독하는 장비를 갖춰야 함 - 작업장소, 응접장소, 상담실 등을 분리하기 위해 칸막이를 설치할 수 있으나 설치된 칸막이에 출입문이 있는 경우 출입문의 3분의 1이상을 투명하게 해야 함(다만, 탈의실 출입문을 투명하게 해서는 안 됨)
미용업 (피부) (종합)	- 미용기구는 소독을 한 기구와 소독을 하지 아니한 기구를 구분하여 보관할 수 있는 용기를 비치해야 함 - 소독기 · 자외선 살균기 등 미용기구를 소독하는 장비를 갖춰야 함 - 작업장소, 응접장소, 상담실 등을 분리하기 위해 칸막이를 설치할 수 있으나 설치된 칸막이에 출입문이 있는 경우 출입문의 3분의 1이상을 투명하게 해야 함 (다만, 탈의실 출입문을 투명하게 해서는 안 됨) - 작업장소 내 베드와 베드사이에 칸막이를 설치할 수 있으나 설치된 칸막이에 출입문이 있는 경우 출입문의 3분의 1이상을 투명하게 해야 함

5. 미용사의 업무 범위

① 미용사의 업무 범위와 업무보조 범위에 관하여 필요한 사항은 보건복지부령으로 정함

② 미용사의 면허를 받은 자가 아니면 미용업을 개설하거나 업무에 종사할 수 없음(다만, 미용사의 감독을 받아 미용 업무의 보조를 행하는 경우에 는 종사할 수 있음)

6. 미용의 업무보조 범위

① 미용 업무를 위한 사전 준비에 관한 사항

② 미용 업무를 위한 기구, 제품 등의 관리에 관한 사항

③ 영업소의 청결 유지 등 위생관리에 관한 사항

④ 그 밖에 머리감기 등 미용 업무의 조력에 관한 사항

7. 미용업의 장소 제한

미용사의 업무는 영업소 외의 장소에서 행할 수 없으나 보건복지부령이 정하는 특별한 사유가 있는 경우에는 행할 수 있음

① 질병이나 기타 사유로 인하여 영업소에 나올 수 없는 자에 대하여 미용하는 경우
② 혼례 및 기타 의식에 참여하는 자에 대하여 그 의식 직전에 미용하는 경우
③ 「사회복지 사업법」에 따른 사회복지시설에서 봉사활동으로 미용하는 경우
④ 방송 등의 촬영에 참여하는 사람에 대하여 그 촬영 직전에 미용하는 경우
⑤ 위의 경우 외에 특별한 사정이 있다고 시장 · 군수 · 구청장이 인정하는 경우

8. 미용기구의 소독기준 및 방법

자외선 소독	1㎠당 85㎼ 이상의 자외선을 20분 이상 쬐어 줌
건열멸균소독	섭씨 100℃ 이상 건조한 열에 20분 이상 쬐어 줌
증기소독	섭씨 100℃ 이상 습한 열에 20분 이상 쬐어 줌
열탕소독	섭씨 100℃ 이상 물 속에 10분 이상 끓여 줌
석탄산수 소독	석탄산수(석탄산 3% 물 97%의 수용액)에 10분 이상 담가 둠
크레졸 소독	크레졸수(크레졸 3% 물 97%의 수용액)에 10분 이상 담가 둠
에탄올 소독	에탄올 수용액 70%에 10분 이상 담가 두거나 에탄올 수용액을 머금은 면이나 거즈에 적셔서 기구의 표면을 닦아 줌

9. 미용기구의 소독기준 및 방법

① 점 빼기, 귓불 뚫기, 쌍꺼풀 수술, 문신, 박피술 그 밖에 이와 유사한 의료행위를 해서는 안 됨
② 피부미용을 약사법에 따른 의약품 또는 의료기기법에 따른 의료기기를 사용해서는 안 됨
③ 미용기구 중 소독을 한 기구와 소독을 하지 않은 기구는 각각 다른 용기에 넣어 보관해야 함
④ 1회용 면도날은 고객 1인에 한하여 사용해야 함
⑤ 영업장 안의 조명도를 75룩스 이상이 되도록 유지해야 함
⑥ 영업소 내에 미용업 신고증, 개설자의 면허증 원본을 게시해야 함
⑦ 영업소 내부에 최종지불요금표를 게시 또는 부착해야 함
⑧ 위에 내용에도 불구하고 신고한 영업장 면적이 66제곱미터 이상인 영업소의 경우 영업소 외부에도 고객이 보기 쉬운 곳에 최종지불요금표를 게시 또는 부착해야 함
⑨ 3가지 이상의 미용서비스를 제공하는 경우에는 개별 미용서비스의 최종 지불가격 및 전체 미용서비스의 총액에 관한 내역서를 이용자에게 미리 제공해야하며, 미용업자는 해당 내역서 사본을 1개월간 보관해야 함

10. 네일미용의 위생 · 소독

① 네일미용 기구를 항상 청결하게 유지하고 사용 전, 후에는 소독제로 소독한다.
② 네일 클리퍼, 큐티클 니퍼 등의 철제 도구는 에탄올수용액 70%에 10분 이상 담가 두거나 에탄올수용액을 머금은 면이나 거즈에 적셔서 기구의 표면을 닦아준다.
③ 오렌지 우드스틱, 콘 커터의 면도날은 일회용으로 사용한다.
④ 소독 처리된 네일 도구들은 자외선 소독기에 넣어 보관한다.
⑤ 수건은 자비 소독한 후 일광에 건조한다.
⑥ 유형에 따라 소독 방법을 결정하고 네일미용 기기와 도구, 제품을 소독한다.
⑦ 위생 점검표에 따라 소독상태를 점검한다.

• 소독법의 예시

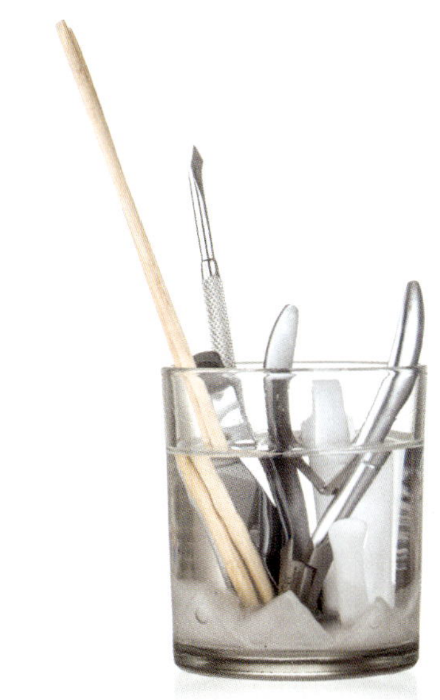
[에탄올 소독법]

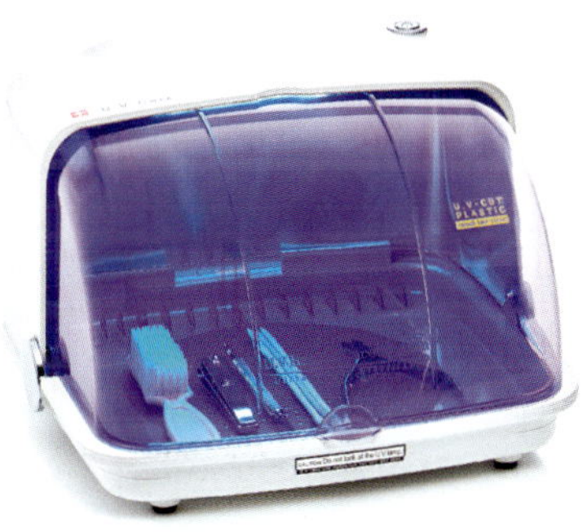
[자외선 소독법]

SECTION 2. 네일숍 안전 관리

1. 네일숍의 안전 관리

1) 물질안전보건자료(MSDS : Material Safety Data Sheet)

중요 화학물질을 안전하게 사용하고 관리하기 위하여 필요한 정보를 기재한 안전 데이터시트이다. 화학제품에 대한 정의, 위험한 첨가물에 대한 정보, 제조자명, 제품명, 성분과 성질, 취급상의 주의, 적용법규, 신체 적합성의 유무, 가연성이나 폭발 한계, 건강재해 데이터 등이 기입되어 있으며 보호와 예방조치에 대한 정보가 모두 포함되어 있다.

2) 일반 안전 관리

① 응급처치 용품을 구비하고 응급상황 시 연락할 안전사고 대책 기관의 연락망을 확보한다.
② 네일숍 내에 소화기를 배치하고 인화성이 강한 제품은 화재의 위험이 있는 곳에 두지 않는다.
③ 냉 · 온수기 등은 정기적으로 위생 점검을 받고 냉 · 난방기는 통풍구의 필터를 자주 청소하고 교체한다.
④ 네일숍 내에서는 금연하고 음식물의 섭취를 피한다.

3) 전기사용 시 주의사항

① 전기장치의 주된 사용법과 전류의 종류, 특성 등 안전수칙을 숙지해야 한다.
② 전기장치는 젖은 손으로 만지지 않으며 습기가 많은 곳을 피해서 보관한다.
③ 마모되거나 닳은 전기 코드는 교체해야 하며 수시로 전기 코드를 점검한다.
④ 하나의 콘센트 플러그에 너무 많은 전기장치를 사용하여 과부하를 주지 말아야 한다.
⑤ 사용하지 않는 전기장치는 스위치를 먼저 끄고 플러그를 뽑아서 전원을 차단한다.

2. 네일 미용인의 안전 관리

① 눈의 피로를 덜어주기 위해 밝은 불빛을 작업대에 설치하고 자주 녹색을 보면서 눈 운동을 하거나 먼 곳을 응시함으로써 눈의 피로를 덜어준다.
② 계속적인 작업으로 인하여 골격과 근육에 불편감과 통증이 발생할 수 있으므로 정기적인 휴식을 취하도록 한다.
③ 간단한 스트레칭을 규칙적으로 하여 피로회복에 도움을 주도록 한다.
④ 바르게 앉는 습관은 허리에 무리를 주지 않으며 피로를 완화할 수 있다.
② 발과 무릎은 가볍게 모으며 발과 발 사이는 무릎보다 약간 넓게 벌린다.
③ 의자 밑으로 발을 넣지 않도록 하며 발바닥이 바닥에 평면으로 닿도록 한다.
④ 허리에 부담을 주지 않게 의자의 높낮이를 조절하여 작업한다.

3. 화학물질의 안전 관리

① 스프레이 형태보다 스포이트나 솔로 바르는 것을 선택한다.
② 콘택트렌즈의 사용을 피하고 보안경과 마스크를 사용한다.
③ 뚜껑이 있는 용기를 사용해야 하고 사용 후에는 뚜껑을 닫아야 한다.
④ 보관 시에는 빛을 차단하는 용기에 뚜껑을 닫아 밀봉하고 서늘한 곳에 보관한다.
⑤ 피부에 닿을 시 화상과 트러블을 일으킬 수 있으므로 피부에 닿지 않게 주의한다.
⑥ 작업대에 바로 쏟아지지 않게 재료 정리 정리함에 보관하는 것이 적절하다.
⑦ 사용한 키친타월이나 탈지면 등은 뚜껑이 있는 쓰레기통에 폐기한다.
⑧ 네일 재료의 유효기간을 확인하고 유효기간이 지나면 반드시 폐기한다.
⑨ 네일 재료를 덜어서 사용할 때에는 스패출러를 사용하며 액체인 경우에는 스포이트를 사용한다.
⑩ 한 번 덜어 사용한 네일 제품은 재사용하지 말아야 하며 반드시 폐기한다.
⑪ 작업대에는 통풍구나 필터를 갖추도록 하고 먼지, 냄새를 흡입하는 흡진기의 사용을 권장한다.
⑫ 환풍기를 사용하거나 창문을 열어 수시로 환기시켜야 한다.

네일 미용사가 사용하는 화학물질
네일 폴리시, 시너, 아세톤, 아크릴 리퀴드, 네일 프라이머, 네일 접착제, 경화 촉진제 등

과다 노출 시 부작용 증상
두통, 불면증, 콧물과 눈물, 목 아픔, 피로감, 충혈, 피부발진 및 염증, 호흡장애 등

4. 고객의 안전 관리

① 고객에게 개인 사물함을 제공하고 귀중품은 따로 보관하여 분실이나 도난사고가 일어나지 않도록 고객의 소지품을 안전하게 관리한다.
② 네일 제품과 네일 도구의 사용 시 부작용으로 인한 고객피부에 과민반응이 일어날 경우 즉시 작업을 중지하고 전문의에게 의뢰하도록 한다.
③ 작업 도중에 피가 날 경우에는 지혈제를 사용하여 지혈하며 과도한 출혈이 발생한 경우 이후 작업은 수행할 수 없다.
④ 고객의 사용이 끝난 네일 도구는 반드시 소독한 후 자외선 소독기에 보관한다.
⑤ 일회용품은 사용 후 반드시 폐기하고 다음 고객에게 재사용하지 않는다.

SECTION 3. 미용기구 소독

1. 미생물의 특성

미생물은 육안으로 보이지 않는 0.1mm이하의 미세한 생물을 총칭한다.

1) 미생물의 분류

구분	내용
비병원성 미생물	- 미생물의 70%로 인체에 해를 주지 않는 미생물 종류: 유산균, 효모 등
병원성 미생물	- 인체에 침입하여 질병의 원인이 되는 미생물 종류: 바이러스, 세균, 진균, 사상균(곰팡이), 리케차, 스피로헤타, 등 - 병원성 미생물의 크기: 바이러스 < 리케차 < 세균

2) 주요 병원성 미생물

구분	내용
바이러스	- 미생물중 가장 작으며 전자현미경으로만 관찰이 가능 - 핵산DNA와 RNA 둘 중 하나만 가지고 있으며 살아있는 세포 내에서 증식 가능
리케차	- 세균보다 작은 크기로 살아있는 세포 내에서 증식 가능 - 곤충을 매개로 하여 인체에 침입하고 질환을 일으킴
세균 (박테리아)	- 현미경을 사용하여 보는 단세포 원핵생물 - 대부분은 동식물의 생체와 사체, 유기물에 기생함 - 운동성을 지닌 부속기관인 편모를 가지고 있음 - 영양부족, 열 등의 증식환경이 부적당한 경우 외부 작용에 저항력을 높이기 위해 아포(포자)를 형성함

3) 미생물의 증식환경

구분		내용
온도		- 미생물은 28~38℃에서 가장 활발히 증식
습도(수분)		- 미생물은 약 80~90%가 수분으로, 습도가 높은 환경에서 서식함
영양분		- 미생물은 필요한 에너지원인 탄소원, 질소원, 무기질, 등이 있음
산소	호기성균	- 산소가 필요한 세균 종류 : 결핵균, 백일해, 녹농균, 디프테리아균
	혐기성균	- 산소가 필요하지 않은 세균 종류 : 보툴리누스균, 파상풍균, 가스괴저균
	통성 혐기성균	- 산소의 유・무에 관계없이 생육이 가능한 세균 종류 : 살모넬라균, 대장균, 장티푸스균, 포도상구균
수소이온농도		- 세균증식에 가장 적합한 최적 수소이온 농도는 pH6.0~8.0 (중성)

2. 소독의 정의 및 분류

소독은 병원성 미생물의 활동력을 파괴하여 감염력을 없애는 것이다. 소독에 영향을 미치는 인자는 온도, 수분, 시간, 농도 등이 있다.

1) 소독의 분류

[소독의 분류]

효과	분류	내용
크다	멸균	병원성, 비병원성 미생물 및 아포를 가진 것을 전부 사멸시킨 무균상태
↕	살균	물리적, 화학적 처리로 미생물을 급속 사멸시키는 것
	소독	물리적, 화학적 방법으로 병원성 미생물을 가능한 제거하여 사람에게 감염의 위험이 없도록 하는 것
	방부	증식과 성장을 억제하여 미생물의 부패나 발효를 방지하는 것
작다	희석	용품이나 기구 등을 일치적으로 청결하게 세척하는 것

2) 소독약

(1) 소독약의 구비조건

① 인체에는 독성이 없고 자극성이 없어야 한다.
② 살균력이 있고 소독의 효력은 즉시 나타나야 한다.
③ 부식성, 표백성, 소독 물품에 손상이 없어야 한다.
④ 안정성 및 용해성이 높고 냄새가 없는 것이 좋다.
⑤ 취급방법이 간단하고 경제적이어야 한다.

(2) 소독약의 사용 및 보존상의 주의사항

① 소독약은 온도, 농도가 높고 접촉시간이 길수록 소독 효과가 커지므로 주의하여 사용한다.
② 소독 대상물의 성질, 병원체의 아포 형성 유무와 저항력을 고려하여 선택한다.
③ 병원 미생물의 종류와 소독의 목적, 소독법, 시간을 고려하여 선택한다.
④ 약제에 따라 사전에 조금 조제해 두고 사용해도 되는 것과 새로 만들어 사용하는 것을 구별하여 사용해야 한다.
⑤ 희석시킨 소독약은 장기간 보관하지 않는다.
⑥ 소독약은 밀폐시켜 일광이 직사되지 않는 곳에 보존해야 한다.

3) 농도표시법

용액량	용질량 × 희석배	희석배 = $\frac{\text{용액량}}{\text{용질량}}$
퍼센트(%)	수용액 전체를 100으로 하여 그 중에 포함되어 있는 원액의 양 농도(%) = $\frac{\text{용질량}}{\text{용액량(용매+용질)}} \times 100$	
퍼밀리(‰)	소독액 1,000㎖ 중에 포함되어 있는 소독약의 양 농도(‰) = $\frac{\text{용질량}}{\text{용액량(용매+용질)}} \times 1,000$	
피피엠(ppm)	용액량 1,000,000㎖ (1,000ℓ) 중에 포함되어 있는 소독약의 양 농도(ppm) = $\frac{\text{용질량}}{\text{용액량(용매+용질)}} \times 1,000,000$	

3. 소독법의 분류

소독법에는 열이나 수분, 자외선, 여과 등의 물리적인 방법을 이용하는 물리적 소독법과 소독력이 있는 약제를 사용하여 화학적인 방법을 이용하는 화학적 소독법이 있다.

[소독법의 분류]

물리적 소독법		화학적 소독법
자외선	일광 소독	석탄산, 승홍수, 알코올, 포르말린, 크레졸, 역성비누, 과산화수소, 염소, 오존, 생석회, 훈증 소독법, E.O가스 멸균법
	자외선 소독기	
습열법	자비 소독법, 고압증기 멸균법, 유통증기 멸균법, 간헐 멸균법, 초고온 순간 멸균법 고온 살균법, 저온 살균법	
건열법	건열 멸균법, 화염 멸균법, 소각법	
비열법	여과 멸균법, 초음파 멸균법, 방사선 멸균법	

4. 물리적 소독법

열이나 수분, 자외선, 여과 등의 물리적인 방법을 이용하는 소독법이다.

1) 자외선 소독법

- 소독 물품이 1㎠당 85μW 이상의 자외선에 20분 이상 직접 노출될 수 있도록 한다.
- 아포는 사멸되지 않는 특징이 있다.

일광 소독	- 대상물 : 수건, 의류 - 태양광선 중 가장 강한 살균작용을 하며 파장은 2,900~3,200Å 정도임 - 비타민D 합성을 하나 피부의 색소 침착을 유발할 수 있음
자외선 소독기	- 대상물 : 철제 도구 (큐티클 니퍼, 큐티클 푸셔 등)

2) 습열에 의한 처리법

<table>
<tr><td rowspan="1">자비 소독법</td><td colspan="3">- 대상물 : 수건, 의류, 금속성 기구(철제 도구), 도자기
- 부적합 : 고무, 가죽 플라스틱 제품
- 100℃에서 끓는 물에 15~20분 가열
- 살균력 상승과 금속의 손상 방지를 위해 탄산나트륨 첨가</td></tr>
<tr><td rowspan="4">고압증기 멸균법</td><td colspan="3">- 대상물 : 의류, 금속 기구, 약액, 거즈, 아포
- 부적합 : 가죽 제품, 분말 제품, 바셀린 등
- 기본 100℃ 이상 고압에서 기본 15파운드에서 20분 가열</td></tr>
<tr><td>115.5℃</td><td>20Lbs</td><td>15분</td></tr>
<tr><td>121.5℃</td><td>15Lbs</td><td>20분</td></tr>
<tr><td>126.5℃</td><td>10Lbs</td><td>30분</td></tr>
<tr><td>유통증기 멸균법</td><td colspan="3">- 대상물 : 도자기, 의류
- 100℃ 유통증기 30~60분 가열(코흐 증기솥 사용)</td></tr>
<tr><td>간헐 멸균법</td><td colspan="3">- 대상물 : 도자기, 금속류, 아포
- 100℃에서 30~60분간 24시간마다 가열 처리를 3회 반복
- 고압증기 멸균에 의해 손상될 위험이 있는 경우 이용</td></tr>
<tr><td>초고온 순간 살균법</td><td colspan="3">- 대상물 : 유제품
- 130~140℃에서 1~3초간 가열 후 급냉동시킴</td></tr>
<tr><td>고온 살균법</td><td colspan="3">- 대상물 : 유제품
- 70~75℃에서 15초 가열 후 급냉동시킴</td></tr>
<tr><td>저온 살균법</td><td colspan="3">- 대상물 : 유제품
- 62~63℃ 30분간 살균처리</td></tr>
</table>

3) 건열에 의한 처리법

건열 멸균법	- 대상물 : 유리, 도자기, 주사침, 바셀린, 분말 제품 - 170℃에서 1~2시간 가열하고 멸균 후 서서히 냉각시킴
화염 멸균법	- 대상물 : 내열성이 강한 재질 - 170℃에서 20초 이상 화염 속에서 가열
소각법	- 대상물 : 오염된 휴지, 환자복, 환자의 객담 - 불에 태워 없애는 것

4) 비열에 의한 처리법

여과 멸균법	- 대상물 : 당, 혈청, 약제, 백신 등 - 열에 의해 변성되거나 불안정한 액체의 멸균
초음파 멸균법	- 대상물 : 액체, 손 소독 - 초음파 파장으로 미생물을 파괴하여 멸균
방사선 멸균법	- 대상물 : 포장된 물품 - 방사선을 투과하여 미생물을 멸균

5. 화학적 소독법

소독력이 있는 약제를 사용하여 화학적인 방법을 이용하는 소독법이다.

석탄산 (페놀)	- 농도 : 3% - 대상물 : 기구, 의료 용기, 방역용 소독 - 부적합 : 피부 점막, 금속류, 아포(포자), 바이러스 - 단백질 변성 작용, 소금(염화나트륨) 첨가 시 소독력이 높아짐 - 소독제의 살균력 지표(석탄산의 계수가 높을수록 살균력이 강함) - 어떤 소독제의 석탄계수가 2라는 것은 살균력이 석탄산의 2배 $\text{석탄산 계수} = \dfrac{\text{소독약의 희석배수}}{\text{석탄산의 희석배수}}$
승홍수	- 농도 : 0.1% - 대상물 : 피부 - 부적합 : 금속류, 상처, 음료수 - 단백질 변성 작용, 물에 잘 녹지 않고 살균력과 독성이 매우 강함 - 소금(식염) 첨가 시 용액이 중성으로 변화되고 자극성이 완화됨 - 착색을 하여 잘 보관해야 하며 인체에 유해하므로 취급주의

에탄올	- 농도 : 70% - 대상물 : 손, 발, 피부, 유리, 철제 도구 - 부적합 : 고무, 플라스틱, 아포 - 단백질 변성 작용, 사용법이 간단하고 독성이 적음
포르말린	- 농도 : 1~1.5% - 대상물 : 훈증 소독에 약제, 아포 - 부적합 : 배설물, 객담 - 단백질 변성 작용, 수증기를 동시에 혼합하여 사용
크레졸	- 농도 : 1%~3% - 대상물 : 손, 아포, 바닥, 배설물 - 단백질 변성작용, 물에 잘 녹지 않음 - 석탄산보다 2배 정도의 높은 살균력을 가짐
역성비누	- 농도 : 0.01~0.1% - 대상물 : 손, 식기 소독에 사용 - 물에 잘 녹음, 무자극, 무독성, 세정력은 약하지만 소독력이 강함
과산화수소	- 농도 : 3% - 대상물 : 구강 소독, 피부 상처 - 표백 효과가 있으며, 산화작용으로 미생물을 살균
염소	- 대상물 : 음용수, 상수도, 하수도, 아포 - 산화 작용, 조작이 간단하나 냄새가 있고 자극성과 부식성이 강함
오존	- 대상물 : 물 - 반응성이 풍부하고 산화 작용이 강함
생석회	- 대상물 : 화장실, 분변, 하수도, 쓰레기통 - 가수 분해 작용, 저렴한 비용으로 넓은 장소에 주로 사용
훈증 소독법	- 대상물 : 해충, 선박 - 부적합 : 분말이나 모래, 부식되기 쉬운 재질 - 포르말린 등의 약품을 사용하는 가스, 증기 소독법
E.O가스 멸균법	- 대상물 : 고무, 플라스틱, 아포 - 가열에 변질되기 쉬운 물품을 50~60℃의 저온에서 아포까지 멸균 - 멸균 후 장기 보존이 가능하나 멸균 시간이 길고 비용이 고가임

6. 네일미용 기구의 종류와 특성

작업대

- 용도 : 손을 관리하는 작업 테이블이다.
- 고려사항 : 각도 조정이 가능하고 형광등으로 조명용 램프(40W)가 부착되어 있는지 흡진기 등의 설치 여부를 고려하여 선택한다. 화학물질로 변색이 일어나지 않고 부식되지 않는 재질과 서랍 부착 여부 등을 고려하여 선택한다.

페디큐어 스파

- 용도 : 발을 관리하는 의자와 족욕기가 세트로 구성된 기기이다.
- 고려사항 : 배수시설 관리와 사용의 편리성, 색상 등을 고려하여 선택한다.

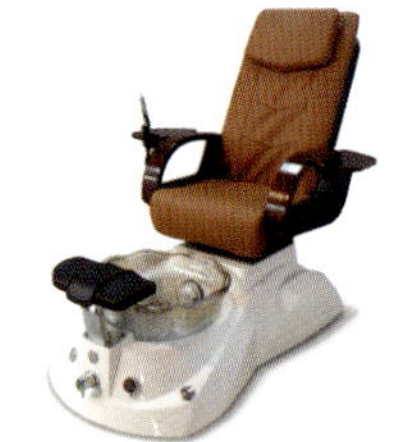

족욕기(각탕기)

- 용도 : 발을 세척하고 발의 큐티클과 각질을 불려주는 기기이다.
- 사용방법 : 족욕기의 온도는 약 40~43℃가 적당하며 항균비누를 넣고 발을 담가서 사용한다. 피로회복 시에는 20분 정도, 각질을 불릴 때는 5~10분 정도가 적당하다.

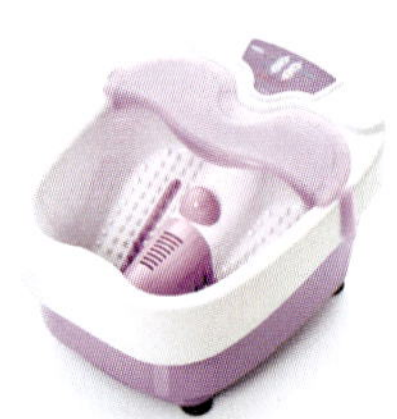

냉 · 온장고

- 용도 : 수건을 물에 적셔 적정 온도를 유지하여 보관하는 기기이다.
- 사용방법 : 온도를 조절하여 손과 발을 닦아주는 수건을 넣어 보관한다.

자외선 소독기

- 용도 : 자외선(UV)을 이용하여 네일 도구를 소독하는 기기이다.
- 사용방법 : 깨끗하게 세척한 네일 도구를 넣어 보관한다.

네일 폴리시 건조기

- 용도 : 윗면에 선풍기와 같은 팬의 회전으로 네일 폴리시의 건조를 도와주는 기기이다.
- 사용방법 : 양쪽 엄지가 닿지 않게 조심히 손을 넣고 약 20분 정도 건조한다.

파라핀 왁스 워머기

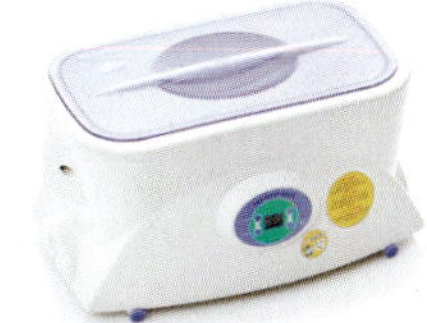

- 용도 : 파라핀 왁스를 녹이는 기기이다.
- 사용방법 : 파라핀 용액이 녹은 후 약 52~55℃(127~137℉)의 적정 온도를 유지하고 손을 담가서 파라핀 용액을 2~3회 묻혀 사용한다.

젤 램프기기

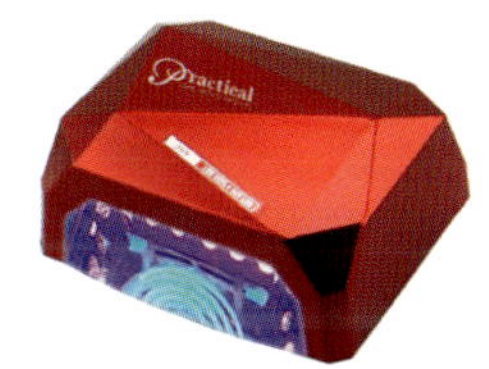

- 용도 : 젤 네일 작업 시 젤을 경화시키는 UV, LED 전구가 들어 있는 기기이다. 젤 네일에 사용되는 광선은 자외선과 가시광선이다.
- 사용방법 : 손을 젤 램프기기 입구에 닿지 않게 넣고 젤의 특성에 따라 적절하게 경화시간을 지켜야 한다.

흡진기

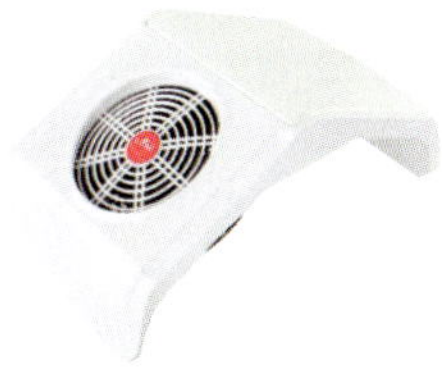

- 용도 : 네일 파일링과 드릴 사용 시 분진을 흡입하는 기능을 하는 기기이다.
- 사용방법 : 손과 발을 흡진기 팬 윗부분에 놓고 사용한다.

네일 드릴기기

- 용도 : 네일 파일링과 큐티클 제거 등의 작업을 용이하게 할 수 있도록 사용하는 기기이다.
- 사용방법 : 드릴머신 본체에 핸드피스를 연결하고 작업에 따른 네일 비트를 장착하여 사용한다.

에어브러시

- 용도 : 네일에 컬러를 부여하거나 네일아트를 표현할 때 사용하는 기기이다.
- 사용방법 : 고압을 이용한 컴프레서와 에어브러시 건을 연결하고 에어브러시 건에 물감 또는 컬러 젤을 넣은 후 네일 위에 분사하여 사용한다.

위생가운

- 용도 : 네일 미용사가 위생적인 작업을 위하여 착용하는 가운이다.
- 착용방법 : 가운 속에는 흰색 라운드 티셔츠를 착용하고, 가운 밖으로 안에 입은 의상을 보이지 않게 한다.

보안경

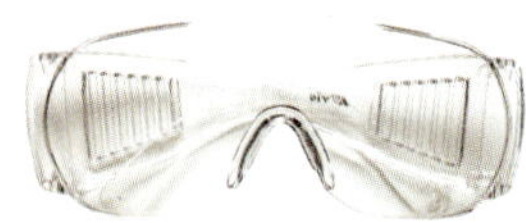

- 용도 : 화학물질의 사용과 분진 발생 시 네일 미용사의 눈을 보호하기 위해 착용하는 안경이다.
- 착용방법 : 일반적인 안경과 동일하게 착용한다.

마스크

- 용도 : 작업 시 발생할 수 있는 분진과 화학물질로부터 네일 미용사의 호흡기를 보호하기 위해 착용하는 마스크이다.
- 착용방법 : 양쪽 걸이를 귀에 걸고 코와 입을 가려준다.

재료 정리함

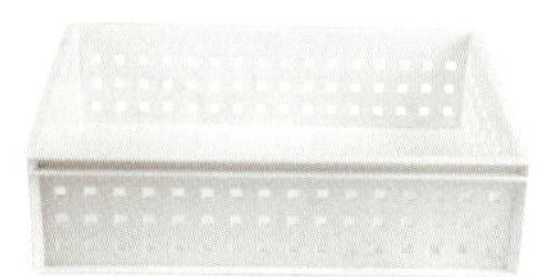

- 용도 : 작업에 필요한 네일 재료를 정리할 수 있는 통이다. 플라스틱의 재질을 사용하여도 무방하나 장기간 사용 시 화학물질의 의해 손상될 수 있고 소독이 용이하지 않으므로 스테인리스 스틸의 재질이 적합하다.
- 사용방법 : 네일 재료의 사용이 용이하도록 정리해두고 필요 시 꺼내서 사용한다.

용기

- 용도 : 탈지면이나 멸균거즈를 담는 뚜껑이 있는 용기이다.
- 사용방법 : 이물질이 들어가지 않게 뚜껑을 덮어 사용한다.

소독용기

- 용도 : 철제 도구들을 담가서 소독할 때 사용하는 유리용기이다.
- 사용방법 : 바닥에 탈지면을 깔고 에탄올 수용액 70%에 10분 이상 담가둔다.

손목 받침대

- 용도 : 고객의 손목을 받쳐 작업의 편리성을 제공해 주는 도구이다.
- 사용방법 : 작업이 용이하도록 고객의 손목을 받쳐서 사용한다.

핑거볼(Finger Bowl)

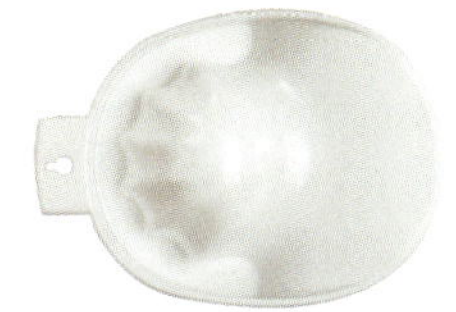

- 용도 : 손의 큐티클을 불려주는 용기이다.
- 사용방법 : 미온수를 넣고 손끝을 담가서 사용한다.

디스펜서(Dispenser)

- 용도 : 화학물질에도 녹지 않는 재질로 네일 폴리시리무버, 아세톤 등의 용액을 담는 용기이다.
- 사용방법 : 용액을 담아서 펌프식으로 편리하게 사용한다.

다펜디시, 디펜디시(Dappen Dish)

- 용도 : 화학물질에도 녹지 않는 재질로 뚜껑이 있는 작은 용기이다.
- 사용방법 : 아크릴 리퀴드, 브러시 클리너 등을 덜어서 사용하고 작업 중간에는 뚜껑을 닫아둔다.

네일 더스트 브러시(Nail Dust Brush)

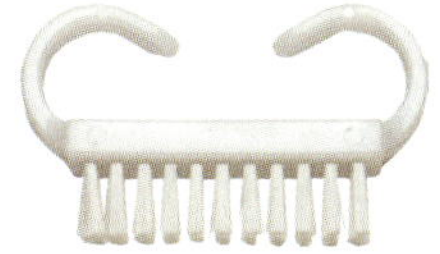

- 용도 : 손톱과 발톱의 분진을 제거할 때 사용하는 도구이다.
- 사용방법 : 소독이 가능한 제품을 사용해야 하며, 손톱과 발톱 주변을 쓸어내려 분진을 제거한다.

오렌지 우드스틱(Orange Wood Stick)

- 용도 : 큐티클을 밀어 올릴 때나 네일의 이물질 제거 또는 컬러링의 수정 등에 다양하게 사용하는 도구이다.
- 사용방법 : 상황에 맞게 사용하고 일회용이므로 사용 후에는 폐기해야 한다.

팁 커터(Tip Cutter)

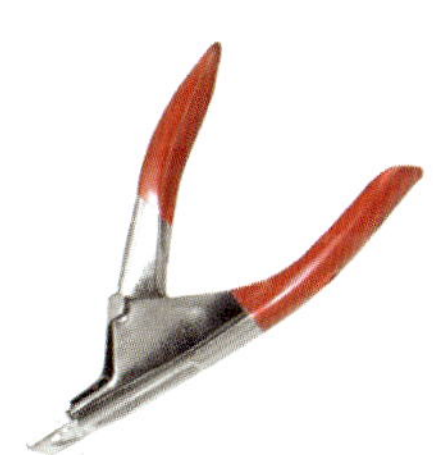

- 용도 : 네일 팁의 길이를 줄일 때 사용하는 철제 도구이다.
- 사용방법 : 네일 팁과 팁 커터의 각도가 90°가 되도록 프리에지의 길이를 재단한다.

네일 클리퍼(Nail Clipper)

- 용도 : 손・발톱의 길이를 줄일 때 사용하는 철제 도구이다.
- 사용방법 : 손・발톱의 형태에 맞게 조금씩 충격이 가하지 않도록 자른다.

큐티클 니퍼(Cuticle Nipper)

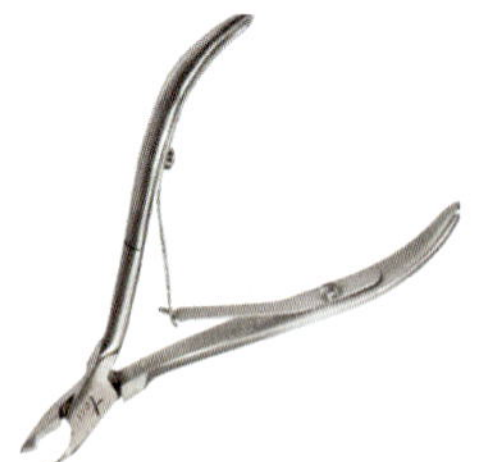

- 용도 : 큐티클과 네일 주위의 거스러미를 제거할 때 사용하는 철제 도구이다.
- 사용방법 : 지저분한 큐티클을 거스러미가 일어나지 않도록 큐티클 니퍼를 들어 올리지 않고 피부의 결대로 뒤로 빼듯이 사용하여 정리한다. 네일 도구 중 감염의 우려가 가장 높은 제품이므로 철저한 소독이 필요하고 최소한 2개 이상을 가지고 사용해야 한다.

큐티클 푸셔(Cuticle Pusher)

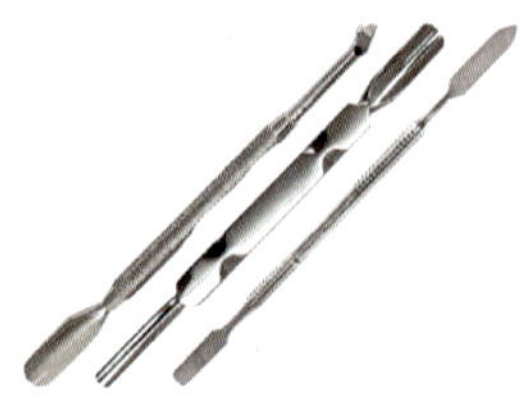

- 용도 : 큐티클을 밀어 올릴 때 사용하는 철제 도구이다.
- 사용방법 : 연필을 쥐듯이 잡고 부드럽게 밀어 올리며 각도는 45°를 유지해야 한다. 큐티클 푸셔의 끝이 날카로우면 네일에 무리를 줄 수 있으므로 너무 날카롭지 않아야 하며, 강한 압력으로 큐티클 푸셔를 사용하면 네일에 굴곡이 생길 수 있으므로 주의해서 사용해야 한다.

가위(Scissors)

- 용도 : 네일 작업 시 필요한 재료를 재단하는데 사용하는 철제도구이다.
- 사용방법 : 네일 랩, 데칼, 네일 폼 등을 잘라 사용한다.

콘 커터(Corn Cutter)

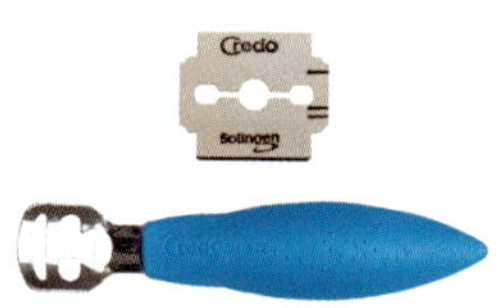

- 용도 : 발바닥의 굳은 각질을 제거할 때 사용하는 도구이다.
- 사용방법 : 콘 커터의 날(면도날)을 부착한 후 피부결(족문) 방향으로 안쪽에서 바깥쪽으로 사용해야 하며, 날은 일회용이므로 사용한 후에는 폐기해야 한다.

토 세퍼레이터(Toe Separators)

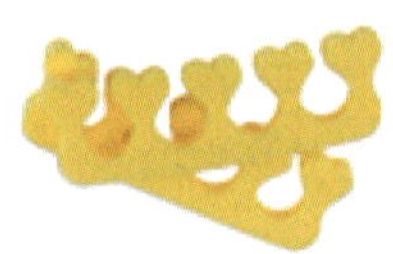

- 용도 : 발가락 사이에 끼워 발가락을 분리해주는 제품이다.
- 사용방법 : 네일 폴리시나 젤 등을 바를 때 필요한 공간을 확보하기 위해 일회용으로 사용한다. 탈지면 또는 키친타월 등으로 대신할 수 있다.

페디 파일(Pedi File)

- 용도 : 콘 커터의 사용 후나 발바닥의 각질을 부드럽게 밀어줄 때 사용하는 도구이다.
- 사용방법 : 피부결(족문) 방향으로 안쪽에서 바깥쪽으로 사용한다.

네일 파일(Nail File)

- 용도 : 자연 네일과 인조 네일의 길이를 줄이거나 형태를 조형하는 등 다양한 용도로 사용하는 도구이다.
- 사용방법
  - 자연 네일 : 180그릿 이상의 부드러운 우드파일을 사용하여 한쪽 방향으로 네일 파일링한다.
  - 인조 네일 : 그릿숫자에 따른 적절한 네일 파일을 선택하여 네일 주변 피부에 주의하며 네일 파일링한다.

파라핀(Paraffin)

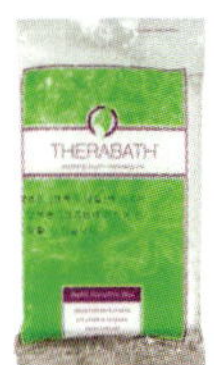

- 특성 : 거친 피부에 유・수분을 공급하고 혈액순환을 촉진시켜 손・발의 피로회복에 도움을 주는 제품이다.
- 사용방법 : 파라핀 용액을 워머기에 녹여 손・발 담근 후 약 10~20분 후 제거한다.
- 주요성분 : 파라핀 왁스(Paraffin Wax), 베지터블 오일(Vegetable Oil), 콜라겐(Collagen), 유칼립투스(Eucalyptus), 멘톨(Menthol), 비타민 E(Vitamin-E)

손・발 로션 & 크림(Hand・Foot Lotion & Cream)

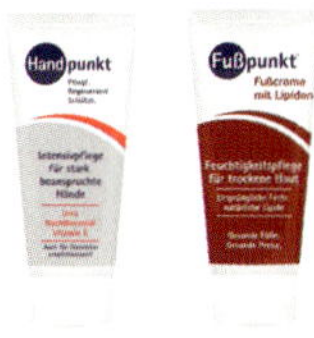

- 특성 : 피부에 유・수분을 공급하여 건조를 예방하는 제품이다.
- 사용방법 : 손・발 전체에 골고루 도포한다.
- 주요성분 : 정제수(Water), 라놀린(Ranolin), 베지터블 오일(Vegetable Oil), 글리세린(Glycerin), 미네랄 오일(Mineral Oil), 향료

손・발 소독제(세니타이저, 안티셉틱/Sanitizer, Antiseptic)

- 특성 : 모든 작업 전에 가장 먼저 사용하며 작업자와 고객의 손・발을 소독하는 제품이다.
- 사용방법
  - 젤 타입의 제품 : 손에 적당량을 덜어낸 후 손 전체와 손가락 사이, 손톱 주변을 문질러서 사용한다.
  - 액상타입의 제품 : 탈지면에 소독제를 적셔 손 전체를 닦아낸다.
- 주요성분 : 에탄올(Ethanol), 이소프로판올(Isopropanol)

항균 비누

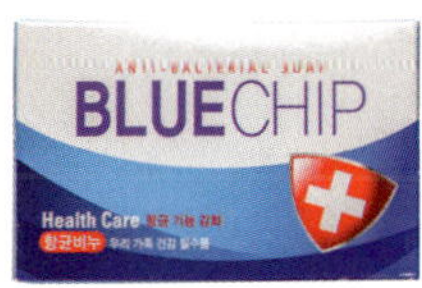

- 특성 : 각종 유해세균을 제거하기 위해 손을 세정하는 제품이다.
- 사용방법 : 물과 함께 거품을 내어 손과 발을 깨끗이 닦거나 족욕기에 넣어 사용한다.

네일 화장물 제거제

- 특성 : 네일 폴리시, 젤 네일 폴리시, 인조 네일을 제거하는 용품이다.
- 사용방법 : 네일 폴리시는 탈지면에 용액을 적셔 네일 위에 올려놓고 돌려주면서 제거한다. 인조 네일은 알루미늄 포일을 사용하여 제거하는 방법과 네일 주변에 도포하는 방법 등 제조 회사에 따라 사용방법이 다양하다.

큐티클 오일(Cuticle Oil)

- 특성 : 큐티클 주변 피부를 보호하거나 부드럽게 해주기 위해 사용하는 제품이다.
- 사용방법 : 큐티클 부분에 떨어트려 부드럽게 문질러서 사용한다.
- 주요성분 : 라놀린(Lanolin), 글리세린(Glycerin) 베지터블 오일(Vegetable Oil), 비타민(Vitamin) A, 비타민(Vitamin) E

큐티클 리무버(Cuticle Remover)

- 특성 : 큐티클을 부드럽게 해주기 위해 사용하는 제품이다.
- 사용방법 : 큐티클 부분에 바르고 부드럽게 문질러서 사용한다.
- 주요성분 : 수산화칼륨(Potassium Hydroxide), 글리세롤(Glycerol), 소듐 하이드록사이드(Sodium Hydroxide), 올레산(Oleic Acid), 정제수(Aqua)

네일 강화제, 네일 영양제(Nail Hardner, Strengthener)

- 특성 : 자연 네일이 약하게 되는 것을 예방하거나 강화에 도움을 주기 위해 사용하는 제품이다.
- 사용방법 : 자연 네일에 1~2회 도포한다.
- 주요성분 : 니트로셀룰로오스(Nitrocellulose), 부틸아세테이트(Butyl Acetate), 에틸아세테이트(Ethyl Acetate), 이소프로필알코올(Isopropyl Alcohol), 토실아마이드(Tosylamide), 비타민(Vitamin), 칼슘판토테네이트(Calcium Pantotenate)

베이스코트(Base Coat)

- 특성 : 네일 폴리시의 밀착력을 높이고 자연 네일에 색소가 침착되거나 변색되는 것을 방지하기 위해 도포하는 제품이다.
- 사용방법 : 네일 폴리시를 도포하기 전 첫 단계에서 얇게 1회 도포한다.
- 주요성분 : 니트로셀룰로오스(Nitrocellulose), 부틸아세테이트(Butyl Acetate), 에틸아세테이트(Ethyl Acetate), 이소프로필알코올(Isopropyl Alcohol), 토실아마이드(Tosylamide), 톨루엔(Toluene)

톱코트(Top Coat)

- 특성 : 네일 폴리시를 보호하고 광택을 부여하기 위해 도포하는 제품이다.
- 사용방법 : 네일 폴리시를 도포한 후 작업 마지막 단계에서 1회 도포한다.
- 주요성분 : 니트로셀룰로오스(Nitrocellulose), 부틸아세테이트(Butyl Acetate), 에틸아세테이트(Ethyl Acetate), 이소프로필알코올(Isopropyl Alcohol), 토실아마이드(Tosylamide), 톨루엔(Toluene)

네일 폴리시(Nail Polish)

- 특성 : 네일의 컬러를 부여하기 위해 사용하는 제품이다.
- 사용방법 : 네일의 45° 각도로 2회 도포한다.
- 주요성분 : 니트로셀룰로오스(Nitrocellulose), 부틸아세테이트(Butyl Acetate), 에틸아세테이트(Ethyl Acetate), 이소프로필알코올(Isopropyl Alcohol), 토실아마이드(Tosylamide), 톨루엔(Toluene), 트리메틸올프로판(Trimethylolpropane), 벤조페논(Benzophenone), 안료(Pigment)

지혈제(Styptic Liquid, Styptic Powder)

- 특성 : 작업 시 발생할 수 있는 가벼운 출혈을 멈추게 하기 위해 사용하는 제품이다.
- 사용방법 : 출혈 부위에 떨어트리거나 탈지면을 이용하여 가볍게 눌러준다. 출혈 부위를 문질러 사용하면 안 된다.
- 주요성분 : 칼슘(Calcium), 트롬빈(Thrombin), 비타민(vitamin) K, 트롬보플라스틴(Thromboplastin)

네일 폴리시 퀵 드라이(Nail Polish Quick Dry)

- 특성 : 네일 폴리시의 건조를 빠르게 해주기 위해 사용하는 제품이다.
- 사용방법 : 모든 컬러링이 끝난 후에 사용해야 하며 스프레이 타입은 약 10~15cm 거리에서 분사해야 하고 스포이트 타입은 네일 위에 떨어트려 사용한다.
- 주요성분 : 미네랄오일(Mineral Oil), 올레산(Oleic Acid), 실리콘(Silicone)

네일 폴리시 시너(Nail Polish Thinner)

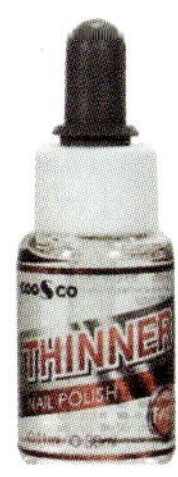

- 특성 : 네일 폴리시의 점성을 낮추기 위하여 사용하는 혼합 용제로 굳은 네일 폴리시를 묽게 만들기 위해 사용하는 제품이다.
- 사용방법 : 네일 폴리시 병에 1~2방울 넣고 섞어서 사용한다.
- 주요성분 : 톨루엔(Toluene), 부틸아세테이트(Butyl Acetate), 에틸아세테이트(Ethyl Acetate)

네일 표백제, 네일 화이트너(Nail Bleach, Nail Whitener)

- 특성 : 자연 네일에 컬러가 착색되거나 변색되었을 때 하얗게 보이도록 표백시키는 제품이다.
- 사용방법 : 분말 타입은 용기에 네일 표백제를 넣고 약 5~10분 정도 자연 네일을 담가준다. 네일 폴리시타입은 제품 자체를 사용하여 자연 네일에 도포한다.
- 주요성분 : 과산화수소(Hydrogen Peroxide) 6%(20볼륨), 레몬(Lemon), 티타늄(Titanium), 티타늄디옥사이드(Titanium Dioxide)

손 · 발 스크럽 제품(Hand · Foot Scrub)

- 특성 : 손 · 발에 각질을 부드럽게 제거해주는 제품이다.
- 사용방법 : 미세한 알갱이를 이용해 손 · 발 피부를 가볍게 문질러 준다.
- 주요성분 : 정제수(Water), 호두껍질가루(Walnut Shell Powder), 소듐라우릴설페이트(Sodium Lauryl Sulfate), 글리세린(Glycerin)

발 굳은살 연화제(Foot hardened Skin Softener)

- 특성 : 발에 있는 굳은살을 부드럽게 해주는 제품이다.
- 사용방법 : 굳은 각질 부위에 도포한 후 페디 파일로 밀어준다.
- 주요성분 : 염화나트륨(Sodium Chloride), 푸마이스 스톤(Pumice Stone), 리퀴드 파라핀(Liquid Paraffin), 글리세린(Glycerin)

페디 솔트, 항균 비누(Pedi Salt, Antibacterial Soap)

- 특성 : 페디큐어 시 발의 박테리아를 살균하기 위해 사용하는 제품이다.
- 사용방법 : 족욕기에 안에 넣어 사용하고 한 사람의 고객에게만 사용해야 한다.
- 주요성분 : 소듐바이카보네이트 (Sodium Bicarbonate), 염화나트륨(Sodium Chloride), 티트리(Teetree), 글리세린(Glycerin), 살리실릭애시드(Salicylic Acid)

클리어 젤(Clear Gel)

- 특성 : 점성을 가지고 있으며 자연 네일의 보강과 길이를 연장하는 등의 다양한 인조 네일을 할 수 있는 제품이다. 점성에 따라 소프트 젤과 하드 젤로 구분된다.
- 주요성분 : 아크릴레이트(Acrylate)
- 보관법 : 젤은 온도에 따라 반응할 수 있기 때문에 적당한 온도를 유지해야 하며 빛이 투과하지 않는 장소에 보관한다.

컬러 젤(Color Gel)

- 특성 : 안료를 포함하고 있어 컬러를 부여하거나 아트를 표현할 때 사용하는 제품이다. 일반적으로 젤 네일 폴리시라고 부르며, 클리어 젤에 비해 경화속도가 느리고 네일 폴리시와 비슷한 느낌이지만 광택이 뛰어나며 유지기간이 오래 지속된다.
- 주요성분 : 아크릴레이트(Acrylate), 안료(Pigment)

베이스 젤(Base Gel)

- 특성 : 네일에 젤이 잘 밀착되고 균일하게 도포될 수 있도록 처음에 사용하는 제품이다.
- 주요성분 : 아크릴레이트(Acrylate)

톱 젤(Top Gel)

- 특성 : 젤을 보호하고 광택을 부여하기 위해 마지막에 사용하는 제품이다. 무광 타입과 유광 타입이 있고 미경화 젤의 여부에 따라서 젤 클렌저로 닦는 타입과 닦지 않고 마무리하는 타입이 있다.
- 주요성분 : 아크릴레이트(Acrylate)

젤 클렌저(Gel Cleanser)

- 특성 : 젤 와이퍼 또는 탈지면에 적셔 미경화 젤을 닦을 때 사용하는 제품이다.
- 주요성분 : 에탄올(Ethanol)

젤 브러시(Gel Brush)

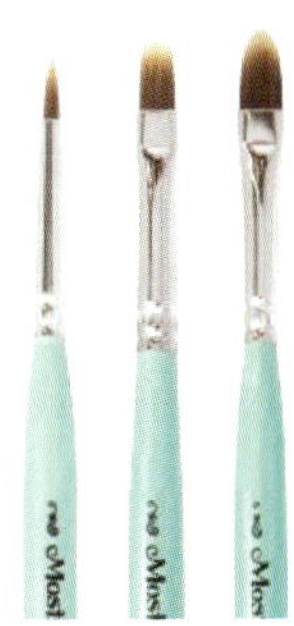

- 용도 : 젤을 네일에 도포하거나 아트를 표현할 때 사용하는 브러시이다. 젤 브러시의 크기와 형태에 따라 스컬프처용과 아트용으로 나누어 사용한다.
- 보관법 : 젤 브러시에 묻은 젤을 닦아준 후 젤 브러시 끝을 가지런히 모아주고 빛이 투과하지 않는 재질의 뚜껑을 덮어 서랍 속에 보관한다.

네일 팁(Nail Tip)

- 특성 : 이미 모양이 만들어진 인조 손톱으로 자연 네일의 길이를 연장하기 위해 사용한다.
- 주요재질 : 플라스틱(Plastic), 나일론(Nylon), 아세테이트(Acetate) 등

네일 접착제(Nail Glue)

- 특성 : 네일 글루라고 하며, 네일 팁을 접착하거나 네일 랩 등을 고정할 때 사용한다.
- 주요성분 : 시아노 아크릴레이트(Cyano Acrylate)

네일 랩(Wraps)

- 특성 : 약한 네일의 보강이나 찢어진 네일을 덮어 단단하게 하며 인조 네일 위에 덧씌움으로써 튼튼하게 유지시켜주고 길이를 연장하기도 한다.
- 주요종류 : 실크, 리넨, 파이버글라스 등

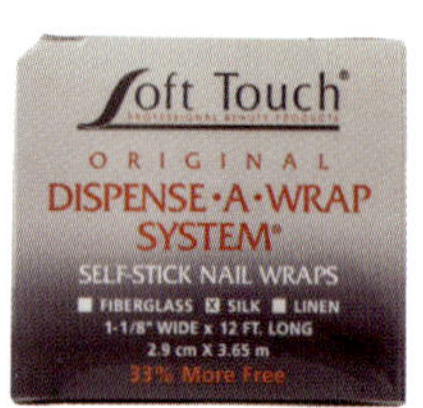

필러 파우더(Filler Powder)

- 특성 : 네일 접착제와 함께 사용하는 분말 타입의 제품으로 네일의 보강과 두께 조절을 위해 네일 접착제와 함께 사용한다.

경화 촉진제(Dry Activator, Glue Dryer)

- 특성 : 네일 접착제를 좀 더 빠르게 경화하는 역할을 하며 일반적으로 글루 드라이어라고 한다.
- 주요성분 : 부탄(LPG), 프레온(Freon)

전 처리제

- 특성 : 전 처리제는 자연 네일의 유·수분을 조절해줌으로써 젤 네일 폴리시나 인조 네일의 밀착력을 높여주는 제품을 총칭하는 용어이다.
- 주요종류 : 네일 프라이머, 젤 본더 등

네일 폼(Nail Form)

- 용도 : 네일 팁을 사용하지 않고 자연 네일의 길이를 연장하거나 인조 네일의 형태를 만들기 위해 사용하는 받침대이며 스컬프처 작업 시 사용한다.

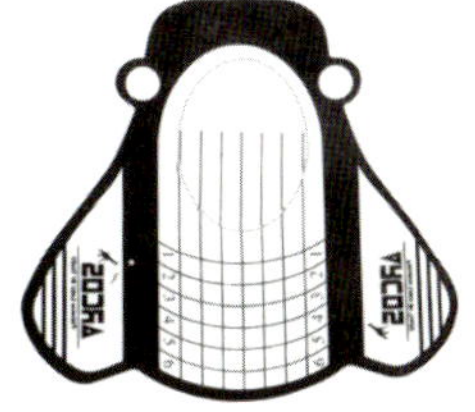

아크릴 파우더(Acrylic Powder)

- 특성 : 아크릴 리퀴드와 혼합하여 사용하는 분말 타입의 제품으로 다양한 컬러가 있다.
- 주요성분 : 에틸메타크릴레이트(Ethyl Methacrylate), 메틸메타크릴레이트(MthylMethacrylate)

아크릴 리퀴드(Acrylic Liquid)

- 특성 : 모노모(Monomer)라고하며 아크릴 파우더와 혼합하여 사용하는 액상의 제품으로 특유의 냄새가 난다. 모노머의 농도가 짙어 기화되지 않으며 냄새가 나지 않는 제품을 오더리스 모노머(Oderless Monomer)라도 한다.
- 주요성분 : 에틸메타크릴레이트(Ethyl Methacrylate)
- 보관법 : 화학물질을 함유하고 있어 라벨을 붙이고 뜨거운 온도와 빛에 장시간 노출되면 변질될 우려가 있기 때문에 어두운 색 용기에 담아 서늘하고 통풍이 잘되는 공간에 보관해야 한다.

아크릴 브러시(Acrylic Brush)

- 용도 : 아크릴 파우더와 아크릴 리퀴드를 혼합할 때 사용하는 브러시이다. 브러시 모의 양과 형태에 따라 스컬프처용 브러시와 아트용 브러시로 나누어 사용한다. 단비의 털로 만든 브러시가 최상급의 브러시이다.
- 보관법 : 아크릴 브러시에 잔여물이 남아 있지 않도록 아크릴 리퀴드 또는 브러시 클리너로 여러 번 닦은 후 브러시 끝을 가지런히 모아주고 아크릴 리퀴드가 마르지 않도록 뚜껑을 덮어 브러시 끝이 아래쪽으로 향하게 보관한다.

1. 손 소독 작업 순서

① 소독제를 탈지면에 충분히 분사한다.
② 작업자의 손등을 손목부터 손 끝 방향으로 소독한다.
③ 작업자의 손바닥을 손목부터 손 끝 방향으로 소독한다.

① 소독제 분사하기

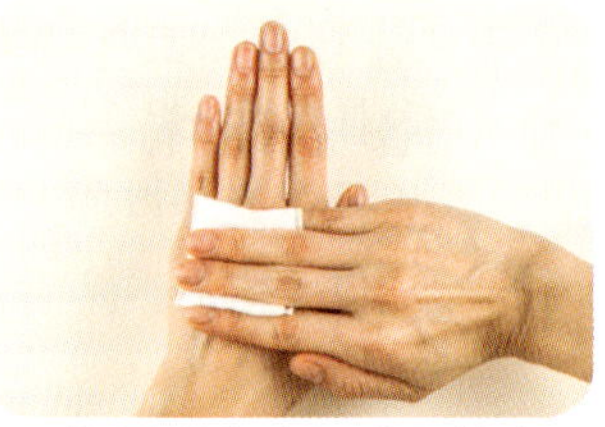
② 작업자 손등 소독하기

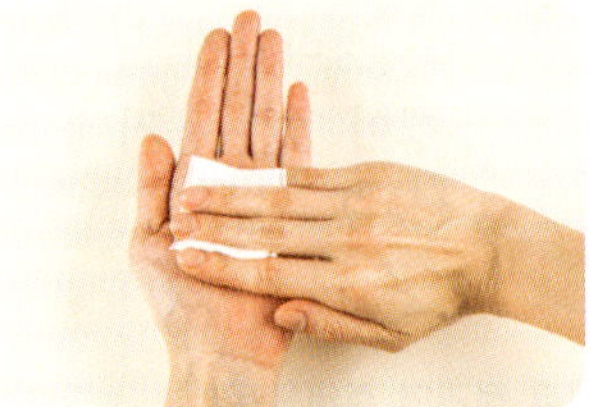
③ 작업자 손바닥 소독하기

④ 작업자의 손가락 사이사이를 소독한다.
⑤ 작업자의 손톱과 손톱 주변을 꼼꼼하게 소독한다.
⑥ 사용한 탈지면은 위생봉지에 폐기하고 반대편 손도 같은 동작으로 반복한다.

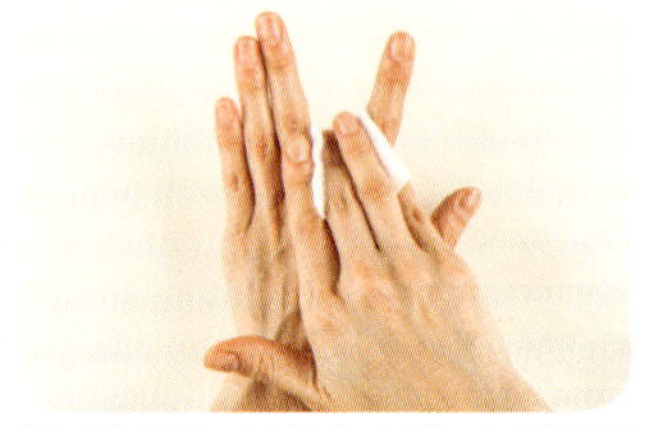
④ 작업자 손가락 사이 소독하기

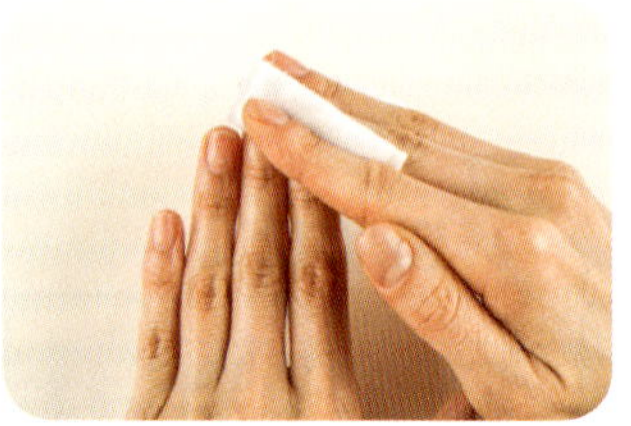
⑤ 작업자 손톱 소독하기

⑥ 탈지면 폐기하기

⑦ 새로운 탈지면에 소독제를 충분히 분사한다.
⑧ 고객의 손등을 손목부터 손 끝 방향으로 소독한다.
⑨ 고객의 손바닥을 손목부터 손 끝 방향으로 소독한다.

⑦ 소독제 분사하기

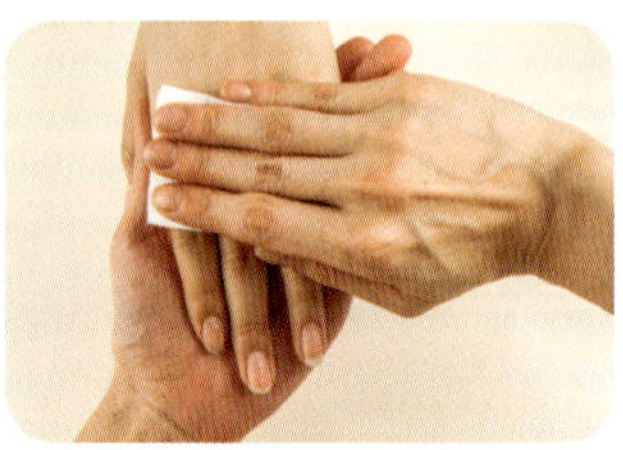
⑧ 고객 손등 소독하기

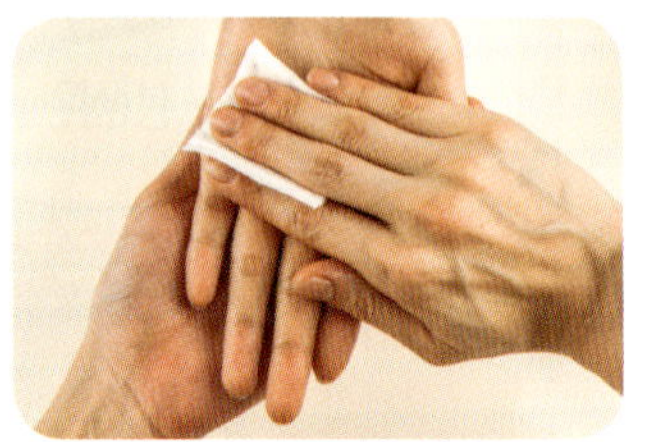
⑨ 고객 손바닥 소독하기

⑩ 고객의 손가락 사이사이를 소독한다.
⑪ 고객의 손톱과 손톱 주변을 꼼꼼하게 소독한다.
⑫ 사용한 탈지면은 위생봉지에 폐기하고 반대편 손도 같은 동작으로 반복한다.

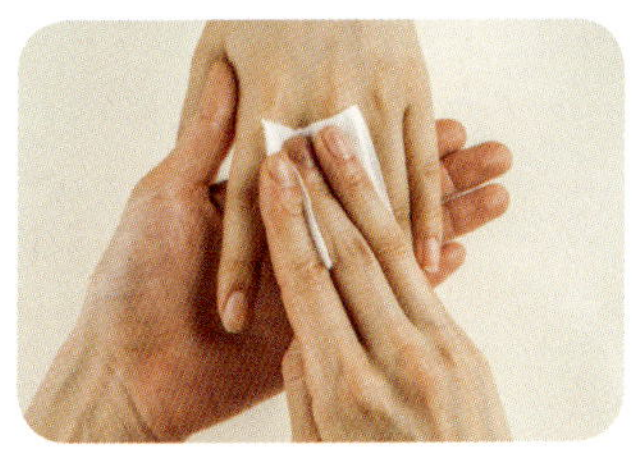

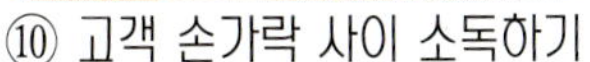
⑩ 고객 손가락 사이 소독하기

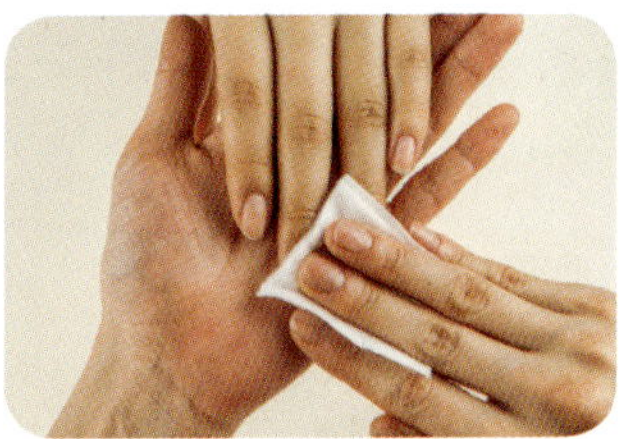
⑪ 고객 손톱 소독하기

⑫ 탈지면 폐기하기

2. 손 소독 순서 정리

작업자 손 소독 → 탈지면 폐기 → 고객 손 소독 → 탈지면 폐기

3. 손 소독 완성

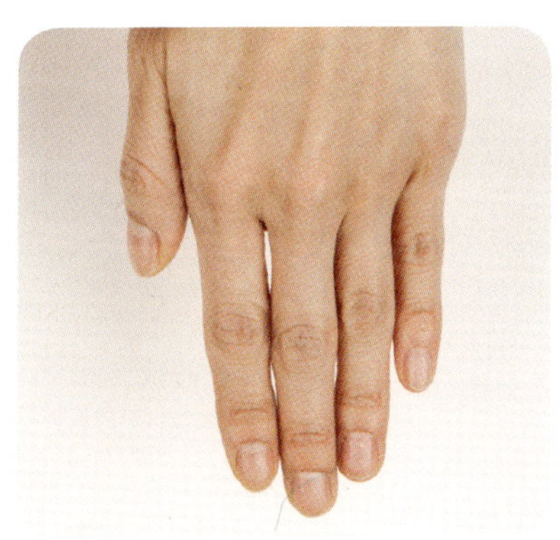
작업자 손

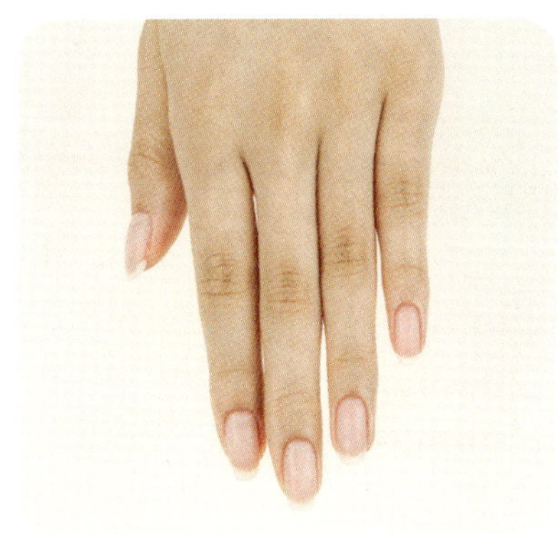
고객 손

4. 손 소독 확인

순번	확인 사항	확인
①	작업자의 손등과 손바닥, 손가락 사이사이가 소독되었는지 확인	
②	작업자의 손톱 주변과 손톱이 소독되었는지 확인	
③	작업자가 사용한 탈지면을 고객에게 재사용하지 않았는지 확인	
④	고객의 손등과 손바닥, 손가락 사이사이가 소독되었는지 확인	
⑤	고객의 손톱 주변과 손톱이 소독되었는지 확인	

5. 발 소독 작업 순서

① 소독제를 탈지면에 충분히 분사한다.
② 작업자의 손등을 손목부터 손 끝 방향으로 소독한다.
③ 작업자의 손바닥을 손목부터 손 끝 방향으로 소독한다.

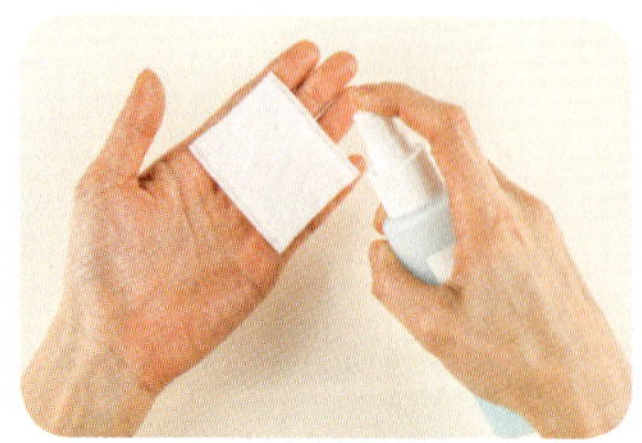
① 소독제 분사하기

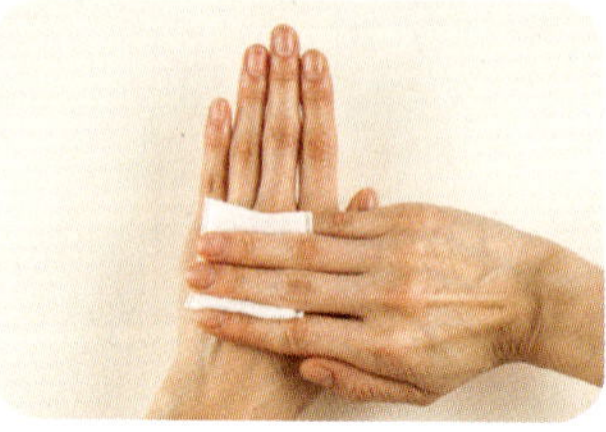
② 작업자 손등 소독하기

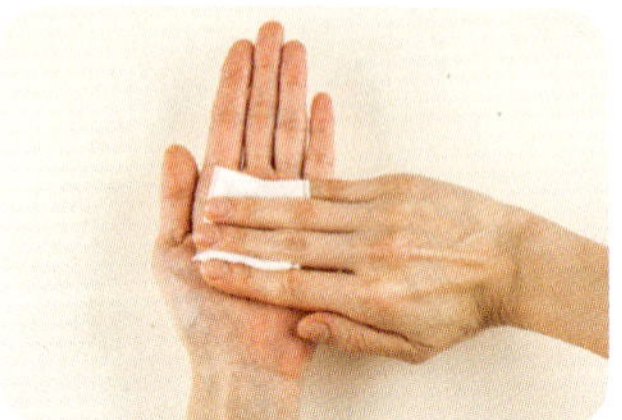
③ 작업자 손바닥 소독하기

④ 작업자의 손가락 사이사이를 소독한다.
⑤ 작업자의 손톱과 손톱 주변을 꼼꼼하게 소독한다.
⑥ 사용한 탈지면은 위생봉지에 폐기하고 반대편 손도 같은 동작으로 반복한다.

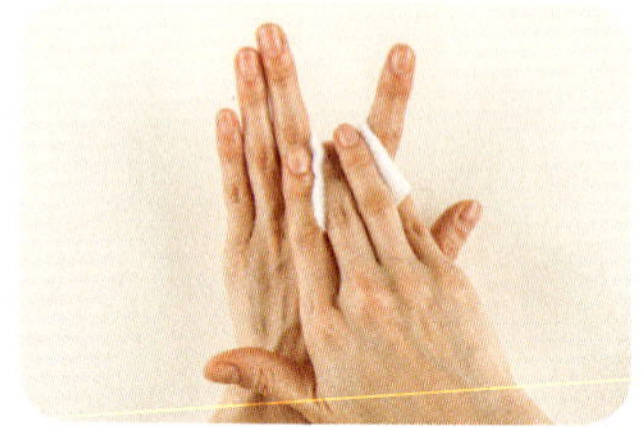
④ 작업자 손가락 사이 소독하기

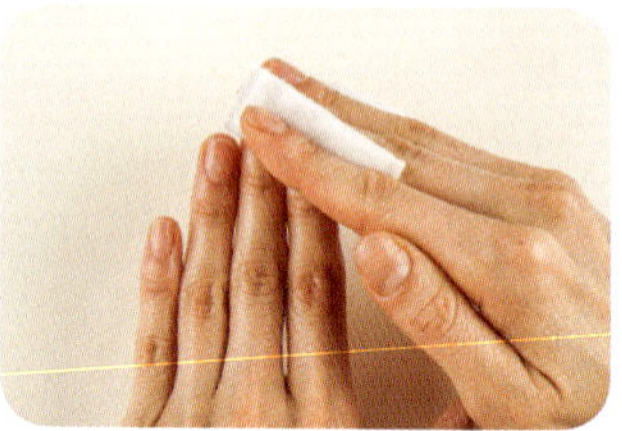
⑤ 작업자 손톱 소독하기

⑥ 탈지면 폐기하기

⑦ 새로운 탈지면에 소독제를 충분히 분사한다.
⑧ 고객의 발등을 발목부터 발 끝 방향으로 소독한다.
⑨ 고객의 발바닥을 발목부터 발 끝 방향으로 소독한다.

⑦ 소독제 분사하기

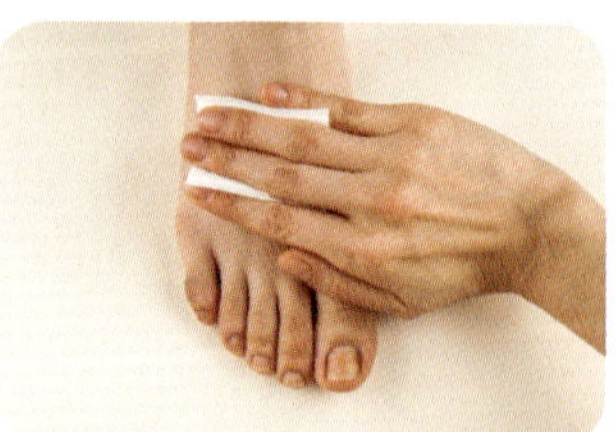
⑧ 고객 발등 소독하기

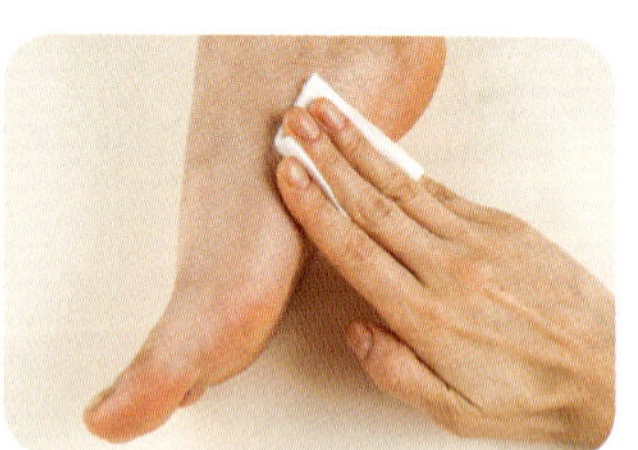
⑨ 고객 발바닥 소독하기

⑩ 고객의 발가락 사이사이를 소독한다.
⑪ 고객의 발톱과 발톱 주변을 꼼꼼하게 소독한다.
⑫ 사용한 탈지면은 위생봉지에 폐기하고 반대편 발도 같은 동작으로 반복한다.

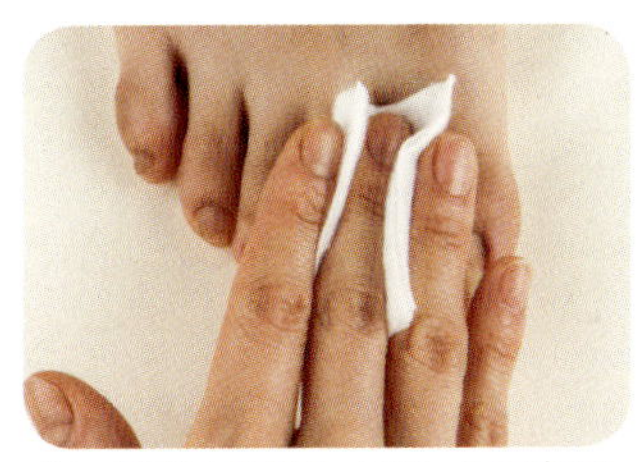
⑩ 고객 발가락 사이 소독하기

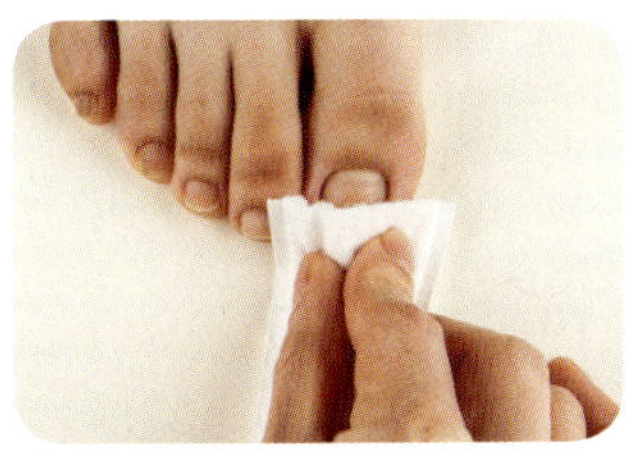
⑪ 고객 발톱 소독하기

⑫ 탈지면 폐기하기

6. 발 소독 순서 정리

작업자 손 소 독→ 탈지면 폐기 → 고객 발 소독 → 탈지면 폐기

7. 발 소독 완성

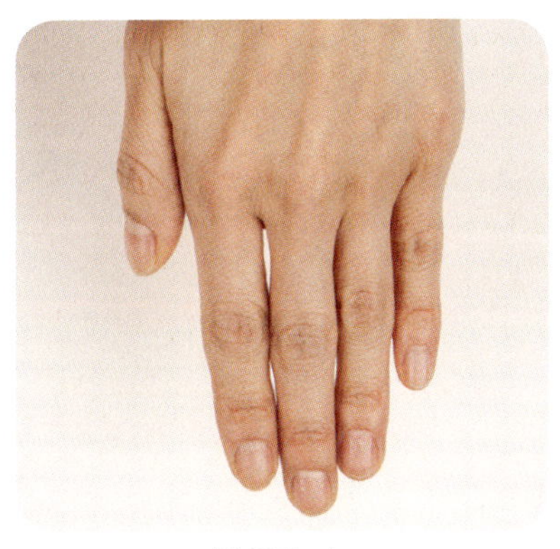
작업자 손

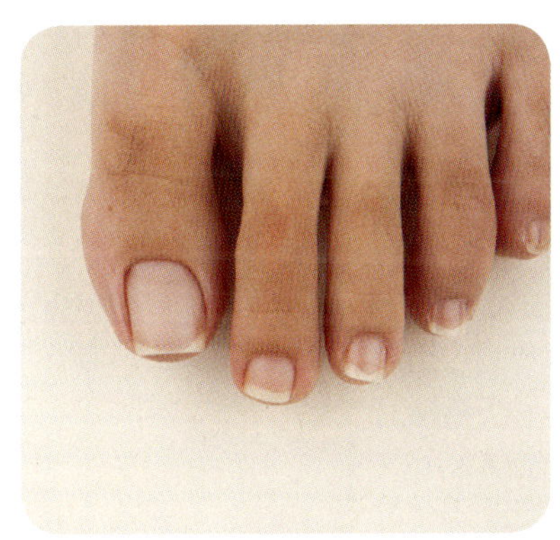
고객 발

8. 발 소독 확인

순번	확인 사항	확인
①	작업자의 손등과 손바닥, 손가락 사이사이가 소독되었는지 확인	
②	작업자의 손톱 주변과 손톱이 소독되었는지 확인	
③	작업자가 사용한 탈지면을 고객에게 재사용하지 않았는지 확인	
④	고객의 발등과 발바닥, 발가락 사이사이가 소독되었는지 확인	
⑤	고객의 발톱 주변과 발톱이 소독되었는지 확인	

PART 2.

네일미용 고객서비스

고객만족을 성취하기 위하여 고객관리와 상담을 하는 능력

능력단위요소	수 행 준 거
데스크 안내 업무하기	1.1 고객에게 전화 응대 서비스를 할 수 있다. 1.2 고객의 방문 사유를 확인하고 안내할 수 있다. 1.3 서비스가 종료된 고객에게 요금을 안내한 후 정산할 수 있다.
대기 고객 응대하기	2.1 방문한 고객을 친절하게 응대할 수 있다. 2.2 고객관리대장을 정확하게 작성할 수 있다. 2.3 예약대장을 활용하여 예약을 효율적으로 관리할 수 있다.
사후관리 안내하기	3.1 작업 전・후의 변화를 비교하여 고객에게 설명할 수 있다. 3.2 작업 상태에 따라 관리에 적합한 제품을 사용하여 마무리할 수 있다. 3.3 건강한 네일 유지를 위한관리법을 고객에게 설명할 수 있다.
불만족 고객 대처하기	4.1 고객의 불만족 사항을 파악할 수 있다. 4.2 고객의 불만족 사항에 대처할 수 있다. 4.3 불만족 고객의 응대 결과에 대한 만족도를 확인할 수 있다.

네일미용 고객서비스의 주요 학습 포인트!

네일 미용인은 바른 자세와 마음가짐으로 고객을 응대해야 하며, 고객과 상담을 할 때에는 어떤 관리가 고객에게 가장 적합한지를 정하기에 앞서 고객이 관리를 받을 수 있는 네일인지 감염에 위험이 있는 네일이나 피부상태를 가지고 있지는 않은지를 판단해야 한다. 고객과의 상담 후 관리할 수 없는 네일은 전문의에게 진료 받을 것을 권해야하며 네일 미용인은 의료법과 관련된 시술, 치료, 교정 등의 단어는 사용할 수 없으므로 작업, 관리 등의 단어로 대체해야 한다.

본 파트에서는 네일 미용인이 갖추어야 할 자세와 고객 응대 및 상담 방법과 네일의 병변에 대하여 알아본다.

SECTION 1	데스크 안내 업무와 대기 고객 응대
SECTION 2	방문관리와 사후관리 안내
SECTION 3	불만족 고객 대처

SECTION 1. 데스크 안내 업무와 대기고객 응대

1. 전화 고객 응대 서비스

전화로 고객을 응대하는 것은 목소리로만 상대방에게 의사를 전달해야 하기 때문에 직접 마주 보고 하는 상담보다 더 신중하고 정확하게 의사를 전달해야 한다. 상대방이 앞에 없기 때문에 눈으로 상대방에게 표정을 전달할 수 없어 오해의 소지가 생기거나 정확한 정보전달과 신뢰관계를 형성하기 어렵다. 전화 응대에서 가장 중요한 것은 침착하고 차분한 목소리로 정확히 의사를 전달하는 것과 상대방의 말에 경청하는 것이다.

2. 방문 고객 상담 서비스

새로운 고객이 방문하면 상담을 하고 동의를 얻어 고객관리대장을 작성한다. 개인 정보 수집 등은 사전에 동의를 구하고 이름, 주소, 연락처 등을 기재해야 한다. 관리가 전부 끝난 후에도 그날의 관리내용과 추가사항을 기재하며, 재방문 고객도 관리를 받을 때마다 변경사항과 그날의 서비스 추가사항을 작성해야 한다.

네일관리를 시작하기 전에 고객과의 충분한 상담을 통하여 고객이 원하는 서비스가 어떤 것인지를 확인하고 고객의 건강 상태와 피부, 네일의 상태, 알레르기, 생활습관 등을 고려하여 고객이 원하는 가장 적합한 서비스를 제공하여야 한다.

고객관리대장에 기재할 사항

① 일반사항(성명, 집 주소, 직장주소, 전화번호, 휴대폰번호, 직업)
② 건강상태와 질병의 유무(의료기록 사항)
③ 피부 타입과 화장품 부작용(알레르기)
④ 손・발톱의 병변 유무(감염성)
⑤ 손과 손톱의 보습상태
⑥ 선호하는 컬러
⑦ 작업 관련 사항(가격, 제품판매내역, 담당 네일 미용사의 성명)
⑧ 작업 시 주의사항
⑨ 사후관리에 대한 조언과 대처방법

3. 예약 접수 관리 서비스

예약은 사전에 고객과의 만남을 약속하는 것이다. 고객이 원하는 예약 내용을 확인하고 예약관리대장을 작성한다. 예약을 완료하면 최종적으로 예약 내용을 다시 한 번 전달하여 고객에게 재확인하는 과정을 거치고 예약을 마무리한다. 예약이 최종 완료되면 예약일 하루 전 고객에게 문자 메시지를 발송하면 예약이 취소되는 현상을 줄일 수 있다.

전화로 예약 접수를 받을 때는 상냥한 목소리로 먼저 네일숍의 이름과 자신의 이름을 말한 후 예약 내용을 확인하여 진행한다.

예약관리대장은 고객과의 예약 내용을 작성한 문서이다. 고객과의 예약을 잡을 시에는 꼭 예약관리대장에 예약 내용을 상세히 작성하여 추후 문제가 발생하지 않도록 한다. 예약관리대장에는 고객 이름, 예약 날짜와 시간, 원하는 관리 내용과 담당 네일 미용사, 인원, 기타 주요사항을 작성한다.

예약관리대장에 기재할 사항

① 고객 이름
② 예약 날짜
③ 예약 시간
④ 원하는 관리 내용
⑤ 담당 네일 미용사
⑥ 인원
⑦ 기타 주요사항

SECTION 2. 방문관리와 사후관리 안내

손 · 발톱 병(오니코시스, Onychosis)은 네일과 관련된 모든 손 · 발톱 질병을 총칭하는 용어이다. 네일 미용사는 네일의 이상증세와 질병, 감염 여부를 구별하고 설명할 수 있어야 한다. 육안으로 확인하고 관리할 수 있는 네일인지 아닌지를 파악한 후 경우에 따라서는 전문의에게 진료를 받도록 권유해야 한다.

1. 관리할 수 있는 네일의 증상

관리할 수 있는 네일은 네일과 네일 주위 피부의 이상 증상이 있지만 관리가 가능한 증상으로 알맞은 관리법으로 관리한 후 모든 작업을 수행할 수 있다. 관리가 가능한 네일의 상태라고 하더라도 증상이 심한 경우에는 관리를 피하는 것이 적절하다.

관리할 수 있는 네일			
큐티클 주변	행 네일(Hangnail)	손거스러미	손 주변거스러미
	테리지움(Pterygium)	조갑익상편	큐티클 과잉 성장
네일 표면	오니코렉시스(Onychorrhexis)	조갑종렬증	세로줄 손 · 발톱
	보우 라인(Beau's lines)	조갑횡구증	가로줄 손 · 발톱
	퍼로우, 커러제이션(Furrow, Corrugation)	조갑주름	고랑 파인 손 · 발톱
네일 자체	오니코파지(Onychophagy)	교조증	뜯는 손 · 발톱
	에그셸 네일, 오니코말라시아(Eggshell Nail, Onychomalacia)	조갑연화증	달걀껍질 손 · 발톱
	코일로니키아, 스키점프 네일(koilonychia, Sky Jump Nail)	숟가락네일	함몰 손 · 발톱
	오니코크립토시스/인그로운네일(Onychocryptosis/Ingrown Nail)	조갑감입증	내향성 손 · 발톱
	오니카트로피아(Onychatrophia)	조갑위축증	위축 손 · 발톱
	오니콕시스(Onychauxis)	조갑비대증	거대 손 · 발톱
색소성	디스컬러드 네일(Discolored Nail)	조갑변색증	변색 손 · 발톱
	브루이즈드 네일, 헤마토마(Bruised nail, Hematoma)	혈종	멍든 손 · 발톱
	루코니키아(Leuconychia)	조백반증	흰색 반점
	니버스, 멜라노니키아(Nevus, Melanonychia)	흑조증	흑색 반점 또는 줄
	오니코사이아노시스(Onychocyanosis)	조갑청색증	파란 손 · 발톱

1) 큐티클 주변의 이상 증상

행 네일

증상 · 큐티클과 네일 주변 피부에 손거스러미가 일어난 상태

원인 · 잦은 물과 화학 제품의 사용으로 큐티클과 네일 주변 피부과 균열되고 건조해져 발생
· 큐티클을 뜯거나 부주의한 큐티클 정리로 인해 발생

관리 · 큐티클 니퍼로 조심스럽게 제거 후 소독하고 보습 제품 사용
· 화학 제품의 사용 자제, 물 사용 시 장갑 착용
· 뜯는 것을 방지하기 위해 노 바이트 제품 사용

테리지움

증상 · 큐티클이 과잉 성장하여 손톱 아래까지 덮어져 있는 상태

원인 · 유해한 성분과 변질된 네일 제품의 사용으로 발생

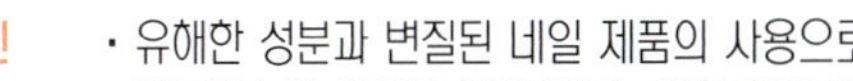

· 매트릭스의 염증에 의한 파괴, 말초 혈류 장애로 발생

관리 · 조심스럽게 큐티클을 밀어주고 조금씩 큐티클을 정리함
· 큐티클을 부드럽게 하는 핫 크림 매니큐어로 꾸준하게 관리

2) 네일 표면 이상 증상

오니코렉시스

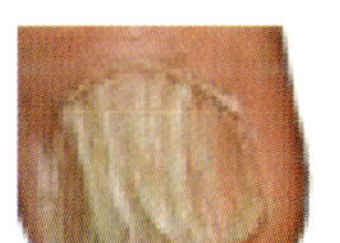

증상 · 네일에 세로로 골이 파져 갈라져 있는 상태

원인 · 잦은 물과 화학 제품의 사용으로 건조해져 발생
· 거친 네일 파일의 잘못된 사용으로 네일이 갈라지고 균열되어 발생
· 네일 폴드의 감염과 매트릭스 외상으로 발생

관리 · 표면을 다듬고 네일 강화제 사용, 심한 경우는 인조 네일로 보강
· 화학 제품의 사용 자제, 물 사용 시 장갑 착용과 보습 제품 사용

보우 라인

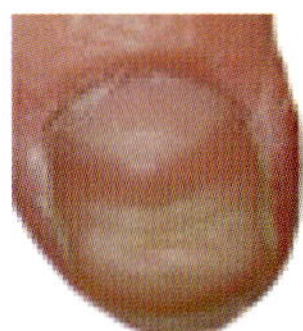

증상 · 네일이 가로로 골이 파져 갈라져 있는 상태

원인 · 건강 악화, 질병으로 인하여 매트릭스 기능의 일시적 저하로 발생
· 기능 저하의 기간이나 심한 정도에 따라 길이나 폭이 달라짐
· 잘못된 네일 도구 사용과 손으로 긁거나 물리적인 압력으로 루눌라에 충격이 가해져 발생

관리 · 압력이 생기지 않게 주의하며, 식습관과 건강관리에 유의함
· 표면을 다듬고 네일 강화제 사용, 심한 경우는 인조 네일로 보강

피로우

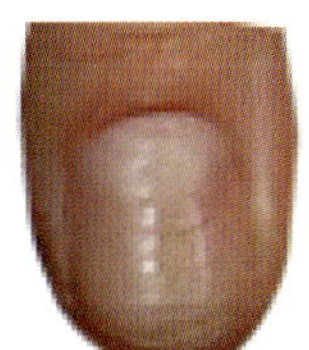

증상 · 손톱이 세로나 가로로 고랑이 파여 있는 상태

원인 · 빈혈, 고열, 임신, 홍역이나 신경성 등에 의해 발생
· 순환기 계통의 질병이나 유전성과 아연 부족의 식습관으로 발생
· 잘못된 네일 도구 사용과 손으로 긁거나 물리적인 압력으로 루눌라에 충격이 가해져 발생

관리 · 표면을 다듬고 네일 강화제 사용, 심한 경우는 인조 네일로 보강
· 압력이 생기지 않게 주의하며, 식습관과 건강관리에 유의함

3) 네일 자체 이상 증상

오니코파지

증상
- 프리에지가 없고 손가락 끝 살 속으로 파고 들어간 상태

원인
- 심리적 불안감이나 스트레스 등으로 습관적으로 네일을 물어뜯거나 손으로 잡아 뜯어서 발생

관리
- 출혈이 발생하면 감염에 노출될 수 있으므로 더 이상 뜯지 않게 인조 네일을 작업하면 효과적이며, 뜯는 것을 방지하기 위해 노 바이트 제품 사용
- 지압봉을 만지거나 심리적인 안정을 찾고 스트레스를 조절

에그셸 네일

증상
- 전체적으로 부드럽고 가늘며 하얗게 되어 네일 끝이 굴곡진 상태로 달걀껍질 같이 얇고 벗겨지는 상태

원인
- 다이어트와 불규칙한 식습관으로 비타민, 철 결핍성의 빈혈로 발생
- 신경성, 내과적 질병, 신경 계통의 이상으로 발생

관리
- 프리에지의 손상된 부분을 제거하고 네일 강화제 사용
- 손상된 부위가 확장되지 않게 인조 네일로 보호하면 효과적
- 규칙적인 식습관 유지하며 평상 시 장갑 착용을 권장

코일로니키아

증상
- 네일에 가운데 부분이 움푹 들어간 상태

원인
- 선천성 요인이나 빈혈, 갑상샘 질병, 당뇨병 등으로 발생
- 습관적으로 네일 루눌라와 네일 보디를 누르는 행동이 요인

관리
- 자연 네일의 길이를 길게 하지 않는 것이 효과적
- 네일을 보호하기 위해 인조 네일로 두께를 보강함
- 인조 네일에 제거 시에도 주의해야 함

오니코크립토시스

증상
- 네일의 양쪽 옆면이 살 속으로 파고드는 상태
- 엄지발톱에서 자주 볼 수 있음

원인
- 유전적 요인이 많으며 발톱을 라운드 형태로 짧고 깊게 잘라서 발생
- 꽉 끼는 신발에 의한 압박과 심한 운동이나 외상으로 발생
- 네일 보디의 내향성 뒤틀림이나 네일 폴드의 비후로 인해 발생

관리
- 앞이 좁고 꽉 끼는 신발을 신지 않도록 하며 통풍에 유의
- 발톱을 스퀘어 형태로 자르고 너무 짧지 않게 관리

오니카트로피아

증상
- 주로 새끼발톱에서 볼 수 있으며 네일에 광택이 없고 두께가 얇고 오므라들어 감소한 상태

원인
- 선천적 요인과 내과적 질병, 잦은 물과 화학 제품 사용으로 발생
- 편평태선이나 네일 폴드의 염증으로 매트릭스가 손상되어 발생

관리
- 표면을 다듬고 네일 강화제 사용, 심한 경우는 인조 네일로 보강
- 화학 제품의 사용을 자제하고 보습 제품 사용을 권장

오니콕시스

증상
- 주로 엄지발톱에서 볼 수 있으며 네일이 과잉 성장으로 비정상적으로 두꺼워진 상태

원인
- 네일 밑 조직의 증식이나 내부의 손상, 감염에 의해서 발생
- 질병이나 상해, 꽉 끼는 신발을 신은 경우에도 발생

관리
- 두께를 조금씩 제거하고 부석 가루를 사용하는 것도 효과적
- 꽉 끼는 신발을 피하고 발을 습하지 않게 하고 정기적인 관리가 필요함

4) 색소성 이상 증상

디스컬러드 네일

증상
- 네일의 색상이 청색, 황색, 검 푸른색 등으로 나타나는 상태

원인
- 혈액순환이나 심장이 좋지 못한 상태에서 발생
- 흡연이나 자외선, 젤 램프기기의 과도한 노출로 발생
- 네일이 착색된 경우와 변질된 네일 제품의 사용으로 발생

관리
- 표면을 정리하고 네일 표백제를 사용하면 효과적
- 금연을 하고 혈액순환 개선을 위해 규칙적인 운동을 권유
- 심장 질병이나 치료를 위해서는 전문의에게 상담을 권장

브루이즈드 네일 /헤마토마

증상
- 피가 응결되어 퍼런 멍이 반점처럼 나타나는 상태

원인
- 외부의 충격으로 네일에 혈액이 응고되어 발생

관리
- 네일이 잘 고정된 경우에는 일반적인 관리가 가능하며 심한 경우에는 완전한 없어질 때 까지 가급적 관리를 피함

루코니키아

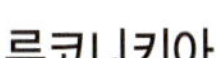

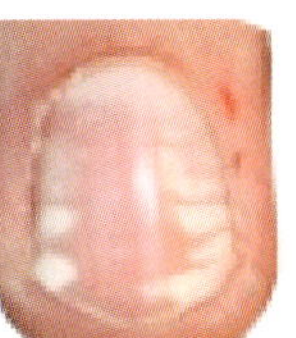

증상
- 네일에 흰색 반점이 생긴 상태

원인
- 선천성으로는 네일의 생성 중에 구조적 이상으로 발생하고 후천성인 경우에는 물리적인 압력으로 인한 수분 응집 현상으로 발생

관리
- 표면에 발생한 경우에는 대부분 표면을 정리하면 없어지며 네일 아래 발생한 경우에는 일정 기간 후 없어짐

니버스, 멜라노니키아

증상
- 네일에 일부 또는 전부가 갈색이나 흑색으로 변하는 상태

원인
- 네일의 멜라닌 색소 증가 및 색소 침착으로 인하여 발생
- 약물의 부작용과 악성흑색종의 가능성으로도 발생

관리
- 색소가 없어질 때까지 컬러링을 하는 것이 효과적
- 악성흑색종의 의심될 경우에는 전문의에게 상담을 권장

오니코사이아노시스

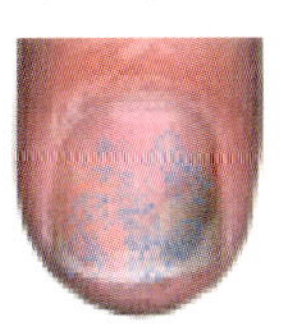

증상
- 네일의 색이 푸르스름하게 변하는 상태

원인
- 혈액순환이 제대로 이루어지지 않아 네일 베드의 작은 혈관에 환원혈색소가 증가하거나 산소 포화도가 떨어져서 발생

관리
- 일반적인 관리가 가능하며 조기 치료를 위해서 전문의에게 상담을 권장

2. 관리할 수 없는 네일의 증상

관리할 수 없는 네일은 네일과 네일 주위 피부의 질병으로 모든 작업을 수행할 수 없는 금기사항으로 고객에게 의료 진찰을 받도록 권유해야 한다. 또한 고름, 염증으로 감염의 위험이 있거나 부어 있는 상태, 상처나 출혈이 있는 경우에도 절대로 작업을 해서는 안 된다. 인조 네일을 작업한 상태에서 고객이 몰드나 진균 등에 감염된 경우에는 즉시 인조 네일을 제거하고 사용한 네일 파일 등의 제품은 전부 폐기해야 하며, 네일 도구도 소독 처리해야 한다. 이후 작업은 수행할 수 없으며 고객은 전문의에게 의료 진찰을 받아야 한다.

관리할 수 없는 네일		
몰드(Mold)	사상균, 곰팡이균	손·발톱 사이 곰팡이
오니코마이코시스(Onychomycosis)	조갑진균증, 조갑백선	손·발톱 무좀
티니아 페디스(Tinea Pedis)	발진균증, 발백선	발 피부 무좀
워트(Warts)	사마귀	사마귀
파이로제닉그래뉴로마(Pyogenic granuloma)	화농성육아종	피부 결절
오니키아(Onychia)	조갑염	손·발톱 염증
파로니키아(Paronychia)	조갑주위염	손·발톱 주위 염증
오니코리시스(Onycholysis)	조갑박리증	손·발톱 분리
오니콥토시스(Onychoptosis)	조갑탈락증	손·발톱 탈락
오니코그리포시스(Onychogryphosis)	조갑구만증	손·발톱 굽음

몰드

증상
- 네일이 녹색으로 보이며 점차 갈색에서 검은색으로 변하는 상태

원인
- 네일 베드와 네일 보디 사이에 습기, 열 등에 의해 녹황균, 곰팡이균이 번식되어 발생(23%~25%의 수분 함유)
- 인조 네일 작업 전 네일에 유·수분이 남거나 보수 시기가 지나 균이 번식된 경우 발생

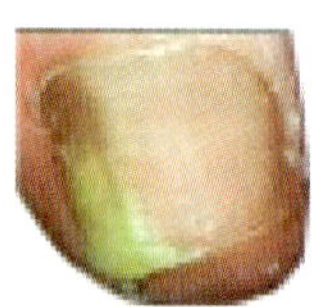

오니코마이코시스

증상
- 네일이 누렇게 변색되고 프리에지가 감염되어 점차 루눌라로 확장되고 감염된 부분이 떨어져 나가며 심한 경우에는 네일 베드가 드러나는 상태로 손·발톱의 무좀

원인
- 프리에지에 틈을 통해 침투한 진균, 백선균의 감염으로 발생
- 손·발톱에 습도가 높은 환경이 유지될 경우 발생

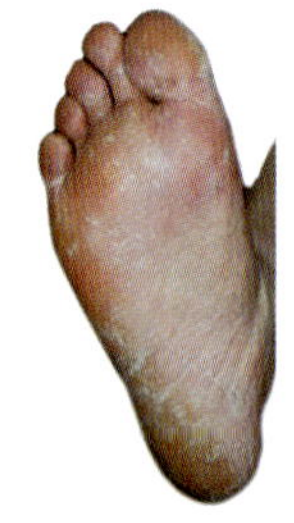

티니아 페디스

증상
- 발바닥과 발가락 사이에 붉은색의 물집이 잡히거나 피부 사이가 부어올라 하얗고 습하게 되며 피부가 가렵고 갈라지는 상태로 발 피부의 무좀

원인
- 발에 습도가 높은 환경이 유지되거나 발 피부에 생기는 진균, 백선균 감염으로 발생

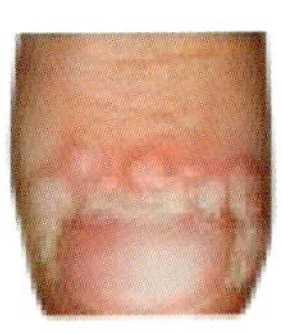

워트/사마귀

증상 · 피부 표면에 동그랗게 울퉁불퉁한 상태로 변색되기도 함

원인 · 유두종 바이러스(HPV)에 감염되어 발병

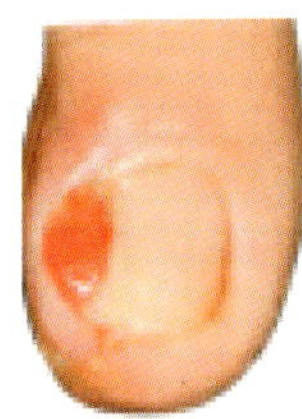

파이로제닉그래뉴로마

증상 · 약간 단단한 딸기 모양의 결절 상태

원인 · 외상에 인한 네일 주변 피부의 상처와 파고드는 발톱 등으로 모세혈관이 증색해서 발생

파로니키아

증상 · 손・발톱 주위의 피부 염증으로 빨갛게 부어오르며 살이 물러지는 상태

원인 · 네일 주변 피부에 위생 처리가 되지 않은 네일 도구 사용 등으로 인한 박테리아 감염으로 발생
· 급성 손・발톱 주위염은 네일 폴드의 감염으로 발생

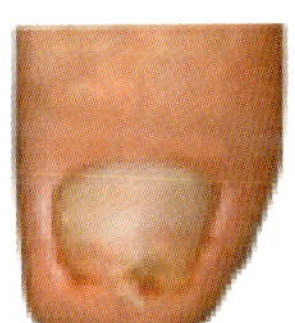

오니키아

증상 · 손・발톱의 염증으로 네일 밑의 피부조직 일부가 함몰되거나 없어진 상태로 염증이 붉어지거나 부어올라 고름이 형성된 상태

원인 · 손・발톱을 자를 때 하이포니키움의 상처가 생기거나 위생처리가 되지 않은 네일 도구들을 사용하여 박테리아에 감염되었을 때 발생

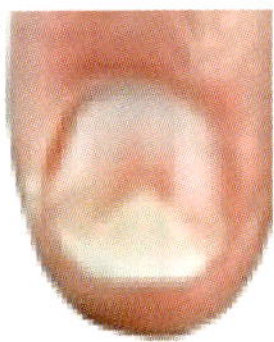

오니코리시스

증상 · 네일 프리에지에서 발생하여 네일 보디가 네일 베드에서 분리되어 점차적으로 루눌라까지 번지게 되며 분리된 부분은 아이보리색으로 보이는 상태

원인 · 잦은 하이포니키움 손상과 감염증으로 발생
· 빈혈, 내과적 질병, 화학제품의 과도한 사용으로 발생

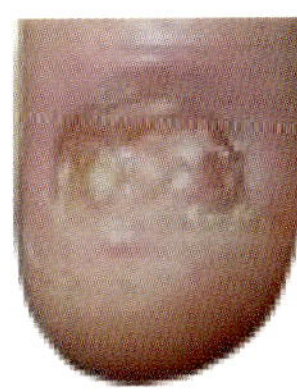

오니콥토시스

증상 · 네일의 일부분 혹은 손톱 전체가 떨어져 나간 상태

원인 · 매독, 고열, 약물의 부작용, 건강 장애 등으로 인해 네일 매드릭스의 기능이 일시적으로 정지되어 네일 보디와의 연결이 끊어진 경우에 발생
· 네일 폴드의 염증으로 네일 베드의 일부가 소실되거나 심한 외상으로 인해 발생

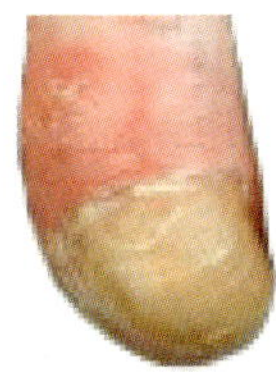

오니코그리포시스

증상 · 네일이 두꺼워지며 피부 속으로 파고들거나 손가락이나 발가락이 밖으로 심한 변형을 동반하는 상태로 주로 발톱에 나타남

원인 · 치매, 정신분열증, 정신발달지체 등과 같은 질병으로 네일을 관리할 수 없는 사람에게서 자주 발생함

SECTION 3. 불만족 고객 대처

네일 미용사는 바른 자세로 서비스에 임해야 하며 서비스에 만족하지 못하는 고객을 현명히 대처하는 방법을 숙지해야 한다.

1. 불만족 고객 대처 방법

① 고객이 어느 부분에서 불만족 하는지 이유를 듣고 가장 먼저 진심어린 사과를 한다.
② 불만족한 부분에 대해 다시 관리할 수 있는 최선의 방법을 찾아 고객에게 제시한다.
③ 고객에게 큰 실수를 범했거나 금전적 보상이 필요한 경우 해당 관리에 비용을 받지 않는 것과 더불어 선물 또는 추후 관리 시 할인 등을 제공한다.
④ 불만족 고객 대처 이후에도 고객이 감동할 수 있게 담당 미용사와 더불어 관리 책임자가 꾸준히 사후관리를 한다.

2. 네일 미용인의 자세

1) 전문가로서의 자세

① 청결하고 다리미질한 단정한 복장을 착용한다.
② 단정한 헤어스타일과 청결한 용모를 유지하도록 한다.
③ 깨끗하고 적당한 높이의 신발과 양말을 착용하는 것이 좋다.
④ 화려한 액세서리를 피하고 껌이나 사탕을 먹지 않는다.
⑤ 자기계발을 위해 새로운 기술을 끊임없이 연구하고 기술 향상을 위해 노력하며 전문인으로서 자부심과 자신감을 갖는다.

2) 고객에 대한 자세

① 하루일의 계획과 일정 체크는 고객관리의 시작이므로 항시 스케줄을 점검한다.
② 작업 준비는 고객이 작업 테이블에 앉기 전에 마쳐야 한다.
③ 전문가적인 용모와 복장으로 고객을 응대하며 최선의 서비스를 제공하기 위해 작업 전 충분한 상담을 한다.
④ 고객의 네일 상태를 파악하고 선택 가능한 작업 방법과 관리 방법을 설명한다.
⑤ 예의 바르고 친절하게 고객을 맞이하며 고객과의 시간 약속을 반드시 지키며 예약시간을 엄수한다.
⑥ 신뢰를 형성하기 위해 숙련된 기술과 능숙한 서비스를 제공하여야 한다.
⑦ 고객에게 금전관계나 사적인 문제는 이야기하지 않는다.
⑧ 작업 중에는 개인 휴대폰 사용을 하지 않도록 한다.

3) 고용주와 동료에 대한 자세

① 동료의 장점과 생각을 인정하고 칭찬한다.
② 고용주와 동료의 충고와 조언을 받아들이고 존중한다.
③ 성실하게 솔선수범하는 자세를 갖추어야 한다.
④ 정직하고 말보다는 실천하는 모습으로 신뢰를 형성한다.
⑤ 새로운 기술과 지식을 수용하는 자세로 받아들이고 습득하려고 노력한다.
⑥ 금전관계나 사적인 문제를 의논하지 않는다.
⑦ 네일숍 내에서 일어나는 문제점과 고충은 고용주와 상의한다.

3. 네일 미용사의 윤리

1) 네일 미용사로서의 직업적 윤리

① 정직하고 공평하며 공손한 마음을 가진다.
② 타인의 생각이나 권리를 존중한다.
③ 네일 도구에 대한 준비성을 갖도록 한다.
④ 정부의 미용업 관련 법규나 네일숍의 운영정책과 규칙을 준수하며 직업윤리에 저촉되는 행위는 하지 않는다.

2) 고객에 대한 직업적 윤리

① 모든 고객을 공평하게 대한다.
② 위생 및 안전규정을 준수해야 한다.
③ 바른 품행과 상냥한 언행으로 고객을 대한다.
④ 타인에 대한 험담을 하지 않고 언쟁을 하지 않는다.
⑤ 고객이 원하는 알맞은 서비스를 성실하게 제공하여야 한다.

3) 고용주와 동료에 대한 직업적 윤리

① 맡은 바 의무를 다해야 한다.
② 동료들과는 협조와 배려를 한다.
③ 동료들의 재능을 인정하며 존중한다.
④ 고용주와 동료 비난에 동조하지 않도록 한다.
⑤ 본인의 행동에 책임을 지고 정직하여야 한다.

PART 3.

네일 화장물 제거

고객의 네일을 손상시키지 않고 기 작업된 네일 화장물을 네일 파일과 제거제를 사용하여 제거하는 능력

능력단위요소	수 행 준 거
일반 네일 폴리시 제거하기	1.1 일반 네일 폴리시 제거를 위한 제거제를 선택할 수 있다. 1.2 기 작업된 일반 네일 폴리시 제거를 위해 제거제를 사용할 수 있다. 1.3 일반 네일 폴리시의 완전 제거 상태를 확인할 수 있다.
젤 네일 폴리시 제거하기	2.1 젤 네일 폴리시 제거를 위한 제거제를 선택할 수 있다. 2.2 기 작업된 젤 네일 폴리시 제거를 위해 네일 파일과 제거제를 사용할 수 있다. 2.3 젤 네일 폴리시의 완전 제거 상태를 확인할 수 있다.
인조 네일 제거하기	3.1 인조 네일 제거를 위한 제거제를 선택할 수 있다. 3.2 기 작업된 인조 네일 제거를 위해 네일 파일과 제거제를 사용할 수 있다. 3.3 인조 네일의 완전 제거 상태를 확인할 수 있다.

네일 화장물 제거의 주요 학습 포인트!

네일 미용인은 네일관리에 앞서 네일의 구조와 특성을 숙지하고 각 구조에 정확한 명칭과 역할, 주의사항을 고려하여 고객의 네일을 관리해야 한다. 또한 네일의 구조는 다양한 외래어가 사용되므로 국립국어원 외래어 표기법에 따른 정확한 용어를 사용해야 한다.

네일숍에서 네일 미용인이 처음으로 하는 작업이 네일 화장물의 제거일 경우가 많다. 그래서 네일 화장물 제거의 작업을 쉬운 과정이라고 판단하기 쉬우나 잘못된 네일 파일의 사용은 네일 손상의 가장 큰 원인이 될 뿐만 아니라 네일의 변형을 가져 올 수도 있는 중요하고 어려운 과정이다.

고객의 손에 도포되어 있는 네일 화장물의 유형을 파악할 수 있어야 하며, 네일 화장물에 종류에 따라 정확한 제거제를 선택해야 한다. 또한 잘못된 네일 화장물 제거제를 장시간 사용할 경우 네일과 네일 주변 피부에 손상을 줄 수 있으므로 각별히 유의해야 한다.

본 파트에서는 네일의 구조와 특성에 대해 알아보고 네일 화장물 제거제의 성분과 특성도 함께 숙지한다. 그리고 손상 없이 네일 화장물을 제거하는 방법과 제거 후 고객의 네일의 형태를 조형하는 방법에 대하여 학습한다.

SECTION 1	네일의 구조와 특성
SECTION 2	네일 파일의 분류
SECTION 3	네일 화장물 제거제의 특성
SECTION 4	일반 네일 폴리시 제거
SECTION 5	젤 네일 폴리시 제거
SECTION 6	인조 네일 제거

SECTION 1. 네일의 구조와 특성

1. 네일의 구조

[네일의 구조 및 각 부위 명칭과 역할]

구 분	명칭	영어표기	의 미	의 학
네일 자체	네일 루트	Nail Root	손・발톱 뿌리	조근(爪根)
	네일 보디 네일 플레이트	Nail Body Nail Plate	손・발톱 자체	조체(爪體)
	프리에지	Free Edge	손・발톱 끝 부분	자유연(自由緣)
네일 밑 피부 조직	매트릭스	Matrix	손・발톱 바탕 질	조모(爪母)
	루눌라	Lunula	속 손・발톱	조반월(爪半月)
	네일 베드	Nail Bed	손・발톱 밑바닥	조상(爪床)
	스트레스 포인트	Stress Point	황색선 양쪽 끝 점	-
	옐로 라인	Yellow Line	황색선	-
네일을 둘러싼 피부	네일 폴드	Nail Fold	손・발톱 주름	조주름(爪皺)
	에포니키움	Eponychium	큐티클을 덮고 있는 피부	상조피(上爪皮)
	큐티클	Cuticle	손・발톱 뿌리 부분을 덮고 있는 얇은 각질 막	조소피(爪小皮)
	네일 그루브	Nail Groove	손・발톱 홈	조구(爪區)
	네일 월	Nail Wall	손・발톱 성곽	조벽(爪壁)
	하이포니키움	Hyponychium	손・발톱 끝 밑 피부	하조피(下爪皮)

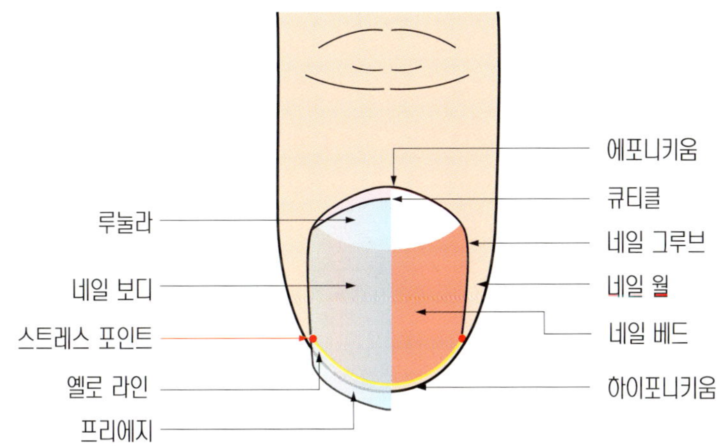

[네일의 정면 구조]

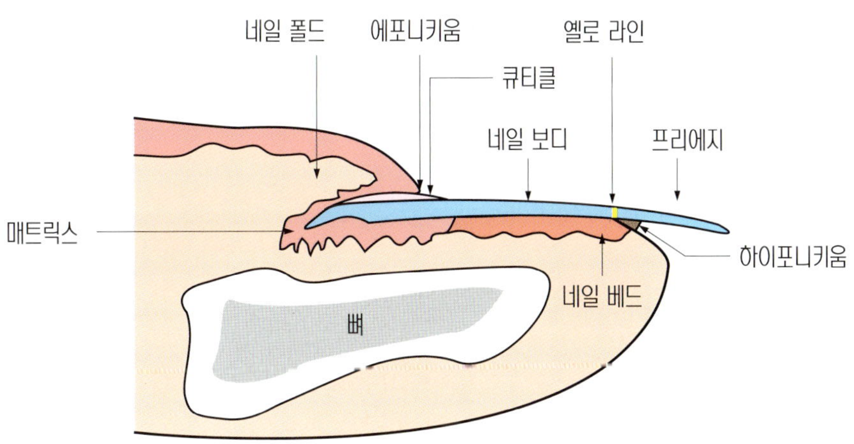

[네일의 옆면 구조]

1) 네일 자체의 구조

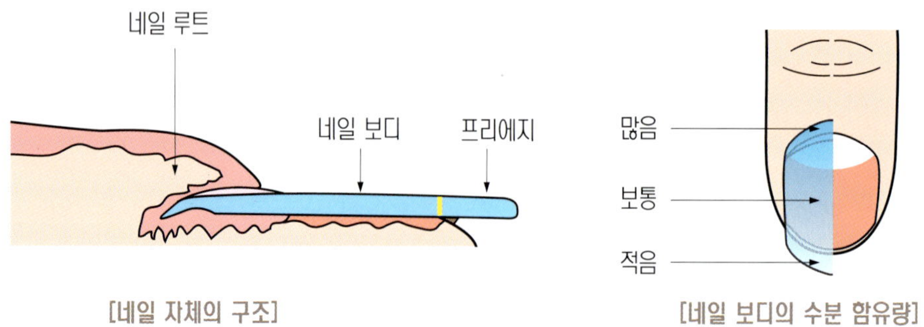

[네일 자체의 구조] [네일 보디의 수분 함유량]

(1) 네일 루트(조근)

네일 루트는 피부 밑에 묻혀 있는 손톱의 근원이 되는 부분으로 얇고 부드러우며 네일이 자라기 시작하는 네일의 뿌리 부분이다.

(2) 네일 보디(조체)

네일 보디는 육안으로 보이는 네일을 말하며 일반적으로 손톱이라고 부른다. 각질층이 변형된 것으로 신경조직과 혈관이 없고 산소를 필요로 하지 않으며 여러 개의 얇은 겹으로 3개의 단단한 층으로 구성되어 있다. 네일 보디는 수분의 함유량에 따라 3개의 부분으로 구분될 수 있다.

① 루눌라 윗부분의 네일 보디 : 유백색으로 수분을 가장 많이 함유하고 있으며 외부의 충격이나 네일 도구의 사용으로(각도, 힘 조절) 네일의 굴곡이 발생하기 쉬운 부분이므로 각별히 주의가 필요한 부분이다.

② 네일 베드 윗부분의 네일 보디 : 반투명으로 일정 부분 수분을 공급받으며 우리가 일반적으로 네일의 수분 함유량을 말하는 부분이다.

③ 옐로 라인 아래의 네일 보디 : 수분 공급이 원활히 이루어지지 않는 손 · 발톱 끝부분으로 건조해져 잘라내는 프리에지로 구분된다.

(3) 프리에지(자유연)

프리에지는 네일의 끝 단면을 지칭하나 네일 분야에서는 네일 보디가 자라나와 네일 베드와 분리되는 엘로 라인 아래 부분의 네일과 네일의 끝 단면까지의 전체를 지칭한다. 프리에지는 네일의 형태와 길이를 자유롭게 조절할 수 있는 부분이며 프리에지의 끝 단면으로 갈수록 수분공급이 더뎌 네일이 갈라지거나 건조해질 수 있다. 프리에지는 각기 다른 각질 배열로 이루어져 있으며 아래층에 각질배열은 세로, 중간층은 가로, 위층은 세로로 되어있다.

2) 네일 밑의 피부조직

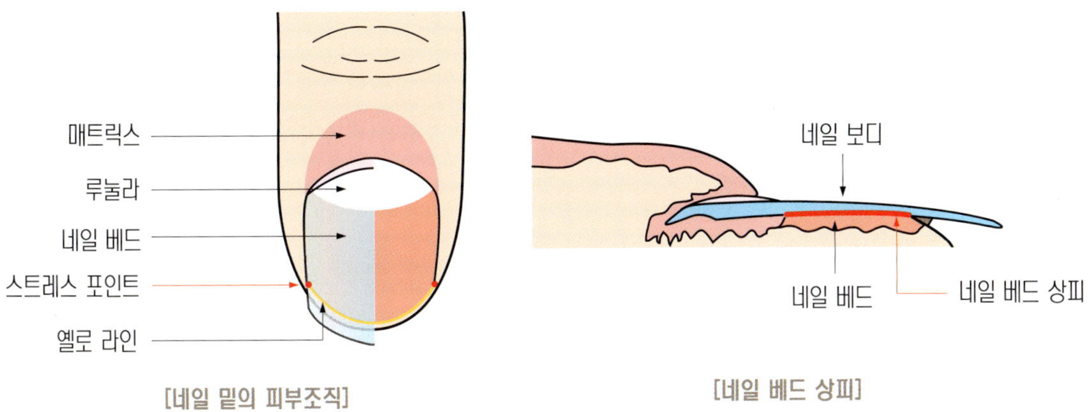

[네일 밑의 피부조직] [네일 베드 상피]

(1) 루눌라(조반월)

루눌라는 유백색의 반달 모양으로 케라틴화가 덜된 연 케라틴의 부분이다. 케라틴 세포가 저장되는 외부에서 보이는 매트릭스에 해당되며 네일 베드와 네일 루트, 네일 매트릭스를 연결해 주는 역할을 한다.

(2) 네일 베드(조상)

네일 보디 밑의 피부를 말하며 네일 보디를 받쳐주고 단단히 부착하는 역할을 한다. 모세혈관이 있어 네일이 핑크빛을 띠게 되고 신진대사와 수분을 공급하며 혈액세포, 감각세포, 멜라닌세포가 위치해 있다. 네일은 네일 베드를 따라 움직이며 네일 베드와 네일 보디 사이에는 네일의 성장 진입방향을 조력하는 네일 베드 상피(네일 베드 에피더리움, Nail Bed Epithelium)가 존재한다.

(3) 스트레스 포인트(Stress Point)

스트레스 포인트는 네일 보디가 네일 베드에서 분리되는 옐로 라인의 양쪽 끝 부분으로 라운드와 오발 형태를 구분하는 부분이다. 외부적인 충격을 많이 받는 부분으로 쉽게 찢어질 수 있기 때문에 인조 네일 작업 시 이 부뷰을 잘 덮지 않으면 손상을 가져올 수 있다.

(4) 옐로 라인(Yellow Line)

옐로 라인은 네일 보디가 네일 베드에서 분리되어 피부가 시작되는 노란 빛의 얇은 라인이다. 프렌치 컬러링에서 프렌치 라인을 그리는 부분이다.

(5) 매트릭스(조모)

매트릭스는 네일을 만드는 세포를 생성하며 성장을 담당하는 중요한 역할을 하며 매트릭스가 손상되면 네일이 더 이상 자라지 않거나 네일의 변형을 가져올 수 있다. 네일 루트 밑에 있으며 모세혈관, 림프, 신경조직 등이 있다. 매트릭스의 세포 배열 길이는 네일의 두께를 결정하며, 매트릭스의 크기와 모양은 네일의 크기와 모양과 관련이 있다.

[매트릭스의 세포배열의 길이와 네일의 두께]

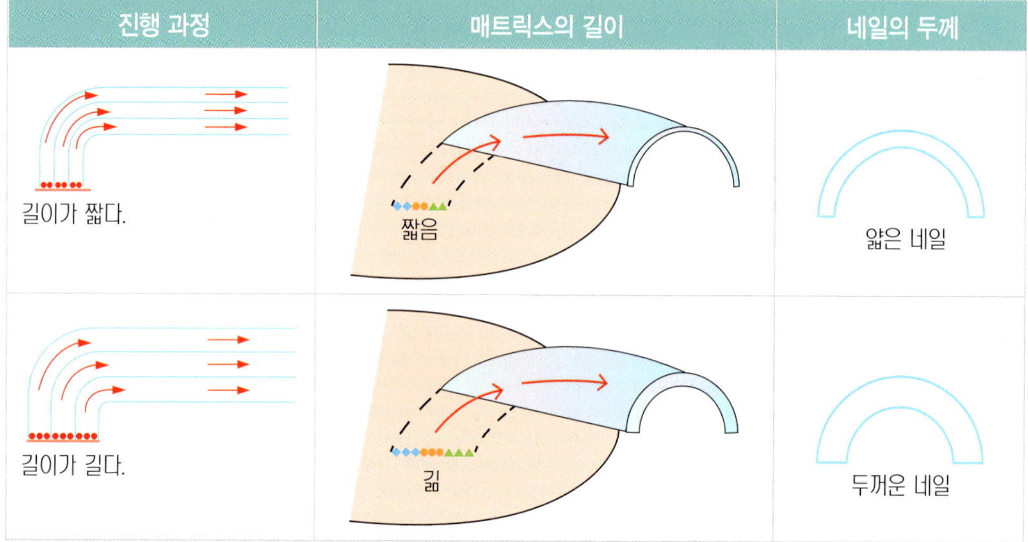

[매트릭스의 크기와 네일의 크기]

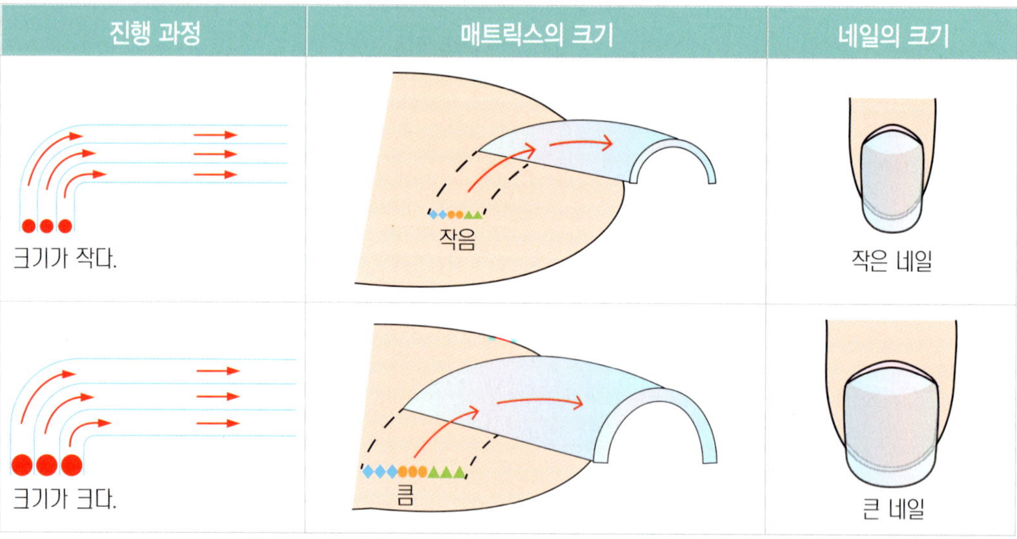

매트릭스의 성장방향에 따라 앞부분의 매트릭스는 프리에지의 아래층을 형성하며 중간 부분은 중간층 뒷부분은 위층을 형성한다. 또한 프리에지의 아래층의 각질 배열은 세로, 중간층은 가로, 위층은 세로의 각질 배열로 되어있다.

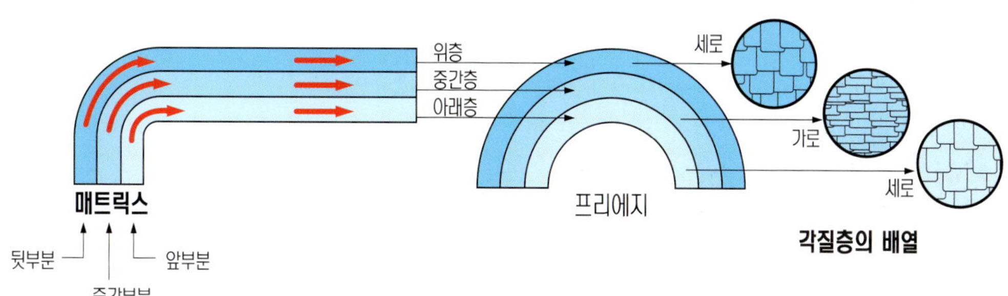

매트릭스의 위치	프리에지의 위치	각질배열
앞부분	아래층	세로
중간부분	중간층	가로
뒷부분	위층	세로

[매트릭스의 성장방향과 각질 배열]

네일 상식

앞서 설명한 대로 프리에지의 윗부분의 각질배열은 세로방향이다. 이러한 이유로 자연 네일의 네일 파일링을 할 때 네일 파일을 가로로 비벼서 하게 되면 손톱이 겹겹이 벗겨질 수 있다. 따라서 프리에지의 네일 파일링 시 한 방향으로 네일 파일링 해야 한다.

자연 네일의 표면을 다듬을 때도 겹겹이 벗겨지지 않게 네일의 성장 방향인 세로 방향(큐티클 부분에서 프리에지 방향)으로 해야 하며, 인조 네일의 작업 시에는 오버레이하는 네일 재료의 부착력과 유지력을 높이기 위해 네일 보다 윗부분에 각질층을 제거하는 가로 방향으로 하는 것이 효과적이다.

3) 네일을 둘러싼 피부

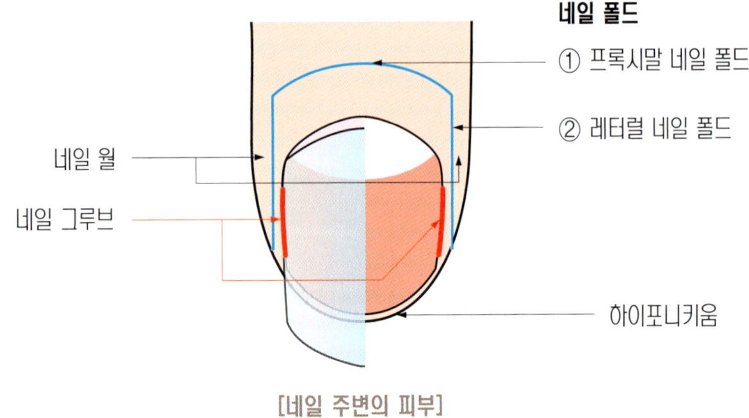

[네일 주변의 피부]

(1) 네일 폴드(조주름)

네일 보디의 윗부분과 옆선에 맞추어 형성되어 있고 네일 보디를 밀어주며 단단한 방어막 역할을 하는 피부 속의 주름이다.

① 프록시말 네일 폴드(Proximal Nail Fold) : 네일이 시작되는 근위부 중심에서 네일 보디에 맞추어 형성되어 있는 피부 주름이다.
② 레터럴 네일 폴드(Lateral Nail Fold) : 네일의 옆면에 맞추어 형성되어 있는 피부 주름이다.

(2) 네일 월(조벽)

네일 보디 옆면과 네일 폴드 사이에 접혀져 벽으로 형성된 성곽 부분이다.

(3) 네일 그루브(조구)

네일 보디 옆면과 네일 폴드 사이에 접혀진 홈을 말한다.

(4) 하이포니키움(하조피)

옐로 라인 밑에 위치해 있으며, 프리에지 아래의 돌출된 피부조직이다. 박테리아와 이물질의 침입으로부터 네일을 보호하는 방어막 역할을 한다. 잘못된 네일 파일과 네일 클리퍼의 사용으로 하이포니키움에 상처가 생기면 네일 베드에서 네일 보디가 분리될 수 있고 질병에 감염될 수 있으므로 주의해야 한다.

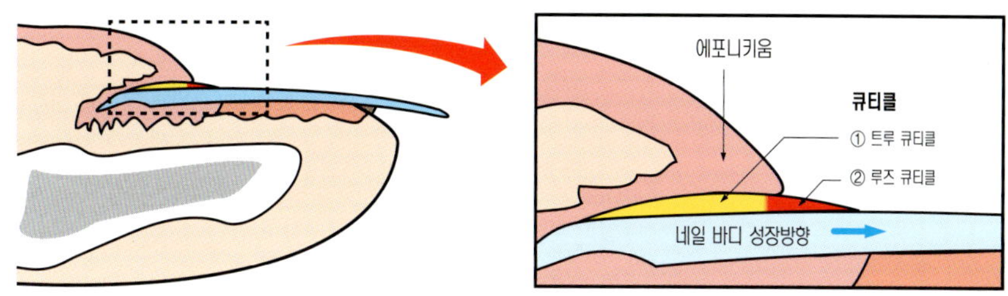

[에포니키움과 큐티클의 구분]

(5) 에포니키움(상조피)

네일 보디의 시작점에서 자라나는 피부로 큐티클 위를 덮고 있다. 에포니키움 아래는 끈적한 형질로 되어있으며 네일 매트릭스를 보호하는 역할을 한다. 잘못된 네일 도구의 사용으로 인한 에포니키움에 부상은 영구적인 손상을 초래하며 질병에 감염될 수 있다.

(6) 큐티클(조소피)

네일에 단단히 붙어 자라 나오며 세포가 분비하는 물질이 굳어서 이루어진 얇은 각질막이다. 네일 루트에서부터 시작되어 에포니키움과 네일 보디 사이에 있으며 루눌라를 덥고 있다. 매트릭스를 보호하고 수분의 증발을 방지하는 역할을 하므로 과도한 큐티클의 정리는 손 주변 피부를 건조하게 하고 네일 병변에 우려가 있으므로 주의해야 한다.

① 트루 큐티클(True Cuticle) : 외부적으로 보이지 않는 부분으로 매트릭스를 세균으로부터 보호하는 역할을 하므로 완전히 제거할 수 없다.
② 루즈 큐티클(Loose Cuticle) : 외부적으로 보이는 부분으로 물과 이물질 등으로 인해 느슨해진 죽은 각질이므로 네일 미용인이 미적 목적으로 정리할 수 있다.

2. 네일의 특성

1) 네일의 정의

[네일의 분류]

구분	정의
네일 Nail	손톱(핑거네일, Fingernail)과 발톱(토네일, Toenail)을 총칭하는 단어
자연 네일 Natural Nail	네일 표면에 아무것도 도포되지 않은 내추럴한 상태의 손톱과 발톱
인조 네일 Artificial Nail	네일 표면에 다양한 네일 재료를 사용하여 인위적으로 만든 손톱과 발톱

2) 네일의 특성

① 네일은 줄무늬 사이를 뜻하는 그리스어인 오니코(Onycho)에서 유래되었다.
② 각질층이 변형된 것으로 얇은 겹으로 이루어져 있으며 윗부분은 세로형, 중간층은 가로형, 아래층은 세로형의 3개 층의 각질 배열로 구성되어 있다.
③ 반투명의 경 케라틴 단백질로 이루어져 있으며 시스테인을 포함한 아미노산 등으로 구성되어 있고 케라틴의 합성을 돕고 시스틴을 단단히 묶어주는 연결고리 역할을 하는 약 3~5%의 황이 포함되어 있다.
④ 케라틴의 주요 구성 성분은 글루탐산, 알기닌, 시스틴 등의 아미노산이며, 그중에서도 시스틴의 함유량이 가장 많다.
⑤ 네일의 경도는 수분의 함유량과 케라틴의 조성에 따라 다르다.
⑥ 네일은 산소를 필요로 하지 않고 땀을 배출하지 않는다.
⑦ 네일은 네일 베드에서 공급받은 일정 부분에 수분을 함유하고 수분을 통과시키는 역할을 한다. 약 8~18%의 수분과 약 0.15~0.75%의 유분을 함유하고 있으며 건강한 손톱 약 12~18%의 수분을 함유하고 있다.
⑧ 네일 폴리시를 작업해도 네일 보디에서 수분은 통과되나 수분의 증발력이 20% 정도 감소되며 젤 네일 폴리시나 인조 네일의 작업 시에는 수분 증발력이 현저히 감소된다.

네일 상식

네일 폴리시나 젤 네일 폴리시 작업 후에 네일이 숨을 쉬지 못해요!

네일은 산소를 필요로 하지 않기 때문에 이는 심리적으로 예민한 이유와 수분 증발이 갑자기 더뎌지기 때문에 느껴지는 현상이다.

3) 네일의 태생

① 임신 9주째부터 태아의 네일 끝마디 뼈 윗부분부터 손톱의 성장부위가 형성되어 피부가 휘어져 들어가기 시작하며 손톱의 성장이 시작된다.
② 임신 약 14주째부터 손톱이 나타나기 시작되며 자라는 모습을 확인할 수 있다.
③ 임신 약 20주째가 되면 완전한 손톱이 형성된다.

4) 네일의 성장

① 손톱은 1일 평균 약 0.1~0.15mm, 1달에 약 3~5mm 정도의 길이로 자라난다.
② 손톱이 탈락한 후 완전히 재생하는 기간은 약 4~6개월이 소요되며, 발톱은 손톱의 1/2 정도로 늦게 자란다.
③ 손·발톱은 매트릭스에 의해 만들어지고 계속 성장하여 자라나온다.

[네일의 성장속도]

성장 속도	내용
빠름	청소년, 남성, 중지, 임신 후반기, 여름
느림	노인, 여성, 소지, 비임신, 겨울

5) 건강한 네일

① 네일 베드에 단단하게 부착되어 있어야 한다.
② 유연성과 탄력이 있고 강도가 있어야 한다.
③ 12~18%의 수분을 함유하고 있어야 한다.
④ 표면이 매끄럽고 광택이 나며 윤기가 있어야 한다.
⑤ 박테리아의 침범이 없고 진균의 감염이 없어야 한다.
⑥ 둥근 아치 모양을 형성하고 네일 베드가 핑크빛을 띠어야 한다.

6) 네일의 기능

① 손가락 끝의 예민한 신경을 강화하고 손끝과 발끝을 보호한다.
② 감염이나 외부환경으로부터 손가락을 보호한다.
③ 물건을 긁거나, 잡고 들어 올리는 기능을 한다.
④ 모양을 구별하며 섬세한 작업을 가능하게 한다.
⑤ 방어와 공격, 미용의 장식적인 기능을 갖는다.

7) 자연 네일의 이상적인 길이

(1) 자연 네일의 이상적인 프리에지 길이

네일 보디를 3등분하여 3분의 1이 넘지 않는 길이가 가장 이상적인 프리에지의 길이이다. 예) 네일 보디의 길이 : 0.9cm, 프리에지의 길이는 0.3cm 이하

(2) 자연 네일의 한계의 프리에지 길이

네일 보디를 2등분하여 2분의 1이 프리에지의 길이라면 자연 네일 자체로는 부러질 수 있으므로 자연 네일을 보강하거나 인조 네일을 권하는 것이 적합하다.

[자연 네일의 프리에지 길이]

8) 인조 네일의 이상적인 길이

(1) 인조 네일의 이상적인 프리에지 길이

네일 보디의 2분의 1이상부터 네일 보디와 프리에지의 길이가 1 : 1이 넘지 않아야 한다.

(2) 인조 네일의 한계의 프리에지 길이

네일 보디의 길이가 프리에지의 길이와 같거나 프리에지의 길이보다 길면 부러지거나 찢어져서 네일 보디 자체에 손상을 줄 수 있다. 불가피한 경우를 제외하고는 네일 보디보다 프리에지의 길이가 길지 않게 조절하는 것이 바람직하다.

[인조 네일의 프리에지 길이]

1. 네일 파일(Nail File)

네일 파일은 자연 네일과 인조 네일 작업 시 필요한 모든 네일 파일류를 총칭하는 용어이며, 자연 네일용 파일, 인조 네일용 파일, 샌딩 파일, 광택용 파일로 구분된다. 소독 후 재사용 가능한 파일은 워셔블(Washable)로 표기된 네일 파일류이며, 철제 파일은 열을 발생시켜 네일을 건조하고 약하게 하므로 사용하지 않는 것이 적절하다.

2. 그릿(Grit)

네일 파일은 그릿으로 표시되며 그릿 숫자에 따라 분류한다. 그릿이란 하나의 네일 파일 위에 연마재의 양(수)을 표시하는 단위이다. 예를 들어 네일 파일 사각 면적 위에 100개의 연마재를 올렸을 때 만들어지는 네일 파일을 100그릿이라고 하며 네일 파일 사각 면적에 240개의 연마재가 올려져 있으면 240그릿이라고 한다. 네일 파일 사각 면적 위에 더 많은 연마재를 올리려면 연마재의 입자가 작아지고 부드러워진다. 따라서 연마재가 많을수록 그릿 수는 높아지며 입자가 작아 부드럽고 그릿 수가 낮을수록 거친 네일 파일이 된다. 앞뒷면에 따라 그릿 수가 다르게 표시되어 사용하는 파일도 있으니 유의하여 사용해야 한다.

[네일 파일과 그릿숫자]

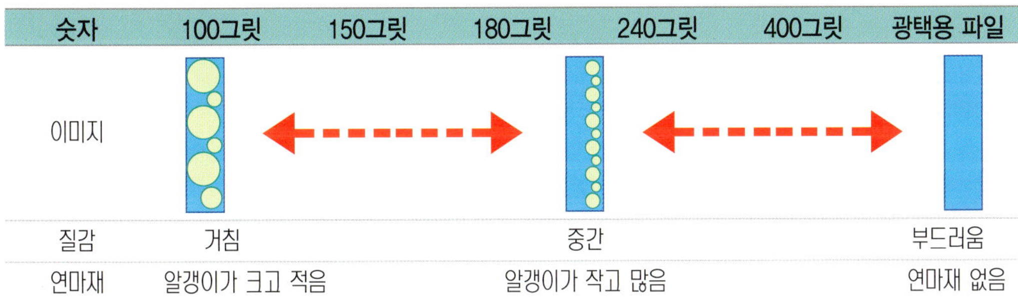

숫자	100그릿	150그릿	180그릿	240그릿	400그릿	광택용 파일
이미지						
질감	거침		중간			부드러움
연마재	알갱이가 크고 적음		알갱이가 작고 많음			연마재 없음

[그릿 숫자에 따른 적절한 네일 파일 선택방법]

그릿	내용
150그릿 이하	아크릴 네일 제거, 인조 네일의 길이 조절, 심한 두께 조절
150~180그릿	네일 팁 딕 제거, 표면과 두께 조절 인조 네일의 형태 조형
180~240그릿	자연 네일 광택 제거, 형태 조형, 길이 조절 인조 네일의 세밀한 형태 조형, 표면 다듬기
240~400그릿	표면을 세심하게 다듬기
400그릿 이상	표면을 보다 세밀하게 다듬기
광택용 파일	점차적으로 광택을 내기 위해 사용

3. 네일 파일의 분류

1) 자연 네일용 파일

자연 네일의 길이 조절과 형태를 조형하는데 사용하는 네일 파일이다. 자연 네일은 180그릿 이상의 부드러운 우드파일을 사용해야 하며 힘을 주어서 비비거나 왕복하지 말고 한쪽 방향으로 네일 파일링해야 한다.

2) 인조 네일용 파일

인조 네일의 길이 조절과 형태 조형, 제거 등의 인조 네일의 작업 시 사용하는 네일 파일이다. 그릿 숫자에 따른 적절한 네일 파일을 선택하여 네일 주변 피부에 주의하며 네일 파일링해야 한다.

3) 광택용 파일(Shiner File)

네일 파일의 한 종류이며 최종 단계에는 연마재가 없는 광택을 내는 네일 파일이다.

일반적으로 세미가죽으로 되어 있으며 보통 단계별로 사용하는데 면에 따라 점차 더 부드러워지며 광택이 난다. 2단계로 광을 내는 2way, 3단계로 광을 내는 3way 광택용 파일 등이 있다. 네일의 표면을 비비거나 문질러서 사용한다.

4) 샌딩 파일(Sanding File)

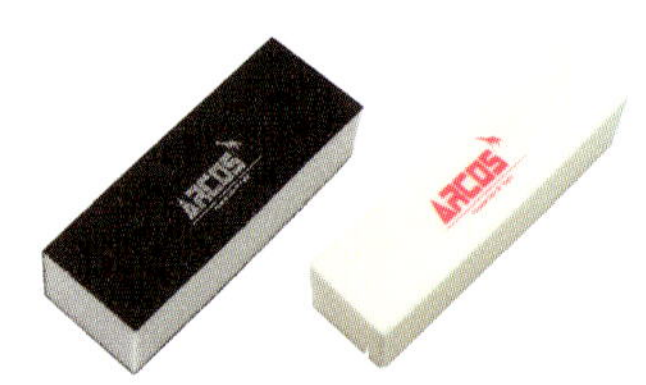

네일 표면의 굴곡을 매끄럽게 해주거나 자연 네일의 광택을 제거하기 위해 사용하는 네일 파일이다.

자연 네일의 표면을 다듬을 때는 네일 표면에 굴곡이 심한 경우를 제외하고 자연 네일의 손상을 방지하기 위해 180그릿 이상의 부드러운 샌딩 파일을 사용하여 네일의 성장 방향(매트릭스에서 프리에지)인 세로로 네일 파일링한다. 인조 네일을 다듬을 때에는 비비거나 문질러서 인조 네일의 표면을 매끄럽게 네일 파일링한다.

1. 네일 화장물 제거 작업의 유형 파악

네일 화장물 제거제란 네일 화장물을 용해시켜 제거하는 제품을 말한다. 고객이 재방문한 고객이라면 고객관리대장을 확인한 후 작업의 유형을 파악하고 알맞은 네일 화장물 제거 방법을 수행한다. 고객이 처음 방문한 고객이라면 고객에게 작업의 유형을 확인하는 방법이 있다. 그러나 일부 고객은 네일 화장물의 종류를 정확이 인지하고 있지 않을 수 도 있고 인조 네일의 경우 네일 재료가 혼합되어 사용하기 때문에 네일 미용사가 정확하게 판단한 후 네일 화장물 제거제를 선택하도록 한다.

2. 네일 화장물 제거제의 분류

아세톤(Acetone)

- 특성 : 네일 팁, 아크릴, 젤 등의 인조 네일을 제거할 때 사용하는 용액이다. 아세톤은 가장 간단하고 대표적인 케톤으로 독특한 냄새가 있는 무색투명한 휘발성이 강한 액체로 유기 용매에 잘 녹으며 인화성이 있는 물질로 아세톤의 잦은 사용은 네일의 탈수와 손 주위 피부의 건조함을 유발할 수 있기 때문에 주의해서 사용해야 한다.
- 주요성분 : 아세톤(Acetone)

일반 네일 폴리시리무버(Nail Polish Remover)

- 특성 : 네일 폴리시를 제거할 때 사용하는 용액이다. 일반적으로는 아세톤 성분을 포함하고 있으며 아세톤 성분 이외에 보습에 도움이 되는 성분이 포함되어 있다.
- 주요성분 : 아세톤(Acetone), 에틸아세테이트(Ethyl Acetate), 오일(Oil), 글리세롤(Glycerol)

젤 네일 폴리시리무버(Gel Nail Polish Remover)

- 특성 : 젤 네일 폴리시를 제거할 때 사용하는 용액이다. 일반 네일 폴리시에 비해 아세톤의 함유량이 높다.
- 주요성분 : 아세톤(Acetone), 에틸아세테이트(Ethyl Acetate), 오일(Oil), 글리세롤(Glycerol)

네일 상식

논 아세톤, 아세톤 프리(Non-Acetone, Acetone Free)란 네일 폴리시나 젤 네일 폴리시, 인조 네일을 제거할 때 사용하는 용액에 아세톤 성분을 포함하고 있지 않는 제품을 말한다.

◈ 네일 화장물 제거 작업 준비사항

※ 작업자의 복장 및 작업대 준비

① 작업자는 위생가운과 마스크를 착용한다.
② 작업대를 소독한 후 수건을 깔고 위생봉지를 붙인다.
③ 고객의 방향에 손목 받침대를 올려놓고 손목 받침대 앞쪽으로 키친타월을 깐다.
④ 재료 정리함을 사용하기 편한 위치에 놓는다.

[작업대 준비물품]

준비물품	수건, 손목 받침대, 키친타월, 위생봉지, 재료 정리함

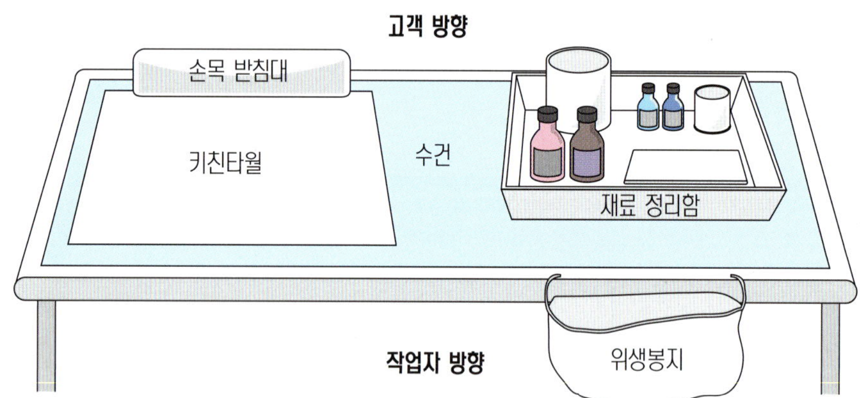

※ 재료 정리함 준비

① 재료 정리함에 네일 화장물 제거 재료를 준비하고 네일 도구의 소독을 마친다.
② 소독용기 바닥에 탈지면을 깔고 큐티클 니퍼, 큐티클 푸셔, 오렌지 우드스틱, 네일 더스트 브러시, 네일 클리퍼를 넣고 에탄올수용액 70%에 10분 이상 담가준다.
③ 파일 꽂이에 자연 네일용 파일, 인조 네일용 파일, 샌딩 파일을 꽂아준다.
④ 뚜껑이 있는 용기에 소독용 탈지면과 제거용 탈지면, 멸균거즈를 넣어둔다.
⑤ 알루미늄 포일은 8×8cm 정도의 사이즈로 잘라 필요한 만큼 준비해 둔다.

[재료 정리함 준비물품]

준비물품	· 소독용기(큐티클 니퍼, 큐티클 푸셔, 네일 클리퍼, 오렌지 우드스틱, 네일 더스트 브러시) · 파일 꽂이(자연 네일용 파일, 인조 네일용 파일, 샌딩 파일) · 용기(소독용 탈지면, 제거용 탈지면, 멸균거즈) · 제거제(네일 폴리시리무버, 아세톤, 젤 네일 폴리시리무버), 큐티클 오일, 알루미늄 포일 · 에탄올, 소독제, 지혈제

SECTION 4. 일반 네일 폴리시 제거

1. 일반 네일 폴리시 제거 작업 순서

① 소독제를 탈지면에 분사하여 작업자의 양손과 손톱 주변, 손톱을 소독한다.
② 소독제를 탈지면에 분사하여 고객의 양손과 손톱 주변, 손톱을 소독한다.
③ 일반 네일 폴리시리무버를 탈지면에 적셔 손톱 위에 올린다.

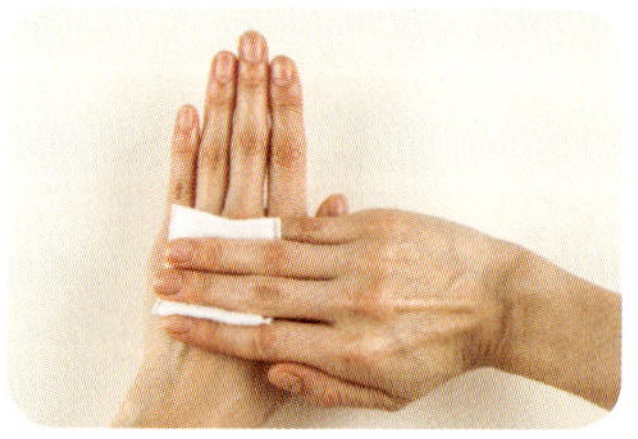
① 작업자 손 소독하기

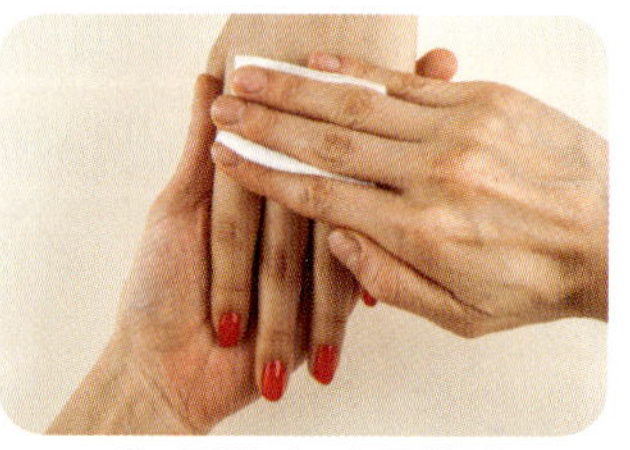
② 고객 손 소독하기

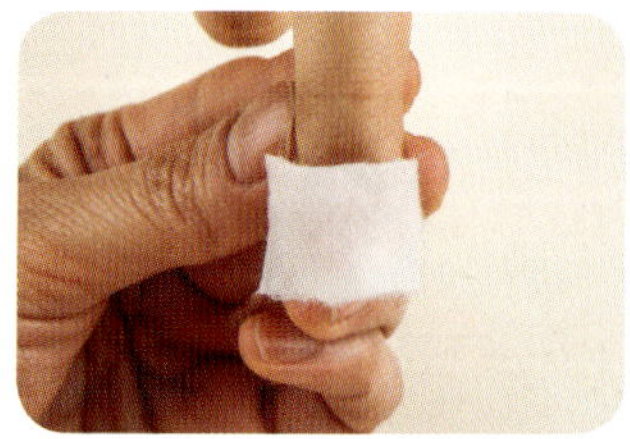
③ 일반 네일 폴리시리무버 도포하기

④ 탈지면을 돌려가며 일반 네일 폴리시를 제거한다.
⑤ 오렌지 우드스틱 사용하여 손톱 주변에 네일 폴리시 잔여물을 제거한다.
⑥ 자연 네일용 파일을 사용하여 프리에지의 형태를 조형한다.

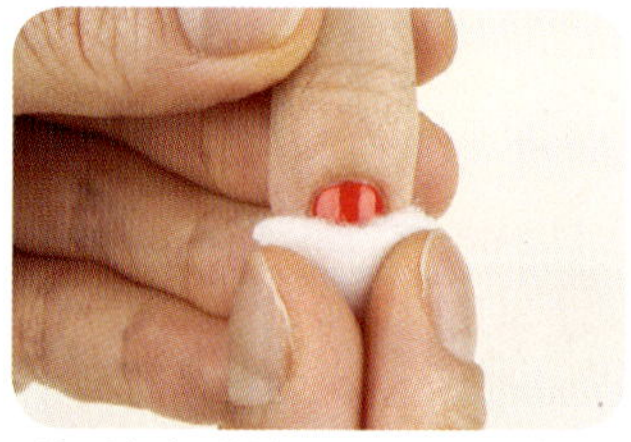
④ 일반 네일 폴리시 제거하기

⑤ 잔여물 제거하기

⑥ 프리에지 형태 조형하기

⑦ 샌딩 파일을 사용하여 손톱 표면을 다듬고 거스러미를 제거한다.
⑧ 네일 더스트 브러시를 사용하여 분진을 제거한다.
⑨ 냉·온 수건 또는 멸균거즈를 사용하여 양손과 손톱 주변, 손톱을 닦아준다.

⑦ 표면 다듬기

⑧ 분진 제거하기

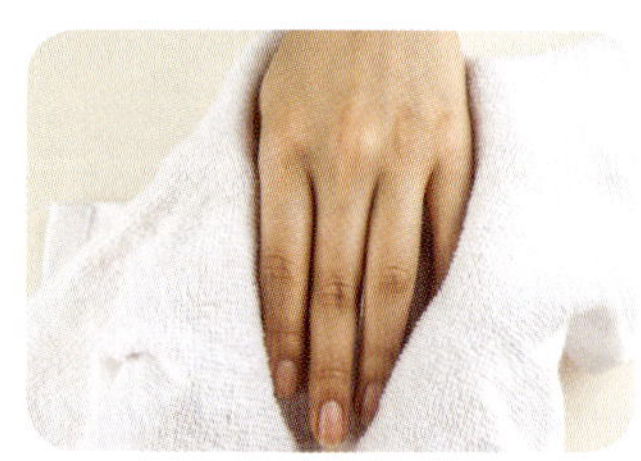
⑨ 손 닦아내기

2. 일반 네일 폴리시 제거 작업 순서 정리

손 소독 → 일반 네일 폴리시리무버 도포 → 일반 네일 폴리시 제거 → 잔여물 제거 → 형태 조형 → 표면 정리 → 분진 제거 → 손 닦기

3. 일반 네일 폴리시 제거 완성

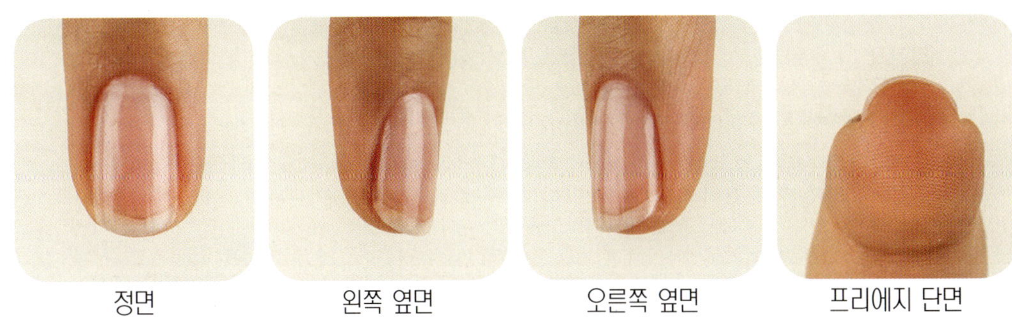

정면 | 왼쪽 옆면 | 오른쪽 옆면 | 프리에지 단면

4. 일반 네일 폴리시 제거 확인

순번	확인 사항	확인
①	올바른 제거제를 선택하였는지 확인	
②	자연 손톱이 손상되지 않았는지 확인	
③	출혈이 발생하지 않았는지 확인	
④	손톱 주변 잔여물과 손톱 아래 위생 상태를 확인	
⑤	일반 네일 폴리시가 깨끗하게 제거되었는지 확인	
⑥	프리에지 형태가 전부 동일한지 확인	

SECTION 5. 젤 네일 폴리시 제거

1. 젤 네일 폴리시 제거 작업 순서

① 소독제를 탈지면에 분사하여 작업자의 양손과 손톱 주변, 손톱을 소독한다.
② 소독제를 탈지면에 분사하여 고객의 양손과 손톱 주변, 손톱을 소독한다.
③ 네일 클리퍼를 사용하여 젤 네일의 길이를 줄일 수 있다.

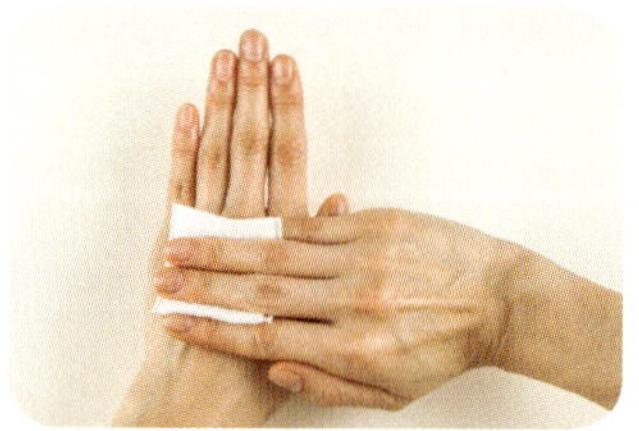

① 작업자 손 소독하기

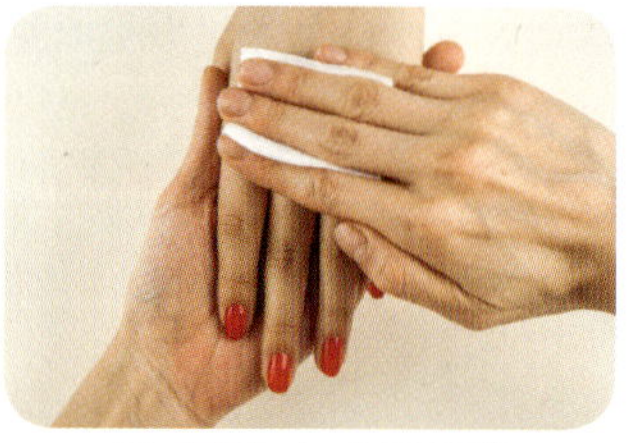

② 고객 손 소독하기

③ 길이 줄이기

④ 인조 네일용 파일을 사용하여 젤 네일의 두께를 줄인다.
⑤ 네일 더스트 브러시를 사용하여 손톱 주변의 분진을 제거한다.
⑥ 손톱 주변 피부를 보호하기 위해 큐티클 오일을 손톱 주변에 도포한다.

④ 두께 줄이기

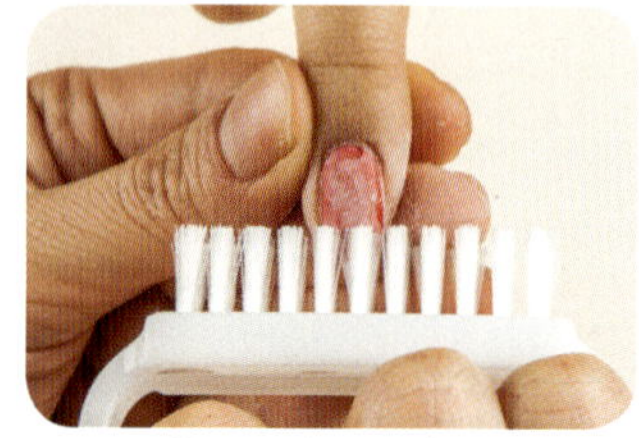

⑤ 분진 제거하기

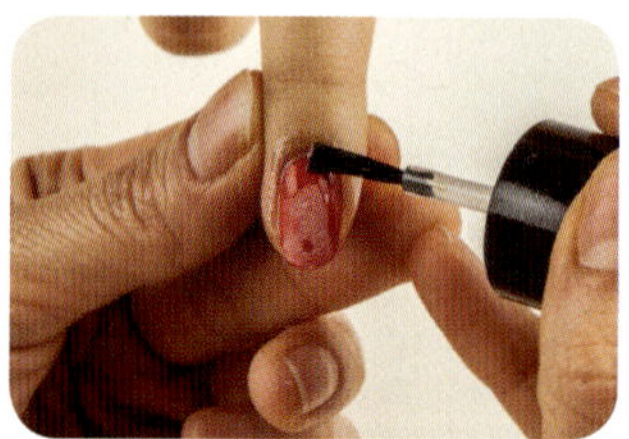

⑥ 큐티클 오일 도포하기

⑦ 젤 네일 폴리시리무버 또는 아세톤을 탈지면에 적셔 손톱 위에 올린다.
⑧ 포일을 사용하여 손톱을 감싸준다. 약 10분 후 포일을 제거한다.
⑨ 젤 네일이 충분히 용해된 경우에는 오렌지 우드스틱이나 큐티클 푸셔를 사용하여 젤을 제거한다.

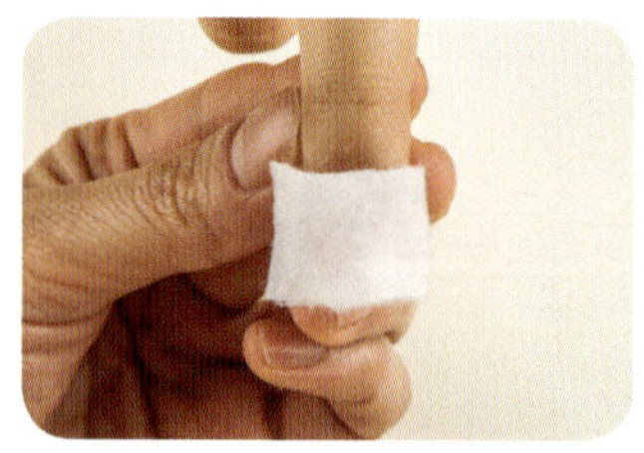

⑦ 젤 네일 폴리시리무버 도포하기

⑧ 포일 마감하기

⑨ 젤 네일 폴리시 제거하기

[젤 네일이 충분히 용해되지 않은 경우]

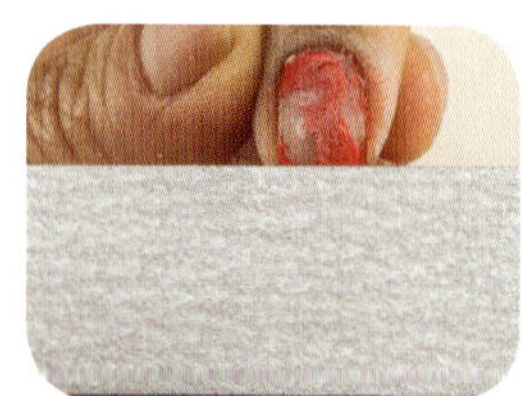

네일 파일링 →

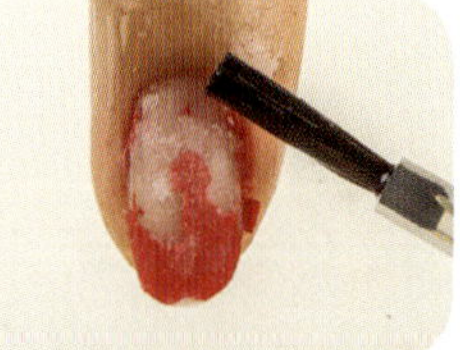

큐티클 오일 도포 →

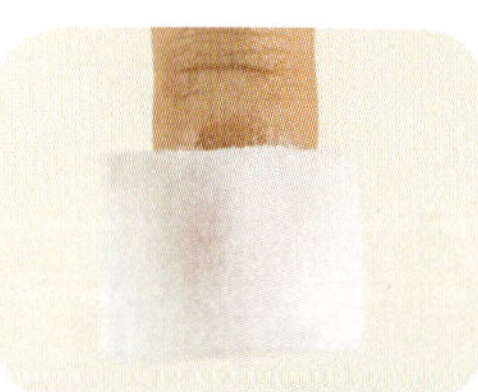

제거제 도포 →

포일 마감

⑩ 자연 네일용 파일을 사용하여 프리에지의 형태를 조형한다.
⑪ 샌딩 파일을 사용하여 손톱 표면을 다듬고 거스러미를 제거한다.
⑫ 네일 더스트 브러시를 사용하여 분진을 제거하고, 냉 · 온 수건 또는 멸균거즈를 사용하여 양손과 손톱 주변, 손톱을 닦아준다.

⑩ 프리에지 형태 조형하기

⑪ 표면 다듬기

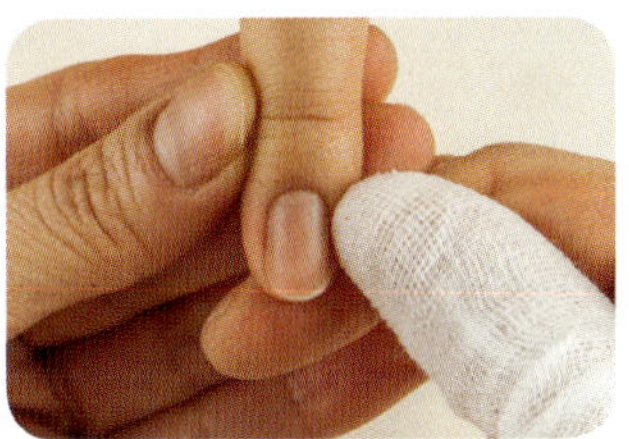
⑫ 손 닦아내기

2. 젤 네일 폴리시 제거 작업 순서 정리

손 소독 → 길이 재단 → 두께 제거 → 분진 제거 → 큐티클 오일 도포 → 젤 네일 폴리시리무버 도포 → 포일 마감 → 젤 제거 → 형태 조형 → 표면 정리 → 분진 제거 → 손 닦기

3. 젤 네일 폴리시 제거 완성

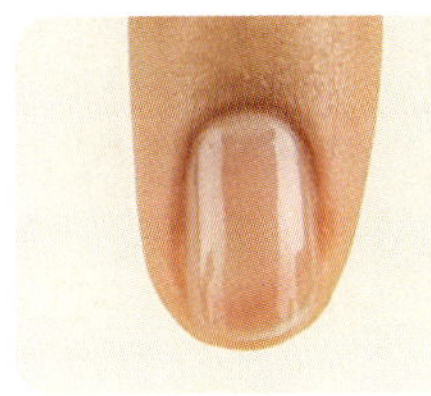
정면

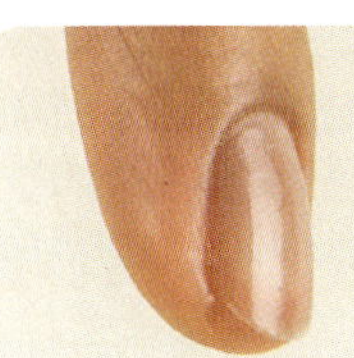
왼쪽 옆면

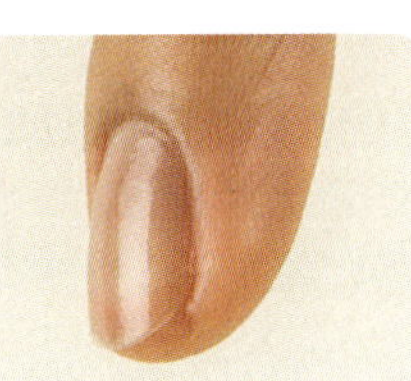
오른쪽 옆면

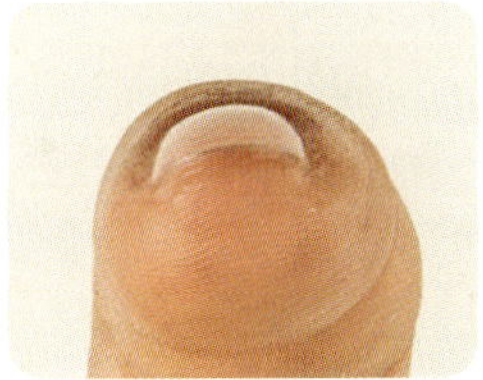
프리에지 단면

4. 젤 네일 폴리시 제거 확인

순번	확인 사항	확인
①	올바른 제거제를 선택하였는지 확인	
②	자연 손톱이 손상되지 않았는지 확인	
③	출혈이 발생하지 않았는지 확인	
④	손톱 주변 잔여물과 손톱 아래 위생 상태를 확인	
⑤	젤 네일 폴리시가 깨끗하게 제거되었는지 확인	
⑥	손톱 주변 피부에 보습을 유지하였는지 확인	
⑦	프리에지 형태가 전부 동일한지 확인	

SECTION 6. 인조 네일 제거

1. 인조 네일 제거 작업 순서

① 소독제를 탈지면에 분사하여 작업자의 양손과 손톱 주변, 손톱을 소독한다.
② 소독제를 탈지면에 분사하여 고객의 양손과 손톱 주변, 손톱을 소독한다.
③ 네일 클리퍼를 사용하여 인조 네일의 길이를 줄일 수 있다.

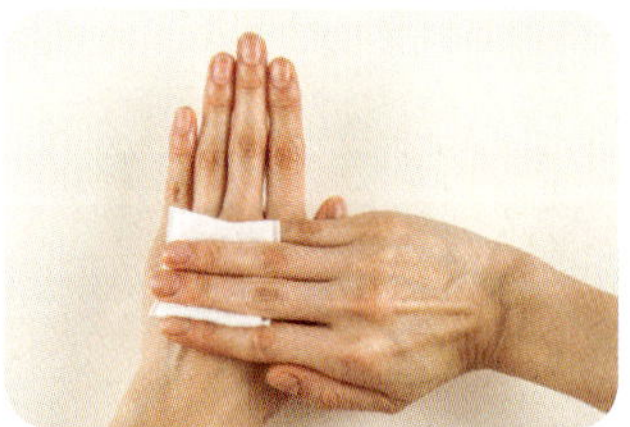
① 작업자 손 소독하기

② 고객 손 소독하기

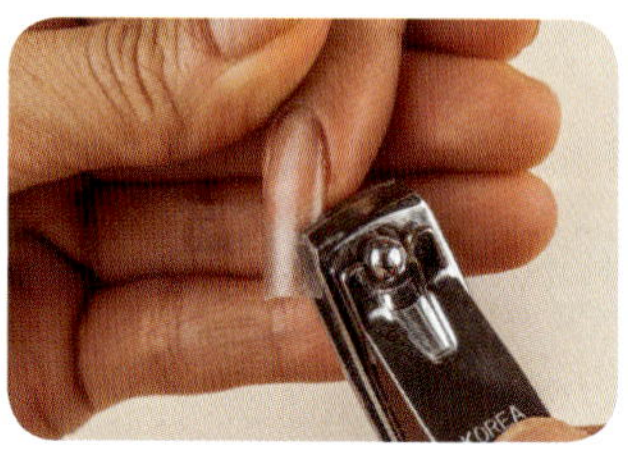
③ 길이 줄이기

④ 인조 네일용 파일을 사용하여 인조 네일의 두께를 줄인다.
⑤ 네일 더스트 브러시를 사용하여 손톱 주변의 분진을 제거한다.
⑥ 손톱 주변 피부를 보호하기 위해 큐티클 오일을 손톱 주변에 도포한다.

④ 두께 줄이기

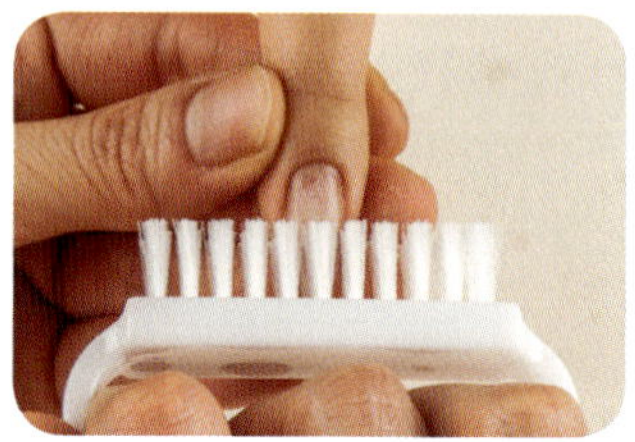
⑤ 분진 제거하기

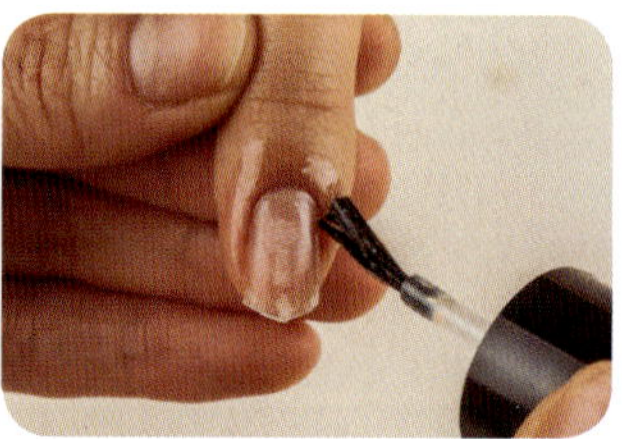
⑥ 큐티클 오일 도포하기

⑦ 아세톤을 탈지면에 적셔 손톱 위에 올린다.
⑧ 포일을 사용하여 손톱을 감싸준다. 약 10분 후 포일을 제거한다.
⑨ 인조 네일이 충분히 용해된 경우에는 오렌지 우드스틱이나 큐티클 푸셔를 사용하여 인조 네일을 제거한다.

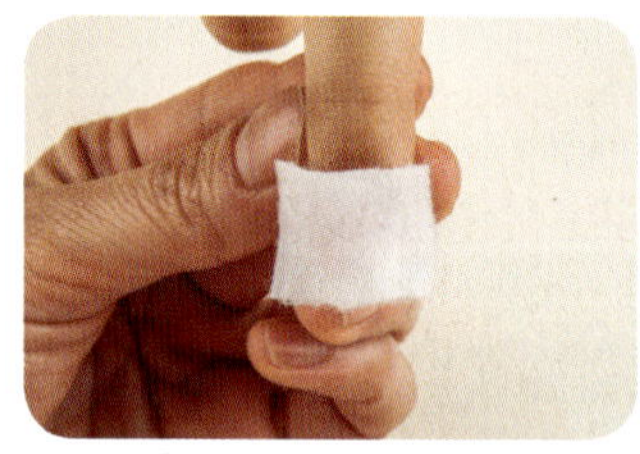
⑦ 아세톤 도포하기

⑧ 포일 마감하기

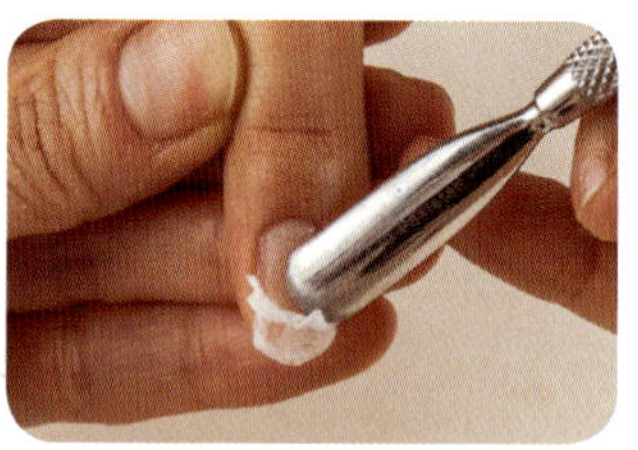
⑨ 인조 네일 제거하기

[인조 네일이 충분히 용해되지 않은 경우]

네일 파일링 →

큐티클 오일 도포 →

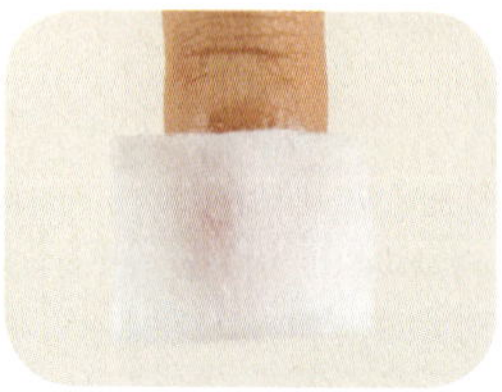
아세톤 도포 →

포일 마감

⑩ 자연 네일용 파일을 사용하여 프리에지의 형태를 조형한다.

⑪ 샌딩 파일을 사용하여 손톱 표면을 다듬고 거스러미를 제거한다.

⑫ 네일 더스트 브러시를 사용하여 분진을 제거하고, 냉 · 온 수건 또는 멸균거즈를 사용하여 양손과 손톱 주변, 손톱을 닦아준다.

⑩ 프리에지 형태 조형하기

⑪ 표면 다듬기

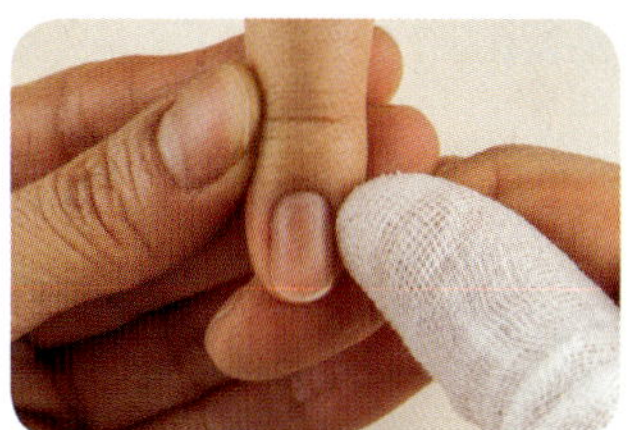
⑫ 손 닦아내기

2. 인조 네일 제거 작업 순서 정리

손 소독 → 길이 재단 → 두께 제거 → 분진 제거 → 큐티클 오일 도포 → 아세톤 도포 → 포일 마감 → 인조 네일 제거 → 형태 조형 → 표면 정리 → 분진 제거 → 손 닦기

3. 인조 네일 제거 완성

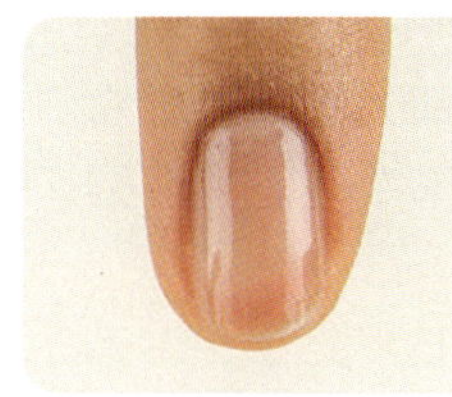
정면

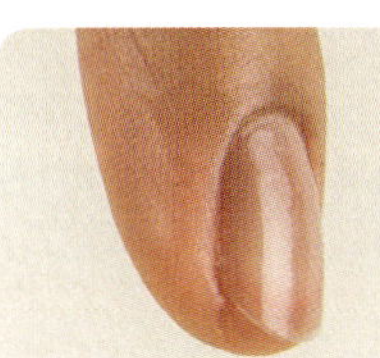
왼쪽 옆면

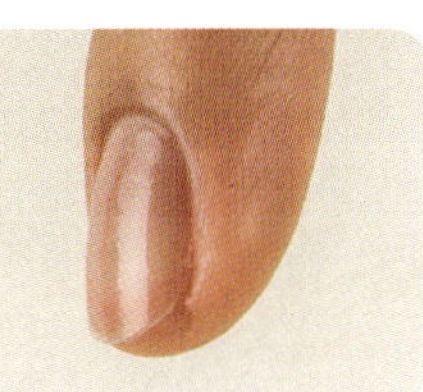
오른쪽 옆면

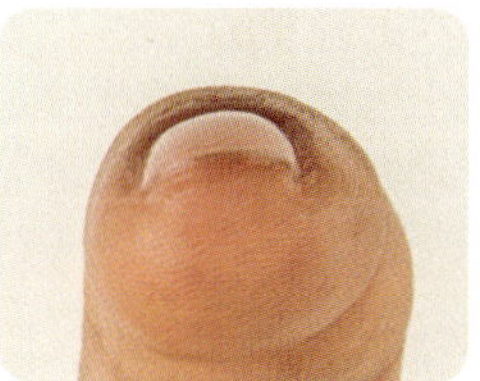
프리에지 단면

4. 인조 네일 제거 확인

순번	확인 사항	확인
①	올바른 제거제를 선택하였는지 확인	
②	자연 손톱이 손상되지 않았는지 확인	
③	출혈이 발생하지 않았는지 확인	
④	손톱 주변 잔여물과 손톱 아래 위생 상태를 확인	
⑤	인조 네일이 깨끗하게 제거되었는지 확인	
⑥	손톱 주변 피부에 보습을 유지하였는지 확인	
⑦	프리에지 형태가 전부 동일한지 확인	

PART 4.

네일 화장물 적용 전 처리

네일 폴리시와 인조 네일 화장물의 접착력을 높이기 위하여 네일 표면을 사전 작업하는 능력

능력단위요소	수 행 준 거
일반 네일 폴리시 전 처리하기	1.1 고객의 요청에 따라 적합한 네일 길이와 모양을 만들 수 있다. 1.2 네일 상태에 따라 표면을 정리하여 일반 네일 폴리시의 밀착력을 높일 수 있다. 1.3 네일 상태에 따라 큐티클을 정리할 수 있다. 1.4 네일 상태에 따라 유분기와 잔여물을 제거할 수 있다.
젤 네일 폴리시 전 처리하기	2.1 고객의 요청에 따라 작업에 적합한 네일 길이와 모양을 만들 수 있다. 2.2 네일 상태에 따라 표면을 정리하여 젤 네일 폴리시의 밀착력을 높일 수 있다. 2.3 네일 상태에 따라 큐티클을 정리할 수 있다. 2.4 젤 네일 접착력을 높이기 위하여 전 처리제를 도포할 수 있다.
인조 네일 전 처리하기	3.1 고객의 요청에 따라 작업에 적합한 네일 길이와 모양을 만들 수 있다. 3.2 네일 상태에 따라 표면을 정리하여 인조 네일 화장물의 밀착력을 높일 수 있다. 3.3 네일 상태에 따라 큐티클을 정리할 수 있다. 3.4 인조 네일 접착력을 높이기 위하여 전 처리제를 도포할 수 있다.

네일 화장물 적용 전 처리의 주요 학습 포인트!

네일 화장물이란 네일 화장품, 네일 제품, 채색 제품, 기타 액세서리 등의 네일 위에 올려져 있는 모든 것을 말한다. 모든 네일 화장물은 보전력과 유지력을 높이기 위하여 전 처리 과정을 거쳐야 한다. 올바른 전 처리 과정이 진행되지 않으면 조기에 리프팅이 발생하거나 곰팡이 등의 감염으로 네일의 이상 증상을 초래할 수 있다.

본 파트에서는 전 처리제의 성분과 특성을 숙지하고 올바른 전 처리 과정에 대해 알아본다.

SECTION 1	전 처리제의 특성
SECTION 2	일반 네일 폴리시 전 처리
SECTION 3	젤 네일 폴리시 전 처리
SECTION 4	인조 네일 전 처리

SECTION 1. 전 처리제의 특성

1. 전 처리제

전 처리제는 네일 프라이머, 젤 본더 등으로 구분되며, 자연 네일의 유 · 수분을 조절해 줌으로써 밀착력을 높여주는 제품을 말한다. 전 처리제는 이물질에 오염되거나 빛에 노출되면 변질될 우려가 있으므로 어두운 색의 작은 용기를 사용해야 하며 온도로 인하여 변질될 수도 있기 때문에 서늘하고 통풍이 잘되는 공간에 보관해야 한다.

1) **네일 프라이머**(Nail Primer)

네일 프라이머는 케라틴 단백질을 화학작용으로 녹임으로써 아크릴 네일의 접착 효과를 높여주는 제품이다. 네일 표면의 유 · 수분을 제거하고 네일 표면의 pH(4.5~5.5) 밸런스를 맞춰주어 박테리아 성장을 억제하는 방부제 역할을 한다. 산성 제품으로 피부에 화상을 초래하고 네일을 부식시킬 수 있어 최소량을 자연 네일에만 도포한다.

· 주요성분 : 메타크릴애시드(Methacrylic Acid), 아크릴레이트(Acrylate), 부틸아세테이트(Butyl Acetate)

2) **네일 본더**(Nail Bonder)

네일 본더는 젤 네일 작업 시 자연 네일의 유 · 수분을 제거하고 젤 네일의 밀착력을 높여주는 역할을 한다. 젤 네일 전에 사용하여 젤 본더 또는 젤 네일 프라이머라고도 한다.

· 주요성분 : 메타크릴애시드(Methacrylic Acid), 아크릴레이트(Acrylate), 부틸아세테이트(Butyl Acetate)

3) **논 애시드, 프리 프라이머**(Non-acid, Free Primer)

논 애시드 제품은 자연 네일의 유 · 수분만 제거하는 탈수제 작용을 하는 제품이다. 인조 네일의 작업 전이나 컬러링의 작업 전에도 사용할 수 있으며 산성 제품이 아니므로 피부에 닿아도 화상을 초래하지 않고 네일을 부식시키지 않는다.

· 주요성분 : 아크릴레이트(Acrylate), 부틸아세테이트(Butyl Acetate)

2. 전 처리 작업(프레퍼레이션, Preparation)

전 처리 작업이란 인조 네일에 앞서 자연 네일을 인조 네일관리에 적합하게 준비하는 과정을 말하며 프레퍼레이션이라고 한다. 전 처리 과정은 자연 네일의 광택을 없애주고 불필요한 각질을 제거함으로써 인조 네일이 들뜨거나 벗겨지는 현상을 방지하기 위한 중요한 작업이다. 네일 파일을 사용하여 큐티클 주변에 불필요한 각질을 제거하고 자연 네일의 광택을 제거하는 것을 에칭(Etching)이라고도 한다.

전 처리 작업 시 큐티클 니퍼를 사용하여 큐티클을 정리할 수는 있으나 과도하게 큐티클을 정리하면 큐티클 부분이 약해져 각종 화학물질에 노출될 수 있으며, 네일 파일링 시 상처가 날 수 있다. 큐티클이 심하게 많은 경우를 제외하고는 가능하면 큐티클을 조금만 제거하고 네일 파일을 사용하여 불필요한 각질만을 제거하는 것이 바람직하다.

일반적으로 샌딩 파일은 표면을 매끄럽게 정리한다는 기본적인 역할이 있다.

하지만 인조 네일의 작업 전에 샌딩 파일로 자연 네일의 표면을 너무 부드럽게 정리하면 표면에 너무 매끄러워져 오히려 조기에 리프팅이 나타나거나 인조 네일의 전체가 떨어질 수 있다.

인조 네일의 작업 전에는 네일 재료에 부착력을 높이기 위해 광택을 제거한다는 목적을 가지고 표면을 거칠게 한다는 느낌으로 자연 네일의 맨 위층 각질 배열인 세로 방향과 반대 방향인 가로 방향으로 네일 파일링해야 한다.

[표면을 정리하는 2가지 방법]

방법	내용
① 표면 다듬기	표면을 점차적으로 부드럽게 하는 과정과 광택을 내게 위해 세심하게 표면을 정리하는 것
② 광택 제거하기	인조 네일을 작업 전에 자연 네일의 광택을 제거한다는 목적을 가지고 거칠게 표면을 정리하는 것

◈ 네일 화장물 작용 전 처리 작업 준비사항

※ 작업자의 복장 및 작업대 준비

① 작업자는 위생가운과 보안경, 마스크를 착용한다.
② 작업대를 소독한 후 수건을 깔고 위생봉지를 붙인다.
③ 고객의 방향에 손목 받침대를 올려놓고 손목 받침대 앞쪽으로 키친타월을 깐다.
④ 재료 정리함을 사용하기 편한 위치에 놓는다.

[작업대 준비물품]

준비물품	수건, 손목 받침대, 키친타월, 위생봉지, 재료 정리함

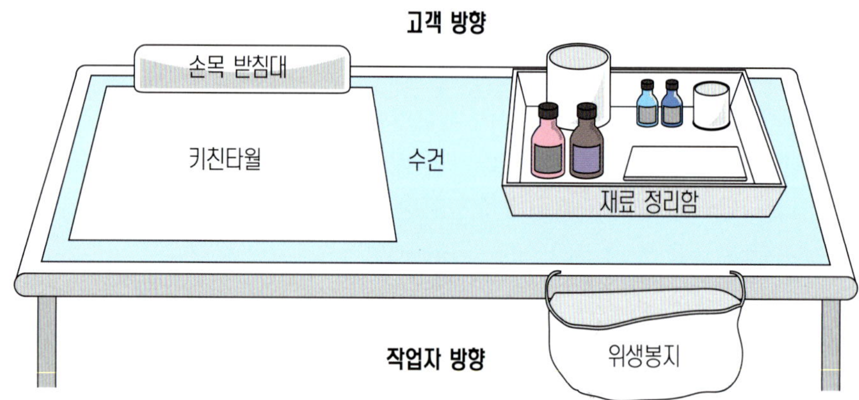

※ 재료 정리함 준비

① 재료 정리함에 네일 화장물 적용 전 처리 재료를 준비하고 네일 도구의 소독을 마친다.
② 소독용기 바닥에 탈지면을 깔고 큐티클 니퍼, 큐티클 푸셔, 오렌지 우드스틱, 네일 더스트 브러시, 네일 클리퍼를 넣고 에탄올수용액 70%에 10분 이상 담가준다.
③ 파일 꽂이에 자연 네일용 파일, 인조 네일용 파일, 샌딩 파일을 꽂아준다.
④ 뚜껑이 있는 용기에 탈지면을 넣어둔다.

[재료 정리함 준비물품]

준비물품	· 소독용기(큐티클 니퍼, 큐티클 푸셔, 네일 클리퍼, 오렌지 우드스틱, 네일 더스트 브러시) · 파일 꽂이(자연 네일용 파일, 인조 네일용 파일, 샌딩 파일) · 용기(소독용 탈지면, 제거용 탈지면) · 전 처리제(네일 프라이머, 네일 본더) · 에탄올, 소독제, 지혈제

SECTION 2. 일반 네일 폴리시 전 처리

1. 일반 네일 폴리시 전 처리 작업 순서

① 소독제를 탈지면에 분사하여 작업자의 양손과 손톱 주변, 손톱을 소독한다.
② 소독제를 탈지면에 분사하여 고객의 양손과 손톱 주변, 손톱을 소독한다.
③ 네일 화장물이 도포되어 있는 경우에는 네일 화장물을 제거한다.

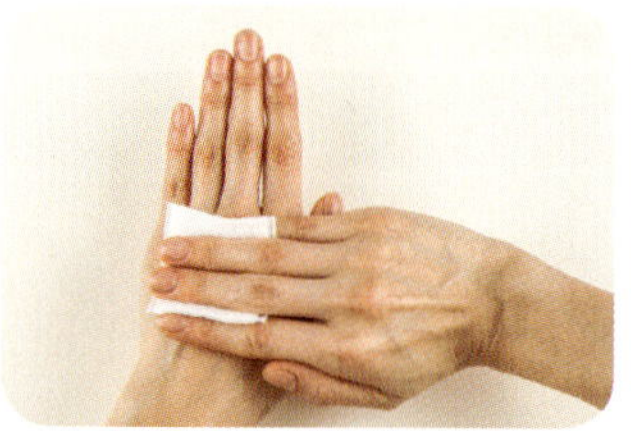
① 작업자 손 소독하기

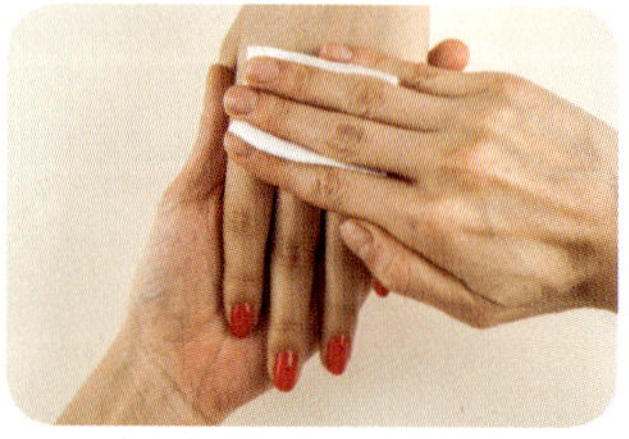
② 고객 손 소독하기

③ 네일 화장물 제거하기

④ 자연 네일용 파일을 사용하여 프리에지의 형태를 조형한다.
⑤ 큐티클 푸셔를 45°의 각도로 사용하여 큐티클을 부드럽게 밀어준다.
⑥ 큐티클 니퍼를 사용하여 지저분한 큐티클을 정리할 수 있다.

④ 프리에지 형태 조형하기

⑤ 큐티클 밀어 올리기

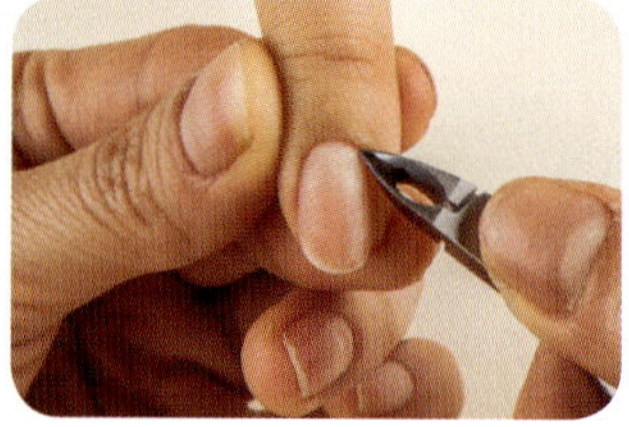
⑥ 큐티클 정리하기(선택사항)

⑦ 샌딩 파일을 사용하여 손톱 표면을 정리하고 거스러미를 제거한다.
⑧ 네일 더스트 브러시를 사용하여 분진을 제거한다.
⑨ 오렌지 우드스틱을 사용하여 잔여물을 제거한다.

⑦ 표면 정리하기

⑧ 분진 제거하기

⑨ 잔여물 제거하기

2. 일반 네일 폴리시 전 처리 작업 순서 정리

손 소독 → 네일 화장물 제거 → 프리에지 형태 조형 → 큐티클 밀기 → 큐티클 정리(선택) → 표면 정리 → 분진 제거 → 잔여물 제거

3. 일반 네일 폴리시 전 처리 완성

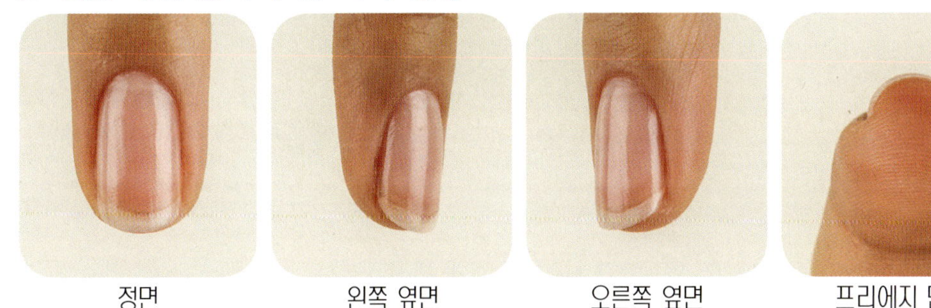

정면 왼쪽 옆면 오른쪽 옆면 프리에지 단면

4. 일반 네일 폴리시 전 처리 확인

순번	확인 사항	확인
①	프리에지의 형태가 전부 동일한지 확인	
②	네일 주변 피부에 출혈이 발생하지 않았는지 확인	
③	손톱 주변 잔여물과 손톱 아래 위생 상태를 확인	

SECTION 3. 젤 네일 폴리시 전 처리

1. 젤 네일 폴리시 전 처리 작업 순서

① 소독제를 탈지면에 분사하여 작업자의 양손과 손톱 주변, 손톱을 소독한다.
② 소독제를 탈지면에 분사하여 고객의 양손과 손톱 주변, 손톱을 소독한다.
③ 네일 화장물이 도포되어 있는 경우에는 네일 화장물을 제거한다.

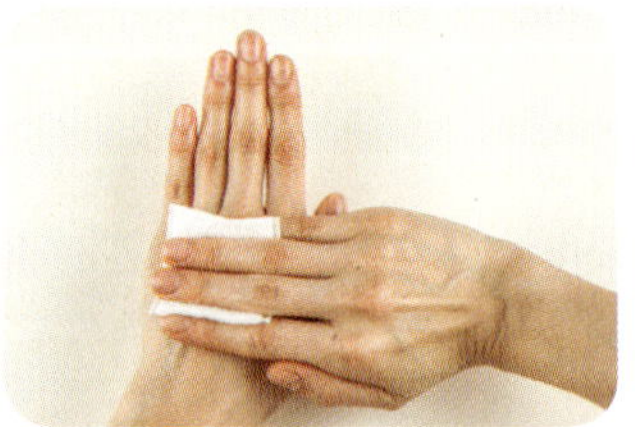
① 작업자 손 소독하기

② 고객 손 소독하기

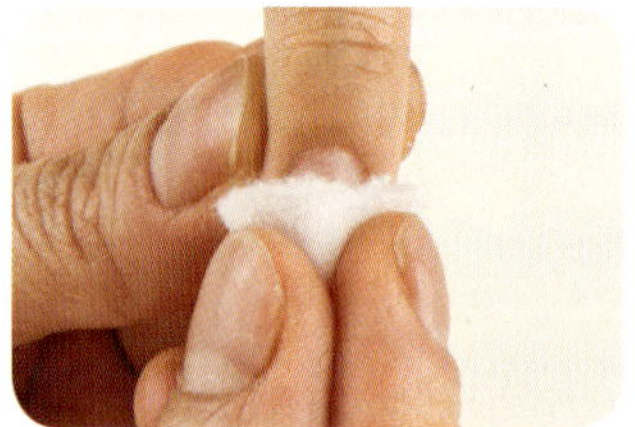
③ 네일 화장물 제거하기

④ 자연 네일용 파일을 사용하여 프리에지의 형태를 조형한다.
⑤ 큐티클 푸셔를 45°의 각도로 사용하여 큐티클을 부드럽게 밀어준다.
⑥ 큐티클 니퍼를 사용하여 지저분한 큐티클을 정리할 수 있다.

④ 프리에지 형태 조형하기

⑤ 큐티클 밀어 올리기

⑥ 큐티클 정리하기(선택사항)

⑦ 네일 파일을 사용하여 큐티클 주변에 불필요한 각질을 제거하고 표면에 에칭 작업을 한다.
⑧ 샌딩 파일을 사용하여 손톱 표면의 광택을 제거하고 거스러미를 제거한다.

⑦ 에칭 작업하기

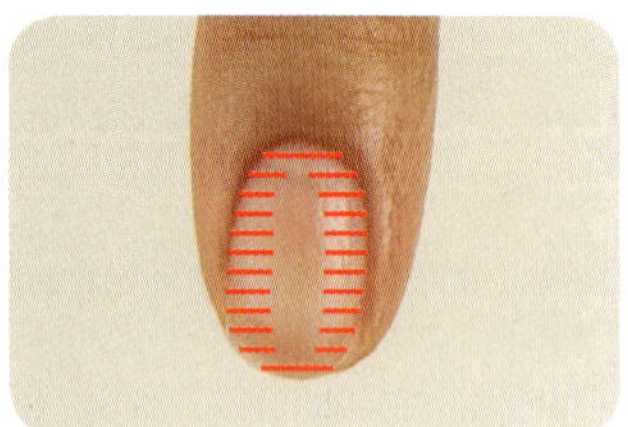

⑧ 광택 제거하기

⑨ 네일 더스트 브러시를 사용하여 분진을 제거한다.
⑩ 오렌지 우드스틱을 사용하여 잔여물을 제거한다.
⑪ 네일 본더를 주변 피부에 닿지 않게 주의하며 자연 네일에만 소량 도포한다.

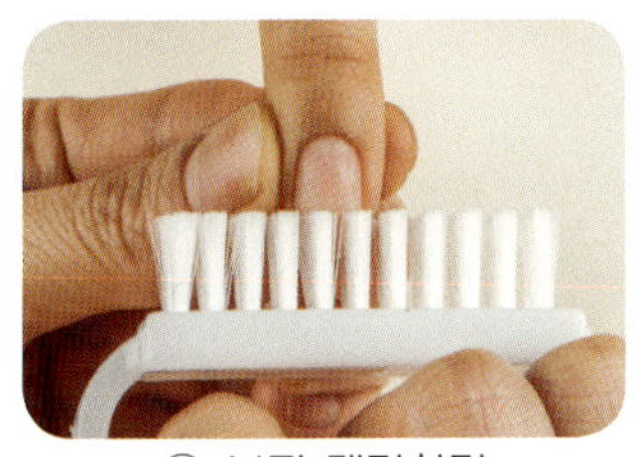
⑨ 분진 제거하기

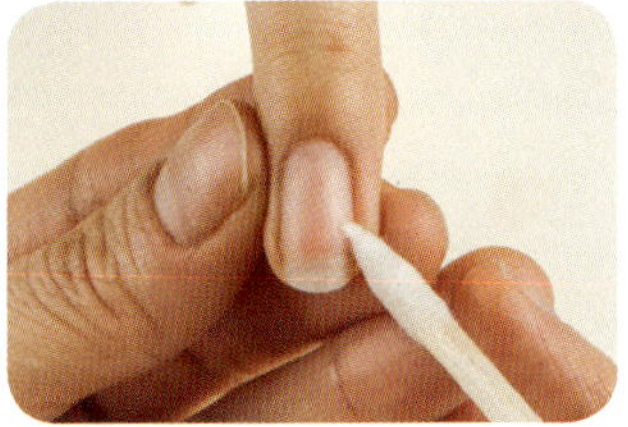
⑩ 잔여물 제거하기

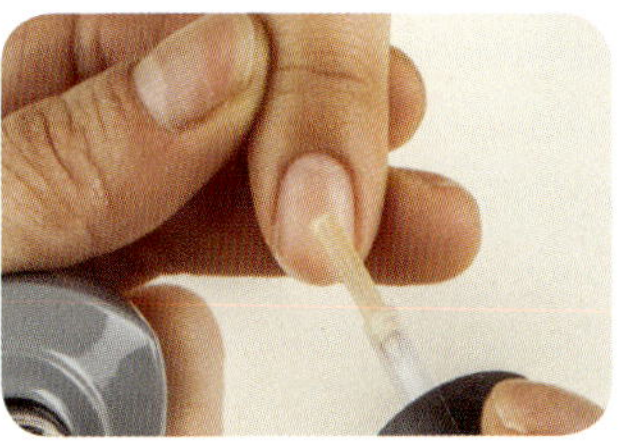
⑪ 네일 본더 도포하기

2. 젤 네일 폴리시 전 처리 작업 순서 정리

손 소독 → 네일 화장물 제거 → 프리에지 형태 조형 → 큐티클 밀기 → 큐티클 정리(선택) → 에칭 작업 → 광택 제거 → 분진 제거 → 잔여물 제거 → 네일 본더 도포

3. 젤 네일 폴리시 전 처리 완성

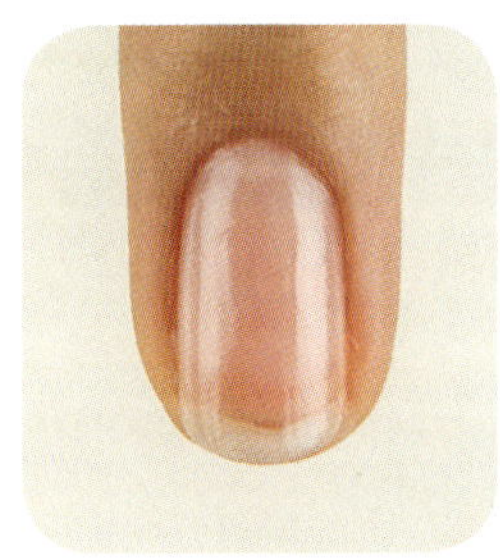
정면

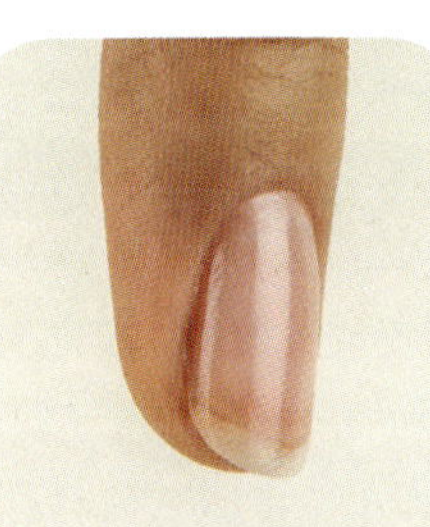
왼쪽 옆면

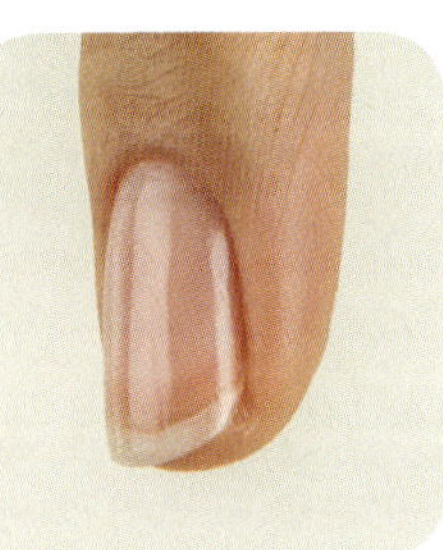
오른쪽 옆면

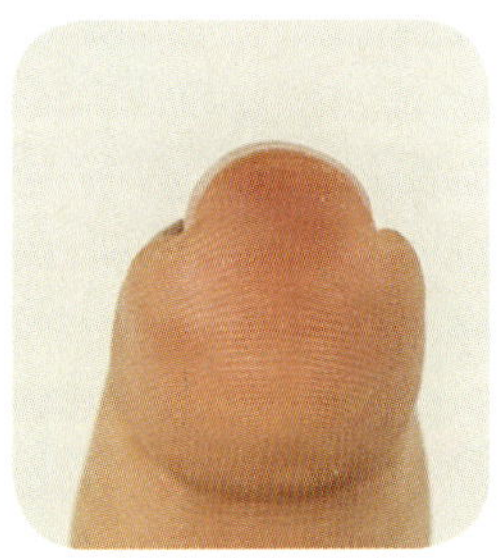
프리에지 단면

4. 젤 네일 폴리시 전 처리 확인

순번	확인 사항	확인
①	프리에지의 형태가 전부 동일한지 확인	
②	올바르게 에칭 작업이 되었는지 확인	
③	네일 주변 피부에 출혈이 발생하지 않았는지 확인	
④	손톱 주변 잔여물과 손톱 아래 위생 상태를 확인	

SECTION 4. 인조 네일 전 처리

1. 인조 네일 전 처리 작업 순서

① 소독제를 탈지면에 분사하여 작업자의 양손과 손톱 주변, 손톱을 소독한다.
② 소독제를 탈지면에 분사하여 고객의 양손과 손톱 주변, 손톱을 소독한다.
③ 네일 화장물이 도포되어 있는 경우에는 네일 화장물을 제거한다.

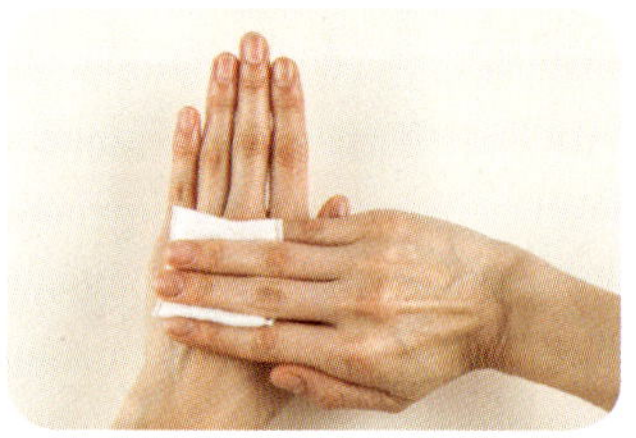
① 작업자 손 소독하기

② 고객 손 소독하기

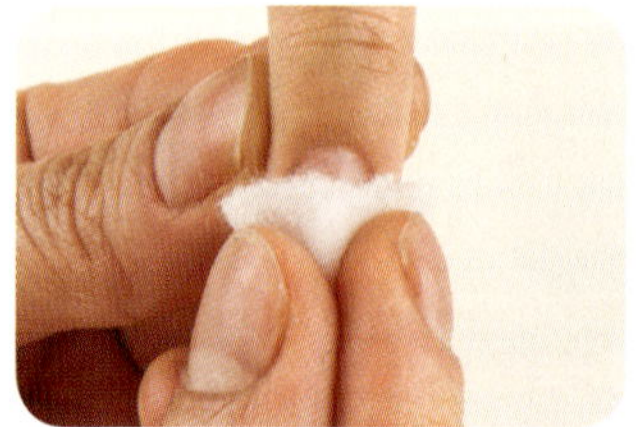
③ 네일 화장물 제거하기

④ 자연 네일용 파일을 사용하여 프리에지의 형태를 라운드 또는 오발로 조형한다. 프리에지 길이는 약 0.1cm로 조형한다. 네일 클리퍼를 사용할 수 있다.
⑤ 큐티클 푸셔를 45°의 각도로 사용하여 큐티클을 부드럽게 밀어준다.
⑥ 큐티클 니퍼를 사용하여 지저분한 큐티클을 정리할 수 있다.

④ 프리에지 형태 조형하기

⑤ 큐티클 밀어 올리기

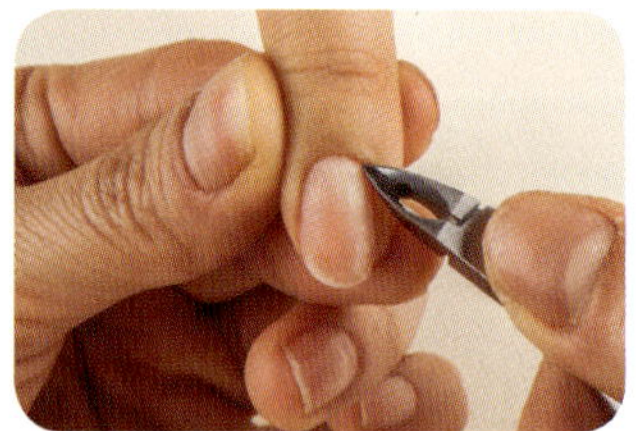
⑥ 큐티클 정리하기(선택사항)

⑦ 네일 파일을 사용하여 큐티클 주변에 불필요한 각질을 제거하고 표면에 에칭 작업을 한다.
⑧ 샌딩 파일을 사용하여 손톱 표면의 광택을 제거하고 거스러미를 제거한다.

⑦ 에칭 작업하기

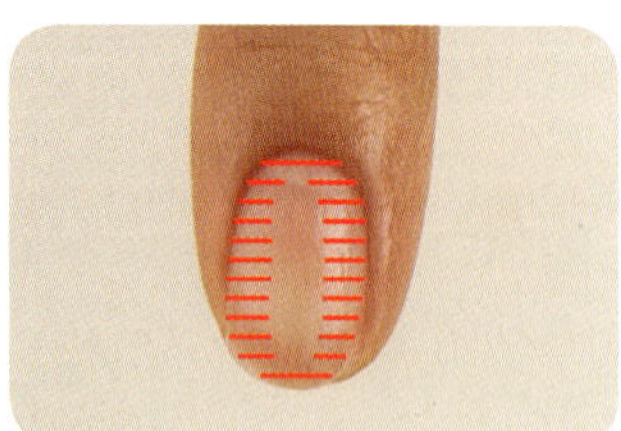

⑧ 광택 제거하기

⑨ 네일 더스트 브러시를 사용하여 분진을 제거한다.
⑩ 오렌지 우드스틱을 사용하여 잔여물을 제거한다.
⑪ 네일 프라이머를 주변 피부에 닿지 않게 주의하며 자연 네일에만 소량 도포한다.

⑨ 분진 제거하기

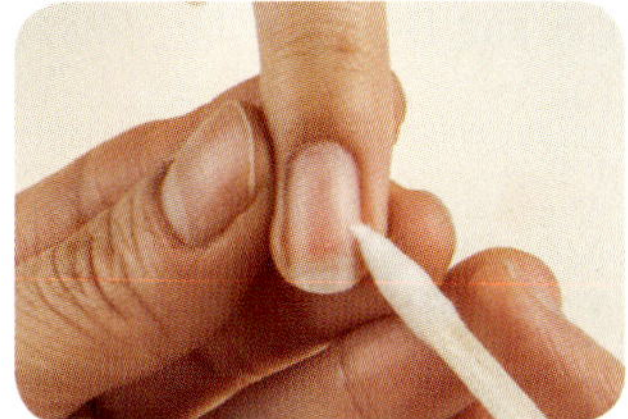
⑩ 잔여물 제거하기

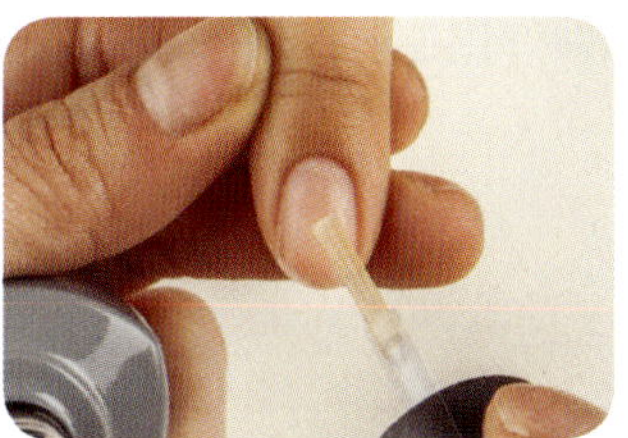
⑪ 네일 프라이머 도포하기

2. 인조 네일 전 처리 작업 순서 정리

손 소독 → 네일 화장물 제거 → 프리에지 형태 조형 → 큐티클 밀기 → 큐티클 정리(선택) → 에칭 작업 → 광택 제거 → 분진 제거 → 잔여물 제거 → 네일 프라이머 도포

3. 인조 네일 전 처리 완성

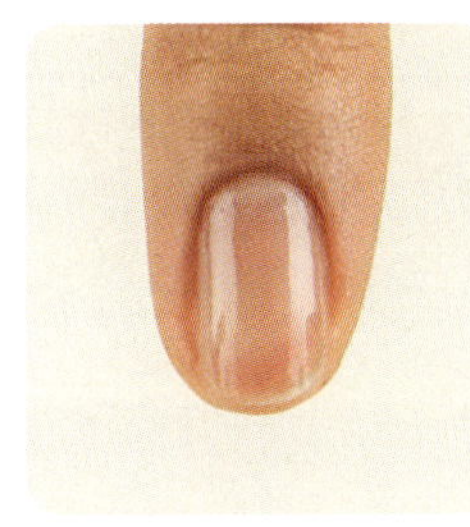
정면

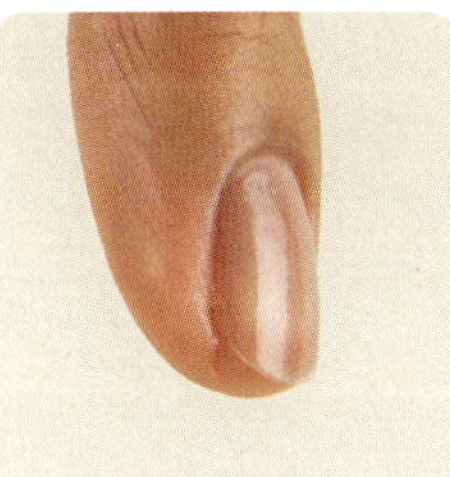
왼쪽 옆면

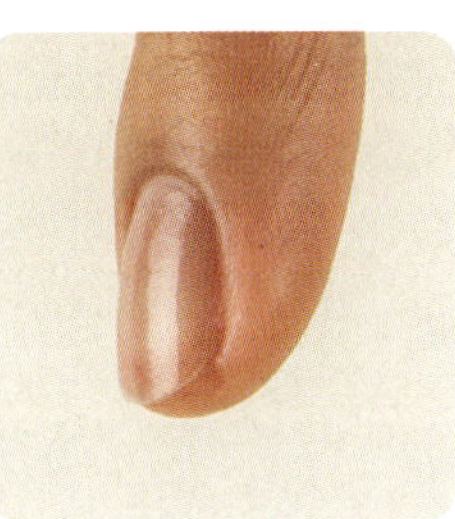
오른쪽 옆면

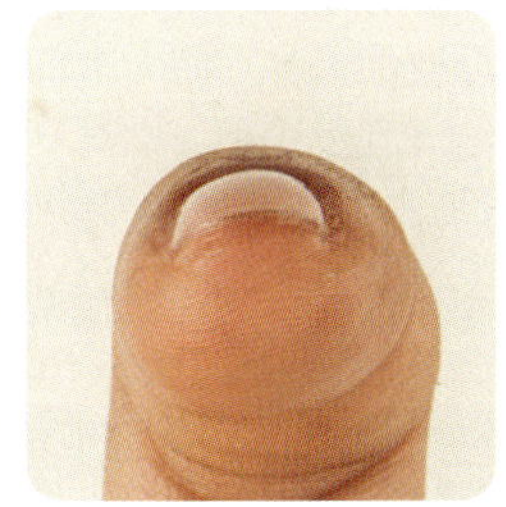
프리에지 단면

4. 인조 네일 전 처리 확인

순번	확인 사항	확인
①	프리에지가 라운드 또는 오발의 형태를 유지하는지 확인	
②	프리에지의 형태가 전부 동일한지 확인	
③	올바르게 에칭 작업이 되었는지 확인	
④	네일 주변 피부에 출혈이 발생하지 않았는지 확인	
⑤	손톱 주변 잔여물과 손톱 아래 위생 상태를 확인	

PART 5.

네일 화장물 적용 마무리

네일에 적용하는 화장물의 종류, 작업 방법에 따라 마무리 과정을 선택하여 작업하는 능력

능력단위요소	수 행 준 거
일반 네일 폴리시 마무리하기	1.1 일반 네일 폴리시의 잔여물을 네일 폴리시리무버를 사용하여 정리할 수 있다. 1.2 일반 네일 폴리시의 건조를 위해 네일 폴리시 건조 촉진제를 사용할 수 있다. 1.3 보습을 위해 네일 주변에 큐티클 오일을 사용할 수 있다.
젤 네일 폴리시 마무리하기	2.1 경화 상태에 따라 미경화 젤을 젤 클렌저를 사용하여 제거할 수 있다. 2.2 네일 표면을 매끄럽게 네일 파일 작업을 할 수 있다. 2.3 작업 완료를 위해 톱 젤을 도포할 수 있다. 2.4 청결을 위해 냉 · 온 수건과 멸균거즈를 사용할 수 있다. 2.5 보습을 위해 네일 주변에 큐티클 오일을 사용할 수 있다.
인조 네일 마무리하기	3.1 작업된 화장물에 따라 네일 표면의 광택방법을 선택할 수 있다. 3.2 분진 제거를 위해 미온수와 네일 더스트 브러시를 사용할 수 있다. 3.3 청결을 위해 냉 · 온 수건과 멸균거즈를 사용할 수 있다. 3.4 보습을 위해 네일 주변에 큐티클 오일을 사용할 수 있다.
네일 기본관리 마무리하기	4.1 작업 방법에 따라 네일과 네일 주변의 유분기를 제거할 수 있다. 4.2 청결을 위해 냉 · 온 수건과 멸균거즈를 사용할 수 있다. 4.3 고객의 요청에 따라 마무리 방법을 선택할 수 있다. 4.4 사용한 제품의 정리정돈을 할 수 있다.

네일 화장물 적용 마무리의 주요 학습 포인트!

네일 화장물 적용 마무리는 난이도가 낮은 수행과정이다. 본 교재에서는 각각의 능력단위에 포함하여 함께 학습하기로 한다.

본 파트에서는 NCS 상의 수행준거를 간단히 살펴본다.

SECTION 1	일반 네일 폴리시 마무리
SECTION 2	젤 네일 폴리시 마무리
SECTION 3	인조 네일 마무리
SECTION 4	네일 기본관리 마무리

SECTION 1. 일반 네일 폴리시 마무리

① 탈지면에 네일 폴리시리무버를 적셔 일반 네일 폴리시의 잔여물을 정리한다.

② 일반 네일 폴리시 건조 촉진제를 사용할 수 있으며, 네일 폴리시 드라이어를 사용하여 컬러를 건조한 후 큐티클 오일을 도포한다.

① 잔여물 정리하기

② 건조하기

SECTION 2. 젤 네일 폴리시 마무리

① 톱 젤을 도포한 후 젤 램프기기에 경화한다. 미경화 젤이 남은 경우 미경화 젤을 제거할 수 있다.

② 냉 · 온 수건 또는 멸균거즈를 사용하여 손톱과 손톱 주변을 닦아준 후 큐티클 오일을 도포한다.

① 톱 젤 도포하기

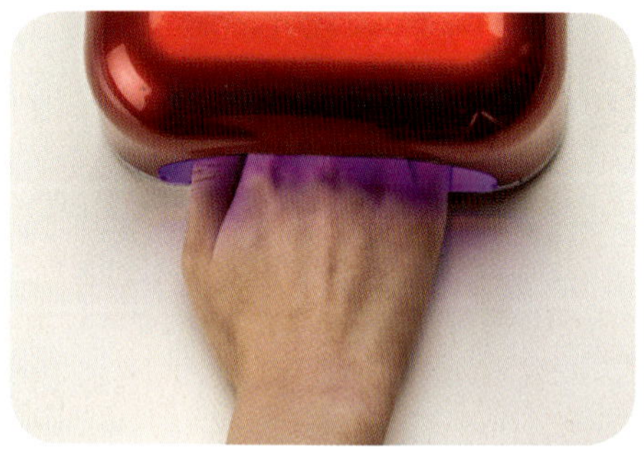

② 경화하기

SECTION 3. 인조 네일 마무리

① 네일 더스트 브러시를 사용하여 분진을 제거한다.
② 냉 · 온 수건 또는 멸균거즈를 사용하여 손톱과 손톱 주변을 닦아준 후 큐티클 오일을 도포한다.

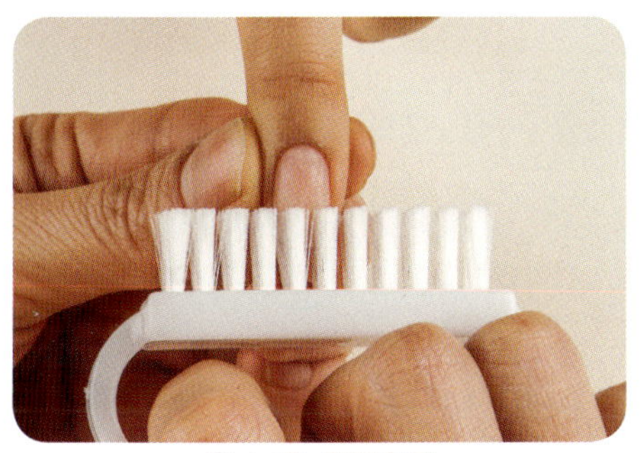
① 분진 제거하기

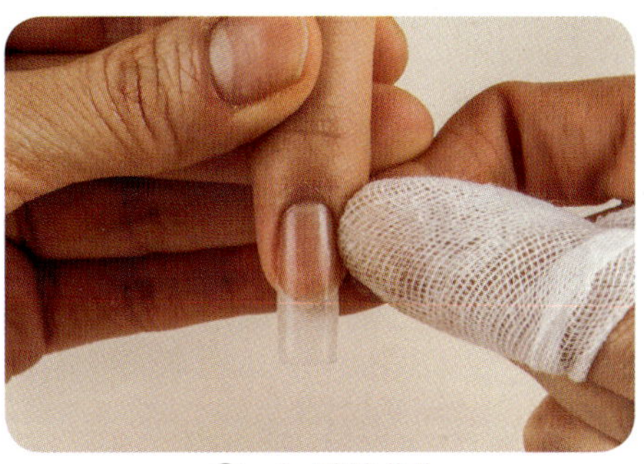
② 손 닦아내기

SECTION 4. 네일 기본관리 마무리

① 탈지면에 네일 폴리시리무버를 적셔 손톱과 손톱 주변의 잔여물을 제거한다.
② 냉 · 온 수건 또는 멸균거즈를 사용하여 손톱과 손톱 주변을 닦아준 후 큐티클 오일을 도포한다.

① 잔여물 제거하기

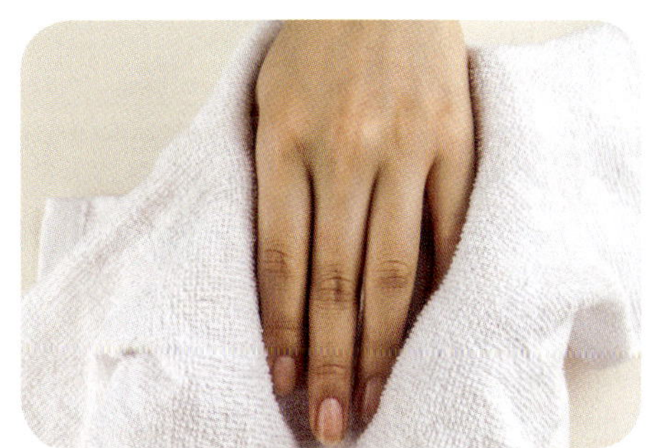
② 손 닦아내기

PART 6.

네일 기본관리

프리에지의 모양을 만들고 큐티클을 정리하여 네일을 보호하고 네일 주변을 건강하게 관리하는 능력

능력단위요소	수 행 준 거
프리에지 모양 만들기	1.1 고객의 요청에 따라 자연 네일의 길이를 조절할 수 있다. 1.2 고객의 요청에 따라 자연 네일의 프리에지 모양을 만들 수 있다. 1.3 자연 네일의 상태에 따라 표면을 정리할 수 있다. 1.4 프리에지의 거스러미를 정리할 수 있다.
큐티클 부분 정리하기	2.1 큐티클 부분을 연화하기 위해 손톱과 손톱 주변을 핑거볼에 담글 수 있다. 2.2 큐티클 부분을 연화하기 위해 발톱 주변과 발톱을 족욕기에 담글 수 있다. 2.3 큐티클 부분을 연화하기 위해 큐티클 연화제를 선택하여 사용할 수 있다. 2.4 큐티클 부분 정리 작업 과정에 따라 도구를 선택할 수 있다. 2.5 큐티클 부분의 상태에 따라 정리할 수 있다. 2.6 정리된 큐티클 부분을 소독할 수 있다.
보습제 도포하기	3.1 피부 상태에 따라 보습 제품을 선택할 수 있다. 3.2 보습 제품을 사용하여 큐티클을 부드럽게 할 수 있다.

네일 기본관리의 주요 학습 포인트!

네일 기본관리에 앞서 우리는 네일미용의 역사에 대해 알아야 한다. 세계 네일미용의 기원, 한국 네일미용의 기원과 우리가 사용하는 네일 제품들이 어떻게 개발 되었는지를 숙지하도록 한다.

또한 네일 기본관리에는 손과 발의 피부도 포함되므로 손과 발의 구조와 기능에 대해서도 함께 파악할 필요가 있다.

본 파트에서는 네일미용의 역사와 손 · 발의 구조와 기능을 파악한 후 가장 기본이 되는 네일 기본관리 작업에 대해 알아본다.

SECTION 1	네일미용의 역사
SECTION 2	손과 발의 구조와 기능
SECTION 3	네일 기본관리의 특성
SECTION 4	네일의 형태
SECTION 5	손 기본관리
SECTION 6	발 기본관리

SECTION 1. 네일미용의 역사

1. 한국의 네일미용

고려시대(918~1392년)

고려 26대 충선왕(1275~1325) 때에 봉숭아꽃물을 들인 궁녀 이야기가 전해지고 부녀자와 처녀들 사이에서 '염지갑화'라고 하는 봉숭아꽃 물들이기 풍습이 이루어진 시기로 한국 네일미용의 기원이다.

▪ 충선왕과 봉숭아꽃물을 들인 궁녀의 전설

충선왕은 당시 원나라의 지배를 받고 있었기 때문에 원나라의 계국공주와 정략결혼을 한 후 원의 부마국으로 전락한 처지를 비관하여 계국공주를 홀대하여 결국 폐위와 함께 원나라 황궁에 감금당하는 수모를 겪었다.

원나라에서 세월을 보내던 충선왕은 어느 날 손가락마다 붕대를 감고 있는 고려 여인을 만났다. 여인은 봉숭아꽃물을 손톱에 들이던 고향의 풍습을 재연하며 고려를 그리워했고 이를 계기로 충선왕은 여인을 가까이하며 고려를 그리워하는 마음을 달랠 수 있었다.

이후 환국이 되었고 1년 후가 되어서야 충선왕은 원에 남아 있던 여인을 떠올리고 데리고 올 것을 명하지만 여인은 이미 충선왕을 기다리다가 사무치는 그리움에 병을 얻어 죽은 다음이었다.

충선왕은 이후 궁궐 곳곳에 봉숭아꽃을 심어 여인을 그리워하고 궁녀들은 봉숭아꽃잎을 따 손톱에 물을 들였는데 이것이 우리 민족의 오랜 풍습이 되었다.

또한 봉숭아꽃 물들이기는 모든 질병을 예방한다는 민간신앙의 의미도 있으며 붉은색은 귀신을 물리친다는 주술적인 의미도 포함되어 있다. 그리고 첫눈이 올 때까지 봉숭아물이 손톱에 남아 있으면 첫사랑에 성공한다는 속설도 있다.

조선시대(1392~1910년)

세시풍속집 '동국세시기'에는 젊은 각시와 어린이들이 신분에 관계없이 손톱에 봉숭아꽃물을 들이는 풍속이 유행하였다는 기록이 있다. 조선시대에는 '손은 마치 봄에 솟아난 죽순 같으며 손바닥에 혈색이 붉어야 한다.'는 미인의 기준이 생겨났다.

1990년대

· 1989년 : 1988년 서울 올림픽에서 100m 달리기를 우승한 그리피스 조이너스의 손톱이 TV에 비친 이후, 이태원에서 미국인을 위한 네일미용 서비스가 시작되었고 다음 해인 1989년 서울 이태원 세계로 상가에 국내 최초의 정식 네일숍인 '그리피스'가 개업하였다. (1989년 2월 26일 김동이대표)

· 1997년 : 최초로 한국네일협회가 창립하였고 인기스타들이 네일미용을 하면서 네일아트의 대중화가 시작되었다.
· 1998년 : 한국네일협회에서 최초의 네일 민간 자격시험제도가 도입되고 시행(4월 19일)되었다. 대학에서 네일 관련 수업이 신설되었다.

2000년대

· 2000년 : 미용 관련 대학에서 네일 미용사가 배출되기 시작하였다.
· 2002년 : 네일 제품의 전문화가 이루어졌고 네일 산업의 호황기를 맞게 되었다.
· 2009년 : 네일 산업은 8,000여 억 원의 시장 규모로 성장하였다.
· 2013년 : 160여 개의 뷰티 관련 대학에서 네일 관련 과목의 학사과정을 운영하였다.
· 2014년 : 미용사(네일) 국가 자격증 제도화가 시작되고 제1회 미용사(네일) 기능사 필기시험이 실시되었다.(11월 16일)

2. 외국의 네일미용

네일미용의 역사는 약 5000년에 이르며 매우 긴 시간 동안 변화되어 왔다.

고대(B.C. 3000년경)

1) 이집트(네일미용의 기원)

파라오의 무덤에서 금속으로 만들어진 오렌지우드 스틱이 발견되었고 미라의 손톱에 붉은색을 입혀 권력을 상징하였다. 주술적인 의미로 관목에서 나오는 헤나(Henna)의 붉은 오렌지색으로 손톱을 염색하였으며 왕족과 신분이 높은 계층은 적색으로, 신분이 낮은 계층은 옅은 색상으로 손톱을 물들여 신분과 지위를 나타냈다.

2) 중국

계란 흰자와 벌꿀, 고무나무 수액 등을 혼합하여 오늘날의 네일 폴리시에 해당하는 액을 손톱에 발랐으며, '조홍'이라고 하는 입술연지를 만드는 홍화를 손톱에 두껍게 물들였다.

고대(B.C. 600년경)

중국 : 귀족들은 금색과 은색으로 손톱에 색을 칠하면서 신분을 과시하였다.

그리스 · 로마시대

매니큐어를 남성의 전유물로 여겼으며, 손(마누스, Manus)이라는 단어와 관리(큐라, Cura)라 는 단어가 합해져 '마누스 큐라'라는 단어가 생겨났다.

중세시대

전쟁에 나가는 군 지휘관들은 입술과 손톱에 같은 색을 칠하여 용맹을 과시하고 승리를 기원하였다.

15세기

- 중국 : 명나라 왕조들은 흑색과 적색을 손톱에 발라서 신분을 과시하였다.
- 프랑스 : 손의 위생을 중요시하고 손톱은 붉고 손과 손가락은 희고 길며 손이 아름다운 여성이 건강미의 기준이 되었다. 프랑스의 왕비 '카트린 드 메디시스(Catherine de' Medici)'는 잠자리에 들기 전에 장갑을 착용하여 손을 보호하였다고 전해진다.

17세기

- 프랑스 : 베르사유 궁전에서는 노크를 하지 않고 한쪽 손의 손톱을 길러 문을 긁도록 하여 방문을 알렸다.
- 중국 : 부의 상징으로 긴 손톱을 길렀으며 보석이나 대나무 등으로 장식하고 보호하였다.
- 인도 : 네일 매트릭스에 문신용 바늘로 색소를 주입하여 상류층임을 과시하였다.

19세기

- 영국 : 상류층은 손톱에 장밋빛 손톱 파우더를 사용하였다.(19세기 초)
- 중국 : 서태후가 손톱미용법을 기술하였다.

1800년대

- 1800년 : 끝이 뾰족한 아몬드형 네일 형태가 유행하였고 기름을 바르고 부드러운 가죽 '샤모아'로 손톱에 광택을 내었다.
- 1830년 : 의사인 시트(Sits)가 치과에서 사용하였던 도구를 고안하여 오렌지 우드스틱을 개발하였다.
- 1885년 : 네일 폴리시 필름 형성제인 니트로셀룰로오스가 개발되었다.
- 1892년 : 시트에 의해 네일 관리가 여성들의 직업으로 미국에 도입되었다.

1900년대

· 1900년 : 금속 가위와 금속 파일이 제작되어 도구를 이용한 네일 케어가 시작되었으며 유럽에서 네일 관리가 본격적으로 시작되었다. 크림이나 가루로 광을 내거나 낙타털을 사용하여 네일 폴리시를 칠하였다.

· 1910년 : 미국의 매니큐어 제조회사 플라워리(Flowery)가 설립되어 금속 파일과 사포로 된 파일이 제작되었다.

· 1917년 : 보그 잡지에 닥터코로니(Dr. Korony)가 홈 매니큐어 세트 제품을 선보였다.

· 1925년 : 네일 폴리시 산업이 본격화되었고 투명한 장밋빛 네일 폴리시가 생기면서 루눌라와 프리에지를 뺀 나머지 네일 보디에만 핑크를 바르는 'Moon Manicure'가 유행하였다.

· 1927년 : 화이트 네일 폴리시, 큐티클 크림, 큐티클 리무버가 제조되었다.

· 1930년 : 제나(Gena) 연구팀에 의해 네일 폴리시리무버, 워머 로션, 큐티클 오일이 최초로 등장했다.

· 1932년 : 최초로 염료가 들어간 불투명하고 변색되지 않는 무지개 색 네일 폴리시가 제조되었고, 레블론(Revlon)사에서 최초로 립스틱과 잘 어울리는 컬러의 네일 폴리시 등 다양한 컬러의 네일 폴리시가 출시되있다.

· 1935년 : 인조 손톱(네일 팁)이 등장하였다.

· 1940년 : 여배우(리타 헤이워드)에 의해 레드 폴리시를 풀 컬러링하는 네일 패션이 유행하였고 남성들도 이발소에서 매니큐어 관리를 받았다.

· 1948년 : 미국의 노린 레호(Noreen Reho)에 의해 매니큐어 관리에 도구와 기구를 사용하게 되었다.

· 1956년 : 헬렌 걸리(Helen Gouley)가 최초로 미용학교에서 네일 수업을 강의하기 시작하였다.

· 1957년 : 근대적 페디큐어가 등장하게 되었다. 토마스 슬랙(Thomas Slack)이 '플렛폼'이라는 지금의 네일 폼을 개발해서 특허를 받았다. 패티 네일(Pattinail)이라고 불렸던 포일(Foil)을 사용한 아크릴 네일이 최초로 행해졌다.

· 1960년 : 실크(Silk)와 리넨(Line)을 이용하여 약하고 부러지기 쉬운 네일을 보강하는 네일 랩 작업이 시작되었다.

· 1967년 : 손과 발에 사용하는 트리트먼트 제품이 출시되고 관리에 이용되었다.

· 1970년 : 아크릴 네일 제품의 활성기로 인조 네일은 부와 사치의 상징이 되었으며 인조 네일 작업이 본격적으로 시작되었다. 아크릴 네일은 치과에서 사용하는 재료에서 발전하게 되었다.

· 1973년 : 미국의 네일 제조회사 IBD가 처음으로 네일 접착제와 접착식 인조 손톱을 개발하였다.

· 1974~1975년 : 미국의 식약청(FDA)에서 메틸 메탈크릴레이트(Methyl Methacrylate)의 아크릴 네일 제품 사용을 금지하였다.

· 1976년 : 스퀘어 형태의 손톱이 유행하고 파이버 랩(Fiber Wrap)이 등장하였으며, 네일아트가 미국에 정착하였다.

· 1981년 : 에시(Essie), 오피아이(OPI), 스타(Star)의 네일 제조회사에서 손 관리를 위한 네일 전문 제품과 핸드 제품이 출시되었고 네일 액세서리가 등장하였다.

· 1982년 : 미국의 네일리스트인 타미 테일러(Tammy Taylor)가 아크릴 파우더, 네일 프라이머, 아크릴 리퀴드 등의 아크릴 네일 제품을 개발하였다.

· 1990년 : 세계 경제 성장과 더불어 네일 산업이 급성장하였다.

· 1992년 : NIA(Nails Industry Association)가 창립되어 네일 산업이 본격화되면서 정착하였다.

· 1994년 : 독일에서 라이트 큐어드 젤 시스템(Light Cured Gel System)이 등장하였고 미국 뉴욕 주에서는 네일 테크니션 면허제도가 도입되었다.

SECTION 2. 손과 발의 구조와 기능

1. 뼈(골)의 형태 및 발생

뼈는 골이라고 하며 사람의 골격을 이루는 단단한 조직이다. 인체의 골격은 총 206개로 관절로 연결되어 있고 체중의 약 20%를 차지한다.

1) 뼈(골)의 기능

① 지지 기능 : 인체의 형태를 유지하고 체중을 지지한다.
② 보호 작용 : 기관을 둘러싸서 내부 장기를 외부의 충격으로부터 보호한다.
③ 운동 기능 : 뼈와 관절, 골격근의 연결과 뼈에 부착된 근육의 수축을 이용하여 운동을 일으킨다.
④ 저장 기능 : 칼슘, 인 등의 무기질 저장장소이다.
⑤ 조혈 기능 : 뼈 속 적골수에서 혈액을 생산하는 조혈 기능을 한다.

2) 뼈(골)의 발생과 성장

뼈는 중배엽에서 유래되었으며 골화라는 과정을 거쳐 형성되는 단단한 결합조직이다.

골화	· 단단하지 않은 조직에서 단단하게 변화하여 뼈가 형성되는 과정 · 연골내골화: 완전한 뼈가 되기 전에 연골조직이 형성되고 연골이 뼈로 변하는 뼈의 골화 초기 발생 과정 · 막성골화(막내골화): 골막 또는 연골막에 직접 골조직이 형성되는 과정
골단연골(성장판연골)	· 성장기에 있어 뼈의 길이 성장이 일어나는 곳
골단판(성장판)	· 성장기까지 뼈의 길이 성장을 주도하는 곳
골단	· 뼈의 길이 성장에 관여하며 골단연골의 성장이 멈추면서 완전한 뼈가 형성되는 장골의 양쪽 둥근 끝부분

3) 뼈(골)의 구조

뼈는 골막(골내막, 골외막), 골조직(치밀골, 해면골), 골수강, 골수로 되어 있다.

(1) 골막(뼈막)

뼈의 표면을 감싸고 있는 이중 막으로 골내막과 골외막으로 구성된 결합조직이다. 뼈의 형성에 중요한 역할과 뼈 굵기의 성장이 일어나는 곳으로 뼈의 성장에 관여한다. 뼈를 보호하고 힘줄과 인대가 골막에 부착되어 있다.

(2) 골 조직

① 치밀골 : 뼈의 바깥쪽으로 단단하며 하버스관이 있고 신경과 혈관의 통로이다.
② 해면골 : 뼈의 안쪽으로 스펀지와 같이 구멍이 많고 불규칙하게 결합된 골조직이다.

(3) 골수강

뼈 속 터널 같은 공간으로 안쪽에는 적골수와 황골수가 있다.

(4) 골수

뼈 속 골수강 사이의 공간을 채우고 있으며 혈액세포를 만드는 조혈조직이다.

① 적골수 : 혈액을 생성하는 조혈 기능을 한다.

② 황골수 : 조혈 기능을 거의 하지 않는다.

4) 뼈(골)의 형태

뼈(골)의 형태에는 장골, 단골, 편평골, 불규칙골, 종자골, 함기골이 있다.

[뼈의 형태별 분류]

명칭	내용	형태
장골	· 길이가 긴 뼈의 형태 - 종류 : 상완골, 요골, 척골, 대퇴골, 경골, 비골 등	
단골	· 길이가 짧은 뼈의 형태 - 종류 : 수근골, 수지골, 족근골, 족지골 등	
편평골	· 납작한 뼈의 형태 - 종류 : 견갑골, 두개골, 늑골 등	
불규칙골	· 모양이 불규칙한 뼈의 형태 - 종류 : 척추, 관골 등	
종자골	· 완두 크기 만한 작은 뼈의 형태 - 종류 : 슬개골 등	
함기골	· 뼈 속에 공간이 있어 공기를 함유하고 있는 특수한 뼈의 형태 - 종류 : 전두골, 상악골, 측두골, 접형골, 사골 등	

2. 손의 뼈대(골격) 구조와 기능

1) 상지 뼈(골)

인체의 상체, 즉 상지를 구성하는 뼈로 쇄골, 견갑골, 상완골, 척골, 요골, 수근골, 중수골, 수지골이 있다.

① 쇄골(빗장뼈) : 가슴 위쪽의 양쪽 어깨에 수평으로 위치, 상완골과 견갑골을 흉골에 연결
② 견갑골(어깨뼈) : 체간과 상완의 사이에 위치하며 어깨의 기초를 만드는 뼈
③ 상완골(위팔뼈) : 어깨에서 팔꿈치까지 이어지는 긴 뼈
④ 척골(자뼈) : 팔뚝을 구성하는 2개의 뼈 중 안쪽에 있는 뼈
⑤ 요골(노뼈) : 팔뚝을 구성하는 2개의 뼈 중 바깥쪽에 위치한 뼈

2) 손과 손목의 뼈(27개)

손에는 27개의 뼈가 있으며 수근골, 중수골, 수지골이 있다. 수근골(손목뼈)이 8개, 중수골(손허리뼈) 5개, 수지골(손가락뼈) 14개로 구성된다.

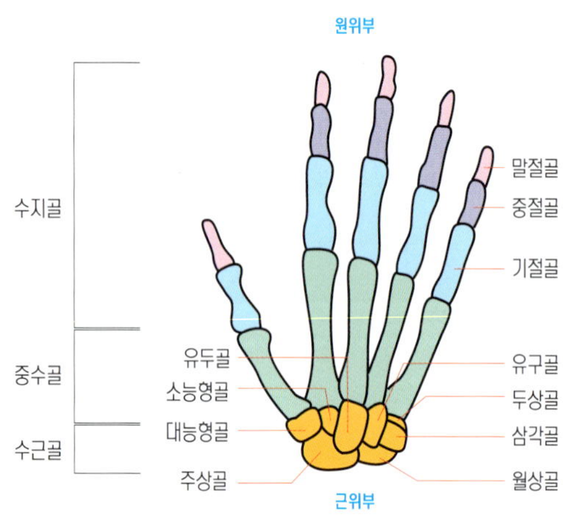

[손과 손목의 뼈 구조]

(1) 수지골(손가락뼈)

손가락을 구성하는 14개의 단골 형태의 뼈
엄지손가락의 뼈는 기절골, 말절골 2개의 손가락으로 구성
둘째에서 다섯째 손가락은 기절골, 중절골, 말절골로 이루어져 3개씩 네 손가락으로 12개로 구성

① 기절골(첫마디 손가락뼈) : 5개
② 중절골(중간마디 손가락뼈) : 4개
③ 말절골(끝마디 손가락뼈) : 5개

(2) 중수골(손허리뼈)

손등과 손바닥을 구성하는 5개의 뼈

① 첫째 중수골(엄지손허리뼈)
② 둘째 중수골(검지손허리뼈)
③ 셋째 중수골(중지손허리뼈)
④ 넷째 중수골(약지손허리뼈)
⑤ 다섯째 중수골(소지손허리뼈)

(3) 수근골(손목뼈)

손목을 구성하는 8개의 뼈
종류 : 대능형골, 소능형골, 유두골, 유구골, 주상골, 월상골, 삼각골, 두상골

원위부(몸에서 먼 손목뼈)	**근위부**(몸에서 가까운 손목뼈)
대능형골(큰마름뼈)	주상골(손배뼈)
소능형골(작은마름뼈)	월상골(반달뼈)
유두골(알머리뼈)	삼각골(세모뼈)
유구골(갈고리뼈)	두상골(콩알뼈)

3. 발의 뼈대(골격) 구조와 기능

1) 하지 뼈(골)

인체의 하체, 즉 하지를 구성하는 뼈로 관골, 대퇴골, 슬개골, 경골, 비골, 족근골, 중족골, 족지골이 있다.

① 대퇴골(넙다리뼈) : 인체 중 최대의 장골로 넓적다리의 뼈이다.

② 슬개골(무릎뼈) : 슬관절의 전면에 있는 접시 모양의 편평한 뼈이다.

③ 경골(종강뼈) : 하퇴를 구성하는 2개의 뼈 가운데 안쪽에 위치하는 대퇴골 다음으로 큰 뼈이다.

④ 비골(종아리뼈) : 하퇴를 구성하는 2개의 뼈 가운데 바깥쪽에 위치하는 길고 가느다란 뼈이다.

2) 발과 발목의 뼈(26개)

발에는 26개의 뼈가 있으며 족근골, 중족골, 족지골이 있다. 족근골(발목뼈)이 7개, 중족골(발허리뼈)이 5개, 족지골(발가락뼈)이 14개로 구성된다.

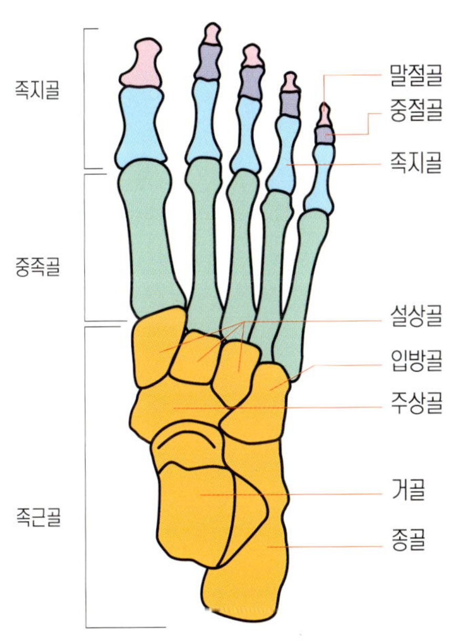

[발과 발목의 뼈 구조]

(1) 족지골(발가락뼈)

발가락을 구성하는 14개의 단골 형태의 뼈
엄지발가락의 뼈는 기절골, 말절골 2개의 뼈로 구성
둘째에서 다섯째 발가락은 기절골, 중절골, 말절골로 이루어져 3개씩 네 발가락으로 12개로 구성

① 기절골(첫마디 발가락뼈) : 5개

② 중절골(중간마디 발가락뼈) : 4개

③ 말절골(끝마디 발가락뼈) : 5개

(2) 중족골(발허리뼈)

발등과 발바닥을 이루는 5개의 뼈

① 첫째 중족골(엄지발허리뼈) : 가장 굵음

② 둘째 중족골(검지발허리뼈)

③ 셋째 중족골(중지발허리뼈)

④ 넷째 중족골(약지발허리뼈)

⑤ 다섯째 중족골(소지발허리뼈)

(3) 족근골(발목뼈)

발목을 구성하는 7개의 뼈로, 몸의 체중을 지탱함
종류 : 내측설상골, 중간설상골, 외측설상골, 종골, 거골, 주상골, 입방골

원위부(몸에서 먼 발목뼈)	**근위부**(몸에서 가까운 발목뼈)
내측 설상골(안쪽 쐐기뼈) 중간 설상골(중간 쐐기뼈) 외측 설상골(가쪽 쐐기뼈) 입방골(입방뼈)	거골(목말뼈) 종골(발꿈치뼈) 주상골(발배뼈)

※종골은 족근골에서 걸음을 걸을 때 신체를 지탱해주며 균형을 잡게 하는 지지대로, 발뒤꿈치를 형성하여 발꿈치뼈라고도 한다.

4. 손과 발의 근육 형태 및 기능

1) 근육

근육은 근세포들이 결합한 수축성이 강한 조직으로, 근섬유의 수축을 통해 인체를 움직일 수 있도록 힘을 발휘하며 수축과 이완에 의해서 움직인다.

(1) 근육의 분류

① 골격근 : 가로무늬가 있는 횡문근으로 뼈에 부착되어 뼈의 움직임이나 힘을 만드는 근육(수의근)
② 평활근(내장근) : 가로무늬가 없는 민무늬근으로 내장의 벽을 구성하는 근육 자율신경이 분포되어 있고 수축은 느리게 지속됨(불수의근)
③ 심근 : 가로무늬가 있는 횡문근으로 심장의 심장벽을 구성하고 근육 심장박동에 관여(수의근)

(2) 근육의 기능

① 운동 기능 : 근섬유의 수축과 이완을 통해 인체를 움직여 운동을 일으킨다.
② 열 생산 기능 : 근육이 수축할 때 APT 에너지가 방출하면서 열을 발생시킨다.
③ 자세 유지 기능 : 인체의 자세를 유지시킨다.

(3) 근육의 수축

근육은 신경을 통해서 자극을 받으면 화학변화를 일으키는데, 그때 APT 에너지를 발생하고 근을 수축시키려 한다. 근육이 자극에 반응하여 수축하는 현상을 근수축이라고 하며, 인체 내의 화학물질로 액틴과 미오신은 주로 근육에 수축에 관여한다.

[근육 관련 용어정리]

신근(폄근)	펼치는 신전 작용, 관절을 늘려서 펼치는 역할
굴근(굽힘근)	구부리는 굴곡 작용, 관절을 구부리는 역할
외전근(벌림근)	벌어지게 하는 외전 작용, 관절을 벌리는 역할
내전근(모음근)	모으는 내전 작용, 관절을 붙게 하는 역할
대립근(맞섬근)	물건을 잡는 작용, 관절을 손바닥 쪽으로 향하게 하는 역할

지	지관절	지절간관절	중수지관절	중수지절관절
손가락	손가락관절	손가락뼈사이관절	손허리손가락관절	손목손허리관절

무지	검지	중지	약지	소지
엄지손가락(첫째)	집게손가락(둘째)	가운데손가락(셋째)	약손가락(넷째)	새끼손가락(다섯째)

손		발	
정면 - 손바닥	후면 - 손등	정면 - 발등(배측)	후면 - 발바닥(저측)
내측 - 새끼손가락 방향	외측 - 엄지손가락 방향	내측 - 엄지손가락 방향	외측 - 새끼손가락 방향

2) 상지의 근육

인체의 상체를 구성하는 근육으로 견부의 근육, 상완의 근육, 전완의 근육, 손의 근육으로 구성된다.

(1) 견부의 근육(어깨의 근육)

어깨를 이루고 있는 근육으로 삼각근, 견갑하근, 극상근, 극하근, 대원근, 소원근으로 구성된다.

① 삼각근(어깨세모근) : 상완의 신전 및 굴곡에 관여
② 견갑하근(어깨밑근) : 상완의 내전과 내측 회전에 관여
③ 극상근(가시위근) : 상완의 외전과 외측 회전에 관여
④ 극하근(가시아래근) : 상완의 신진 및 외측 회전에 관여
⑤ 대원근(큰원근) : 상완의 내전 및 내측 회전에 관여
⑥ 소원근(작은원근) : 상완의 내전 및 외측 회전에 관여

(2) 상완의 근육(팔의 위쪽 근육)

어깨에서 팔꿈치까지의 근육으로 상완근, 상완이두근, 상완삼두근으로 구성된다.

① 상완근(위팔근) : 전완의 굴곡에 관여
② 상완이두근(위팔두갈래근) : 전완의 굴곡에 관여
③ 상완삼두근(위팔세갈래근) : 전완의 신전에 관여

(3) 전완의 근육(팔의 아래쪽 근육)

팔꿈치 아래의 근육으로 손목과 손가락 운동에 관여하며 굴근, 신근으로 구성된다.

① 굴근(굽힘근) : 정면에 위치하고 전완의 굽힘에 관여한다.
종류 : 장장근(긴손바닥근), 원회내근(원엎침근), 방형회내근(네모엎침근), 요측수근굴근(노쪽 손목굽힘근), 척측수근굴근(자쪽 손목굽힘근), 장무지굴근(긴엄지굽힘근), 천지굴근(얕은손가락굽힘근), 심지굴근(깊은손가락굽힘근)이 있다.

② 신근(벌림근) : 후면에 위치하고 손목, 손가락의 신전에 관여한다.
종류 : 회외근(손뒤침근), 완요골근(위팔노근), 장요측수근신근(긴노쪽 손목폄근), 단요측수근신근(짧은노쪽 손목폄근),총지신근, 척측수근신근(자쪽 손폄근), 장무지신근(긴엄지폄근), 시지신근(검지손가락폄근), 지신근(손가락폄근), 소지신근(새끼손가락폄근)이 있다.

3) 손의 근육

손의 근육은 무지구근, 중수근, 소지구근으로 구성된다.

[손 근육의 종류]

구분	내용
무지구근 (엄지손가락의 근육)	단무지신근(짧은엄지폄근), 장무지신근(긴엄지폄근), 단무지굴근(짧은엄지굽힘근), 장무지굴근(긴엄지굽힘근), 단무지외전근(짧은엄지 벌림근), 장무지외전근(긴엄지벌림근), 무지내전근(엄지모음근), 무지대립근(엄지맞섬근)
중수근(중간근) (손허리뼈 사이의 근육)	충양근(벌레근), 배측골간근(손등쪽뼈사이근), 장측골간근(손바닥쪽뼈사이근), 천지굴근(얕은손가락굽힘근), 심지굴근(깊은손가락굽힘근), 지신근(손가락폄근), 시지신근(검지손가락폄근)
소지구근 (새끼손가락의 근육)	소지신근(새끼손가락폄근), 소지굴근(새끼손가락굽힘근), 소지외전근(새끼손가락벌림근), 소지대립근(새끼손가락맞섬근)

(1) **무지구근**(엄지손가락의 근육)

단무지신근(짧은엄지폄근)

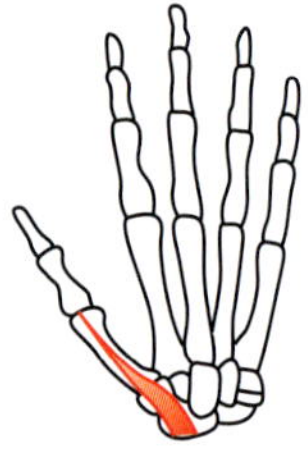

- 기능 : 엄지손가락을 펴고 손목을 펴는 근육(회외근의 기능이 없음)
- 작용 : 무지의 중수지관절 신전에 관여(첫째 손가락 손허리손가락관절 폄침)
- 신경지배 : 요골신경

장무지신근(긴엄지폄근)

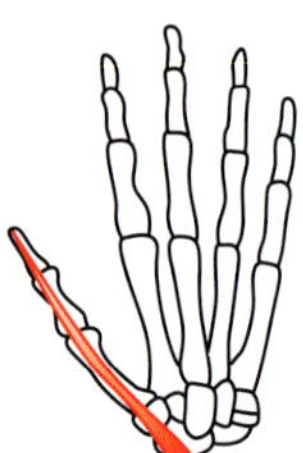

- 기능 : 모든 엄지손가락의 관절을 지나가고 엄지를 펴는 근육(회외근의 기능이 있음)
- 작용 : 모든 무지 손가락관절의 신전에 관여(첫째 손가락 지관절 폄침)
- 신경지배 : 요골신경

단무지굴근(짧은엄지굽힘근)

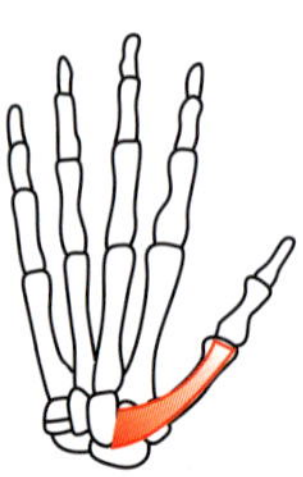

- 기능 : 엄지손가락을 구부리는 근육
- 작용 : 무지의 굴곡에 관여(첫째 손가락 굽힘), 무지대립근의 보조
- 신경지배 : 정중신경, 척골신경

장무지굴근(긴엄지굽힘근)

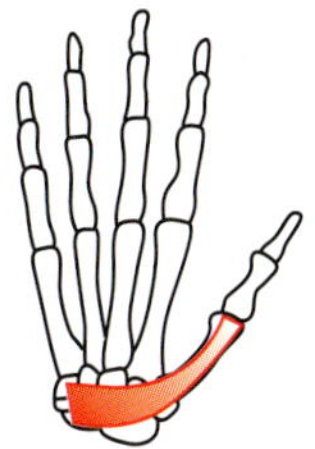

- 기능 : 모든 엄지손가락 관절을 지나가고 엄지를 구부리는 근육
- 작용 : 무지와 수근의 굴곡에 관여(첫째 손가락과 손목을 굽힘), 무지대립근의 보조
- 신경지배 : 정중신경

단무지외전근(짧은엄지벌림근)

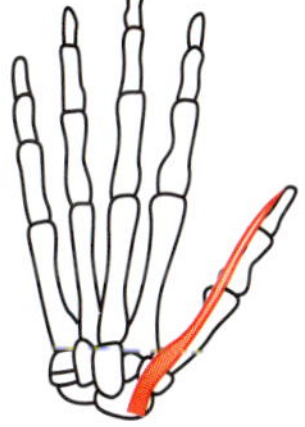

- 기능 : 엄지손가락을 벌리는 근육
- 작용 : 무지의 외전에 관여(첫째 손가락을 벌림)
- 신경지배 : 정중신경

장무지외전근(긴엄지벌림근)

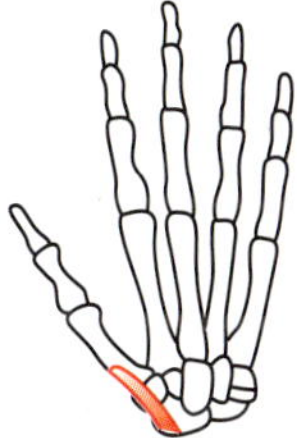

- 기능 : 엄지손가락과 손목을 벌리는 근육
- 작용 : 무지와 수근의 외전에 관여(첫째 손가락과 손목을 벌림)
- 신경지배 : 요골신경

무지내전근(엄지모음근)

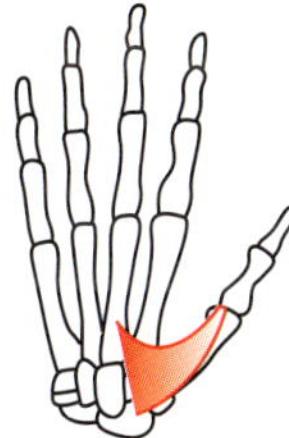

- 기능 : 엄지손가락을 모으는 근육
- 작용 : 무지의 내전과 굴곡에 관여(첫째 손가락을 모음), 무지대립근의 보조
- 신경지배 : 척골신경

무지대립근(엄지맞섬근)

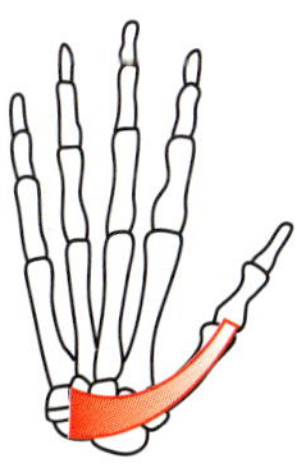

- 기능 : 엄지손가락을 다른 손가락과 마주보고 물건을 잡게 하는 근육
- 작용 : 무지의 대립과 굴곡에 관여(첫째 손가락을 굽히고 잡음)
- 신경지배 : 정중신경

(2) 중수근, 중간근(손 허리뼈 사이의 근육)

충양근(벌레근)

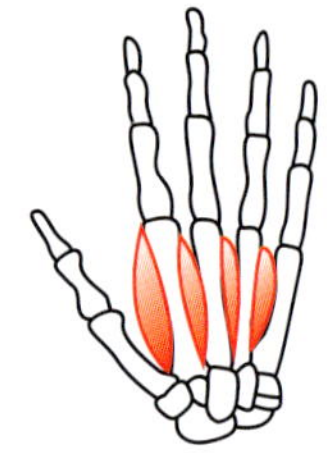

- 기능 : 둘째~다섯째 손가락의 손허리손가락관절은 굽히고 손가락뼈사이관절은 펴는 근육으로 손 허리뼈 사이를 메워주고 글쓰기와 식사동작에 있어 중요한 기능을 함
- 작용 : 둘째~다섯째 손허리손가락관절의 굴곡과 손가락뼈사이관절의 신전에 관여(2~5지 중수지관절의 굽힘, 지절간관절의 펼침)
- 신경지배 : 정중신경, 척골신경

배측 골간근(손등쪽뼈사이근)

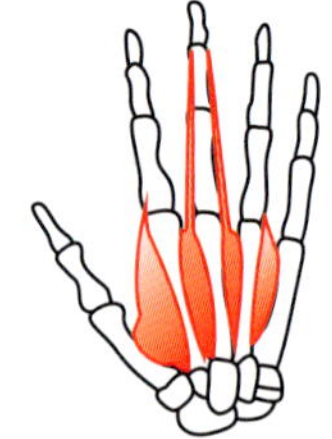

- 기능 : 둘째~다섯째 손목손허리관절은 굽히고 손가락뼈사이관절을 펴는 근육으로 손 허리뼈 사이를 메워주고 가운뎃손가락을 기준으로 손가락을 펴는 기능을 함
- 작용 : 둘째~다섯째 손가락의 외전, 손목손허리관절의 굴곡과 손가락뼈사이관절의 신전에 관여(2~5지 벌림, 중수지절관절의 굽힘, 지절간관절의 펼침)
- 신경지배 : 척골신경

장측골간근(손바닥쪽뼈사이근)

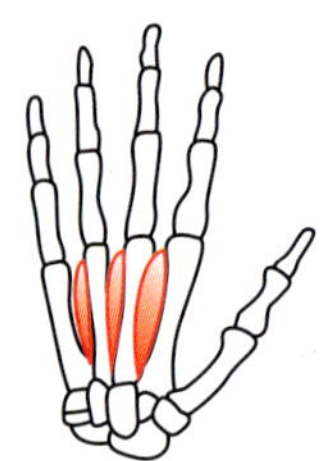

- 기능 : 손허리손가락관절은 굽히고 손가락뼈사이관절은 펴는 근육으로 검지, 약지, 소지손가락을 중지를 중심으로 모으고 손가락 사이를 좁히는 기능을 함
- 작용 : 둘째, 넷째, 다섯째 손가락의 내전, 손허리손가락관절은 굴곡과 손가락뼈사이관절 신전에 관여(2, 4, 5지 모음, 중수지관절의 굽힘, 지절간관절 펼침)
- 신경지배 : 척골신경

천지굴근(얕은손가락굽힘근)

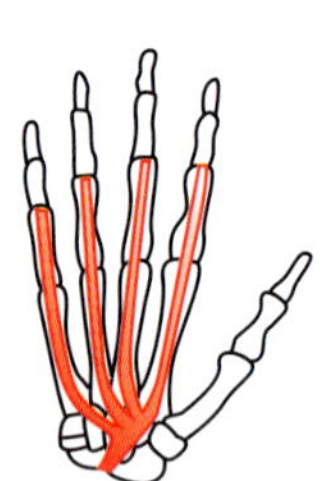

- 기능 : 둘째~다섯째 손가락의 손허리손가락관절과 손가락뼈사이관절을 굽히는 근육
- 작용 : 둘째~다섯째 손가락의 근위손가락관절, 손가락뼈사이관절, 손허리손가락관절의 굴곡에 관여(2~5지 근위지관절, 지절간관절, 중수지관절의 굽힘), 손목의 굴곡 보조
- 신경지배 : 정중신경

심지굴근(깊은손가락굽힘근)

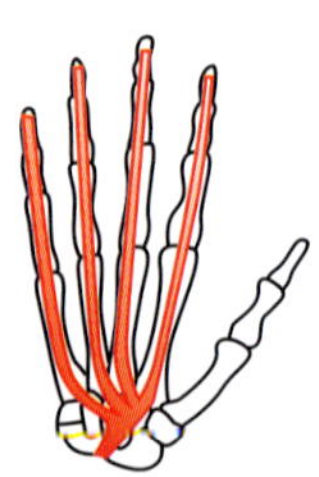

- 기능 : 둘째~다섯째 손가락의 손허리손가락관절과 손가락뼈사이관절을 굽히는 근육
- 작용 : 둘째~다섯째 손가락의 원위손가락관절, 손가락뼈사이관절, 손허리손가락관절의 굴곡에 관여(2~5지 원위지관절, 지절간관절, 중수지관절의 굽힘), 손목의 굴곡을 보조
- 신경지배 : 척골신경, 정중신경

지신근(손가락폄근)

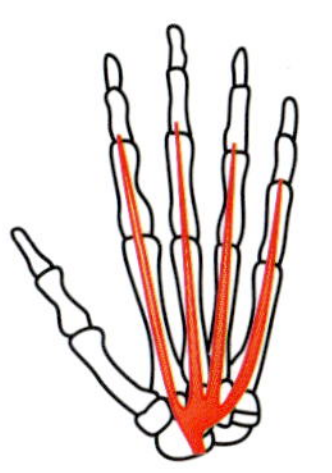

- 기능 : 둘째~다섯째 손가락을 펴는 근육
- 작용 : 둘째~다섯째 손가락의 손허리손가락관절의 신전에 관여(2~5지 손가락의 중수지관절의 폘침)
- 신경지배 : 요골신경

시지신근(검지손가락폄근)

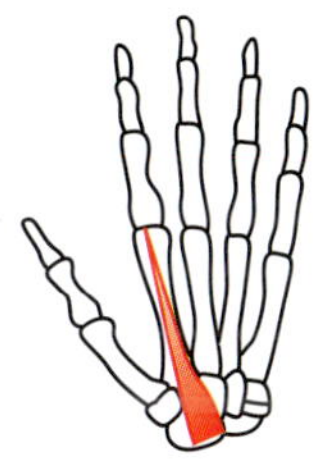

- 기능 : 검지손가락을 펴는 근육
- 작용 : 시지 손가락의 손허리손가락관절의 신전에 관여(둘째 손가락의 중수지관절의 폘침)
- 신경지배 : 요골신경

(3) 소지구근(새끼손가락의 근육)

소지신근(새끼손가락폄근)

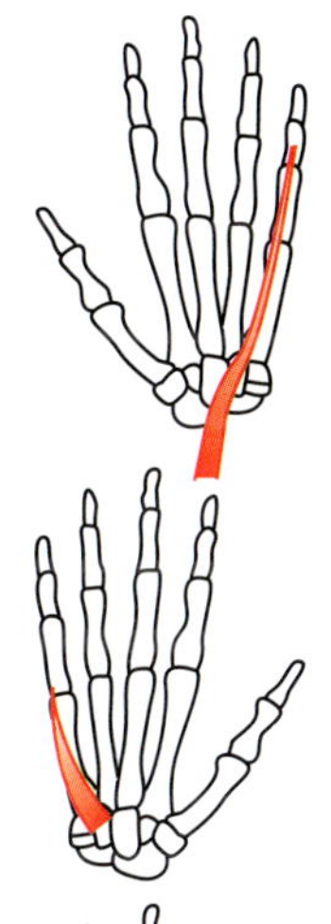

- 기능 : 새끼손가락을 펴는 근육
- 작용 : 소지 손가락의 손허리손가락관절의 신전에 관여(다섯째 손가락의 중수지관절의 폘침)
- 신경지배 : 요골신경

소지굴근, 단소지굴근(새끼손가락굽힘근)

- 기능 : 새끼손가락을 구부리는 근육
- 작용 : 소지 손가락의 손허리손가락관절의 굴곡에 관여(다섯째 손가락의 중수지관절의 굽힘)
- 신경지배 : 척골신경

소지외전근(새끼손가락벌림근)

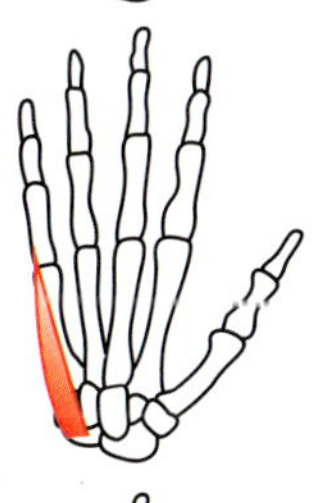

- 기능 : 새끼손가락을 벌리는 근육
- 작용 : 소지 손허리손가락관절의 외전에 관여(다섯째 손가락의 중수지관절의 벌림)
- 신경지배 : 척골신경

소지대립근(새끼손가락맞섬근)

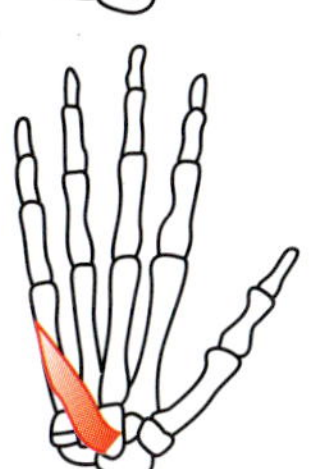

- 기능 : 새끼손가락을 구부리고 동시에 모아주는 근육
- 작용 : 소지손가락이 엄지손가락에 대한 대립에 관여(다섯째 손가락의 첫째 손가락에 대한 대립)
- 신경지배 : 척골신경

4) 하지의 근육

인체의 하체를 구성하는 근육으로 둔부의 근육, 대퇴의 근육, 하퇴의 근육, 발의 근육으로 구성된다.

(1) 둔부의 근육(엉덩이 근육)

엉덩이의 근육으로 대둔근, 중둔근, 소둔근, 장요근으로 구성된다.

① 대둔근(큰볼기근) : 고관절의 신전과 외회전
② 중둔근(중간볼기근) : 고관절의 외전에 관여
③ 소둔근(작은볼기근) : 고관절의 외전에 관여
④ 장요근(엉덩허리근) : 대퇴의 굴곡에 관여

(2) 대퇴의 근육(허벅지 근육)

넓적다리의 근육으로 전대퇴근, 내측대퇴근, 후대퇴근으로 구성된다.

① 전대퇴근(넓적다리앞근) : 대퇴의 앞면에서 대퇴의 굴곡, 하퇴의 신에 관여
대퇴사두근(넙다리네갈래근), 봉곤근(넙다리빗근), 치골경골근(두덩정강근)
② 내측대퇴근(넓적다리안쪽근) : 대퇴골과 경골의 연결에 관여
치근골(두덩근), 대내전근(큰모음근), 장내전근(긴모음근), 단내전근(짧은모음근)
③ 후대퇴근(넓적다리뒤근) : 고관절의 신전, 슬관절의 굴곡에 관여
대퇴이두근(넙다리두갈래근), 반막근(반막모양근), 반건양근(반힘줄모양근)

(3) 하퇴의 근육(종아리 근육)

정강이와 종아리의 근육으로 전하퇴근, 외측하퇴근, 후하퇴근으로 구성된다.

① 전화퇴근(신근) : 발목의 굴곡과 발가락의 신전 및 회전에 관여
전경골근(앞 정강근), 제3비골근(셋째 종아리근), 장지신근(긴발가락폄근), 장무지신근(긴엄지폄근)
② 외측하퇴근(비골근) : 발의 굴곡과 족관절의 운동에 관여
장비골근(긴 종아리근), 단비골근(짧은 종아리근)
③ 후하퇴근(장딴지근) : 발의 굴곡과 족관절의 운동에 관여
비복근(장딴지근), 가자미근(넙치근), 후경골근(뒤 정강근), 슬와근(오금근)

5) 발의 근육

발등과 발바닥의 근육으로 족배근, 중간근, 족저근으로 구성된다.

[발 근육의 종류]

구분	내용
족배근 (발등의 근육)	단무지신근(짧은엄지폄근), 장무지신근(긴엄지폄근), 장지신근(긴발가락폄근), 단지신근(짧은발가락폄근)
중간근 (발허리뼈 사이의 근육)	충양근(벌레근), 배측골간근(발등쪽뼈사이근), 저측골간근(발바닥뼈사이근)
족저근 (발바닥 근육)	단지굴근(짧은발가락굽힘근), 장지굴근(긴발가락굽힘근), 족저방형근(발바닥네모근), 단무지굴근(짧은엄지굽힘근), 장무지굴근(긴엄지굽힘근), 무지외전근(엄지벌림근), 무지내전근(엄지모음근), 소지외전근(새끼발가락벌림근), 단소지굴근(짧은소지굽힘근)

(1) 족배근(발등의 근육)

단무지신근(짧은엄지폄근)

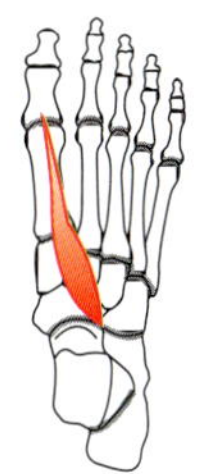

- 기능 : 엄지발가락을 펴게 도와주는 기능을 하는 근육
- 작용 : 무지의 신전의 보조에 관여(첫째 발가락의 펼침 보조)
- 신경지배 : 심비골신경

장무지신근(긴엄지폄근)

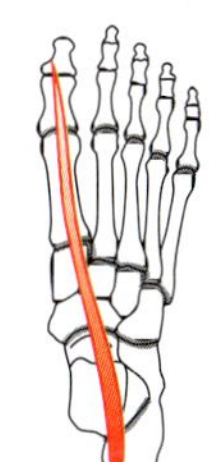

- 기능 : 엄지발가락과 발목을 펴는 근육으로 걸음을 걷을 때 엄지발가락이 바르게 바닥에 닿게 해주는 기능을 함
- 작용 : 무지의 신전에 관여(첫째 발가락의 펼침), 발목, 발등의 굴곡에 보조
- 신경지배 : 심비골신경

장지신근(긴발가락폄근)

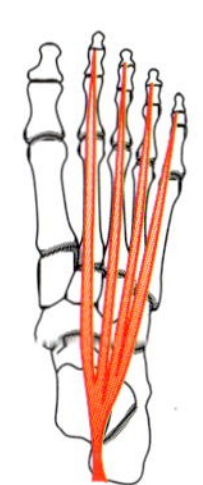

- 기능 : 둘째~다섯째 발가락을 펴는 근육으로 걸음을 걷을 때 발가락이 바르게 바닥에 닿게 해주는 기능을 함
- 작용 : 둘째~다섯째 발가락 신전(2~5지 발가락의 펼침), 발목, 발등의 굴곡에 보조
- 신경지배 : 심비골신경

단지신근(짧은발가락폄근)

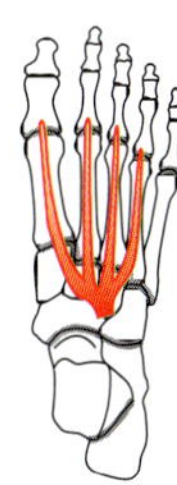

- 기능 : 첫째~넷째 발가락을 펴는 근육으로 장지신근을 지지하며 걸음을 걷는 것을 돕게 해주는 기능을 함
- 작용 : 첫째~넷째 발가락 신전에 관여(1~4지 펼침)
- 신경지배 : 심비골신경

(2) 중간근(발허리뼈 사이의 근육)

충양근(벌레근)

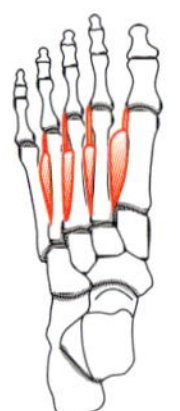

- 기능 : 발허리발가락관절은 굽히고 발가락뼈사이관절은 펴는 근육
- 작용 : 둘째~다섯째 발가락의 발가락뼈사이관절의 신전, 발허리발가락관절의 굴곡에 관여(2~5지 지절간관절의 폘침, 중족지관절의 굽힘)
- 신경지배 : 경골신경

배측골간근(발등쪽뼈사이근)

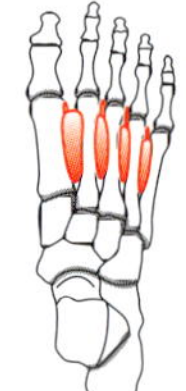

- 기능 : 둘째~다섯째 발가락을 벌리는 근육
- 작용 : 둘째~다섯째 발가락의 외전에 관여(2~5지 벌림)
- 신경지배 : 경골신경

저측골간근(발바닥뼈사이근)

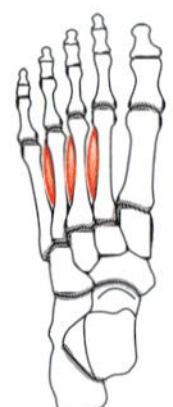

- 기능 : 셋째~다섯째 발가락을 모으는 근육
- 작용 : 셋째~다섯째 발가락의 내전에 관여(3~5지 모음)
- 신경지배 : 경골신경

(3) 족저근(발바닥 근육)

단지굴근(짧은발가락굽힘근)

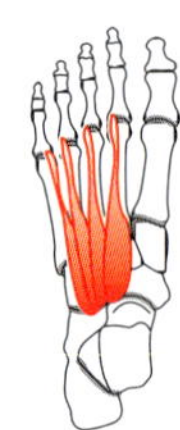

- 기능 : 둘째~다섯째 발가락을 굽히는 근육
- 작용 : 둘째~다섯째 발가락의 근위지 관절의 굴곡에 관여
- 신경지배 : 경골신경

장지굴근(긴발가락굽힘근)

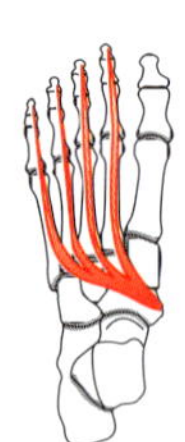

- 기능 : 둘째~다섯째 발가락을 굽히는 근육으로 균형을 잡거나 걸음을 걸을 때 발이 바닥에 단단하게 닿게하는 기능을 함
- 작용 : 둘째~다섯째 발가락의 굴곡에 관여(2~5지 굽힘), 발관절의 저측굴곡, 발목관절의 발바닥 굽힘을 보조
- 신경지배 : 경골신경

족저방형근/족척방형근(발바닥네모근)

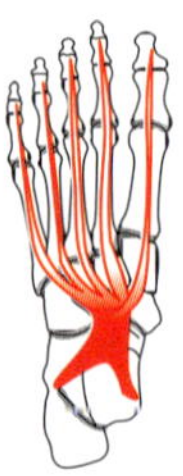

- 기능 : 발가락을 발바닥 쪽으로 구부리도록 하는 근육
- 작용 : 장지굴근의 보조에 관여
- 신경지배 : 경골신경

단무지굴근(짧은엄지굽힘근)

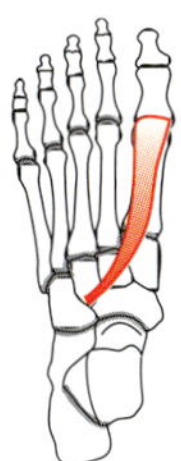

- 기능 : 엄지발가락을 굽히는 근육
- 작용 : 무지의 굴곡에 관여(첫째 발가락의 굽힘)
- 신경지배 : 경골신경

장무지굴근(긴엄지굽힘근)

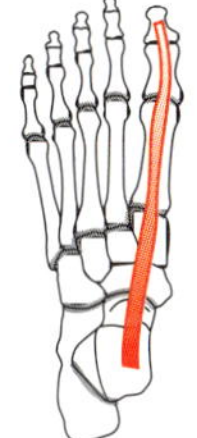

- 기능 : 엄지발가락과 발목관절을 굽히는 근육으로 발의 안쪽 발바닥궁을 지탱함
- 작용 : 무지의 전체 굴곡에 관여(첫째 발가락의 전체 굽힘), 발목 저측 굴곡의 보조
- 신경지배 : 경골신경

무지외전근(엄지벌림근)

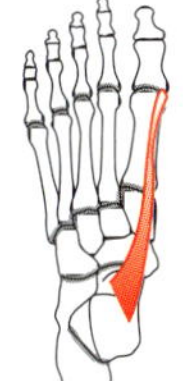

- 기능 : 엄지발가락을 벌리는 근육
- 작용 : 무지의 외전에 관여(첫째 발가락의 벌림)
- 신경지배 : 경골신경

무지내전근(엄지모음근)

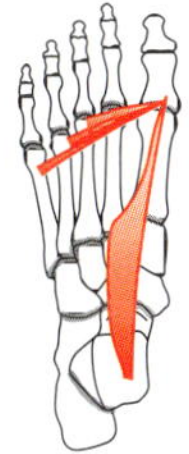

- 기능 : 엄지발가락을 모으는 근육
- 작용 : 무지의 내전에 관여(첫째 발가락의 모음)
- 신경지배 : 경골신경

소지외전근(새끼발가락벌림근)

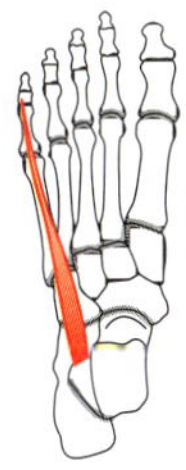

- 기능 : 새끼발가락을 벌리는 근육
- 작용 : 소지의 외전에 관여(다섯째 발가락의 벌림)
- 신경지배 : 경골신경

단소지굴근(짧은소지굽힘근)

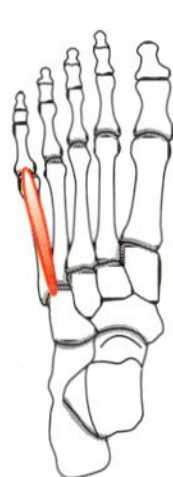

- 기능 : 새끼발가락을 굽히는 근육
- 작용 : 소지의 굴곡에 관여(다섯째 발가락의 굽힘)
- 신경지배 : 경골신경

5. 발의 특성

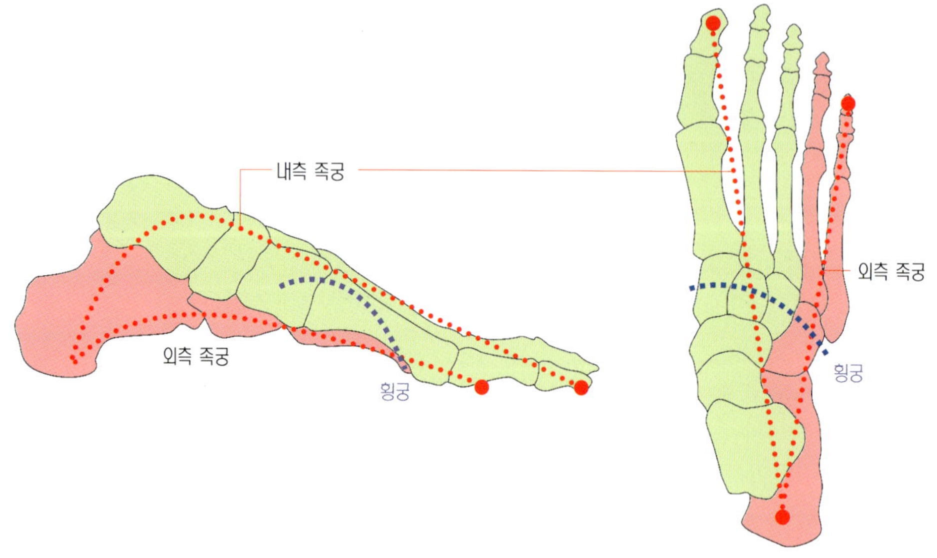

[족궁과 횡궁의 구조]

1) 족궁(아치)

족궁은 발바닥에 생기는 활 모양으로 휘어져 있는 발아치를 말한다. 걸음을 걸을 때 완충작용을 하여 하체의 체중을 효율적으로 분산시켜 체중이 바닥에 닿는 충격을 흡수하여 발에 무리한 힘이 실리지 않도록 펌프 역할을 담당한다. 인대는 족궁을 유지하는 기본적인 역할을 한다.

① 내측 족궁 : 충격을 완화시키는 데 도움을 주는 역할을 하며 내측의 아치가 소실되면 평편족이 될 수 있다.
② 외측 족궁 : 체중을 지탱하며 걸음을 걸을 때 체중의 이동을 연결하며 도와주는 역할을 한다.
③ 횡궁 : 엄지발가락에서 새끼발가락까지 가로로 연결시켜주며 발끝이 지면에 잘 닿을 수 있게 도와주는 역할을 한다.

2) 편평족(평발)

선천적 원인으로 생길 수 있으며, 후천적 원인으로는 족부의 기능 이상으로 족궁이 변형되어 발바닥의 안쪽 아치가 비정상적으로 낮아지거나 소실되는 변형이다. 평발인 사람은 발이 쉽게 피로해지거나 심한 경우 통증을 유발할 수도 있다.

① 유연성 편평족 : 체중 부하 시 편평해지고 체중을 없애면 아치가 나타난다.
② 강직성 편평족 : 체중의 부하에 상관없이 편평하다.

6. 손 · 발의 신경조직과 기능

신경은 신경세포의 돌기가 모인 신경세포들의 그물망으로 구성된 결합 조직이다. 신경조직은 신체 내부와 외부에서 가해진 자극을 받아들이고 일정한 곳으로 정보를 전달하는 조직이다.

신경세포는 '뉴런'이라고 하며 뉴런을 지지하는 보호하는 본체인 신경교세포로 되어있다.

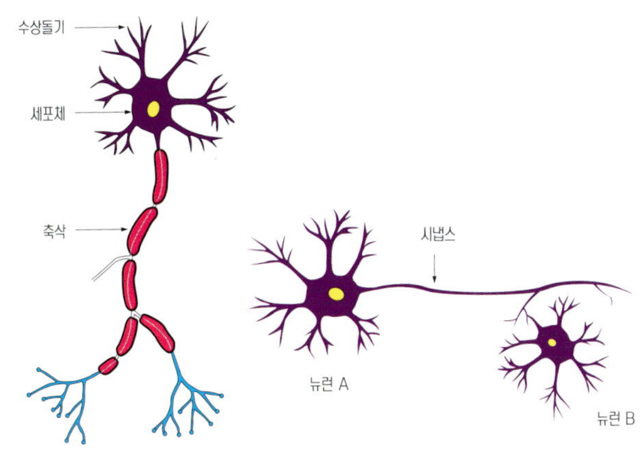

[뉴런의 구조] [뉴런의 연결]

뉴런 (신경원)	뉴런은 구조적 최소 단위인 신경세포이며, 자극을 전달하는 역할을 함	
	세포체	핵과 세포질로 구성
	수상돌기	연접해 있는 뉴런에 자극을 받아 세포체에게 전달함
	축삭돌기	· 자극을 다른 뉴런이나 반응기에 전달함 · 축삭은 수초, 신경초, 랑비에르 결절의 3가지 구조로 됨 ① 수초: 축삭을 보호하고 절연시킴 ② 신경초: 말초신경섬유의 재생에 중요한 역할 담당 ③ 랑비에르 결절: 수초에 의해 덮여져 있지 않은 부분
시냅스	1개의 뉴런과 다른 뉴런을 연결해주는 접촉부위	
신경교세포	뉴런을 지지하고 보호하는 역할로 신경세포 주변에서 식세포 작용을 하여 신경섬유를 보호하고 신경섬유의 재생에도 관여함 * 신경초 : 말초신경섬유의 재생에 중요한 부분으로 말초신경에 있는 신경교세포	

신경계는 운동기능, 감각기능 , 흥분기능, 자극의 전달기능, 통합기능을 하며, 뇌와 척수를 포함한 중추신경계와 뇌신경, 척수신경, 교감신경, 부교감신경으로 구성된 말초신경계로 분류한다.

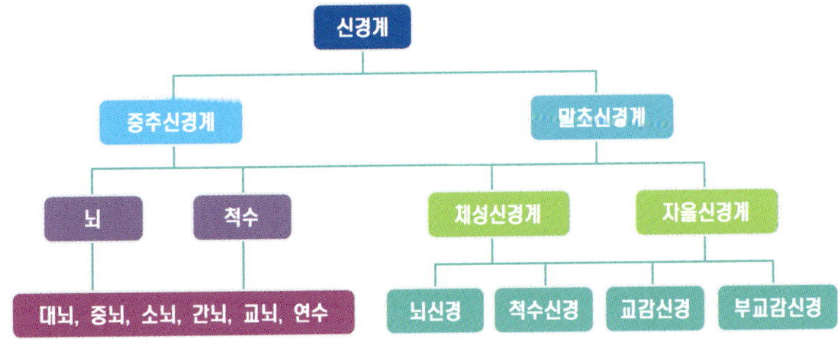

[신경계 구조도]

1) 팔과 손의 신경

① 액와신경(겨드랑이신경) : 겨드랑이 부위의 신경으로 삼각근과 소원근에 분포한다.

② 근피신경(근육피부신경) : 위쪽 팔 근육의 운동기능과 아래팔 바깥쪽 피부의 감각기능을 담당하는 근육, 피부신경으로 굴근에 분포한다.

③ 정중신경(중앙신경) : 일부 손바닥의 감각, 움직임, 손목의 뒤집힘 등의 운동기능을 담당하는 신경으로 팔의 중앙부를 관통해서 손가락으로 들어간다. 아래팔 앞쪽의 대부분 근육과 엄지손가락 근육 및 손바닥의 피부에 분포한다.

④ 요골신경(노뼈신경) : 팔과 손등의 외측 엄지손가락 쪽을 지배하는 혼합성 신경으로 신근에 분포한다.

⑤ 척골신경(자뼈신경) : 손바닥 안쪽의 근을 지배하고 피부감각을 주관하는 신경으로 팔꿈치를 통과하며 팔뚝과 손의 소지 쪽에 분포한다.

⑥ 수지신경(손가락신경) : 손가락의 열, 한기, 촉감, 압박감, 통증 등의 감각을 느끼며 손과 손가락에 분포하며 특히 검지에는 신경이 많이 분포한다.

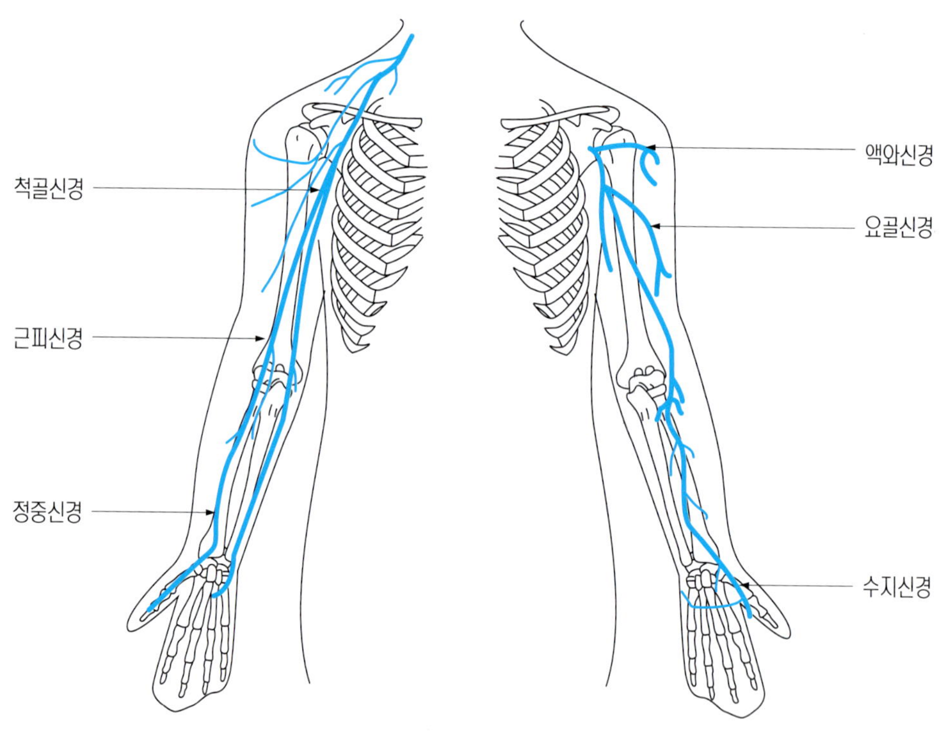

[팔과 손의 신경]

2) 다리와 발의 신경

① 대퇴신경(넙다리신경) : 근육을 지배하고 감각을 느끼는 신경으로 대퇴부의 신근과 하부의 피부에 분포하고 있다.

② 좌골신경(궁둥신경) : 다리의 감각을 느끼고 근육의 운동을 조절하는 신경으로 다리 뒤쪽을 따라 아래로 분포하고 있다.

③ 경골신경(정강신경) : 근육을 지배하고 피지를 하퇴의 후면과 발바닥의 피부로 보내는 기능을 하는 신경으로 정강이뼈 뒤쪽과 무릎 뒤로 발바닥으로 연결되어 다리, 무릎 종아리, 발바닥의 피부 및 발가락 밑에 분포한다.

④ 총비골신경(온종아리신경) : 궁둥신경에서 분지되어 종아리 바깥쪽과 발등으로 연결되는 종아리신경으로 좌골신경의 한 분지로, 무릎 뒤에서 경골의 머리까지 내려가 둘로 나뉜다.

· 천비골신경(얕은종아리신경) : 주로 감각을 느끼고 발 피부에 분포한다.

· 심비골신경(깊은종아리신경) : 주로 운동성으로 하퇴의 근육을 지배하고 발등에 분포한다.

⑤ 비복신경(장딴지신경) : 징띤지의 바깥 부분, 발목, 발뒤꿈치 등에 감각을 느끼고 종아리 뒤쪽으로 연결되는 장딴지에 분포한다.

⑥ 복재신경(두렁신경) : 다리 안쪽과 무릎에 신경 감각을 전하며 대퇴신경의 갈래이자 끝 부분으로 정강이 안쪽과 발등 안쪽의 피부를 다스린다.

⑦ 족저신경(발바닥신경) : 정강신경에 가지로 발바닥에 감각을 느끼며 발바닥 안쪽과 바깥쪽에 분포한다.

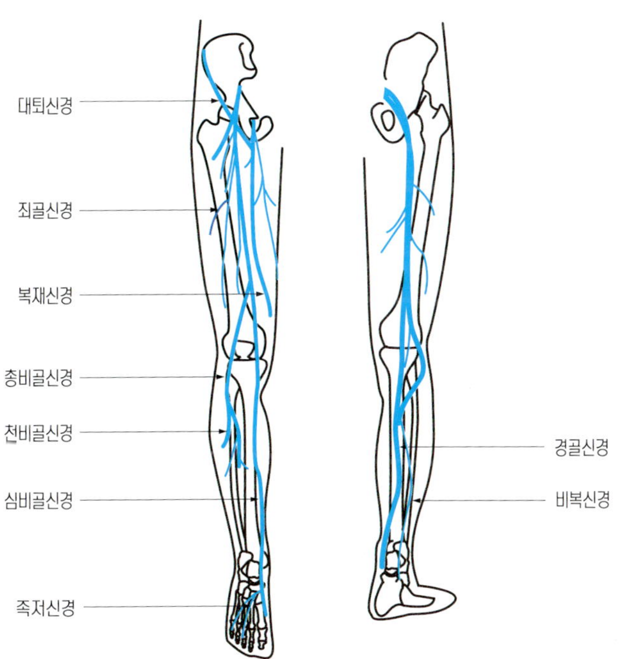

[다리와 발의신경]

SECTION 3. 네일 기본관리의 특성

1. 매니큐어의 정의

손톱의 형태를 다듬어주고 큐티클 정리, 마사지, 컬러링 등의 전체적인 손관리를 의미하며 손톱을 가꾸고 손질해주어 청결함과 아름다움을 유지시키는 것이다.

매니큐어의 어원 : 라틴어의 마누스(손)와 큐라(관리)의 합성어로 '손관리'라는 뜻

Manus(손) + Cura(관리) = Manicure(매니큐어) 손관리의 총체적인 의미

2. 페디큐어의 정의

발톱의 형태를 다듬어주고 큐티클 정리, 마사지, 컬러링 등의 전체적인 발관리를 의미하며 발톱을 가꾸고 손질해 주어 청결함과 아름다움을 유지시키는 것이다.

1) 습식 매니큐어

습식이란 용액이나 용제 따위의 액체를 사용하는 방식으로 핑거볼이라는 도구에 미온수를 넣어 큐티클을 부드럽게 한 후 큐티클을 정리하는 것을 말한다. 미온수의 사용만으로 큐티클을 불리기 어려울 때는 다양한 큐티클 연화제(큐티클 리무버, 큐티클 오일, 큐티클 크림)를 함께 사용할 수 있다.

2) 건식 매니큐어

건식이란 물이나 액체 따위를 사용하지 않는 방식으로 기본적인 과정은 습식 매니큐어와 동일하지만 유 · 수분이 많은 고객이나 인조 네일의 보존력을 높이기 위해 인조 네일의 작업 전에 미온수나 큐티클 연화제를 사용하지 않고 큐티클을 정리하는 것이 차이점이다.

3) 핫 크림 or 핫 오일 매니큐어

핫 크림 매니큐어는 습식 매니큐어와 과정이 동일하지만 핑거볼을 이용한 미온수 대신 크림 워머기에 크림을 넣어 데우고 큐티클을 부드럽게 해주어 큐티클을 정리하는 것이 차이점이다.

이 서비스는 크림이나 오일이 포함되어 있는 제품을 사용함으로써 건조하고 갈라지는 큐티클관리에 필요하며 큐티클의 과잉성장(표피조막, 테리지움) 등 건조한 손톱 주위의 피부조직 상태를 부드럽게 연화시켜 준다. 여름철보다는 겨울철에 효과적이며 최근에는 다양한 큐티클 연화제가 보급함에 따라 이용하지 않는 경우가 많다.

4) 파라핀 매니큐어

파라핀 매니큐어는 파라핀 성분이 피부에 침투하여 거친 피부나 큐티클에 유 · 수분을 공급하고 부드럽게 해주는 관리를 말한다.

파라핀 왁스 자체에 콜라겐 성분과 비타민 E, 유칼립투스, 멘톨 및 식물성 오일 등을 첨가하여 피부에 좋도록 개발된 것으로 뛰어난 보습력과 영양 침투력으로 피부에 충분한 영양과 유 · 수분을 공급하여 혈액순환을 촉진시켜 손과 발의 피로를 풀어준다. 관절에 이상 징후가 있는 사람에게도 효과적이고 근육이완 작용이 있어 물리치료에도 사용된다. 소홀하기 쉬운 손 관리에 매우 이상적인 서비스 방법으로 여름철보다는 겨울철에 효과적이다.

손과 발을 관리함으로써 보습에 도움을 줄 수는 있으나 뜨거워진 파라핀 용액이 자연 네일을 녹일 수 있으므로 매우 약하고 부드러운 자연 네일을 가진 고객에게는 피하는 것이 좋다. 손 주위의 염증, 사마귀 등의 감염 위험이 있는 경우에도 사용을 금한다.

네일 상식

컬러링과 인조 네일 작업 시 리프팅이 심해요!

같은 재료로 작업해도 유난히 빨리 리프팅이 되는 이유는 고객마다 네일의 수분 함유량과 수분 증발력이 다르기 때문이다. 또한 습식 매니큐어로 작업 시에는 손톱의 수분 함유량이 증가되기 때문에 컬러링 시 리프팅이 더 빨리 나타날 수 있다. 특히 인조 네일의 작업 전에 습식으로 큐티클 정리를 하고 자연 네일의 수분을 적절히 제거되지 않으면 리프팅과 더불어 펑거스나 몰드 등 질병의 감염을 유발할 수 있으므로 주의해야 한다. 가능한 경우라면 인조 네일 작업 전에는 건식관리를 하는 것이 적절하며, 고객의 네일 상태에 따라 전 처리제를 도포하면 리프팅과 펑거스 방지에 도움을 줄 수 있다.

SECTION 4. 네일의 형태

1. 네일의 형태별 분류

기본적인 5가지 네일의 프리에지 형태는 스퀘어, 스퀘어 오프, 라운드, 오발, 포인트(아몬드)로 구분되며 응용 형태로는 에지, 스틸레토 등이 있다.

이미지	명칭	특징
	스퀘어 (Square)	· 프리에지의 양쪽 끝 부분이 사각 형태 스트레스 포인트에서부터 프리에지까지 직선이며 옆면 라인과 프리에지 단면이 90°의 각도를 유지해야 함
	스퀘어 오프 (Square Off)	· 스퀘의 형태에서 양쪽 끝 모서리의 각을 제거한 형태 양쪽 끝 모서리 부분의 각을 부드럽게 제거한 상태로 모서리의 각이 없어야 함
	라운드 (Round)	· 프리에지에 원의 일부가 있는 듯 자연스러운 동그란 형태 스트레스 포인트에서부터 프리에지까지 직선으로 프리에지는 라운드 형태를 이루어야 하며, 프리에지의 어느 곳에서도 각이 없어야 함
	오발 (Oval)	· 프리에지에 타원의 일부가 있는 듯 자연스러운 타원의 형태 스트레스 포인트에서부터 곡선으로 프리에지는 오발 형태를 이루어야 하며, 프리에지 전체가 곡선을 유지해야 함
	포인트, 아몬드 (Point, Almond)	· 프리에지에 아몬드의 일부가 있는 듯 자연스러운 아몬드의 형태 · 스트레스 포인트에서부터 깊은 곡선으로 네일 파일링해야 하며, 프리에지 끝 부분이 날카롭지 않은 깊은 곡선을 유지해야 함
	에지 (Edge)	· 프리에지가 스퀘어 형태를 유지하면서 끝부분은 뾰족한 형태 · 스트레스 포인트부터 프리에지까지 직선이며 프리에지 끝 부분은 뾰족한 상태를 유지해야 함
	스틸레토 (Stiletto)	· 프리에지 전체가 뾰족한 형태 · 스트레스 포인트부터 뾰족한 상태로 프리에지가 점차 가늘어져서 끝부분을 날카롭게 유지해야 함

2. 프리에지 형태 조형방법

1) 스퀘어 형태 조형방법

① 정면에서 보았을 때 큐티클 라인 중앙과 프리에지 단면이 수평이 되도록 일직선으로 네일 파일링한다.

② 왼쪽 외관라인을 스트레스 포인트에서부터 프리에지까지 일직선으로 네일 파일링한다.

③ 오른쪽 외관라인을 스트레스 포인트에서부터 프리에지까지 일직선으로 네일 파일링한다.

④ 손가락을 옆으로 돌려 옆면 직선라인과 프리에지 단면이 90° 의 각도를 유지하게 네일 파일링한다.

⑤ 반대편도 옆면 직선라인이 프리에지 단면가 90° 의 각도를 유지하게 네일 파일링한다.

⑥ 프리에지의 양쪽 끝부분이 사각의 형태를 유지하는지 확인하다.

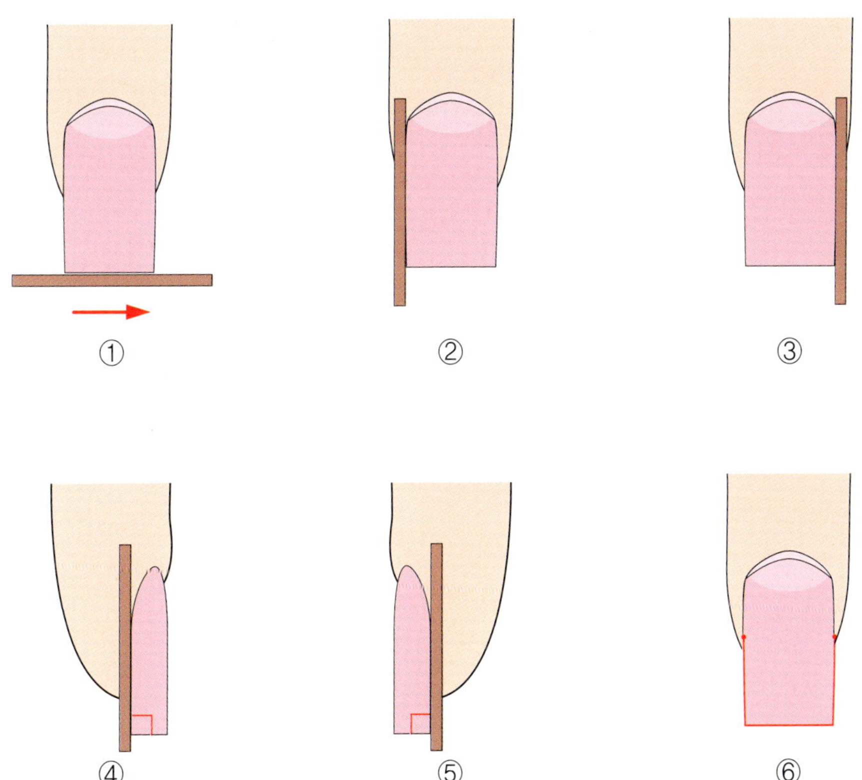

2) 스퀘어 오프 형태 조형방법

① 정면에서 보았을 때 큐티클 라인 중앙과 프리에지 단면이 수평이 되도록 일직선으로 네일 파일링한다.

② 양쪽 외관라인을 스트레스 포인트에서부터 프리에지까지 일직선으로 네일 파일링한다.

③ 손가락을 옆으로 돌려 옆면 직선라인과 프리에지 단면이 90° 의 각도를 유지하게 네일 파일링하며 반대편도 같은 각도로 네일 파일링한다.

④ 왼쪽 끝 모서리 부분의 직각을 부드럽게 제거하며 네일 파일링한다.

⑤ 오른쪽 끝 모서리 부분의 직각을 부드럽게 제거하며 네일 파일링한다.

⑥ 스퀘어 형태에서 양쪽 모서리 부분의 각만 제거되었는지 확인한다.

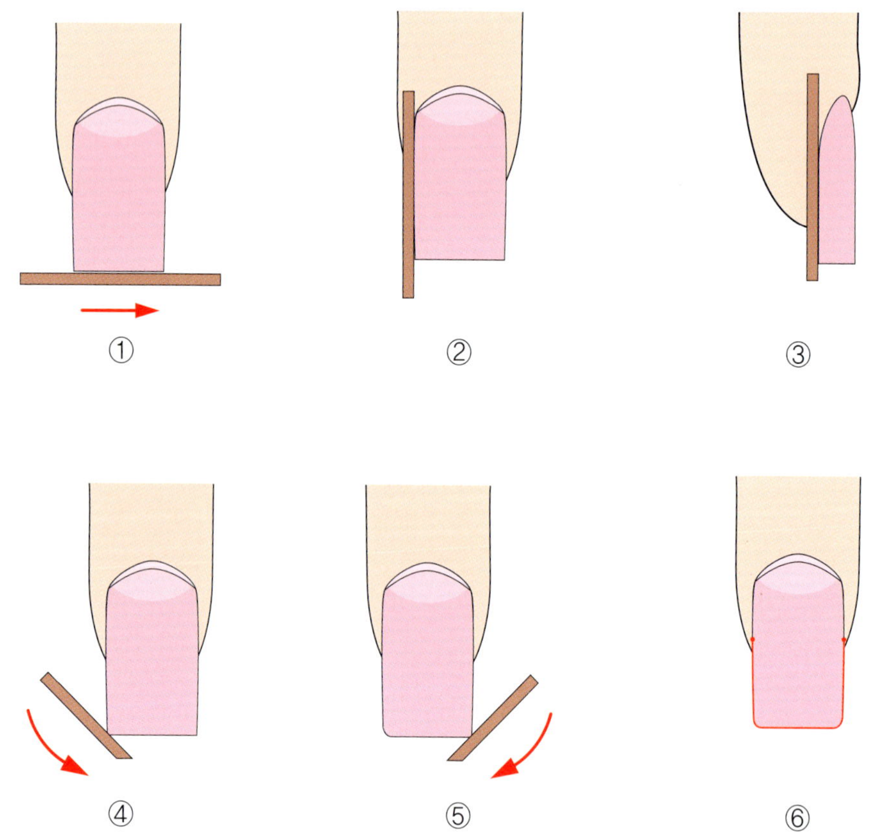

3) 라운드 형태 조형방법

① 정면에서 보았을 때 큐티클 라인 중앙과 프리에지 단면이 수평이 되도록 일직선으로 네일 파일링한다.

② 양쪽 외관라인을 스트레스 포인트에서부터 프리에지까지 일직선으로 네일 파일링한다.

③ 프리에지를 세로로 3등분하여 양쪽 모서리 부분의 각을 제거한다.

④ 손가락을 옆으로 돌려 옆면 스트레스 포인트부터 프리에지까지 일정 부분 직선을 유지하고 모서리의 각을 제거하며 반대편도 같은 각도로 네일 파일링한다.

⑤ 프리에지의 각을 전부 부드럽게 연결하며 네일 파일링한다.

⑥ 스트레스 포인트부터 프리에지까지 일정 부분 직선을 유지하며 프리에지의 어느 곳에서도 각이 없고 프리에지의 원의 일부가 있는 듯 동그란 형태를 이루고 있는지 확인한다.

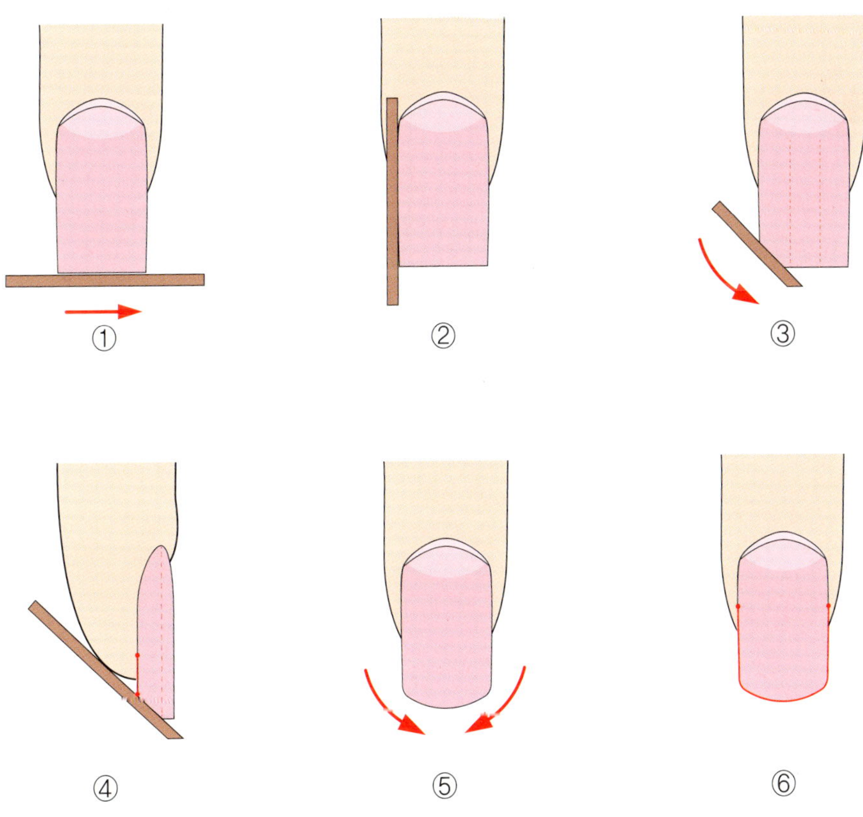

4) 오발 형태 조형방법

① 프리에지를 세로로 3등분한다. 왼쪽 외관라인을 스트레스 포인트부터 프리에지의 왼쪽 3분의 1 부분까지 각을 제거한다.

② 반대편 외관라인도 스트레스 포인트부터 프리에지의 왼쪽 3분의 1 부분까지 각을 제거한다.

③ 손가락을 옆으로 돌려 옆면 스트레스 포인트부터 프리에지의 3분의 1 부분까지 제거한 각을 부드럽게 연결한다.

④ 반대편도 옆면 스트레스 포인트부터 프리에지의 3분의 1 부분까지 제거한 각을 부드럽게 연결한다.

⑤ 스트레스 포인트에서부터 프리에지 전체를 곡선으로 부드럽게 연결하며 네일 파일링한다.

⑥ 프리에지는 타원의 형태를 이루어야 하며, 프리에지 전체가 곡선을 유지하는지 확인한다.

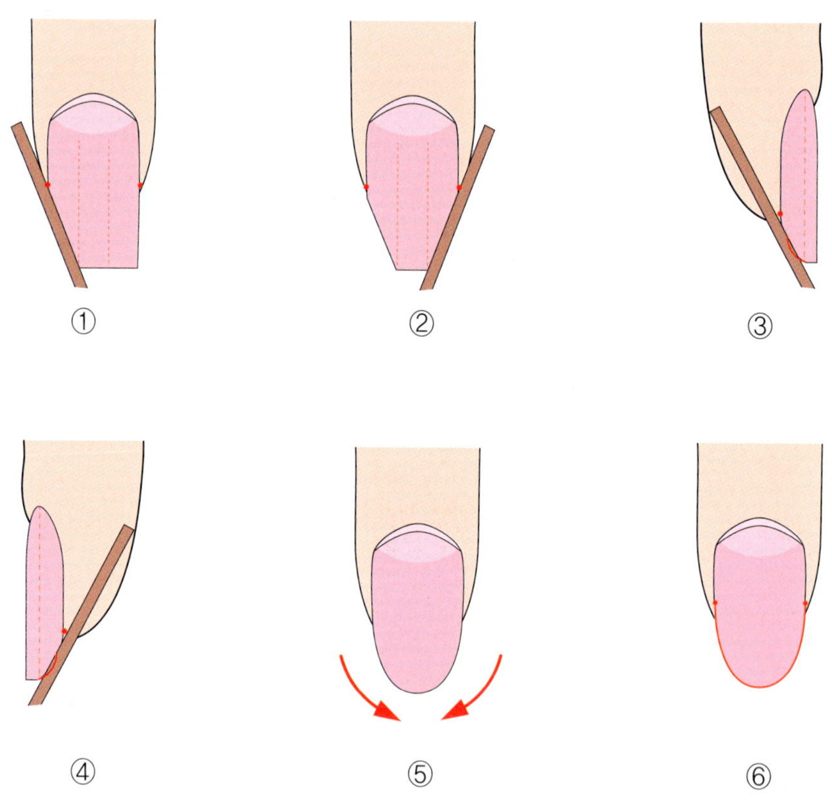

5) 포인트(아몬드) 형태 조형방법

① 프리에지를 세로로 3등분한다. 왼쪽 외관라인을 스트레스 포인트부터 프리에지의 왼쪽 3분의 1 안쪽 부분까지 각을 제거한다.

② 반대편 외관라인도 스트레스 포인트부터 프리에지의 왼쪽 3분의 1 안쪽 부분까지 각을 제거한다.

③ 손가락을 옆으로 돌려 옆면 스트레스 포인트부터 프리에지의 3분의 1 안쪽 부분까지 제거한 각을 부드럽게 연결한다.

④ 반대편도 옆면 스트레스 포인트부터 프리에지의 3분의 1 안쪽 부분까지 제거한 각을 부드럽게 연결한다.

⑤ 스트레스 포인트에서부터 프리에지 전체를 깊은 곡선으로 부드럽게 연결하며 네일 파일링한다.

⑥ 프리에지는 아몬드의 형태를 이루어야 하며, 프리에지의 끝부분이 날카롭지 않은 곡선을 유지하는지 확인한다.

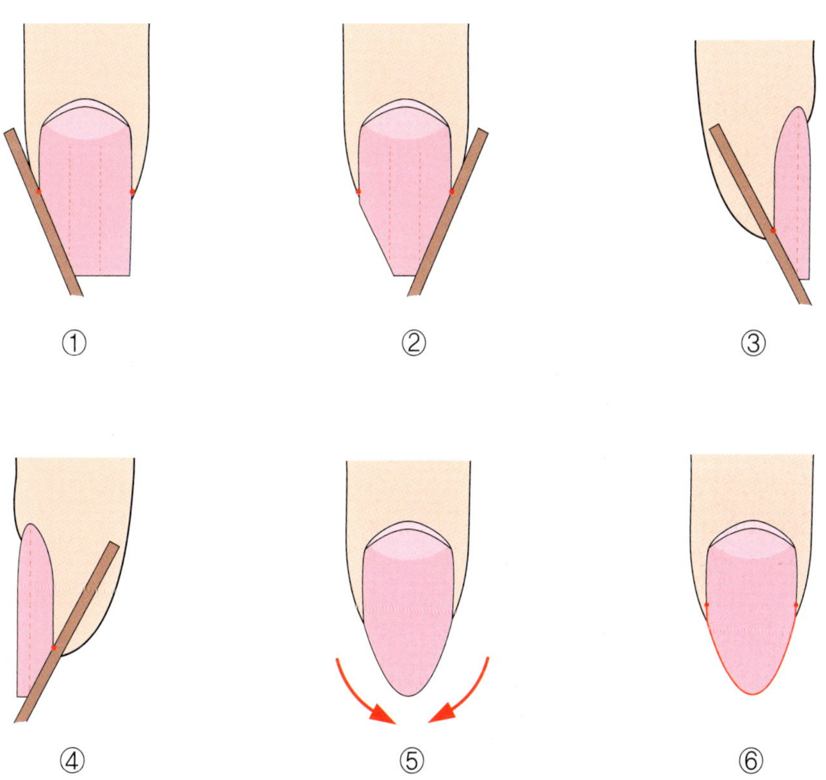

6) 에지 형태 조형방법

① 정면에서 보았을 때 큐티클 라인 중앙과 프리에지 단면이 수평이 되도록 일직선으로 네일 파일링한다.

② 양쪽 외관라인을 스트레스 포인트에서부터 프리에지까지 일직선으로 네일 파일링한다.

③ 왼쪽 스트레스 포인트부터 프리에지까지 2분의 1 지점에서 시작하여 프리에지 중앙을 향해 네일 파일링한다.

④ 오른쪽 스트레스 포인트부터 프리에지까지 2분의 1 지점에서 시작하여 프리에지 중앙을 향해 네일 파일링한다.

⑤ 프리에지의 끝부분을 뾰족하게 연결하며 네일 파일링한다.

⑥ 스트레스 포인트부터 프리에지까지 일정 부분 직선을 이루며 끝부분은 뾰족한 형태를 유지하는지 확인한다.

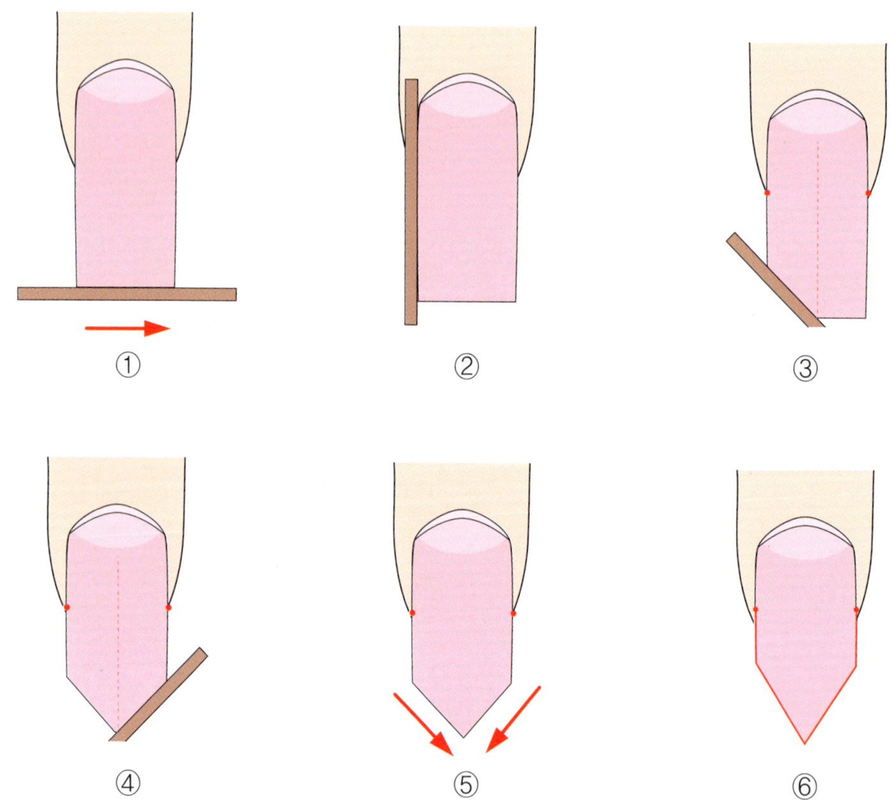

7) 스틸레토 형태 조형방법

① 프리에지를 세로로 2등분한다. 왼쪽 스트레스 포인트부터 프리에지의 중앙을 향해 네일 파일링한다.

② 반대편 스트레스 포인트부터 프리에지의 중앙을 향해 네일 파일링한다.

③ 손가락을 옆으로 돌려 옆면 스트레스 포인트부터 프리에지의 중앙을 향해 네일 파일링한다.

④ 반대편도 스트레스 포인트부터 프리에지의 중앙을 향해 네일 파일링한다.

⑤ 스트레스 포인트에서부터 프리에지까지 각을 만들며 날카롭게 연결하며 네일 파일링한다.

⑥ 스트레스 포인트부터 뾰족한 상태로 프리에지가 점차 가늘어져서 끝부분을 날카롭게 유지하는지 확인한다.

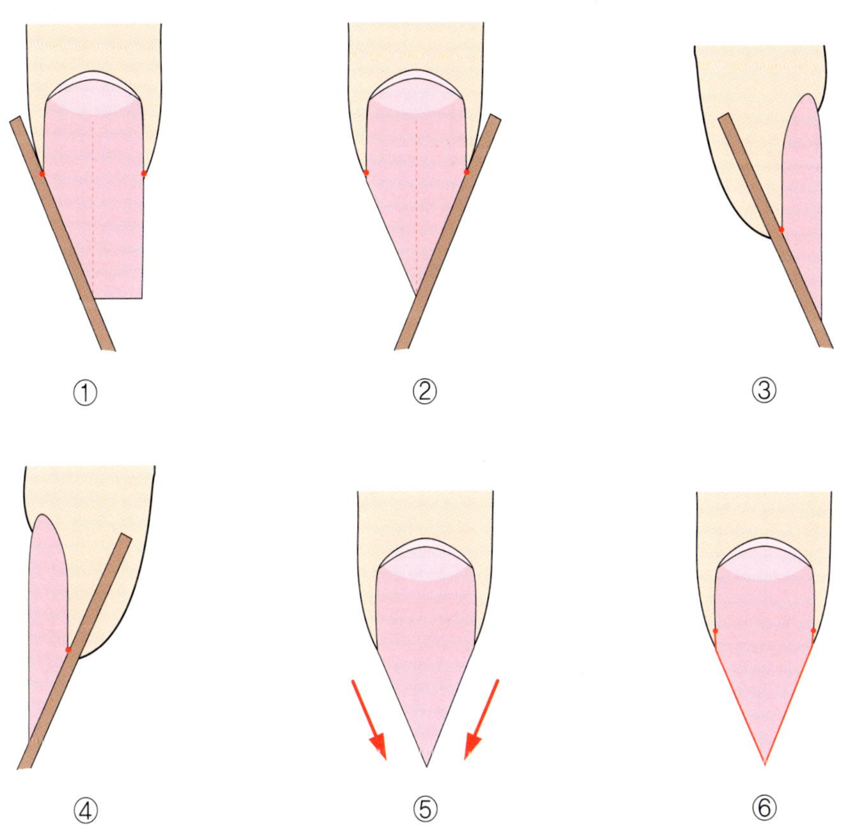

◈ 손 기본관리 작업 준비사항

※ 작업자의 복장 및 작업대 준비

① 작업자는 위생가운과 마스크를 착용한다.
② 작업대를 소독한 후 수건을 깔고 위생봉지를 붙인다.
③ 고객의 방향에 손목 받침대를 올려놓고 손목 받침대 앞쪽으로 키친타월을 깐다.
④ 재료 정리함을 사용하기 편한 위치에 놓는다.
⑤ 핑거볼을 고객의 왼손 앞쪽에 놓고 미온수를 넣어둔다.

[작업대 준비물품]

준비물품	수건, 손목 받침대, 키친타월, 위생봉지, 핑거볼, 재료 정리함

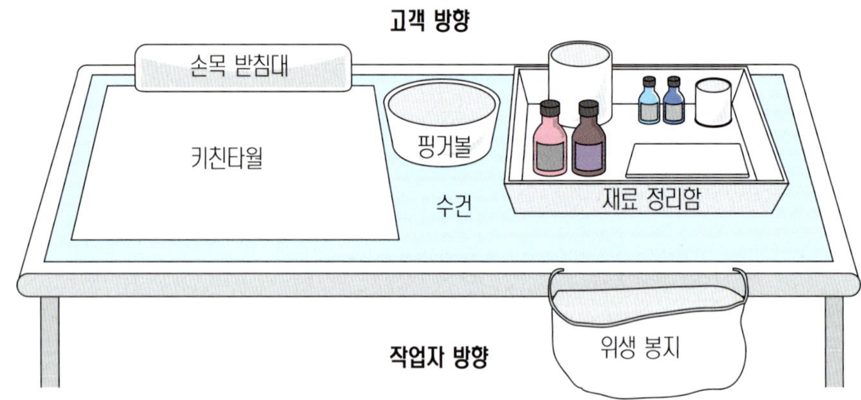

※ 재료 정리함 준비

① 재료 정리함에 손 기본관리 재료를 준비하고 네일 도구의 소독을 마친다.
② 소독용기 바닥에 탈지면을 깔고 큐티클 니퍼, 큐티클 푸셔, 네일 클리퍼, 오렌지 우드스틱, 네일 더스트 브러시를 넣고 에탄올수용액 70%에 10분 이상 담가준다.
③ 파일 꽂이에 자연 네일용 파일과 샌딩 파일을 꽂아준다.
④ 뚜껑이 있는 용기에 소독용 탈지면과 제거용 탈지면, 멸균거즈를 넣어둔다.

[재료 정리함 준비물품]

준비물품	· 소독용기(큐티클 니퍼, 큐티클 푸셔, 네일 클리퍼, 오렌지 우드스틱, 네일 더스트 브러시) · 파일 꽂이(자연 네일용 파일, 샌딩 파일) · 용기(소독용 탈지면, 제거용 탈지면, 멸균거즈) · 큐티클 연화제 선택 가능(큐티클 오일, 큐티클 리무버, 큐티클 크림) · 보온병(미온수 포함), 로션 · 에탄올, 소독제, 지혈제

SECTION 5. 손 기본관리

1. 손 기본관리 작업 순서

① 소독제를 탈지면에 분사하여 작업자의 양손과 손톱 주변, 손톱을 소독한다.
② 소독제를 탈지면에 분사하여 고객의 양손과 손톱 주변, 손톱을 소독한다.
③ 자연 네일용 파일을 사용하여 고객의 왼손 프리에지의 형태를 라운드로 조형한다. 네일 클리퍼를 사용할 수 있다.

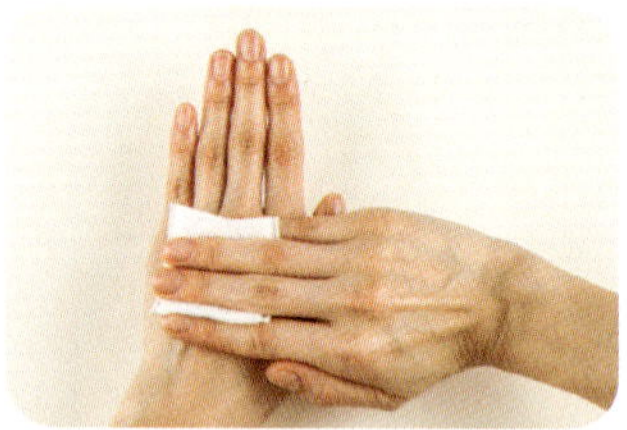
① 작업자 손 소독하기

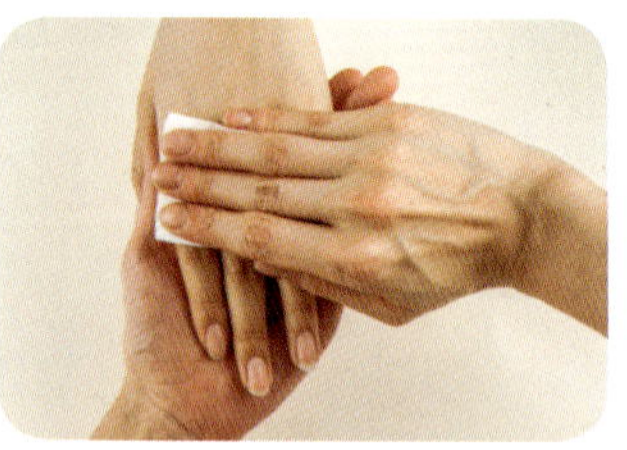
② 고객 손 소독하기

③ 왼손 프리에지 형태 조형하기

④ 샌딩 파일을 사용하여 손톱의 표면을 다듬고 프리에지 밑 거스러미를 제거한다.
⑤ 네일 더스트 브러시를 사용하여 분진을 제거한다.
⑥ 핑거볼에 고객의 왼손을 담근 후 큐티클이 충분히 연화될 때까지 오른손의 관리를 이어간다.

④ 왼손 표면 다듬기

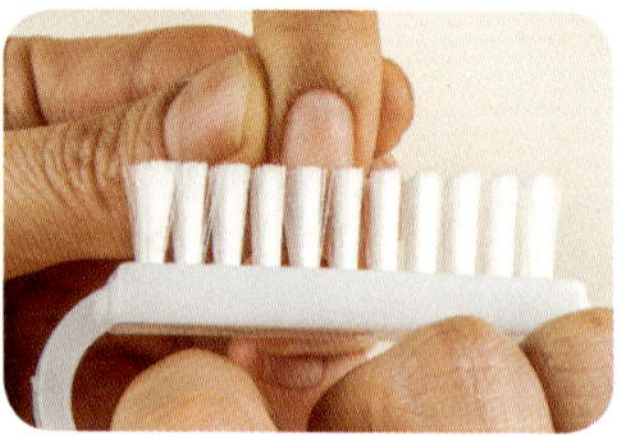
⑤ 왼손 분진 제거하기

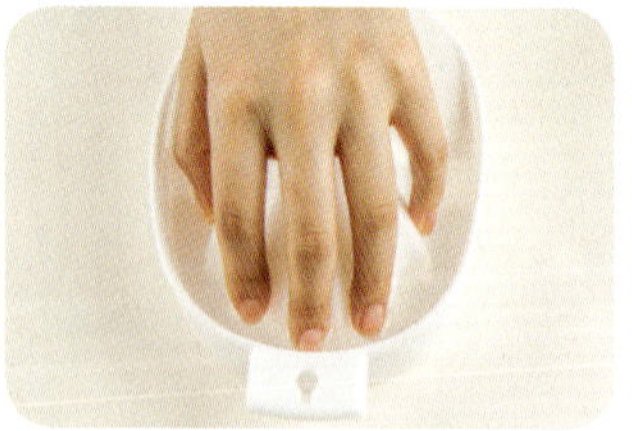
⑥ 왼손 큐티클 불리기

⑦ 자연 네일용 파일을 사용하여 고객의 오른손 프리에지의 형태를 라운드로 조형한다.
⑧ 샌딩 파일을 사용하여 손톱의 표면을 다듬고 프리에지 밑 거스러미를 제거한다.
⑨ 네일 더스트 브러시를 사용하여 분진을 제거한다.

⑦ 오른손 프리에지 형태 조형하기

⑧ 오른손 표면 다듬기

⑨ 오른손 분진 제거하기

⑩ 핑거볼에 고객의 오른손을 담근 후 큐티클이 충분히 연화될 때까지 왼손의 관리를 이어간다.
⑪ 핑거볼에서 고객의 왼손을 꺼내고 멸균거즈 또는 수건으로 물기를 제거한다.
⑫ 고객의 왼손에 큐티클 연화제를 도포할 수 있다.

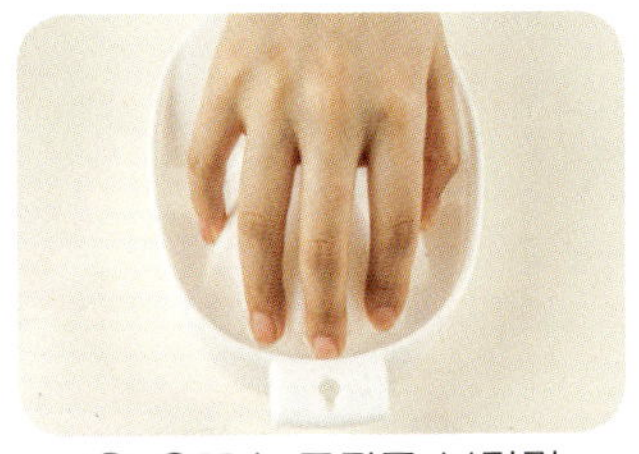
⑩ 오른손 큐디클 불리기

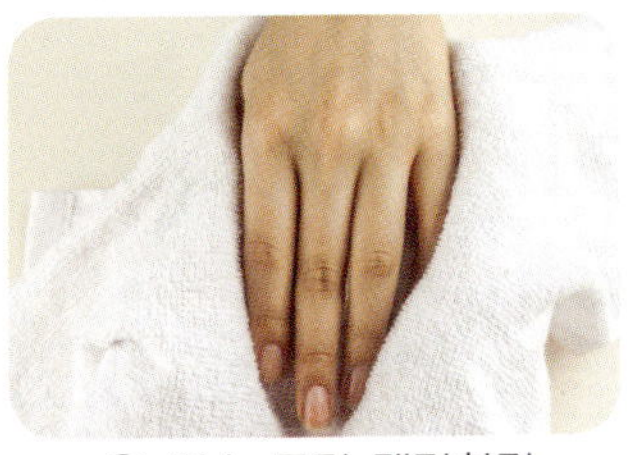
⑪ 왼손 물기 제거하기

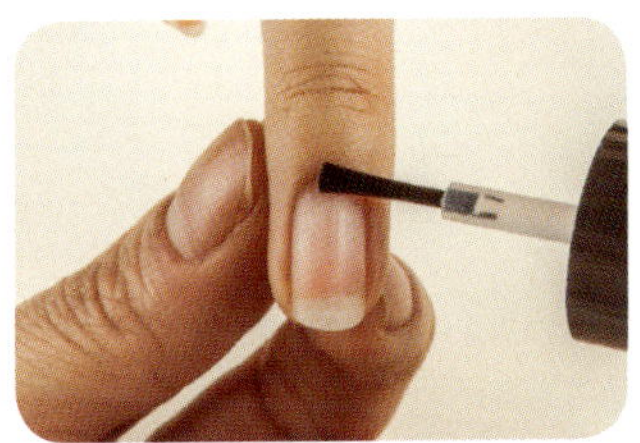
⑫ 왼손 큐티클 연화제 도포하기

⑬ 큐티클 푸셔를 45°의 각도로 사용하여 큐티클을 부드럽게 밀어준다.
⑭ 큐티클 니퍼로 지저분한 손거스러미와 루즈 큐티클을 정리한다.
⑮ 핑거볼에서 고객의 오른손을 꺼내고 멸균거즈 또는 수건으로 물기를 제거한다.

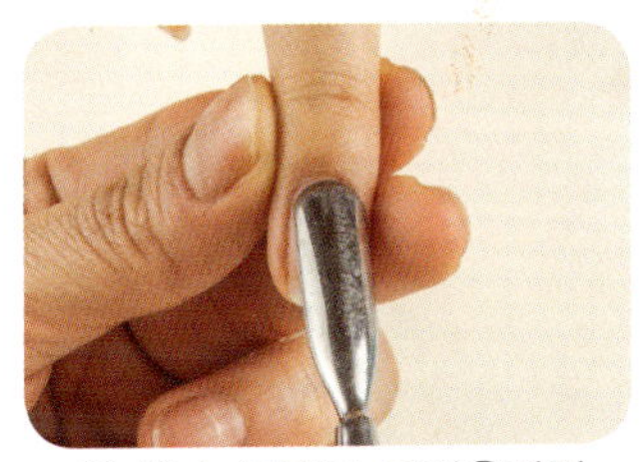
⑬ 왼손 큐티클 밀어올리기

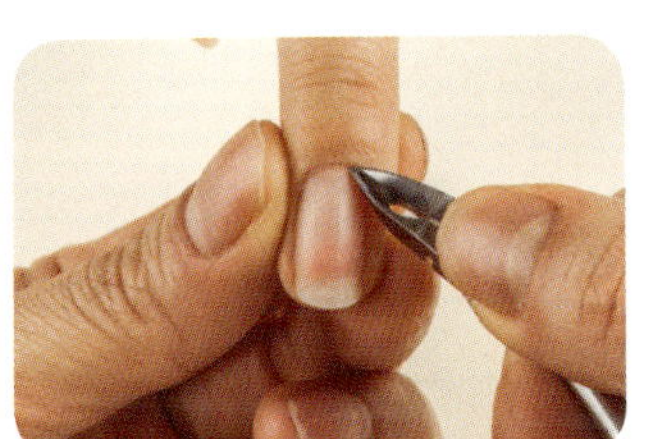
⑭ 왼손 큐티클 정리하기

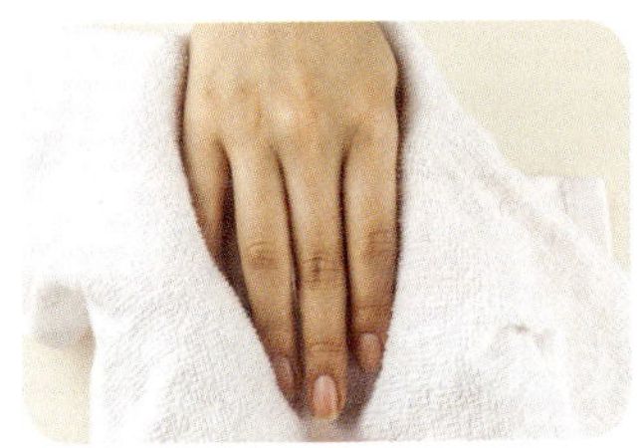
⑮ 오른손 물기 제거하기

⑯ 고객의 오른손에 큐티클 연화제를 도포할 수 있다.
⑰ 큐티클 푸셔를 45°의 각도로 사용하여 큐티클을 부드럽게 밀어준다.
⑱ 큐티클 니퍼로 지저분한 손거스러미와 루즈 큐티클을 정리한다.

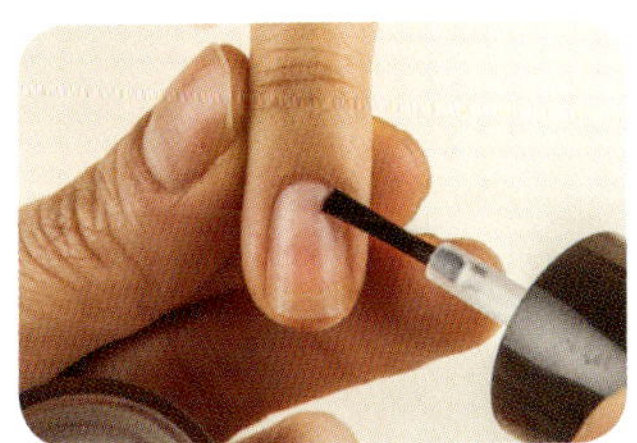
⑯ 오른손 큐티클 연화제 도포하기

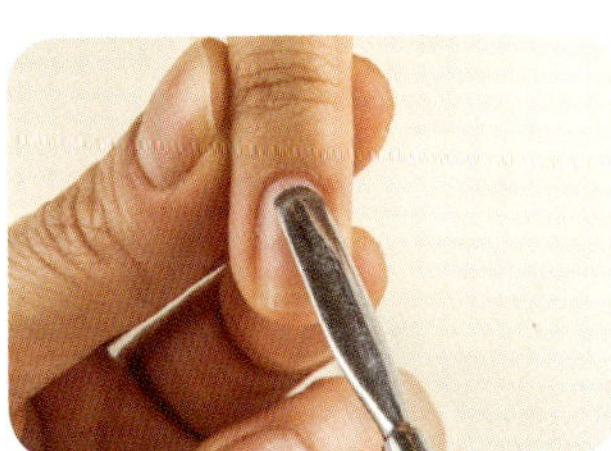
⑰ 오른손 큐티클 밀어올리기

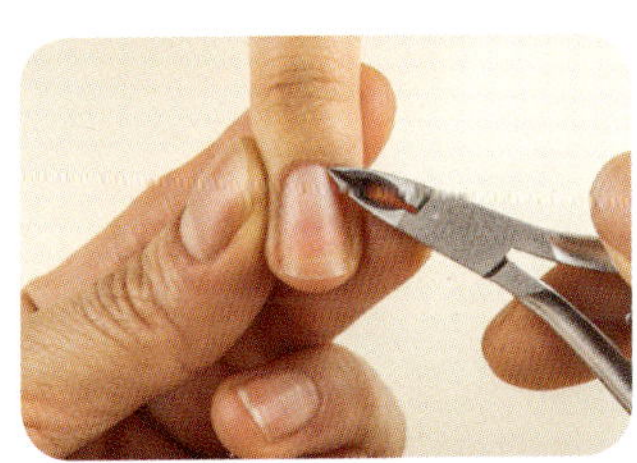
⑱ 오른손 큐티클 정리하기

⑲ 소독제를 사용하여 고객의 양손과 손톱 주변, 손톱을 소독한다.
⑳ 냉 · 온 수건 또는 멸균거즈를 사용하여 양손과 손톱 주변, 손톱을 닦아준다.
㉑ 보습 제품을 작업자의 손에 덜고 손에 체온으로 보습 제품이 잘 스며들도록 따뜻하게 핸드링한 후 양손에 도포한다.

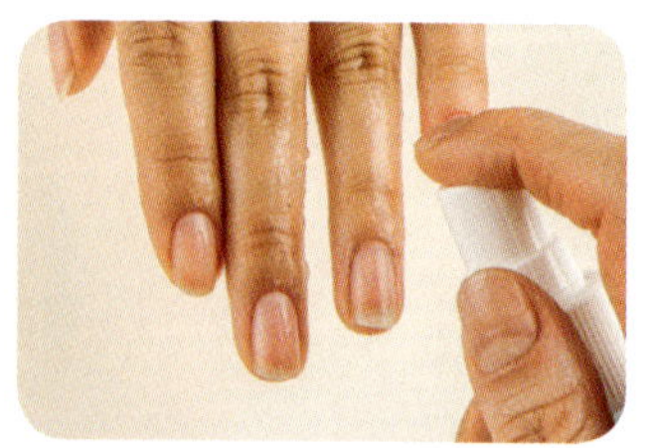
⑲ 양손 소독하기

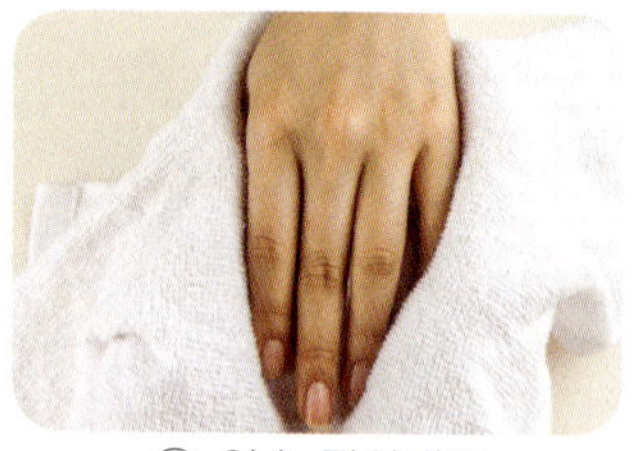
⑳ 양손 닦아내기

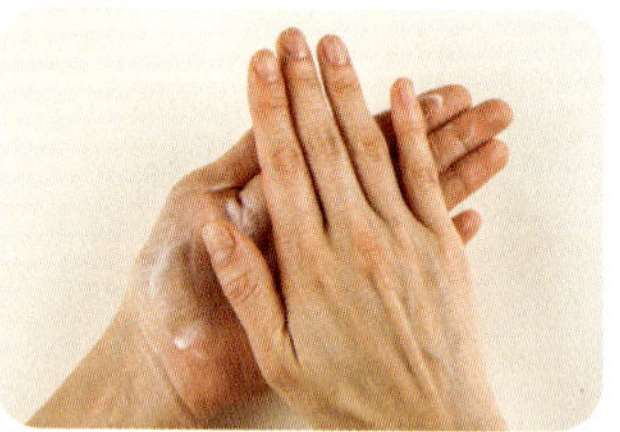
㉑ 보습제품 도포하기

2. 손 기본관리 순서 정리

손 소독 → 왼손(형태 조형→표면 정리→분진 제거→큐티클 불리기) → 오른손(형태 조형→표면 정리→분진 제거→큐티클 불리기) → 왼손(물기 제거→ 큐티클 밀기→큐티클 정리) → 오른손(물기 제거→큐티클 밀기→큐티클 정리) → 손 소독 → 손 닦기 → 보습 제품 도포

* 고객 손의 순서는 작업자의 편리성에 맞추어 작업할 수 있다.

3. 손 기본관리 완성

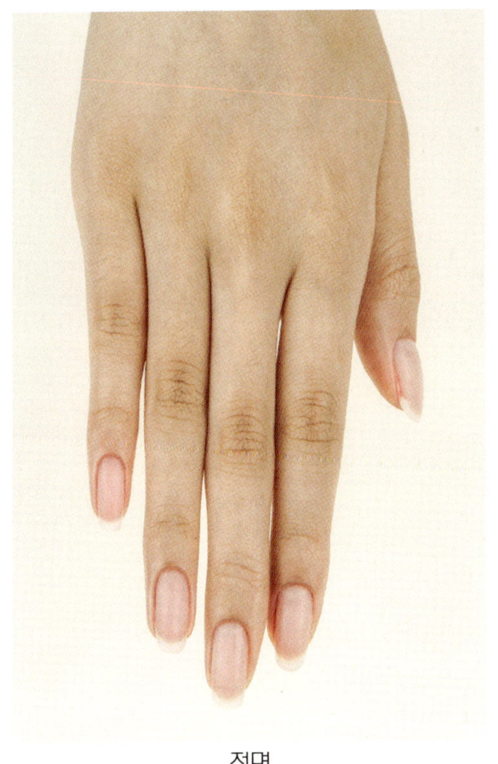

정면

옆면

프리에지 단면

4. 손 기본관리 확인

순번	확인 사항	확인
①	프리에지가 라운드 형태를 유지하며 전부 동일한지 확인	
②	올바르게 큐티클이 정리되었는지 확인	
③	네일 주변 피부에 출혈이 발생하지 않았는지 확인	
④	손톱 주변 잔여물과 손톱 아래 위생 상태를 확인	
⑤	손에 보습 제품을 도포하였는지 확인	

◈ 발 기본관리 작업 준비사항

※ 작업자의 복장 및 작업대 준비

① 작업자는 위생가운과 마스크를 착용한다.

② 작업대를 소독한 후 수건을 깔고 위생봉지를 붙인다.

③ 고객은 작업대 위에 앉고 작업자는 의자에 앉아 작업자 무릎 위에 수건을 올리고 수건 위에 키친타월을 깐다.

④ 재료 정리함을 사용하기 편한 위치에 놓는다.

⑤ 족욕기를 작업자 의자 옆쪽에 두고 미온수를 넣어둔다.

[작업대 준비물품]

준비물품	수건, 발목 받침대, 키친타월, 위생봉지, 재료 정리함, 족욕기 또는 분무기

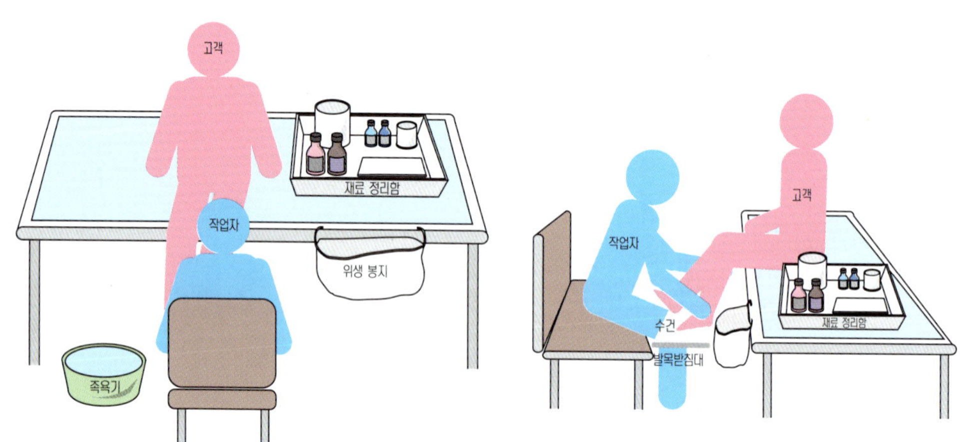

※ 재료 정리함 준비

① 재료 정리함에 발 기본관리 재료를 준비하고 네일 도구의 소독을 마친다.

② 소독용기 바닥에 탈지면을 깔고 큐티클 니퍼, 큐티클 푸셔, 네일 클리퍼, 오렌지 우드스틱, 네일 더스트 브러시를 넣고 에탄올수용액 70%에 10분 이상 담가준다.

③ 파일 꽂이에 자연 네일용 파일과 샌딩 파일을 꽂아준다.

④ 뚜껑이 있는 용기에 소독용 탈지면과 제거용, 탈지면, 멸균거즈를 넣어둔다.

[재료 정리함 준비물품]

준비물품	· 소독용기(큐티클 니퍼, 큐티클 푸셔, 네일 클리퍼, 오렌지 우드스틱, 네일 더스트 브러시) · 파일 꽂이(자연 네일용 파일, 샌딩 파일) · 용기(소독용 탈지면, 제거용 탈지면, 멸균거즈) · 큐티클 연화제 선택 가능(큐티클 오일, 큐티클 리무버, 큐티클 크림) · 보온병(미온수 포함), 로션, 분무기, 토 세퍼레이터 · 에탄올, 소독제, 지혈제

SECTION 6. 발 기본관리

1. 발 기본관리 작업 순서

① 소독제를 탈지면에 분사하여 작업자의 양손과 손톱 주변, 손톱을 소독한다.
② 소독제를 탈지면에 분사하여 고객의 양발과 발톱 주변, 발톱을 소독한다.
③ 자연 네일용 파일을 사용하여 고객의 왼발 프리에지의 형태를 스퀘어로 조형한다. 네일 클리퍼를 사용할 수 있다.

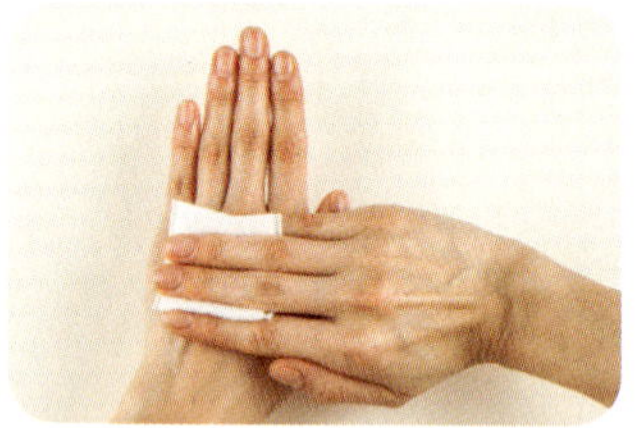
① 작업자 손 소독하기

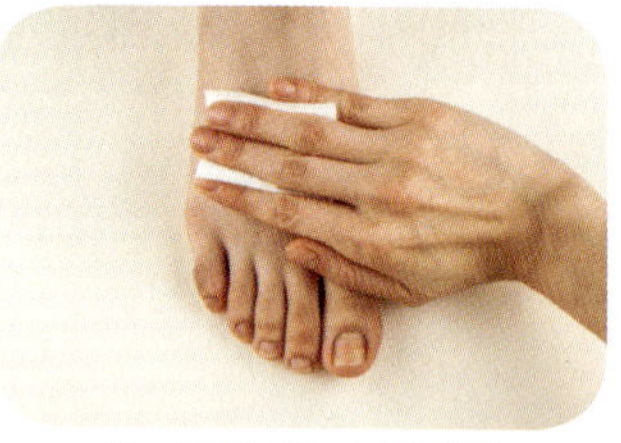
② 고객 발 소독하기

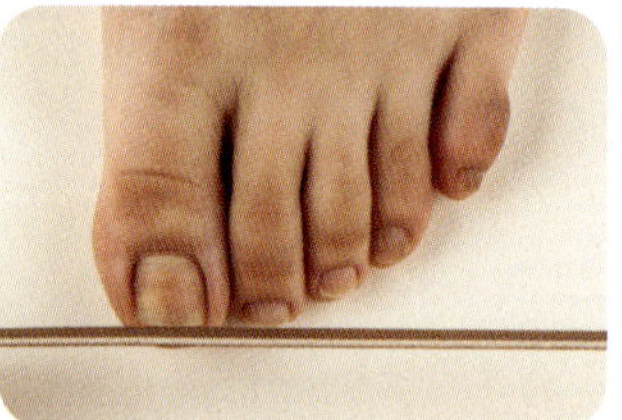
③ 왼발 프리에지 형태 조형하기

④ 샌딩 파일을 사용하여 발톱의 표면을 다듬고 프리에지 밑 거스러미를 제거한다.
⑤ 네일 더스트 브러시를 사용하여 분진을 제거한다.
⑥ 족욕기에 고객의 왼발을 담근 후 큐티클이 충분히 연화될 때까지 오른발의 관리를 이어간다. 분무기로 대체할 수 있으며 분무기의 미온수를 고객의 발에 분사한다.

④ 왼발 표면 다듬기

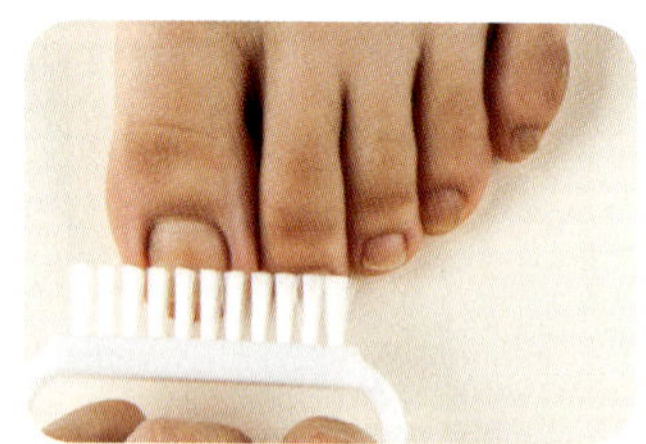
⑤ 왼발 분진 제거하기

⑥ 왼발 큐티클 불리기

⑦ 자연 네일용 파일을 사용하여 고객의 오른발 프리에지의 형태를 스퀘어로 조형한다.
⑧ 샌딩 파일을 사용하여 발톱의 표면을 다듬고 프리에지 밑 거스러미를 제거한다.
⑨ 네일 더스트 브러시를 사용하여 분진을 제거한다.

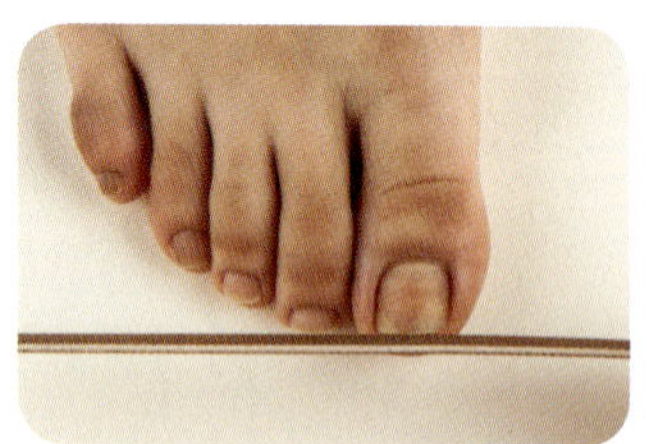
⑦ 오른발 프리에지 형태 조형하기

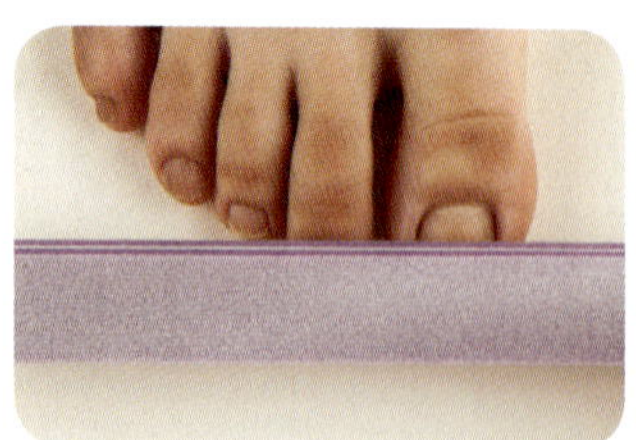
⑧ 오른발 표면 다듬기

⑨ 오른발 분진 제거하기

⑩ 족욕기에 고객의 오른발을 담근 후 큐티클이 충분히 연화될 때까지 왼발의 관리를 이어간다.

⑪ 족욕기에서 고객의 왼발을 꺼내고 멸균거즈 또는 수건으로 물기를 제거한다.

⑫ 고객의 왼발에 큐티클 연화제를 도포할 수 있다.

⑩ 오른발 큐티클 불리기

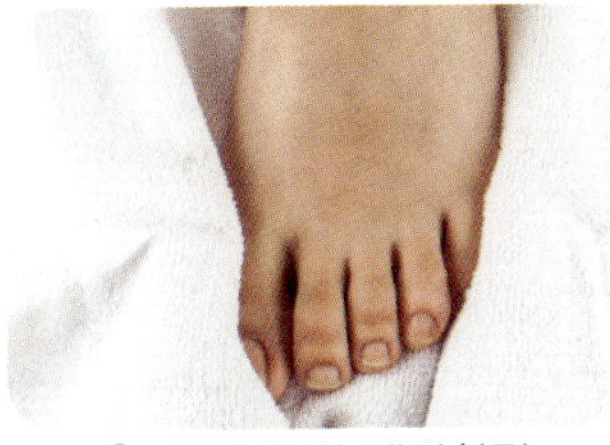
⑪ 왼발 물기 제거하기

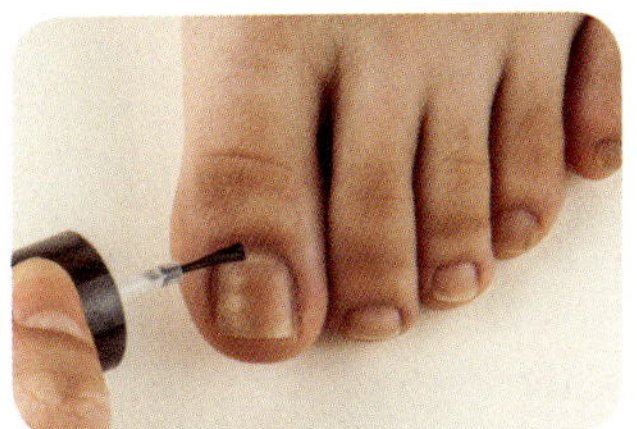
⑫ 왼발 큐티클 연화제 도포하기

⑬ 큐티클 푸셔를 45°의 각도로 사용하여 큐티클을 부드럽게 밀어준다.

⑭ 큐티클 니퍼로 지저분한 발거스러미와 루즈 큐티클을 정리한다.

⑮ 족욕기에서 고객의 오른발을 꺼내고 멸균거즈 또는 수건으로 물기를 제거한다.

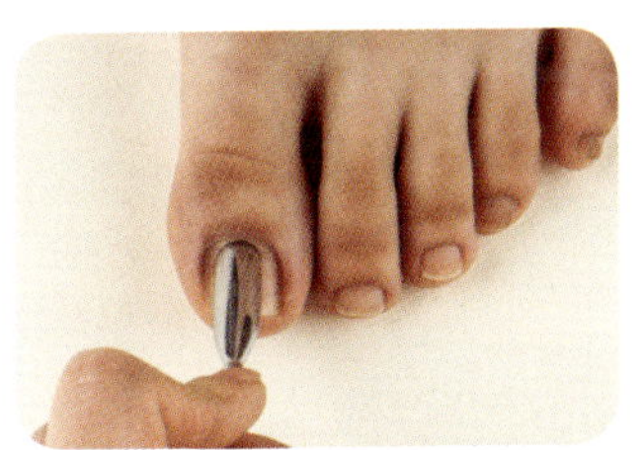
⑬ 왼발 큐티클 밀어올리기

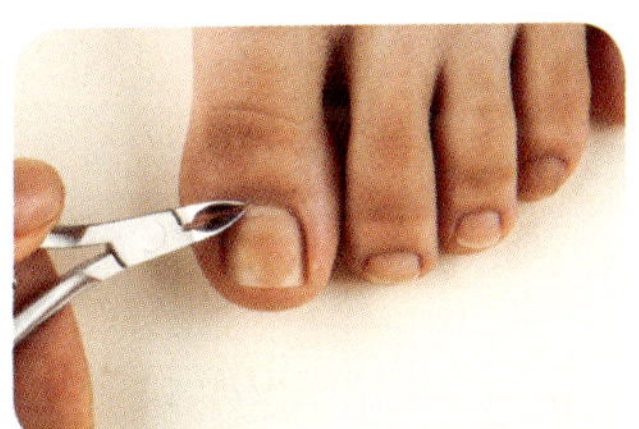
⑭ 왼발 큐티클 정리하기

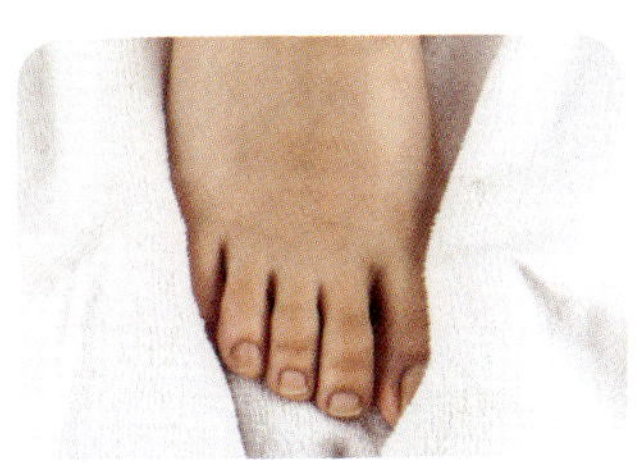
⑮ 오른발 물기 제거하기

⑯ 고객의 오른발에 큐티클 연화제를 도포할 수 있다.

⑰ 큐티클 푸셔를 45°의 각도로 사용하여 큐티클을 부드럽게 밀어준다.

⑱ 큐티클 니퍼로 지저분한 발 거스러미와 루즈 큐티클을 정리한다.

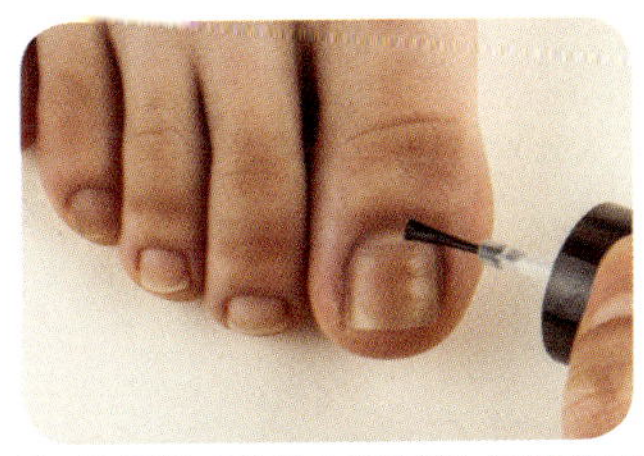
⑯ 오른발 큐티클 연화제 도포하기

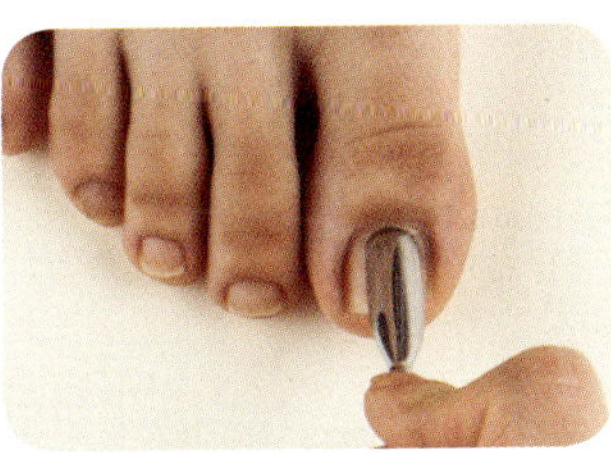
⑰ 오른발 큐티클 밀어올리기

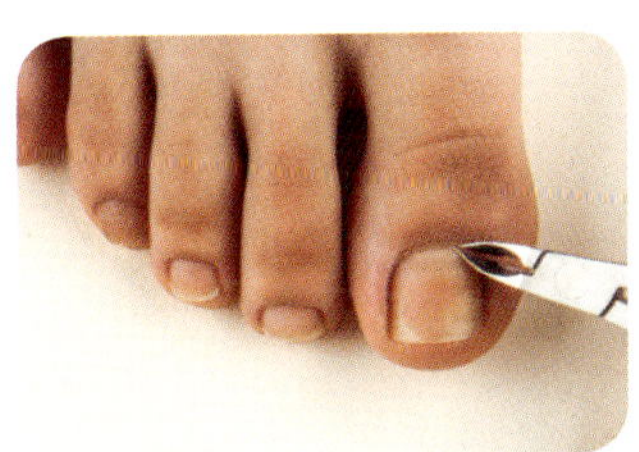
⑱ 오른발 큐티클 정리하기

⑲ 소독제를 사용하여 고객의 양발과 발톱 주변, 발톱을 소독한다.

⑳ 냉 · 온 수건 또는 멸균거즈를 사용하여 양발과 발톱 주변, 발톱을 닦아준다.

㉑ 보습 제품을 작업자의 손에 덜고 손에 체온으로 보습 제품이 잘 스며들도록 따뜻하게 핸드링한 후 양발에 도포한다.

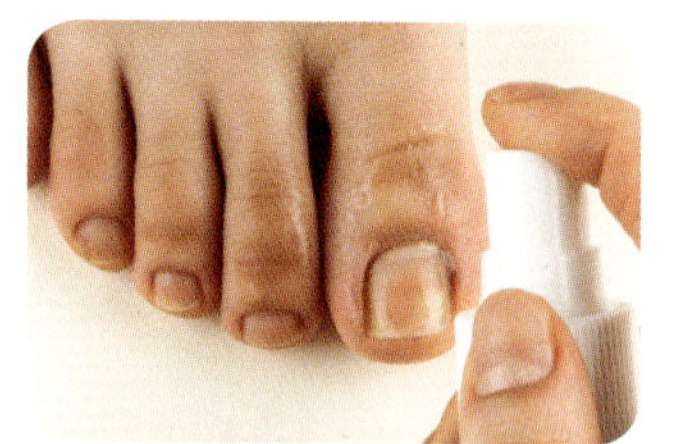

⑲ 양발 소독하기

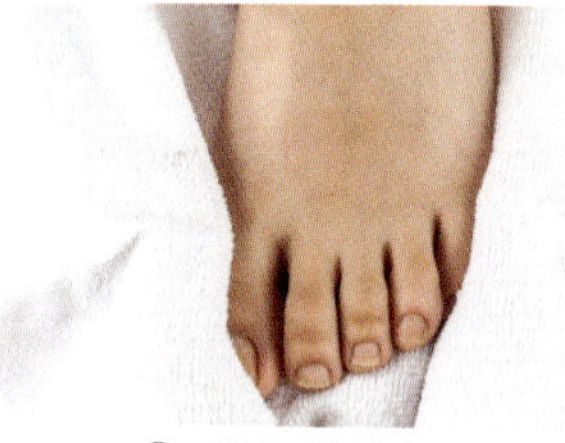

⑳ 양발 닦아내기

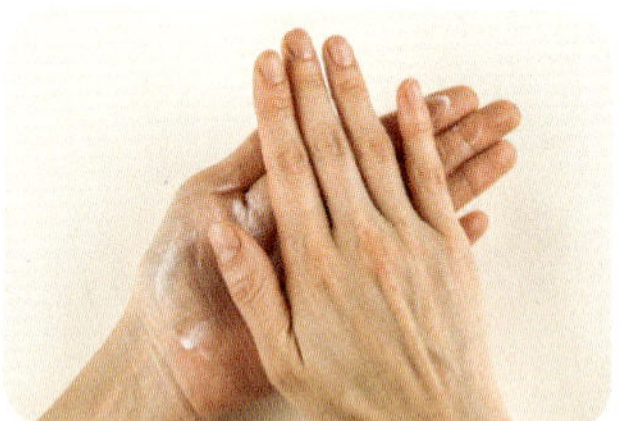

㉑ 보습제품 도포하기

2. 발 기본관리 순서 정리

손 · 발 소독 → 왼발(형태 조형→표면 정리→분진 제거→큐티클 불리기) → 오른발(형태 조형→표면 정리→분진 제거→큐티클 불리기) → 왼발(물기 제거→큐티클 밀기→큐티클 정리) → 오른발(물기 제거→큐티클 밀기→큐티클 정리) → 발 소독 → 발 닦기 → 보습 제품 도포

* 고객의 발을 족욕기에 담그는 순서는 작업자의 편리성에 맞추어 작업할 수 있으며, 프리에지 형태 조형 후 양발을 동시에 족욕기에 넣어 관리할 수도 있다.

3. 발 기본관리 완성

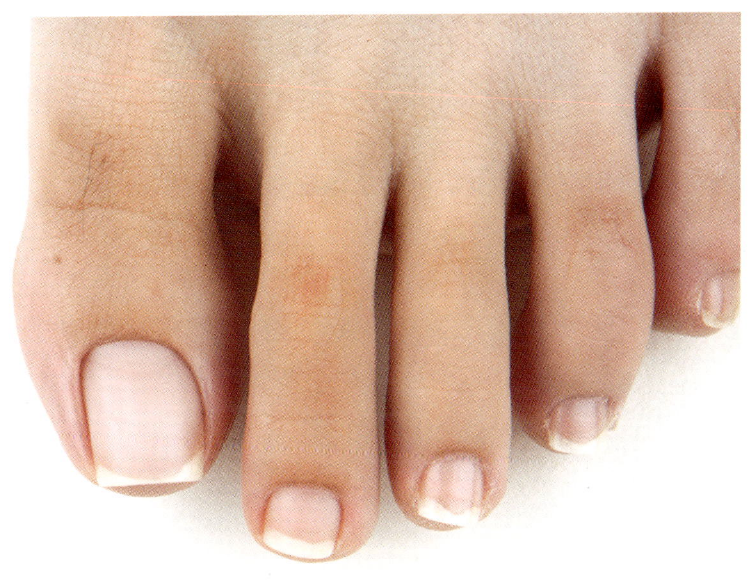

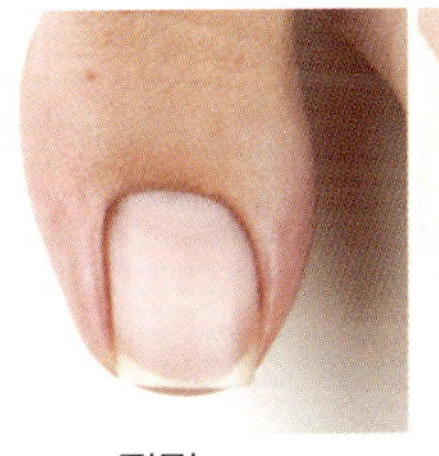

정면

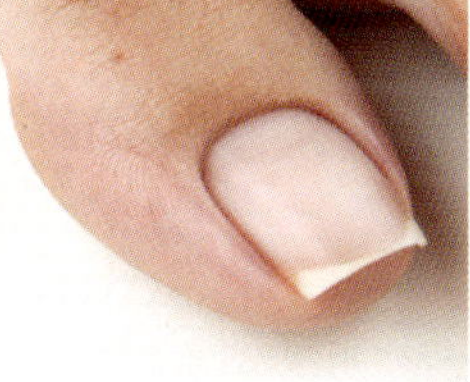

왼쪽 옆면

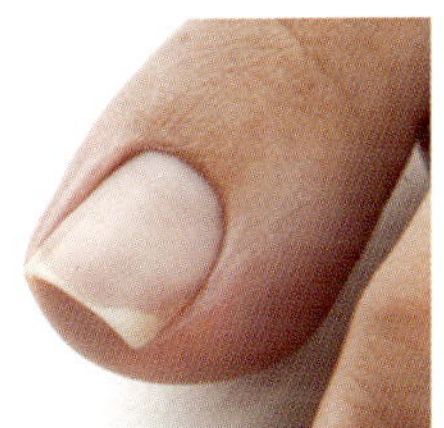

오른쪽 옆면

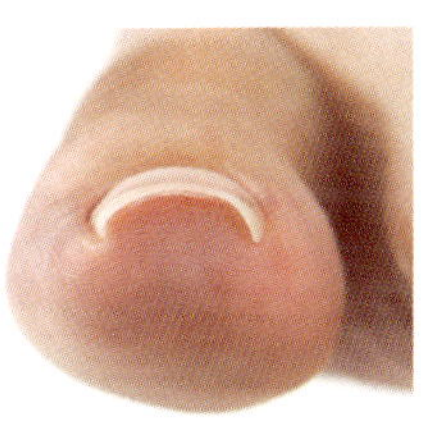

프리에지 단면

4. 발 기본관리 확인

순번	확인 사항	확인
①	프리에지가 스퀘어 형태를 유지하며 전부 동일한지 확인	
②	올바르게 큐티클이 정리되었는지 확인	
③	발톱 주변 피부에 출혈이 발생하지 않았는지 확인	
④	발톱 주변 잔여물과 발톱 아래 위생 상태를 확인	
⑤	발에 보습 제품을 도포하였는지 확인	

PART 7.

컬러링

고객의 미적 요구를 충족하기 위하여 네일 폴리시를 다양한 방법으로 도포하는 능력

능력단위요소	수 행 준 거
풀 코트 컬러 도포하기	1.1 풀 코트 컬러를 위해 베이스코트와 베이스 젤을 얇게 도포할 수 있다. 1.2 풀 코트 컬러 도포 방법을 선정하고 네일 폴리시를 도포할 수 있다. 1.3 네일 폴리시를 얼룩 없이 균일하게 도포할 수 있다. 1.4 젤 네일 폴리시 작업 시 젤 램프기기를 사용할 수 있다. 1.5 풀 코트의 컬러 보호와 광택 부여를 위해 톱코트와 톱 젤을 도포할 수 있다.
프렌치 컬러 도포하기	2.1 프렌치 컬러를 위해 베이스코트와 베이스 젤을 얇게 도포할 수 있다. 2.2 프렌치 컬러 도포 방법을 선정하고 네일 폴리시를 도포할 수 있다. 2.3 균일한 스마일 라인을 위하여 옐로우 라인에 맞추어 프리에지 부분에 네일 폴리시를 도포할 수 있다. 2.4 스마일 라인을 고려하여 얼룩 없이 균일하게 도포할 수 있다. 2.5 젤 네일 폴리시 작업 시 젤 램프기기를 사용할 수 있다. 2.6 프렌치의 컬러 보호와 광택 부여를 위해 톱코트와 톱 젤을 도포할 수 있다.
딥 프렌치 컬러 도포하기	3.1 딥 프렌치 컬러를 위해 베이스코트와 베이스 젤을 얇게 도포할 수 있다. 3.2 딥 프렌치 컬러 도포 방법을 선정하고 네일 폴리시를 도포할 수 있다. 3.3 균일한 스마일 라인을 위하여 자연 네일 길이의 1/2 이상 부분에 네일 폴리시를 도포할 수 있다. 3.4 스마일 라인을 고려하여 얼룩 없이 균일하게 도포할 수 있다. 3.5 젤 네일 폴리시 작업 시 젤 램프기기를 사용할 수 있다. 3.6 딥 프렌치 컬러 보호와 광택 부여를 위해 톱코트와 톱 젤을 도포할 수 있다.
그러데이션 컬러 도포하기	4.1 그러데이션 컬러 도포를 위해 베이스코트와 베이스 젤을 얇게 도포할 수 있다. 4.2 그러데이션 컬러 도포 방법을 선정하고 네일 폴리시를 도포할 수 있다. 4.3 그러데이션의 위치를 선정하여 경계 없이 그러데이션을 표현할 수 있다. 4.4 젤 네일 폴리시 작업 시 젤 램프기기를 사용할 수 있다. 4.5 그러데이션 컬러 보호와 광택 부여를 위해 톱코트와 톱 젤을 도포할 수 있다.

컬러링의 주요 학습 포인트!

컬러링이란 일반 네일 폴리시나 젤 네일 폴리시를 사용하여 네일에 다양한 컬러를 입히는 것을 말한다. 이전에는 대부분 일반 네일 폴리시만 사용했지만 NCS에서는 젤 네일 폴리시도 포함하고 있다. 컬러링에 앞서 일반 네일 폴리시와 젤 네일 폴리시의 특성에 대하여 숙지하고 다 양한 컬러링 기법을 익히도록 한다.

그리고 NCS상의 네일 폴리시는 일반 네일 폴리시와 젤 네일 폴리시를 포함하는 의미이지만 산업에서는 네일 폴리시라고 하면 자연 건조되는 일반 네일 폴리시를 지칭하기도 한다.

본 파트에서는 다양한 컬러링 기법과 컬러링의 작업 순서, 도포 방법에 대해 알아본다.

SECTION 1. 컬러링 제품의 특성

1. 일반 네일 폴리시 제품

1) 네일 폴리시(Nail Polish)

(1) 네일 폴리시의 특성

폴리시란(Polish) 닦기, 윤내기, 광택이라는 사전적 의미로 네일 폴리시란 네일에 칠해 여러 가지 컬러를 내는 제품을 말하며 완벽한 컬러의 발색을 위하여 일반적으로 2회 도포한다. 네일 에나멜(Nail Enamel)이라고 부르기도 하며, 자연적으로 건조하여 건조가 느리고 빨리 벗겨지는 단점이 있으나 제거가 용이하다. 인화성과 휘발성이 있어 취급 시 주의해야 한다.

· 휘발성이 낮은 제품 : 잘 굳지 않고 발림성이 용이하나 건조가 느림
· 휘발성이 높은 제품 : 빨리 굳고 발림성이 용이하지 않으나 건조가 빠름

[네일 폴리시의 주요 성분과 역할]

역할	성분
대표적인 피막형성제	니트로셀룰로오스
가소제, 현탁화제	토실아마이드
기포방지제	이소프로필알코올
자외선 차단제, 변색방지제	벤조페논
유색 착색제	안료
용제	톨루엔, 에틸아세테이트, 부틸아세테이트, 트리메틸올프로판

(2) 네일 폴리시의 구비 조건

① 네일에 바르기 적당한 점도가 있고 신속히 건조하고 균일한 막을 형성할 것
② 일상생활로 잘 벗겨지지 않으며, 네일 폴리시리무버로 용이하게 제거될 것
③ 네일을 파손시키거나 독성을 나타내지 않을 것
④ 안료가 균일하게 분산되고 일정한 컬러와 광택을 유지할 것

2) 베이스코트(Base Coat)

네일 폴리시의 밀착력을 높이고 네일에 색소가 침착되거나 변색되는 것을 방지하기 위해 사용하는 제품으로 네일 폴리시를 도포하기 전 처음에 얇게 1회 도포한다.

3) 톱코트(Top Coat)

네일 폴리시를 보호하고 광택을 부여하기 위해 사용하는 제품으로 네일 폴리시의 도포 후 마지막에 1회 도포한다.

2. 젤 네일 폴리시 제품

1) 젤 네일 폴리시(Gel Nail Polish)

(1) 젤 네일 폴리시의 특성

젤 네일 폴리시란 젤에 다양한 컬러를 부여하기 위해 안료를 첨가한 제품으로 일반적으로 2회 도포하며, 젤 램프기기를 사용하여 경화해야 하는 특징이 있다. 경화가 빠르고 경화 전에는 수정이 가능하며 접착력이 우수하여 리프팅이 쉽게 발생하지 않으며 탄력성과 지속력이 높아 오래 유지되는 것이 장점이나 네일 폴리시에 비해 제거가 어렵다.

(2) 젤 네일 폴리시의 구비 조건

① 도포 시 얼룩이 없고 발림성이 용이할 것
② 탄력성과 지속력 높으며, 젤 제거 용액으로 용이하게 제거될 것
③ 네일을 파손시키거나 독성을 나타내지 않을 것
④ 경화 시 수축 현상이 없고 컬러가 변색되지 않을 것
⑤ 안료가 균일하게 분산되고 일정한 컬러와 광택을 유지할 것

2) 베이스 젤(Base Gel)

네일에 젤이 잘 밀착되고 균일하게 도포하기 위해 사용하는 제품으로 처음에 1회 도포한다.

3) 톱 젤(Top Gel)

젤을 보호하고 표면에 광택을 부여하기 위해 사용하는 제품으로 마지막에 1회 도포한다.

4) 젤 램프기기

젤을 경화하는 기기로 젤의 특성에 알맞은 젤 램프기기를 선택해야 하며 정확한 경화시간을 지켜야 한다.

※ 모든 젤은 미경화 젤의 여부에 따라서 젤 클렌서로 닦아서 사용하는 타입과 닦지 않고 사용하는 타입이 있으므로 제품에 따라 적절한 방법으로 사용한다.

네일 상식

네일 폴리시 건조 : 페인트 속에 들어있는 희석 용제가 증발하여 모두 날아가고 순수한 페인트 성분만 남아 페인트가 마른 현상이다.

젤 네일 폴리시 경화 : 젤 램프기기에서 나오는 빛으로 젤이 딱딱하게 굳는 현상이다.

3. 다양한 컬러링 기법

풀 코트(Full Coat)

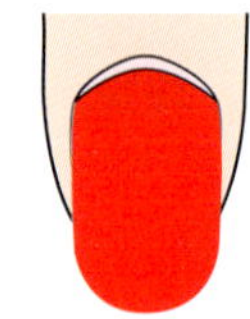

- 방법 : 네일 전체에 컬러를 도포하는 기법
- 특징 : 가장 많이 하는 기법으로 네일 전체가 가려져 손이 깔끔해 보이나 큰 네일은 더 크게 보일 수 있으며, 네일이 자라면 큐티클 라인의 경계선이 두드러져 오래 유지하기가 어려움

헤어라인 팁(Hairline Tip)

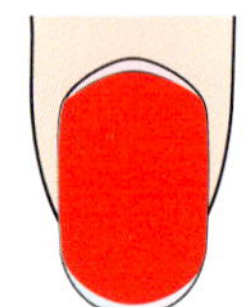

- 방법 : 컬러를 전체 도포한 후 프리에지 단면 부분을 얇게(약 1mm 정도) 지우는 기법
- 특징 : 프리에지 단면이 벗겨지지 않을 수는 있으나 깨끗하게 지울 수 없어 거의 사용하지 않음

슬림 라인, 프리 월(Slim Line, Free Wall)

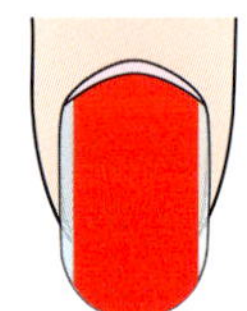

- 방법 : 네일의 양쪽 옆면을(약 1mm 정도) 남기고 도포하는 기법
- 특징 : 양쪽 옆면을 도포하지 않아 네일이 길고 좁아 보이는 효과가 있어 크고 넓적한 네일에 주로 사용함

프리에지(Free Edge)

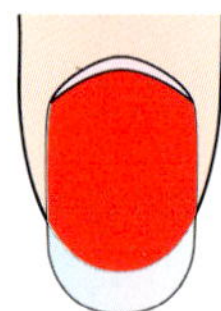

- 방법 : 프리에지 부분에 컬러를 도포하지 않는 기법
- 특징 : 프리에지 부분이 벗겨지지 않을 수 있으나 프리에지가 지저분해 보일 수 있음

그러데이션(Gradation)

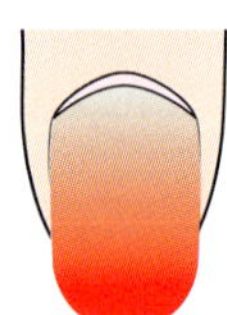

- 방법 : 네일의 전체 길이 1/2 이상에서 루눌라를 넘지 않게 프리에지로 갈수록 컬러가 자연스럽게 진해지는 기법
- 특징 : 브러시와 스펀지를 사용할 수 있으며, 스펀지를 사용할 경우 브러시보다 얇게 도포되어 건조가 빠르며, 네일이 자라도 큐티클 라인과의 경계선이 없어 자연스럽고 여성스러운 느낌이 강함

세로 그러데이션

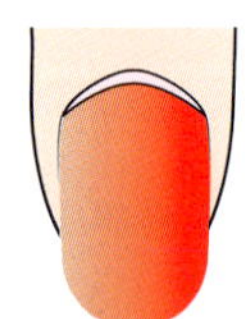

- 방법 : 기본적인 그러데이션을 세로방향으로 변형한 것으로 네일의 한쪽 방향으로 갈수록 컬러가 자연스럽게 진해지는 기법
- 특징 : 네일이 길어 보이는 효과가 있으며, 아트 시 주로 사용함

역 그러데이션

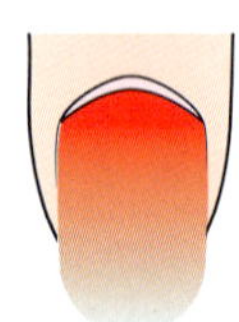

- 방법 : 기본적인 그러데이션을 반대 방향 변형한 것으로 큐티클 라인으로 갈수록 컬러가 자연스럽게 진해지는 기법
- 특징 : 큐티클 라인이 답답해 보일 수 있으며, 아트 시 주로 사용함

프렌치(French)

- 방법 : 옐로 라인을 따라 프리에지 부분에만 컬러를 도포하는 기법
- 특징 : 지저분해 보일 수 있는 프리에지를 가려 깔끔한 느낌을 주고 여성스러워 웨딩 네일로 선호하나 네일이 짧아 보일 수 있음. 프렌치 라인을 깊게 하면 짧아 보이는 느낌을 줄일 수 있음.
  네일이 자라도 큐티클 라인과의 경계선이 없어 자연스러우나 옐로 라인이 보여 유지기간이 짧음

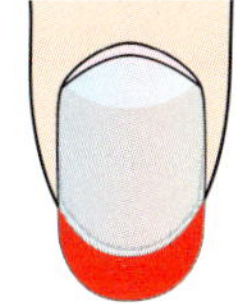

하프 프렌치(Half French)

- 방법 : 네일의 전체 길이 1/2 부분까지 컬러를 도포하는 기법
- 특징 : 네일의 1/2 부분까지 컬러를 도포하여 깔끔한 느낌을 주나 네일이 짧아 보일 수 있음. 네일이 자라도 큐티클 라인과의 경계선이 없어 자연스럽고 옐로 라인도 가려져 기본 프렌치 보다는 유지기간이 길

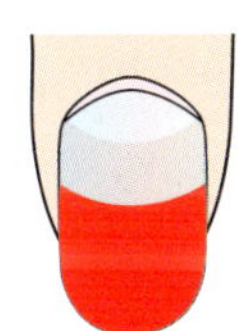

딥 프렌치(Deep French)

- 방법 : 네일의 전체 길이 1/2 이상에서 루눌라를 넘지 않는 부분에 컬러를 도포하는 기법
- 특징 : 프렌치 컬러를 깊게 도포하여 깔끔한 느낌을 주나 네일이 짧아 보일 수 있음

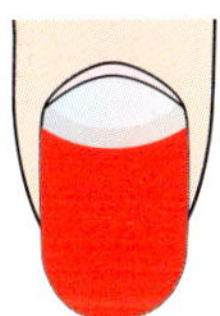

하프문, 루눌라(Half Moon, Lunula)

- 방법 : 루눌라 부분을 남겨놓고 컬러를 도포하는 기법
- 특징 : 딥 프렌치와 거의 비슷한 느낌이나 루눌라가 보이지 않을 수도 있고 손가락마다 크기가 달라 거의 사용하지 않으며, 네일 보디에 핑크 빛이 보이지 않고 루눌라에 유백색이 보여 도포한 컬러가 두드러지게 눈에 띔

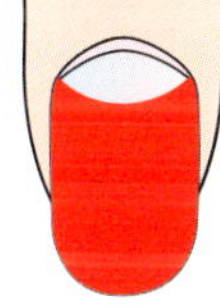

역 프렌치

- 방법 : 기본 프렌치를 변형한 것으로 프렌치 라인을 반대 방향으로 둥글게 컬러를 도포하는 기법
- 특징 : 풀 코트 컬러링을 하고 시간이 경과한 것 같은 상태이나 귀여운 느낌을 주어 최근에 유행함

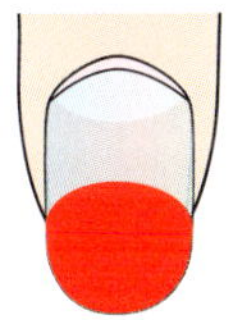

일자 프렌치

- 방법 : 하프 프렌치를 변형한 것으로 네일의 전체 길이 1/2 부분까지 일자로 컬러를 도포하는 기법
- 특징 : 네일이 넓고 짧아 보일 수 있으나 귀여운 느낌을 줌

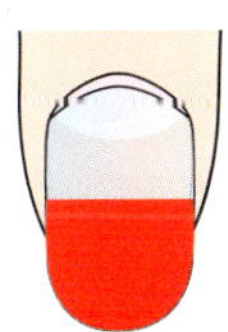

사선 프렌치

- 방법 : 기본 프렌치를 변형한 것으로 프렌치 라인을 사선으로 컬러를 도포하는 기법
- 특징 : 기본 프렌치에 비해 네일이 길어 보일 수 있고 세련된 느낌을 줌

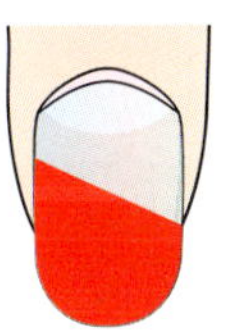

SECTION 2. 주요 컬러링 도포 방법

1. 주요 컬러링의 도포 방법

1) 풀 코트 컬러링 도포 방법

네일 크기에 맞게 네일 폴리시의 양을 적절하게 조절하고 네일 폴리시 브러시의 각도를 45° 로 유지하며 힘을 주지 않고 도포하여 얼룩이 생기지 않도록 유의한다.

(1) 중앙부터 도포하는 방법

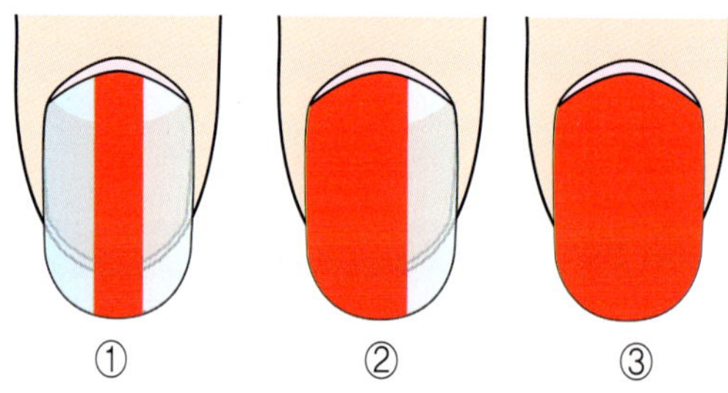

① 큐티클 라인의 중앙부터 프리에지까지 도포
② 큐티클 라인의 왼쪽부터 프리에지까지 도포
③ 큐티클 라인의 오른쪽부터 프리에지까지 도포

(2) 왼쪽부터 도포하는 방법

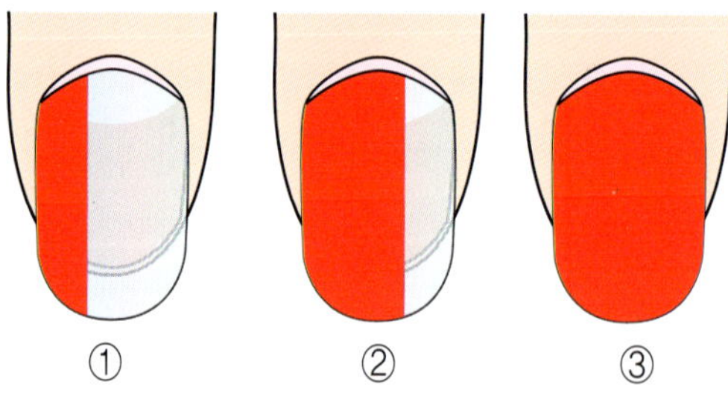

① 큐티클 라인의 왼쪽부터 프리에지까지 도포
② 큐티클 라인의 중앙부터 프리에지까지 도포
③ 큐티클 라인의 오른쪽부터 프리에지까지 도포

2. 프렌치 컬러링 도포 방법

프렌치 라인에 맞게 네일 폴리시의 양을 적절하게 조절하고 네일 폴리시 브러시의 각도를 45° 로 유지하며 힘을 주지 않고 도포하여 얼룩이 생기지 않도록 유의한다.

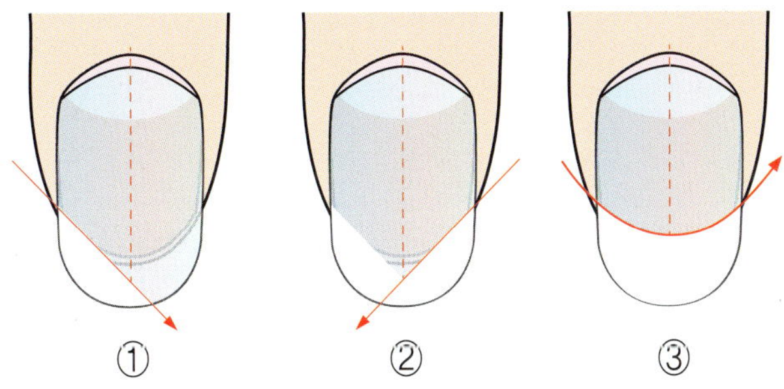

① 스트레스 포인트의 왼쪽부터 프리에지의 중앙을 향하여 프렌치 라인을 도포
② 스트레스 포인트의 오른쪽부터 프리에지의 중앙을 향하여 프렌치 라인을 도포
③ 스트레스 포인트의 왼쪽부터 오른쪽을 향하여 프렌치 라인을 연결하며 도포

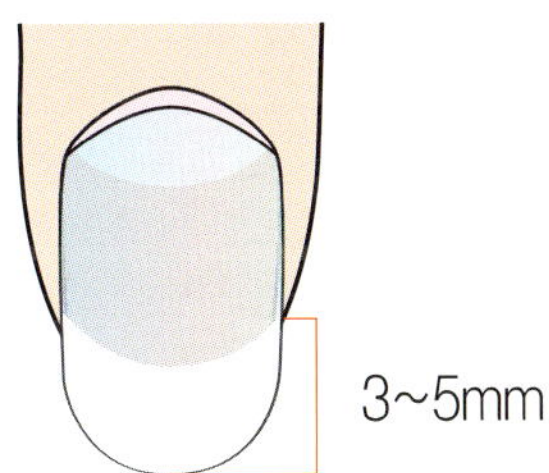

일반적인 프렌치 라인의 상하너비 : 3~5mm 이하 정도, 자연 네일 전체의 1/2 미만

3. 딥 프렌치 컬러링 도포 방법

딥 프렌치 라인에 맞게 네일 폴리시의 양을 적절하게 조절하고 네일 폴리시 브러시의 각도를 45° 로 유지하며 힘을 주지 않고 도포하여 얼룩이 생기지 않도록 유의한다.

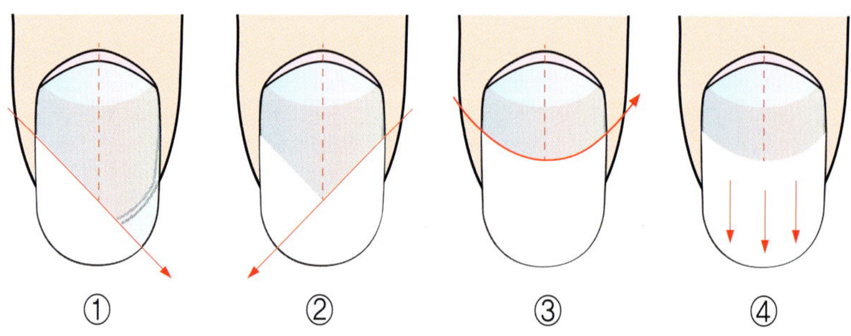

① 네일 보디의 왼쪽 옆면에 1/2 이상부터 프리에지의 중앙을 향하여 딥 프렌치 라인을 도포
② 네일 보디의 오른쪽 옆면에 1/2 이상부터 프리에지의 중앙을 향하여 딥 프렌치 라인을 도포
③ 왼쪽 옆면부터 오른쪽 옆면까지 딥 프렌치 라인을 연결하며 도포
④ 딥 프렌치 라인부터 프리에지까지 연결하며 도포

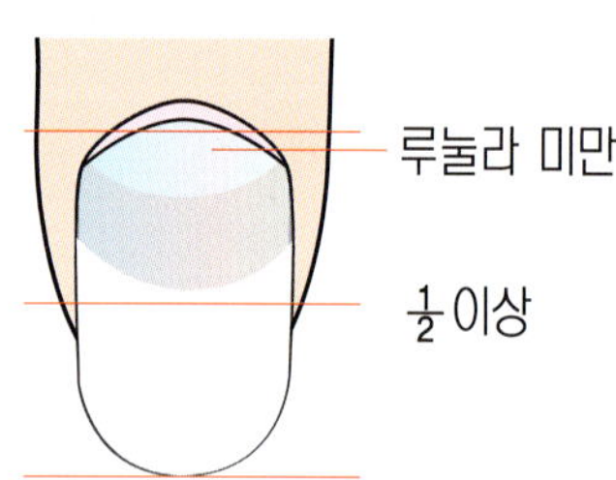

※ 일반적인 딥 프렌치 라인의 상하너비 : 자연 네일 전체의 길이 1/2 이상부터 루눌라 미만

네일 상식

발은 엄지를 제외한 나머지 4개의 발톱의 길이가 짧을 수 있기 때문에 발톱의 경우에는 프렌치와 딥 프렌치의 경계가 명확하지 않을 수 있다.

4. 그러데이션 컬러링 도포 방법

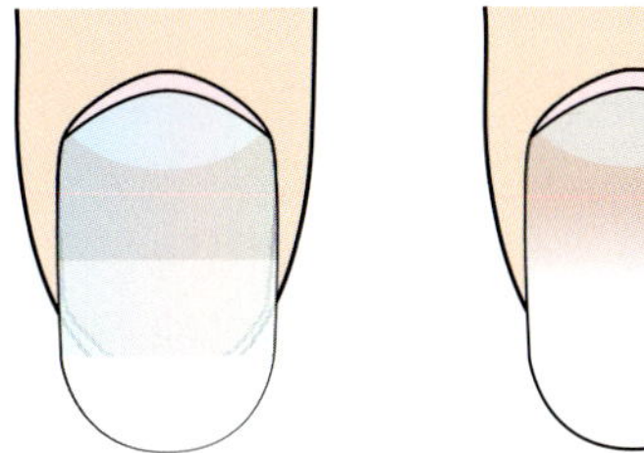

① 화이트 네일 폴리시가 프리에지에 베이스코트가 루눌라에 닿게 스펀지를 가볍게 두드리며 그러데이션함
② 반복적으로 두드려 컬러의 경계를 없애며 그러데이션함

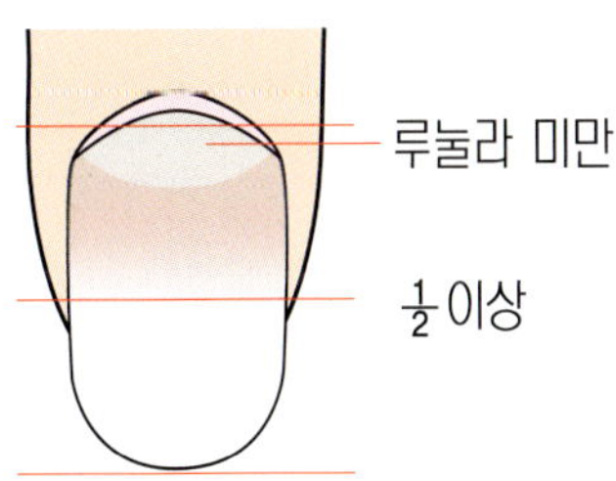

※ 일반적인 그러데이션의 상하너비 : 자연 네일 전체의 길이 1/2 이상부터 루눌라 미만

[스펀지 도포 요령]

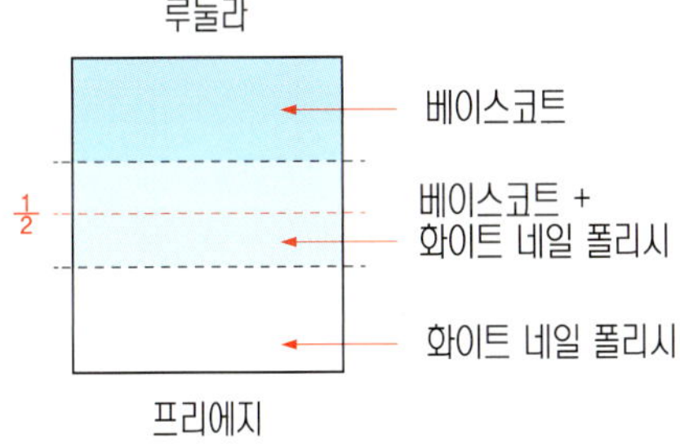

① 베이스코트를 스펀지 윗부분에 도포
② 베이스코트와 화이트 네일 폴리시를 스펀지 전체의 1/2 부분에 그러데이션하며 도포
③ 화이트 네일 폴리시를 스펀지 아랫부분에 도포

◈ 일반 네일 폴리시 컬러링 작업 준비사항

※ 작업자의 복장 및 작업대 준비

① 작업자는 위생가운과 마스크를 착용한다.
② 작업대를 소독한 후 수건을 깔고 위생봉지를 붙인다.
③ 고객의 방향에 손목 받침대를 올려놓고 손목 받침대 앞쪽으로 키친타월을 깐다.
④ 재료 정리함을 사용하기 편한 위치에 놓는다.

[작업대 준비물품]

준비물품	수건, 손목 받침대, 키친타월, 위생봉지, 재료 정리함

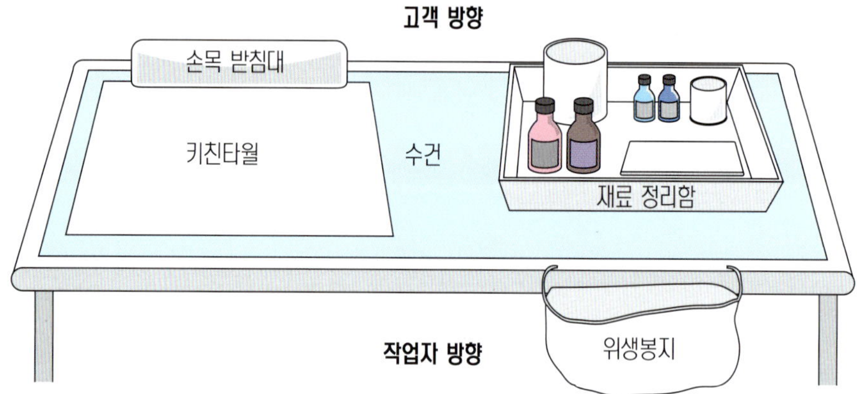

※ 재료 정리함 준비

① 재료 정리함에 일반 네일 폴리시 컬러링 재료를 준비하고 네일 도구의 소독을 마친다.
② 소독용기 바닥에 탈지면을 깔고 오렌지 우드스틱을 넣고 에탄올수용액 70%에 10분 이상 담가준다.
③ 뚜껑이 있는 용기에 소독용 탈지면과 제거용 탈지면, 멸균거즈, 스펀지를 넣어둔다.

[재료 정리함 준비물품]

준비물품	· 소독용기(오렌지 우드스틱, 네일 더스트 브러시) · 파일 꽂이(자연 네일용 파일, 샌딩 파일) · 용기(소독용 탈지면, 제거용 탈지면, 멸균거즈, 스펀지) · 베이스코트, 네일 폴리시(레드, 화이트), 톱코트 · 네일 폴리시리무버, 토 세퍼레이터 · 에탄올, 소독제, 지혈제

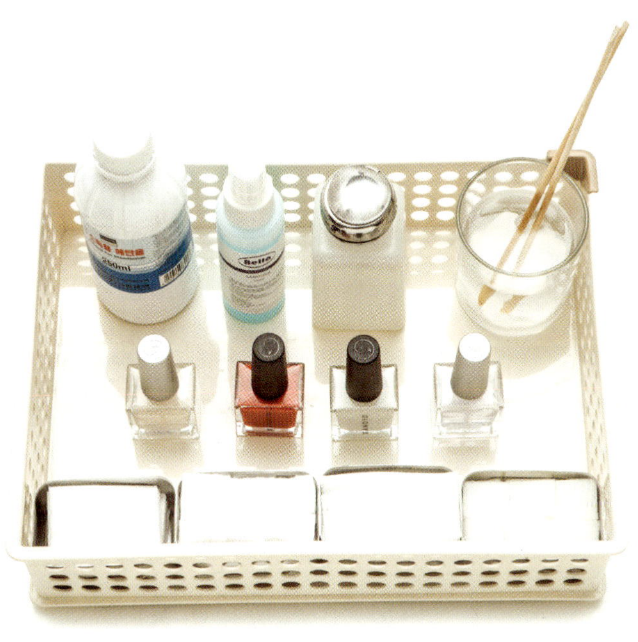

SECTION 3. 풀 코트 컬러링

1. 손 풀 코트 컬러링 도포 순서

① 베이스코트를 프리에지 단면에 도포한다.
② 베이스코트를 손톱 전체에 1회 도포한다.
③ 레드 네일 폴리시를 프리에지 단면에 도포한다.
④ 레드 네일 폴리시를 손톱 전체에 1회 도포한다.

① ⇨ ② ⇨ ③ ⇨ ④

⑤ 레드 네일 폴리시를 프리에지 단면에 도포한다.
⑥ 레드 네일 폴리시를 손톱 전체에 2회 도포한다.
⑦ 톱코트를 프리에지 단면에 도포한다.
⑧ 톱코트를 손톱 전체에 1회 도포한다.
※ 손톱 주변으로 네일 폴리시가 넘친 경우에는 오렌지 우드스틱이나 멸균거즈를 사용하여 작업 중 또는 마지막에 수정할 수 있다.

⑤ ⇨ ⑥ ⇨ ⑦ ⇨ ⑧

2. 손 풀 코트 컬러링 작업 순서

① 소독제를 탈지면에 분사하여 작업자의 양손과 손톱 주변, 손톱을 소독한다.
② 소독제를 탈지면에 분사하여 고객의 양손과 손톱 주변, 손톱을 소독한다.
③ 네일 화장물이 도포되어 있는 경우 고객의 양손에 네일 화장물을 제거한다.

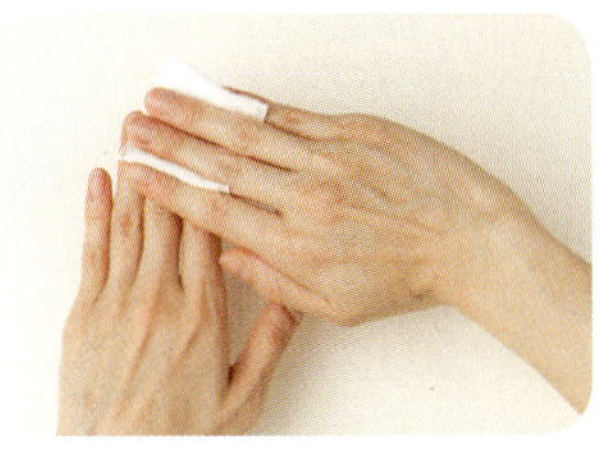
① 작업자 손 소독하기

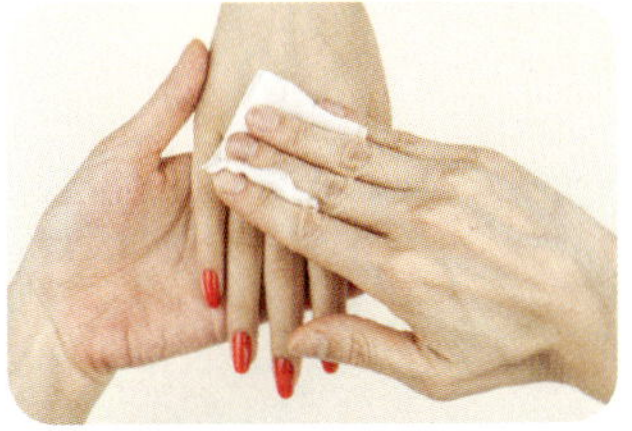
② 고객 손 소독하기

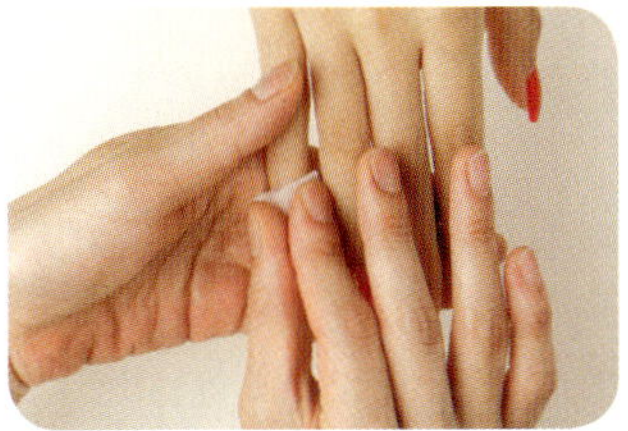
③ 네일 화장물 제거하기

④ 자연 네일용 파일을 사용하여 프리에지의 형태를 라운드로 조형한다.
⑤ 샌딩 파일을 사용하여 네일의 표면을 다듬고 프리에지 밑 거스러미를 제거한다.
⑥ 네일 더스트 브러시를 사용하여 분진을 제거한다.

④ 프리에지 형태 조형하기

⑤ 표면 다듬기

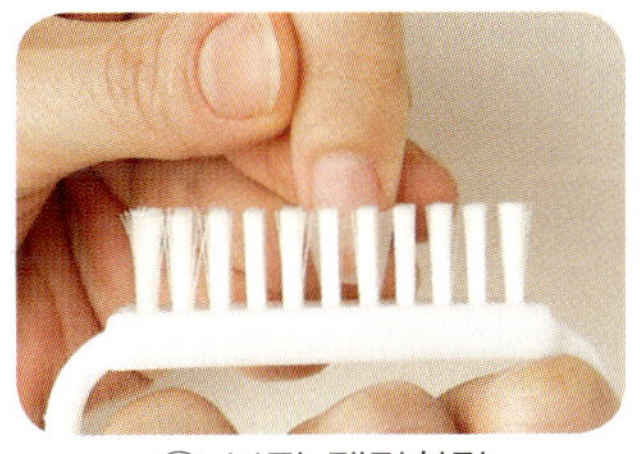
⑥ 분진 제거하기

⑦ 탈지면에 네일 폴리시리무버를 적시고 오렌지 우드스틱 사용하여 손톱에 잔여물을 제거한다.
⑧ 베이스코트를 프리에지에 도포하고 손톱 전체에 1회 도포한다.
⑨ 레드 네일 폴리시를 프리에지에 도포하고 손톱 전체에 1회 도포한다.

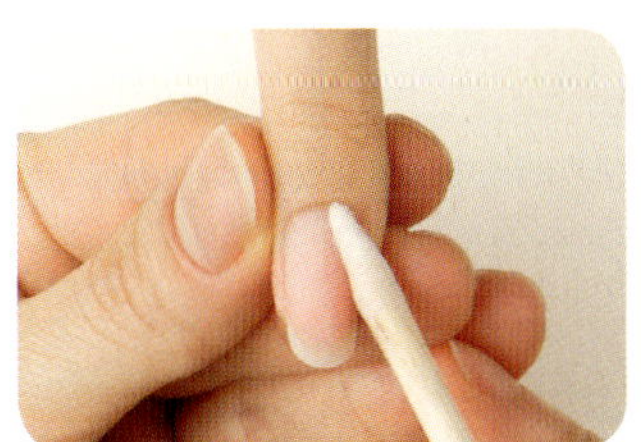
⑦ 잔여물 제거하기

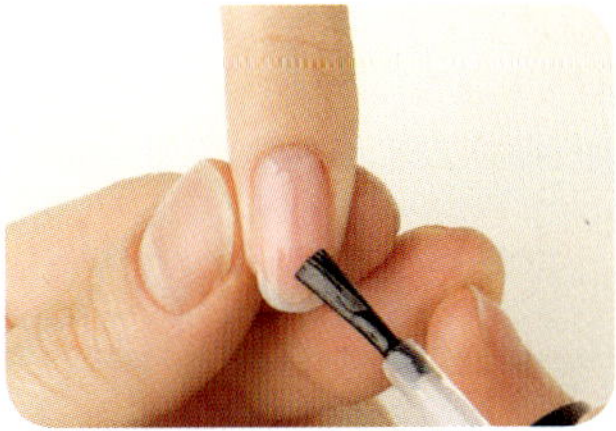
⑧ 베이스코트 1회 도포하기

⑨ 네일 폴리시 1회 풀 코트하기

⑩ 레드 네일 폴리시를 프리에지에 도포하고 손톱 전체에 2회 도포한다.
⑪ 톱코트를 프리에지에 도포하고 손톱 전체에 1회 도포한다.
⑫ 오렌지 우드스틱이나 멸균거즈를 사용하여 주변에 넘친 네일 폴리시를 수정한다.

⑩ 네일 폴리시 2회 풀 코트하기

⑪ 톱코트 1회 도포하기

⑫ 수정하기

3. 손 풀 코트 컬러링 순서 정리

손 소독 → 네일 화장물 제거 → 선택 가능(형태 조형→표면 정리→분진 제거) → 잔여물 제거 → 베이스코트 1회 도포 → 네일 폴리시 2회 풀 코트 → 톱코트 1회 도포 → 수정

4. 손 풀 코트 컬러링 완성

정면

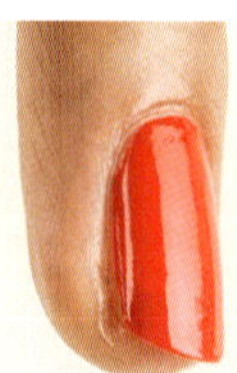
왼쪽 옆면

오른쪽 옆면

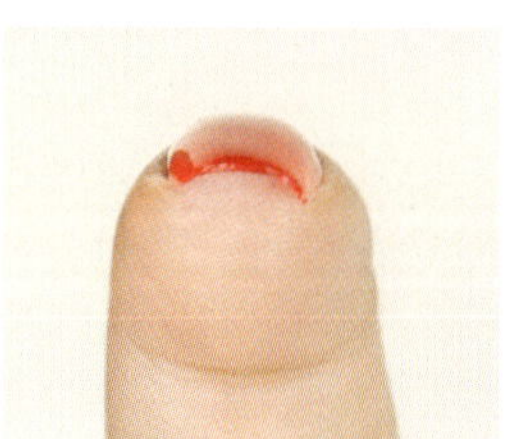
프리에지 단면

5. 손 풀 코트 컬러링 확인

순번	확인 사항	확인
①	베이스코트가 도포되었는지 확인	
②	레드 컬러가 큐티클 라인, 옆면, 프리에지 단면까지 풀 코트로 도포되었는지 확인	
③	레드 컬러가 얼룩 없이 양손에 일정한 두께로 도포되었는지 확인	
④	톱코트가 도포되었는지 확인	
⑤	손톱 주변 잔여물과 손톱 아래 위생 상태를 확인	

6. 발 풀 코트 컬러링 도포 순서

① 베이스코트를 프리에지 단면에 도포한다.
② 베이스코트를 발톱 전체에 1회 도포한다.
③ 레드 네일 폴리시를 프리에지 단면에 도포한다.
④ 레드 네일 폴리시를 발톱 전체에 1회 도포한다.

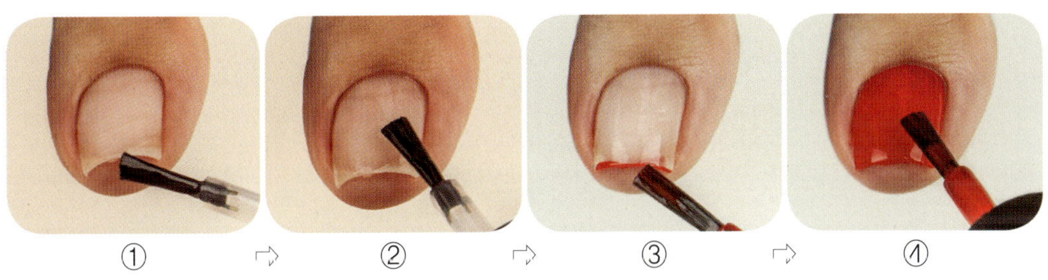

⑤ 레드 네일 폴리시를 프리에지 단면에 도포한다.
⑥ 레드 네일 폴리시를 발톱 전체에 2회 도포한다.
⑦ 톱코트를 프리에지 단면에 도포한다.
⑧ 톱코트를 발톱 전체에 1회 도포한다.
※ 발톱 주변으로 네일 폴리시가 넘친 경우에는 오렌지우드스틱이나 멸균거즈를 사용하여 작업 중 또는 마지막에 수정할 수 있다.

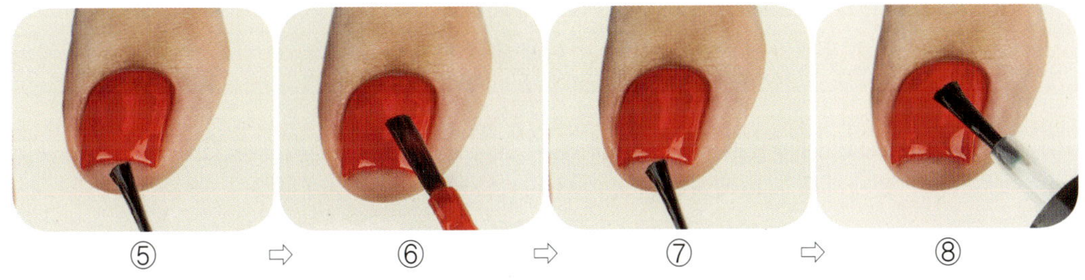

7. 발 풀 코트 컬러링 작업 순서

① 소독제를 탈지면에 분사하여 작업자의 양손과 손톱 주변, 손톱을 소독한다.
② 소독제를 탈지면에 분사하여 고객의 양발과 발톱 주변, 발톱을 소독한다.
③ 네일 화장물이 도포되어 있는 경우 고객의 양발에 네일 화장물을 제거한다.

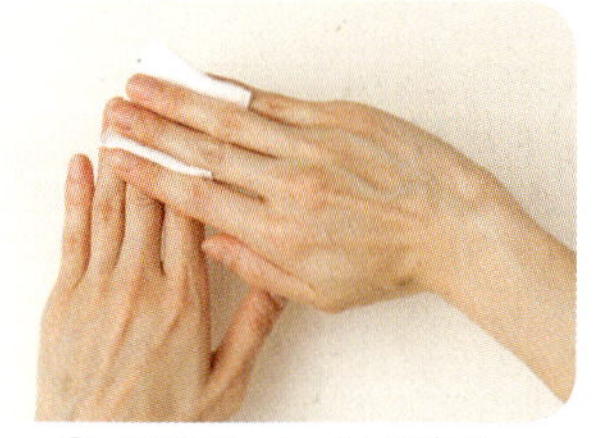
① 작업자 손 소독하기

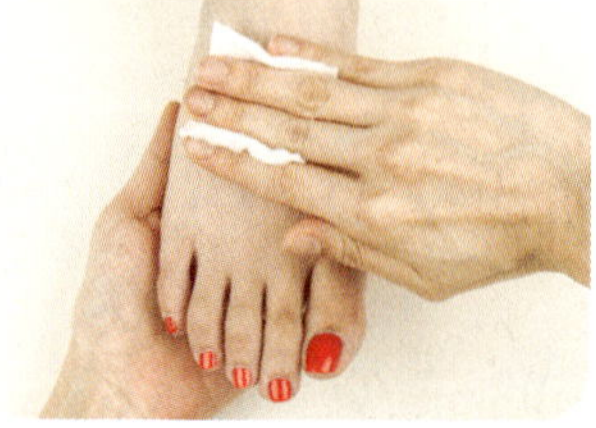
② 고객 발 소독하기

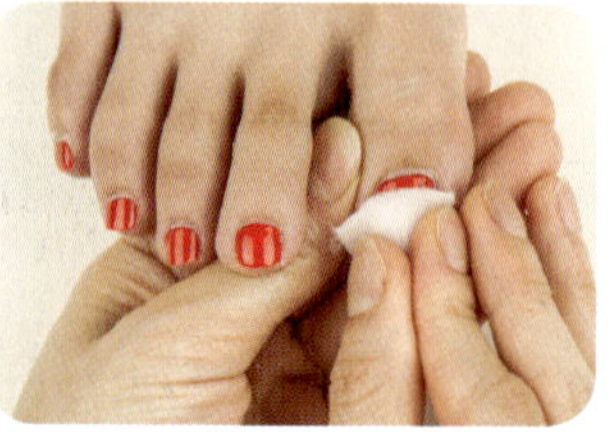
③ 네일 화장물 제거하기

④ 자연 네일용 파일을 사용하여 프리에지의 형태를 스퀘어로 조형한다.
⑤ 샌딩 파일을 사용하여 네일의 표면을 다듬고 프리에지 밑 거스러미를 제거한다.
⑥ 네일 더스트 브러시를 사용하여 분진을 제거한다.

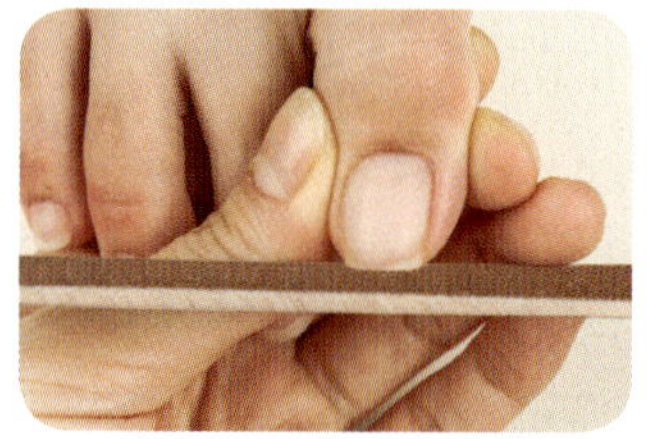
④ 프리에지 형태 조형하기

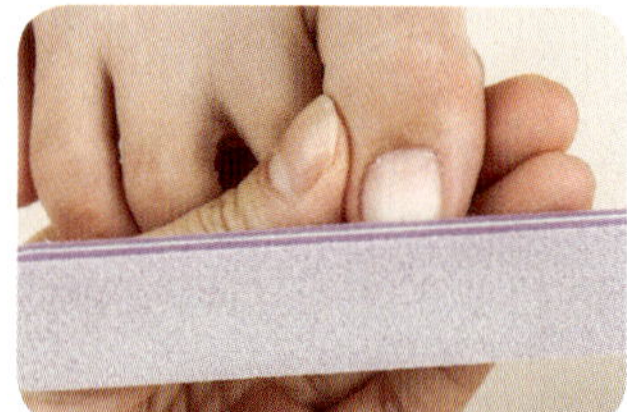
⑤ 표면 다듬기

⑥ 분진 제거하기

⑦ 탈지면에 네일 폴리시리무버를 적시고 오렌지 우드스틱 사용하여 발톱에 잔여물을 제거한다.
⑧ 토 세퍼레이터를 장착하고 프리에지에 도포하고 발톱 전체에 1회 도포한다.
⑨ 레드 네일 폴리시를 프리에지에 도포하고 발톱 전체에 1회 도포한다.

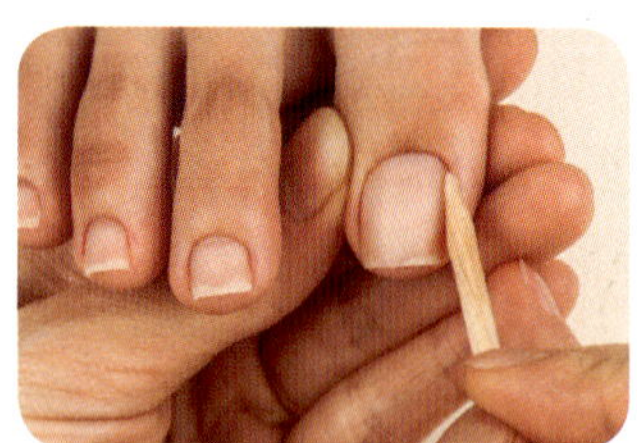
⑦ 잔여물 제거하기

⑧ 베이스코트 1회 도포하기

⑨ 네일 폴리시 1회 풀 코트하기

⑩ 레드 네일 폴리시를 프리에지에 도포하고 발톱 전체에 2회 도포한다.
⑪ 톱코트를 프리에지에 도포하고 발톱 전체에 1회 도포한다.
⑫ 오렌지 우드스틱이나 멸균거즈를 사용하여 주변에 넘친 네일 폴리시를 수정한다.

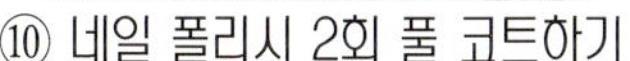
⑩ 네일 폴리시 2회 풀 코트하기

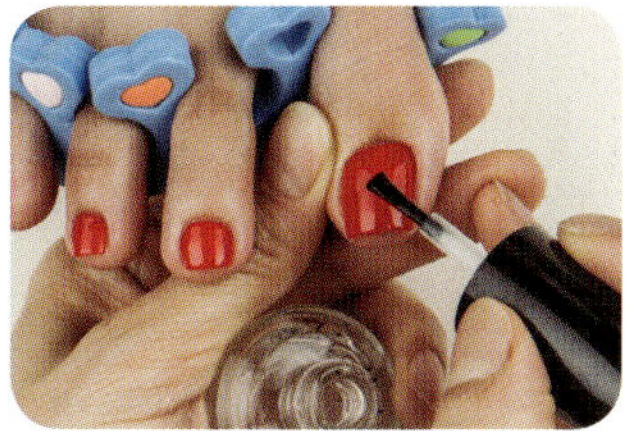
⑪ 톱코트 1회 도포하기

⑫ 수정하기

8. 발 풀 코트 컬러링 순서 정리

손 · 발소독 → 네일 화장물 제거 → 선택 가능(형태 조형→표면 정리→분진 제거) → 잔여물 제거 → 토 세퍼레이터 장착 → 베이스코트 1회 도포 → 네일 폴리시 2회 풀 코트 → 톱코트 1회 도포 → 수정

9. 발 풀 코트 컬러링 완성

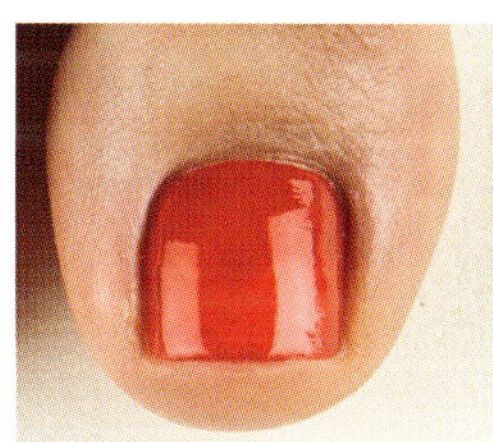
정면

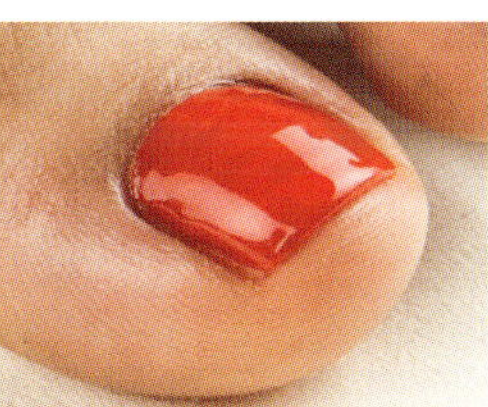
왼쪽 옆면

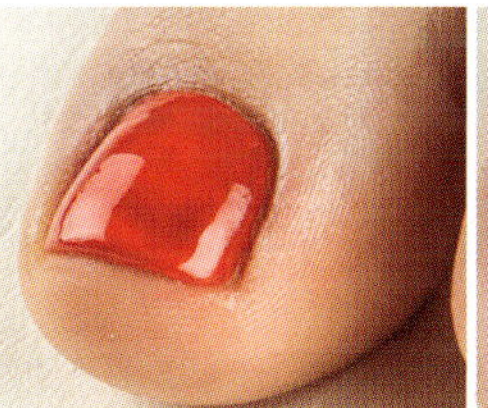
오른쪽 옆면

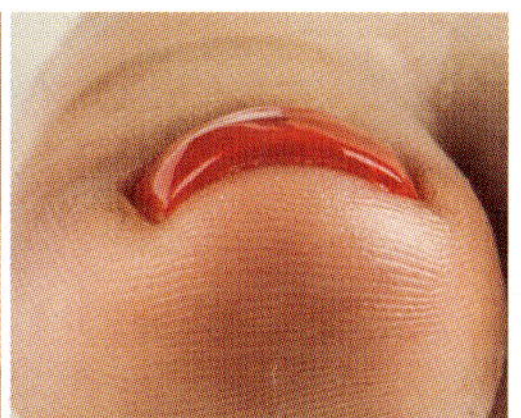
프리에지 단면

10. 발 풀 코트 컬러링 확인

순번	확인 사항	확인
①	베이스코트가 도포되었는지 확인	
②	레드 컬러가 큐티클 라인, 옆면, 프리에지 단면까지 풀 코트로 도포되었는지 확인	
③	레드 컬러가 얼룩 없이 양발에 일정한 두께로 도포되었는지 확인	
④	톱코트가 도포되었는지 확인	
⑤	발톱 주변 잔여물과 발톱 아래 위생 상태를 확인	

SECTION 4. 프렌치 컬러링

1. 손 프렌치 컬러링 도포 순서

① 베이스코트를 프리에지 단면에 도포한다.
② 베이스코트를 손톱 전체에 1회 도포한다.
③ 화이트 네일 폴리시를 프리에지 단면에 도포한다.
④ 화이트 네일 폴리시를 프렌치 라인에 1회 도포한다.

⑤ 화이트 네일 폴리시를 프리에지 단면에 도포한다.
⑥ 화이트 네일 폴리시를 프렌치 라인에 2회 도포한다.
⑦ 톱코트를 프리에지 단면에 도포한다.
⑧ 톱코트를 손톱 전체에 1회 도포한다.
※ 손톱 주변으로 네일 폴리시가 넘친 경우에는 오렌지 우드스틱이나 멸균거즈를 사용하여 작업 중 또는 마지막에 수정할 수 있다.

2. 손 프렌치 컬러링 작업 순서

① 소독제를 탈지면에 분사하여 작업자의 양손과 손톱 주변, 손톱을 소독한다.
② 소독제를 탈지면에 분사하여 고객의 양손과 손톱 주변, 손톱을 소독한다.
③ 네일 화장물이 도포되어 있는 경우 고객의 양손에 네일 화장물을 제거한다.

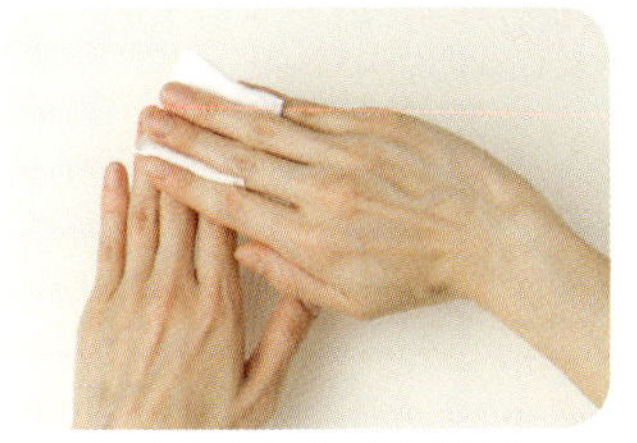
① 작업자 손 소독하기

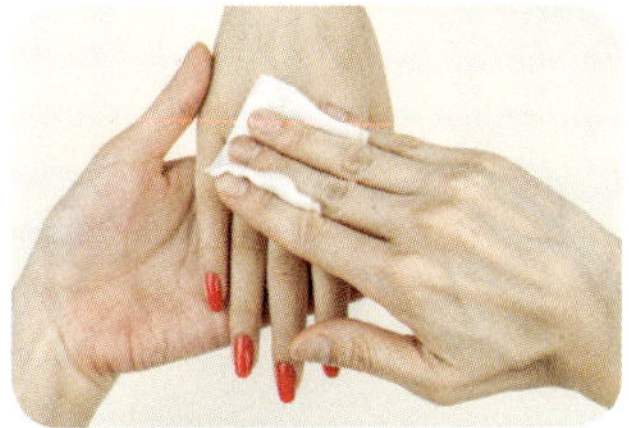
② 고객 손 소독하기

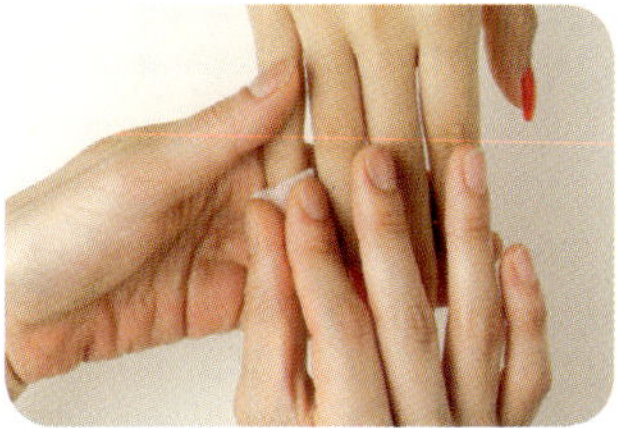
③ 네일 화장물 제거하기

④ 자연 네일용 파일을 사용하여 프리에지의 형태를 라운드로 조형한다. 네일 클리퍼를 사용할 수 있다.
⑤ 샌딩 파일을 사용하여 네일의 표면을 다듬고 프리에지 밑 거스러미를 제거한다.
⑥ 네일 더스트 브러시를 사용하여 분진을 제거한다.

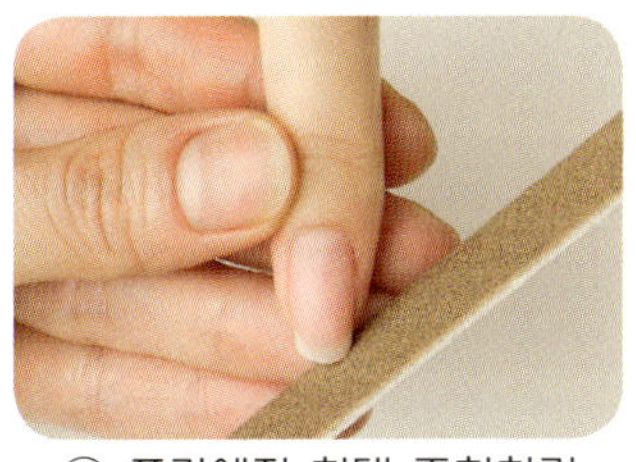
④ 프리에지 형태 조형하기

⑤ 표면 다듬기

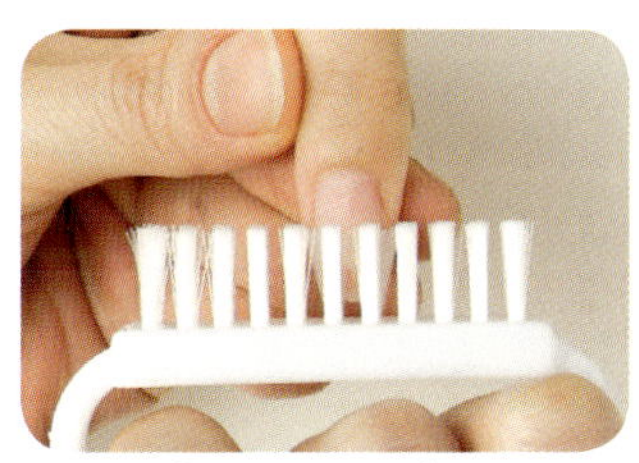
⑥ 분진 제거하기

⑦ 탈지면에 네일 폴리시리무버를 적시고 오렌지 우드스틱 사용하여 손톱에 잔여물을 제거한다.
⑧ 베이스코트를 프리에지에 도포하고 손톱 전체에 1회 도포한다.
⑨ 화이트 네일 폴리시를 프리에지에 도포하고 프렌치 라인에 1회 도포한다.

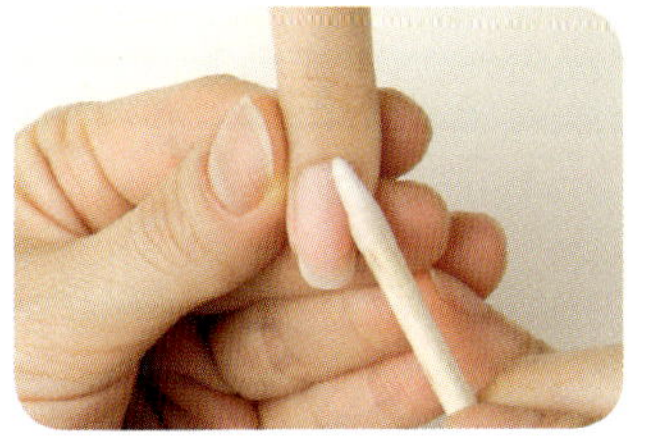
⑦ 잔여물 제거하기

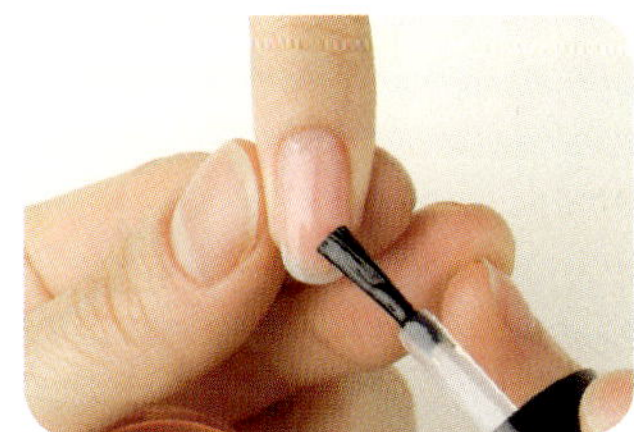
⑧ 베이스코트 1회 도포하기

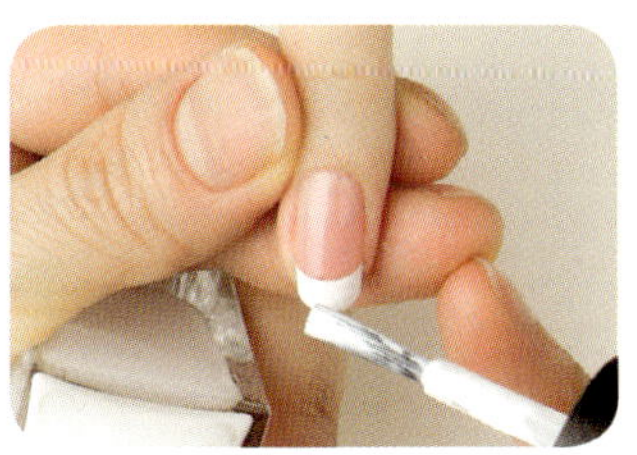
⑨ 네일 폴리시 1회 프렌치하기

⑩ 화이트 네일 폴리시를 프리에지에 도포하고 프렌치 라인에 2회 도포한다.
⑪ 톱코트를 프리에지에 도포하고 손톱 전체에 1회 도포한다.
⑫ 오렌지 우드스틱이나 멸균거즈를 사용하여 주변에 넘친 네일 폴리시를 수정한다.

⑩ 네일 폴리시 2회 프렌치하기

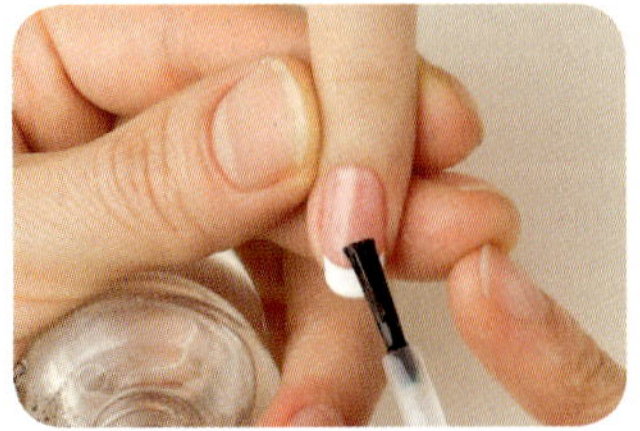
⑪ 톱코트 1회 도포하기

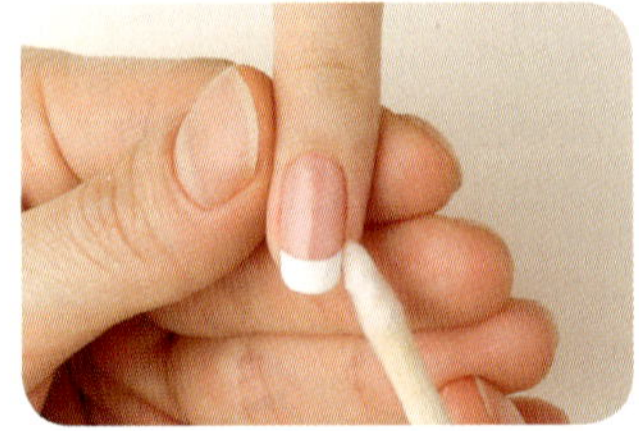
⑫ 수정하기

3. 손 프렌치 컬러링 순서 정리

손 소독 → 네일 화장물 제거 → 선택 가능(형태 조형→표면 정리→분진 제거) → 잔여물 제거 → 베이스코트 1회 도포 → 네일 폴리시 2회 프렌치 → 톱코트 1회 도포 → 수정

4. 손 프렌치 컬러링 완성

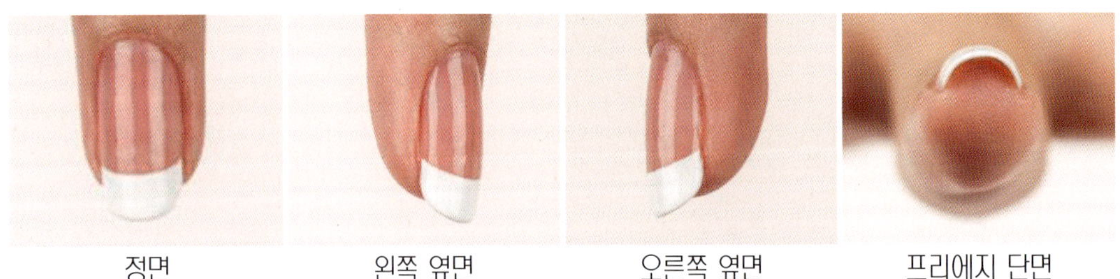
정면 / 왼쪽 옆면 / 오른쪽 옆면 / 프리에지 단면

5. 손 프렌치 컬러링 확인

순번	확인 사항	확인
①	베이스코트가 도포되었는지 확인	
②	화이트 컬러가 3~5mm의 상하너비로 선명하게 프렌치로 도포되었는지 확인	
③	화이트 컬러가 얼룩 없이 양손에 일정한 두께로 도포되었는지 확인	
④	톱코트가 도포되었는지 확인	
⑤	손톱 주변 잔여물과 손톱 아래 위생 상태를 확인	

SECTION 5. 딥 프렌치 컬러링

1. 딥 프렌치 컬러링 도포 순서

① 베이스코트를 프리에지 단면에 도포한다.
② 베이스코트를 손톱 전체에 1회 도포한다.
③ 화이트 네일 폴리시를 프리에지 단면에 도포한다.
④ 화이트 네일 폴리시를 딥 프렌치 라인에 1회 도포한다.

⑤ 화이트 네일 폴리시를 프리에지 단면에 도포한다.
⑥ 화이트 네일 폴리시를 딥 프렌치 라인에 2회 도포한다.
⑦ 톱코트를 프리에지 단면에 도포한다.
⑧ 톱코트를 손톱 전체에 1회 도포한다.
※ 손톱 주변으로 네일 폴리시가 넘친 경우에는 오렌지우드스틱이나 멸균거즈를 사용하여 작업 중 또는 마지막에 수정할 수 있다.

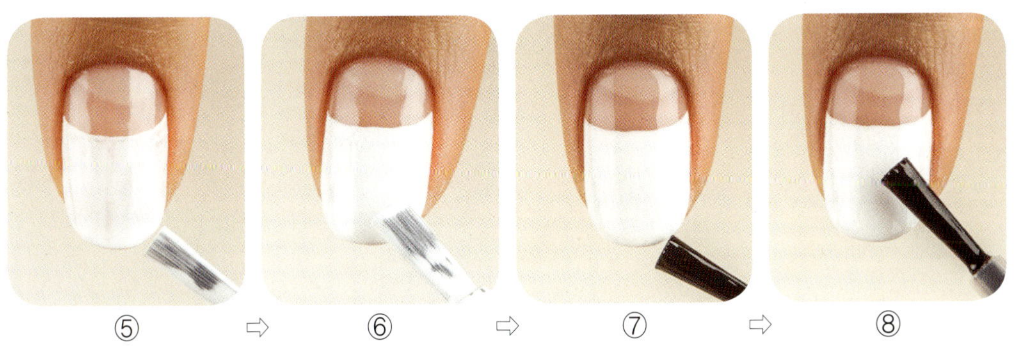

2. 손 딥 프렌치 컬러링 작업 순서

① 소독제를 탈지면에 분사하여 작업자의 양손과 손톱 주변, 손톱을 소독한다.
② 소독제를 탈지면에 분사하여 고객의 양손과 손톱 주변, 손톱을 소독한다.
③ 네일 화장물이 도포되어 있는 경우 고객의 양손에 네일 화장물을 제거한다.

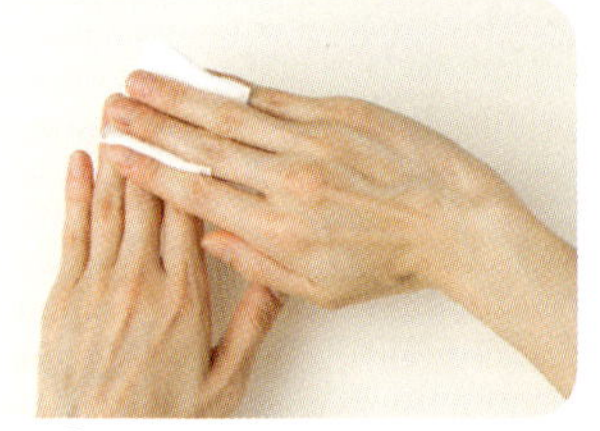
① 작업자 손 소독하기

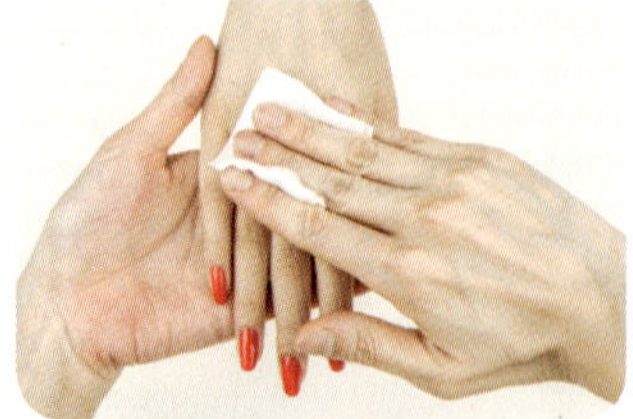
② 고객 손 소독하기

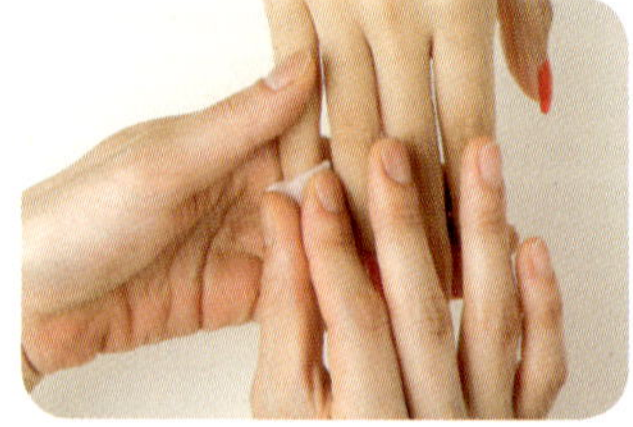
③ 네일 화장물 제거하기

④ 자연 네일용 파일을 사용하여 프리에지의 형태를 라운드로 조형한다.
⑤ 샌딩 파일을 사용하여 네일의 표면을 다듬고 프리에지 밑 거스러미를 제거한다.
⑥ 네일 더스트 브러시를 사용하여 분진을 제거한다.

④ 프리에지 형태 조형하기

⑤ 표면 다듬기

⑥ 분진 제거하기

⑦ 탈지면에 네일 폴리시리무버를 적시고 오렌지 우드스틱 사용하여 손톱에 잔여물을 제거한다.
⑧ 베이스코트를 프리에지에 도포하고 손톱 전체에 1회 도포한다.
⑨ 화이트 네일 폴리시를 프리에지에 도포하고 딥 프렌치 라인에 1회 도포한다.

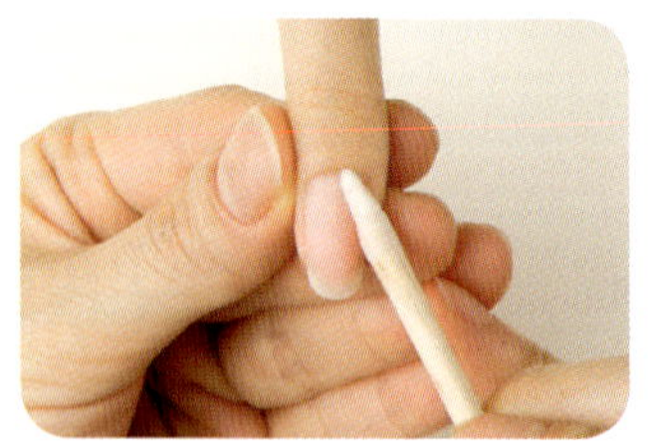
⑦ 잔여물 제거하기

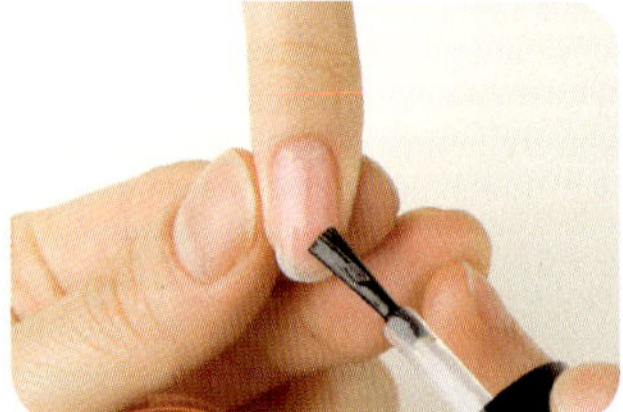
⑧ 베이스코트 1회 도포하기

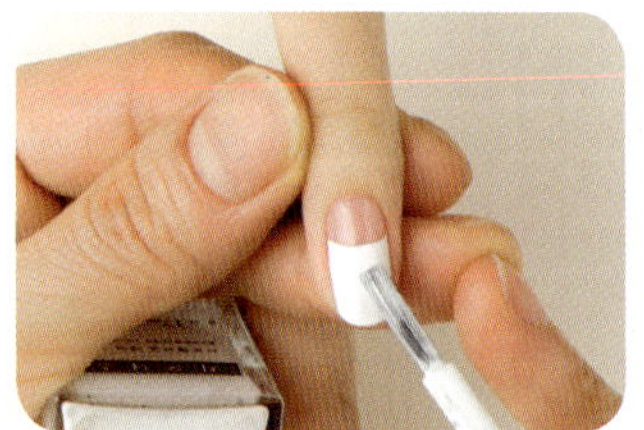
⑨ 네일 폴리시 1회 딥 프렌치하기

⑩ 화이트 네일 폴리시를 프리에지에 도포하고 딥 프렌치 라인에 2회 도포한다.
⑪ 톱코트를 프리에지에 도포하고 손톱 전체에 1회 도포한다.
⑫ 오렌지 우드스틱이나 멸균거즈를 사용하여 주변에 넘친 네일 폴리시를 수정한다.

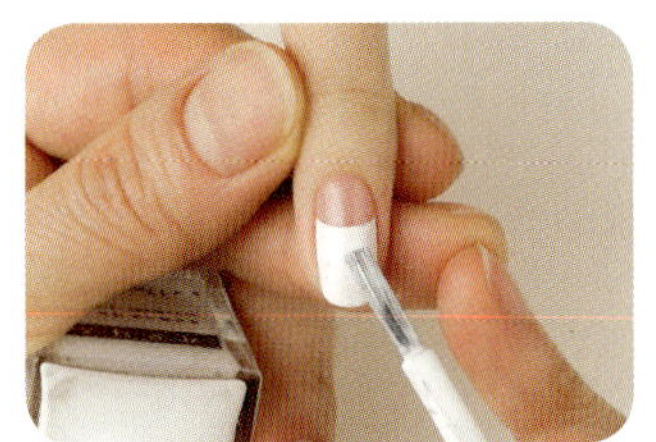

⑩ 네일 폴리시 2회 딥 프렌치하기

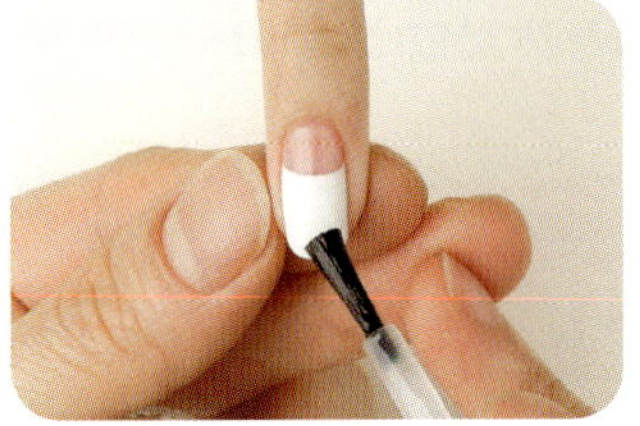
⑪ 톱코트 1회 도포하기

⑫ 수정하기

3. 손 딥 프렌치 컬러링 순서 정리

손 소독 → 네일 화장물 제거 → 선택 가능(형태 조형→표면 정리→분진 제거) → 잔여물 제거 → 베이스코트 1회 도포 → 네일 폴리시 2회 딥 프렌치 → 톱코트 1회 도포 → 수정

4. 손 딥 프렌치 컬러링 완성

정면

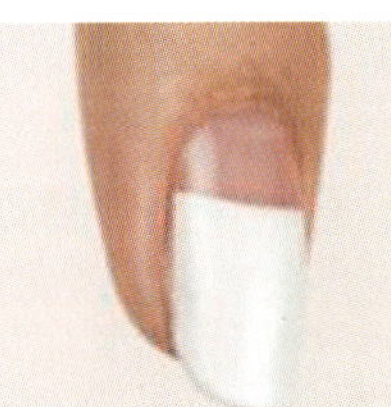
왼쪽 옆면

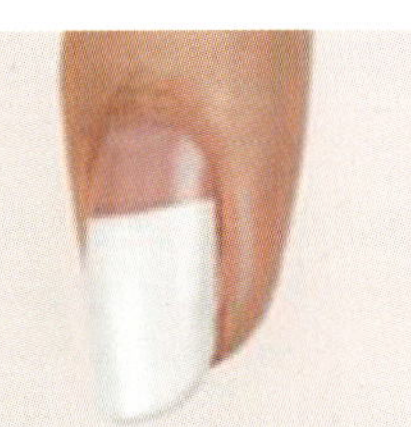
오른쪽 옆면

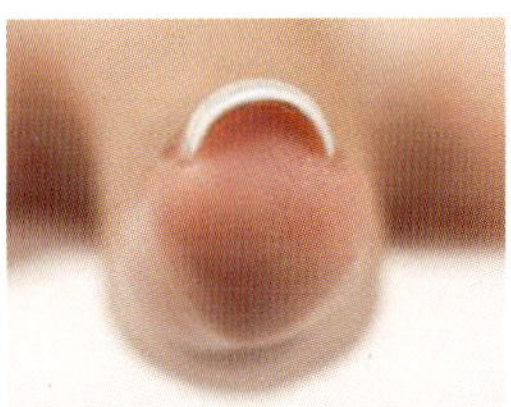
프리에지 단면

5. 손 딥 프렌치 컬러링 확인

순번	확인 사항	확인
①	베이스코트가 도포되었는지 확인	
②	화이트 컬러가 손톱 전체 길이의 1/2 이상, 루눌라 부분을 넘지 않게 선명하게 딥 프렌치로 도포되었는지 확인	
③	화이트 컬러가 얼룩 없이 양손에 일정한 두께로 도포되었는지 확인	
④	톱코트가 도포되었는지 확인	
⑤	손톱 주변 잔여물과 손톱 아래 위생 상태를 확인	

6. 발 딥 프렌치 컬러링 도포 순서

① 베이스코트를 프리에지 단면에 도포한다.
② 베이스코트를 발톱 전체에 1회 도포한다.
③ 화이트 네일 폴리시를 프리에지 단면에 도포한다.
④ 화이트 네일 폴리시를 딥 프렌치 라인에 1회 도포한다.

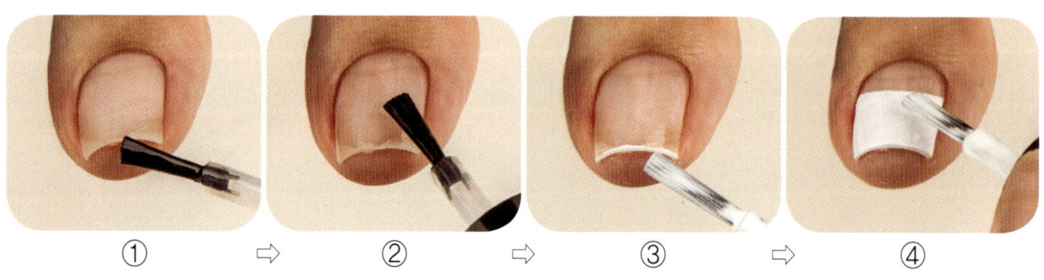

① ⇨ ② ⇨ ③ ⇨ ④

⑤ 화이트 네일 폴리시를 프리에지 단면에 도포한다.
⑥ 화이트 네일 폴리시를 딥 프렌치 라인에 2회 도포한다.
⑦ 톱코트를 프리에지 단면에 도포한다.
⑧ 톱코트를 발톱 전체에 1회 도포한다.
※ 발톱 주변으로 네일 폴리시가 넘친 경우에는 오렌지 우드스틱이나 멸균거즈를 사용하여 작업 중 또는 마지막에 수정할 수 있다.

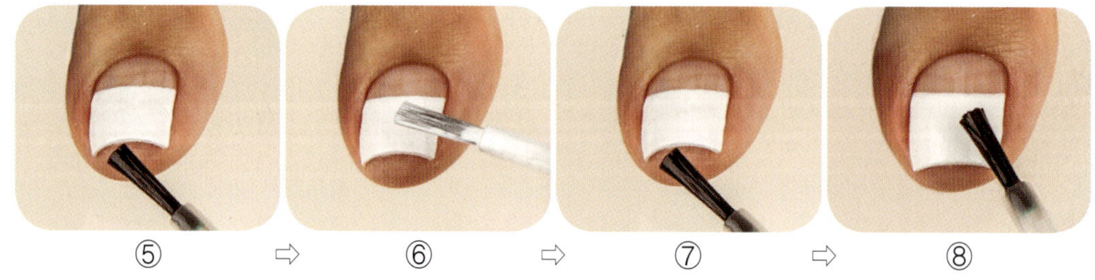

⑤ ⇨ ⑥ ⇨ ⑦ ⇨ ⑧

7. 발 딥 프렌치 컬러링 작업 순서

① 소독제를 탈지면에 분사하여 작업자의 양손과 손톱 주변, 손톱을 소독한다.
② 소독제를 탈지면에 분사하여 고객의 양발과 발톱 주변, 발톱을 소독한다.
③ 네일 화장물이 도포되어 있는 경우 고객의 양발에 네일 화장물을 제거한다.

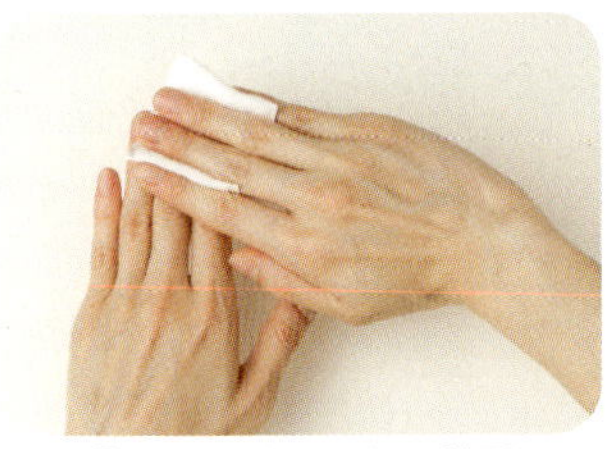
① 작업자 손 소독하기

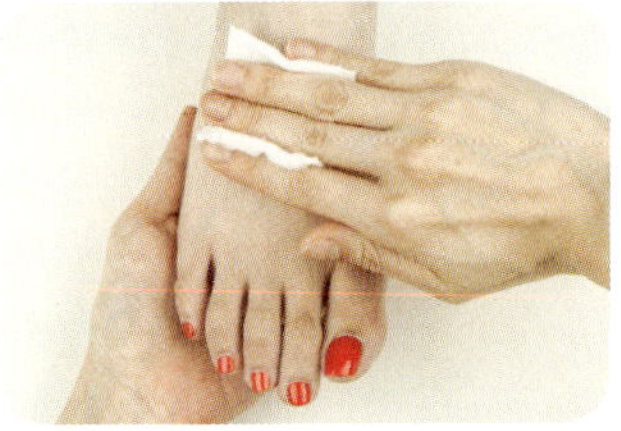
② 고객 발 소독하기

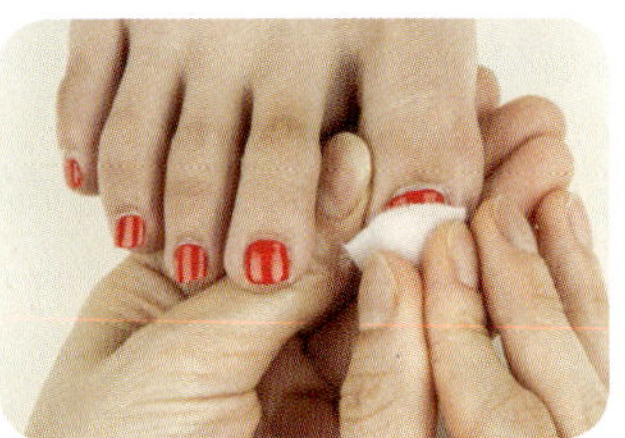
③ 네일 화장물 제거하기

④ 자연 네일용 파일을 사용하여 프리에지의 형태를 스퀘어로 조형한다.
⑤ 샌딩 파일을 사용하여 네일의 표면을 다듬고 프리에지 밑 거스러미를 제거한다.
⑥ 네일 더스트 브러시를 사용하여 분진을 제거한다.

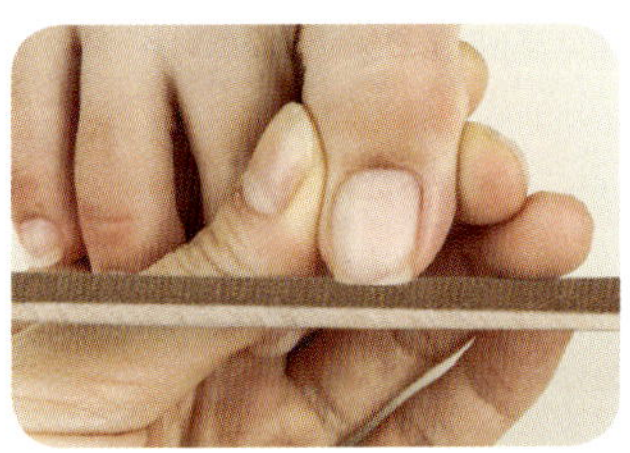
④ 프리에지 형태 조형하기

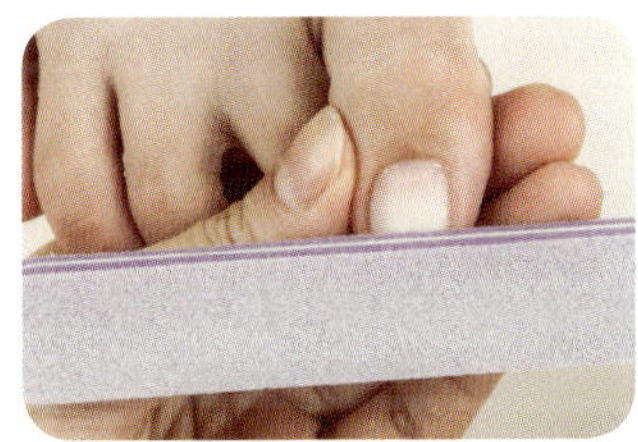
⑤ 표면 다듬기

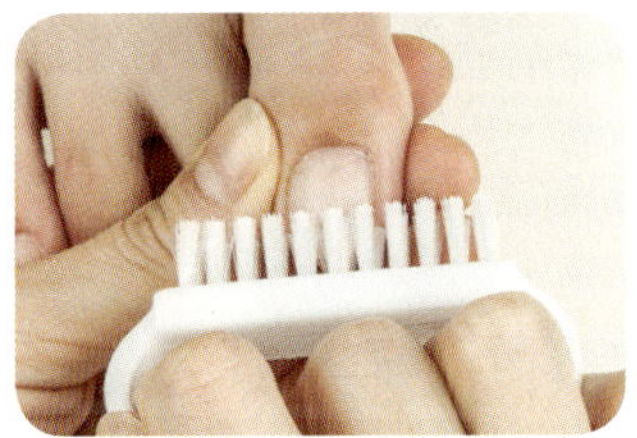
⑥ 분진 제거하기

⑦ 탈지면에 네일 폴리시리무버를 적시고 오렌지 우드스틱 사용하여 발톱에 잔여물을 제거한다.
⑧ 토 세퍼레이터를 장착하고 프리에지에 도포하고 발톱 전체에 1회 도포한다.
⑨ 화이트 네일 폴리시를 프리에지에 도포하고 딥 프렌치 라인에 1회 도포한다.

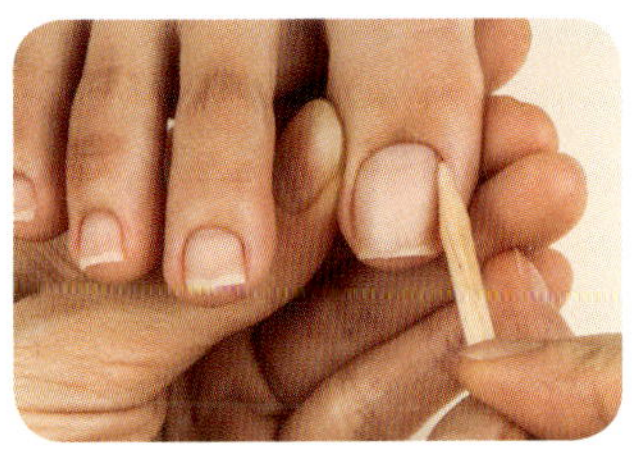
⑦ 잔여물 제거하기

⑧ 베이스코트 1회 도포하기

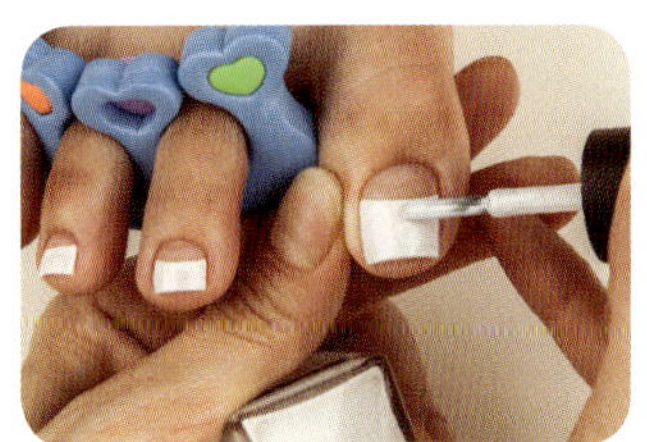
⑨ 네일 폴리시 1회 딥 프렌치하기

⑩ 화이트 네일 폴리시를 프리에지에 도포하고 딥 프렌치 라인에 2회 도포한다.
⑪ 톱코트를 프리에지에 도포하고 발톱 전체에 1회 도포한다.
⑫ 오렌지 우드스틱이나 멸균거즈를 사용하여 주변에 넘친 네일 폴리시를 수정한다.

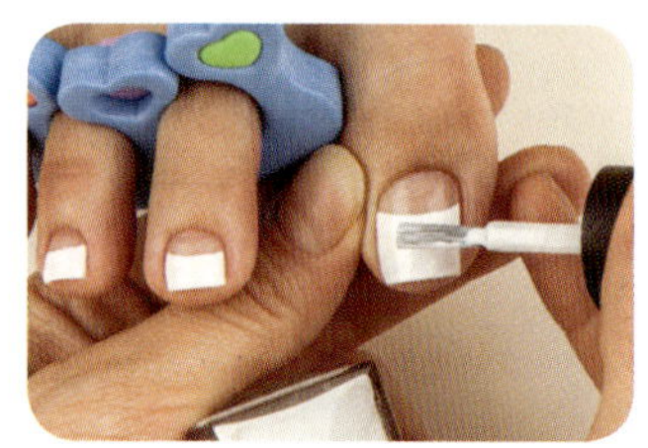

⑩ 네일 폴리시 2회 딥 프렌치하기

⑪ 톱코트 1회 도포하기

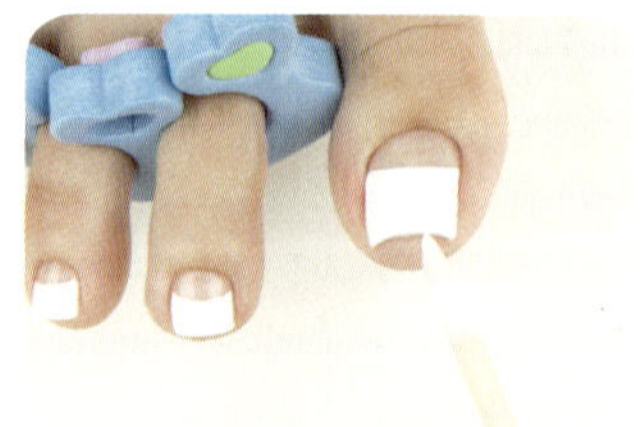
⑫ 수정하기

8. 발 딥 프렌치 컬러링 순서 정리

손·발소독 → 네일 화장물 제거 → 선택 가능(형태 조형→표면 정리→분진 제거) → 잔여물 제거 → 토 세퍼레이터 장착 → 베이스코트 1회 도포 → 네일 폴리시 2회 딥 프렌치 → 톱코트 1회 도포 → 수정

9. 발 딥 프렌치 컬러링 완성

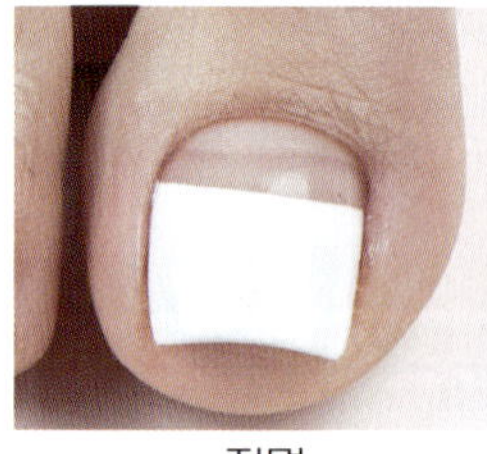
정면

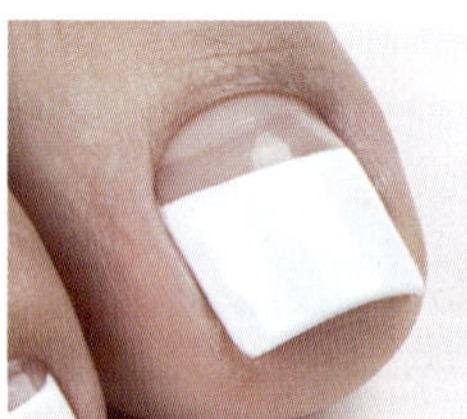
왼쪽 옆면

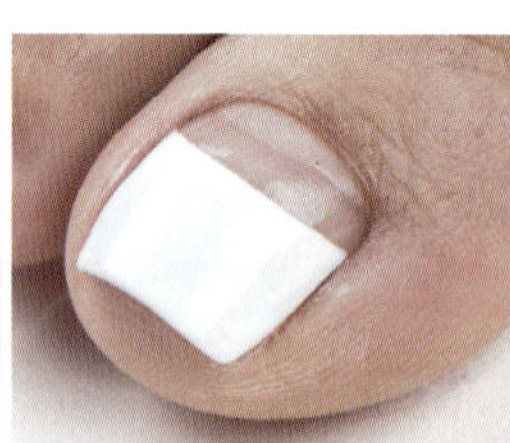
오른쪽 옆면

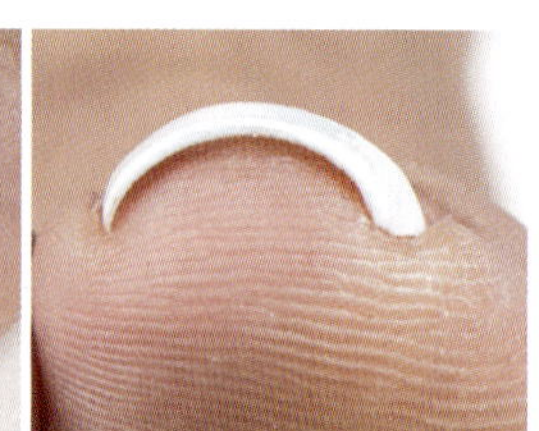
프리에지 단면

10. 발 딥 프렌치 컬러링 확인

순번	확인 사항	확인
①	베이스코트가 도포되었는지 확인	
②	화이트 컬러가 발톱 전체 길이의 1/2 이상, 루눌라 부분을 넘지 않게 선명하게 딥 프렌치로 도포되었는지 확인	
③	화이트 컬러가 얼룩 없이 양손에 일정한 두께로 도포되었는지 확인	
④	톱코트가 도포되었는지 확인	
⑤	발톱 주변 잔여물과 발톱 아래 위생 상태를 확인	

1. 손 그러데이션 컬러링 도포 순서

① 베이스코트를 프리에지 단면에 도포한다.
② 베이스코트를 손톱 전체에 1회 도포한다.
③ 화이트 네일 폴리시로 스펀지에 그러데이션한다.
④ 스펀지로 손톱에 1회 그러데이션한다.

① ⇨ ② ⇨ ③ ⇨ ④

⑤ 스펀지로 손톱에 2회 그러데이션한다.
⑥ 기본적으로 2회 도포하지만 자연스러운 그러데이션이 나오지 않았을 경우 반복할 수 있다.
⑦ 톱코트를 프리에지 단면에 도포한다.
⑧ 톱코트를 손톱 전체에 1회 도포한다.
※ 손톱 주변으로 네일 폴리시가 넘친 경우에는 오렌지우드스틱이나 멸균거즈를 사용하여 작업 중 또는 마지막에 수정할 수 있다.

⑤ ⇨ ⑥ ⇨ ⑦ ⇨ ⑧

2. 손 그러데이션 컬러링 작업 순서

① 소독제를 탈지면에 분사하여 작업자의 양손과 손톱 주변, 손톱을 소독한다.
② 소독제를 탈지면에 분사하여 고객의 양손과 손톱 주변, 손톱을 소독한다.
③ 네일 화장물이 도포되어 있는 경우 고객의 양손에 네일 화장물을 제거한다

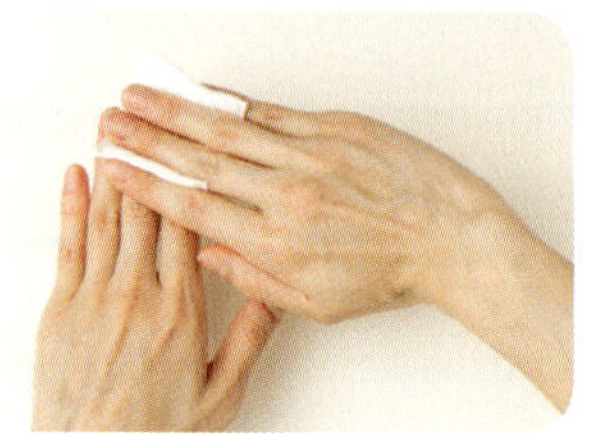
① 작업자 손 소독하기

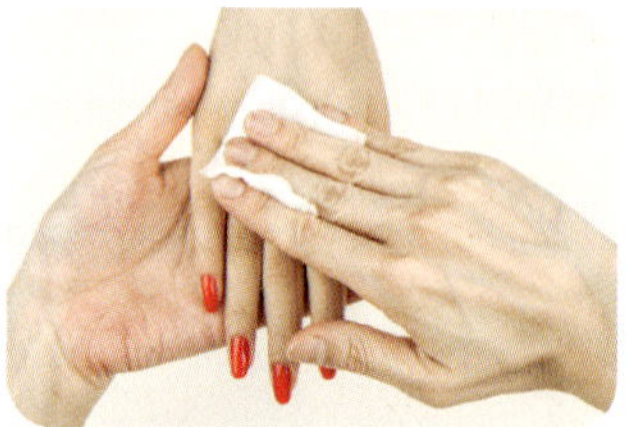
② 고객 손 소독하기

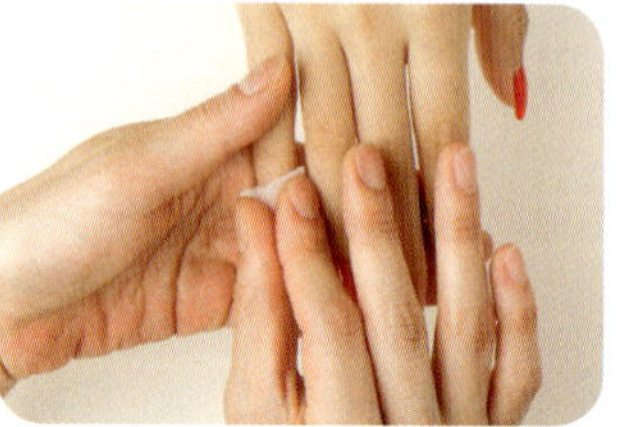
③ 네일 화장물 제거하기

④ 자연 네일용 파일을 사용하여 프리에지의 형태를 라운드로 조형한다.
⑤ 샌딩 파일을 사용하여 네일의 표면을 다듬고 프리에지 밑 거스러미를 제거한다.
⑥ 네일 더스트 브러시를 사용하여 분진을 제거한다.

④ 프리에지 형태 조형하기

⑤ 표면 다듬기

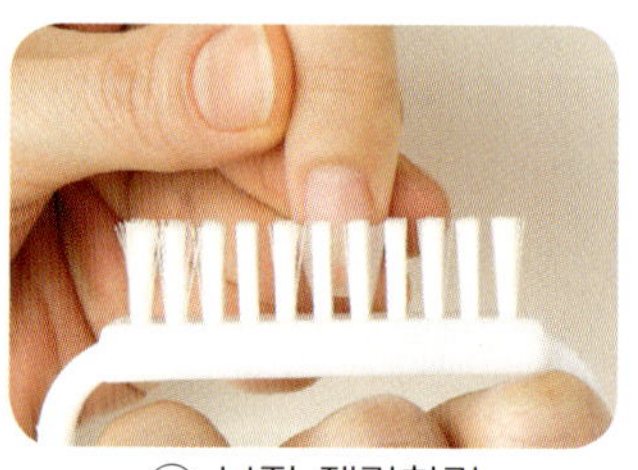
⑥ 분진 제거하기

⑦ 탈지면에 네일 폴리시리무버를 적시고 오렌지 우드스틱 사용하여 손톱에 잔여물을 제거한다.
⑧ 베이스코트를 프리에지에 도포하고 손톱 전체에 1회 도포한다.
⑨ 스펀지에 화이트 네일 폴리시를 적시고 손톱에 1회 그러데이션한다.

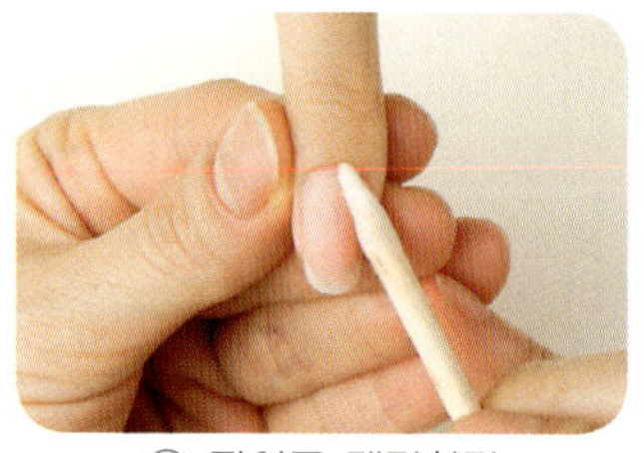
⑦ 잔여물 제거하기

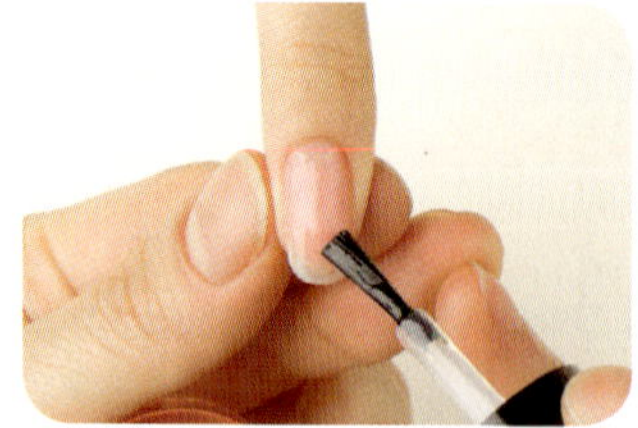
⑧ 베이스코트 1회 도포하기

⑨ 스펀지 1회 그러데이션하기

⑩ 스펀지로 손톱에 2회 그러데이션한다.
⑪ 톱코트를 프리에지에 도포하고 손톱 전체에 1회 도포한다.
⑫ 오렌지 우드스틱 또는 멸균거즈를 사용하여 주변에 넘친 네일 폴리시를 수정한다.

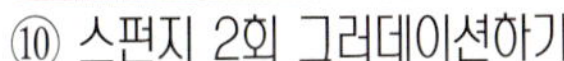

⑩ 스펀지 2회 그러데이션하기

⑪ 베이스코트 1회 도포하기

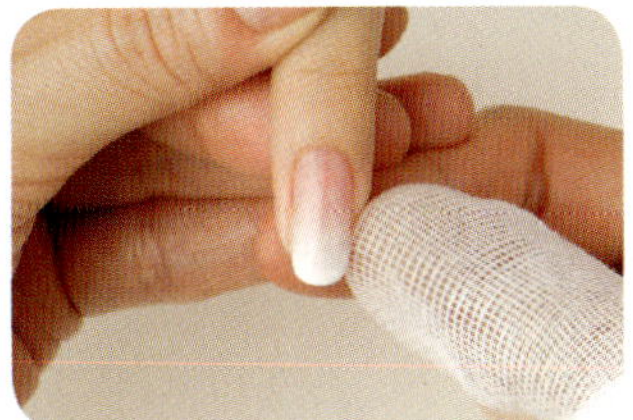

⑫ 수정하기

3. 손 그러데이션 컬러링 순서 정리

손 소독 → 네일 화장물 제거 → 선택 가능(형태 조형→표면 정리→분진 제거) → 잔여물 제거→ 잔여물 제거→ 베이스코트 1회 도포 → 스펀지 2회 그러데이션→ 톱코트 1회 도포 → 수정

4. 손 그러데이션 컬러링 완성

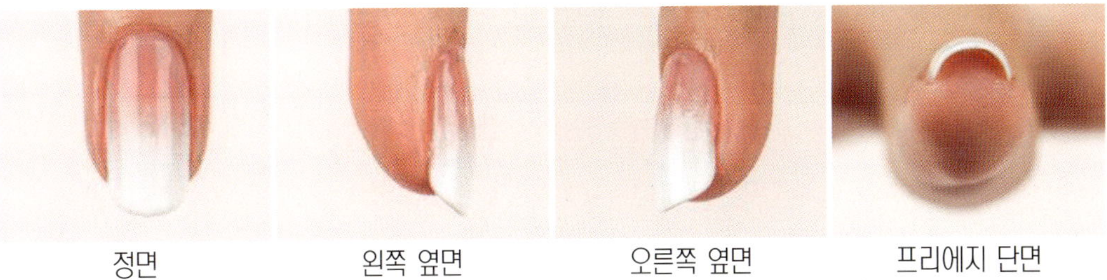

정면 왼쪽 옆면 오른쪽 옆면 프리에지 단면

5. 손 그러데이션 컬러링 확인

순번	확인 사항	확인
①	베이스 코트가 도포되었는지 확인	
②	화이트 컬러가 손톱 전체 길이의 1/2 이상, 루눌라 부분을 넘지 않게 자연스럽게 그러데이션으로 도포되었는지 확인	
③	화이트 컬러가 얼룩 없이 양손에 일정한 두께로 도포되었는지 확인	
④	톱코트가 도포되었는지 확인	
⑤	손톱 주변 잔여물과 손톱 아래 위생 상태를 확인	

6. 발 그러데이션 컬러링 도포 순서

① 베이스코트를 프리에지 단면에 도포한다.
② 베이스코트를 발톱 전체에 1회 도포한다.
③ 화이트 네일 폴리시로 스펀지에 그러데이션한다.
④ 스펀지로 발톱에 1회 그러데이션한다.

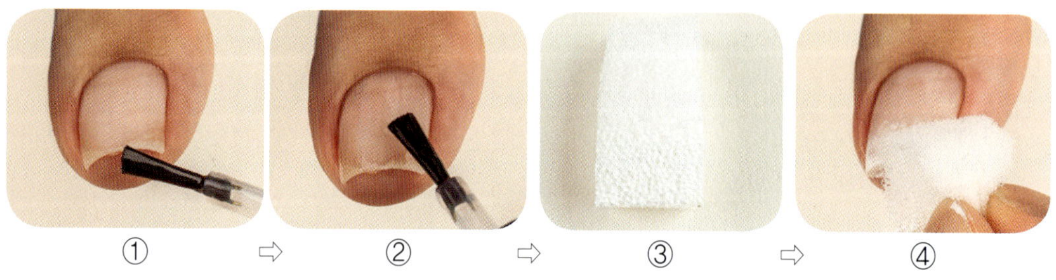
① ⇨ ② ⇨ ③ ⇨ ④

⑤ 스펀지로 발톱에 2회 그러데이션한다.
⑥ 기본적으로 2회 도포하지만 자연스러운 그러데이션이 나오지 않았을 경우 반복할 수 있다.
⑦ 톱코트를 프리에지 단면에 도포한다.
⑧ 톱코트를 발톱 전체에 1회 도포한다.
※ 발톱 주변으로 네일 폴리시가 넘친 경우에는 오렌지 우드스틱이나 멸균거즈를 사용하여 작업 중 또는 마지막에 수정할 수 있다.

⑤ ⇨ ⑥ ⇨ ⑦ ⇨ ⑧

7. 발 그러데이션 컬러링 작업 순서

① 소독제를 탈지면에 분사하여 작업자의 양손과 손톱 주변, 손톱을 소독한다.
② 소독제를 탈지면에 분사하여 고객의 양발과 발톱 주변, 발톱을 소독한다.
③ 네일 화장물이 도포되어 있는 경우 고객의 양발에 네일 화장물을 제거한다.

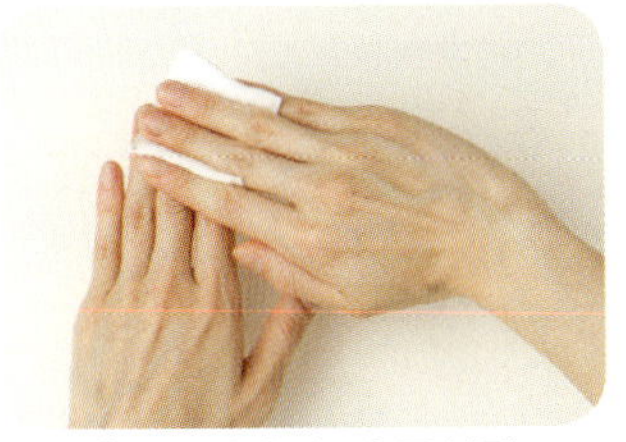
① 작업자 손 소독하기

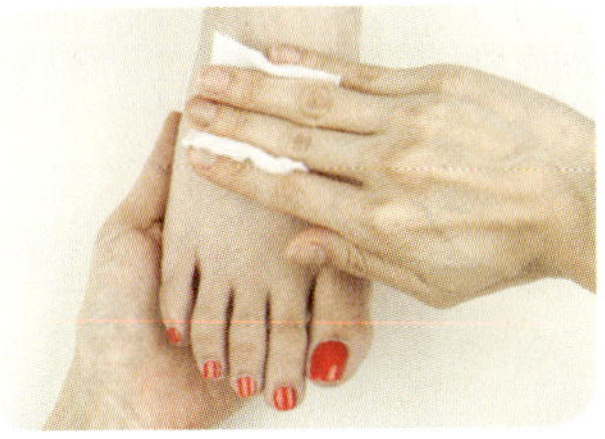
② 고객 발 소독하기

③ 네일 화장물 제거하기

④ 자연 네일용 파일을 사용하여 프리에지의 형태를 스퀘어로 조형한다.
⑤ 샌딩 파일을 사용하여 네일의 표면을 다듬고 프리에지 밑 거스러미를 제거한다.
⑥ 네일 더스트 브러시를 사용하여 분진을 제거한다.

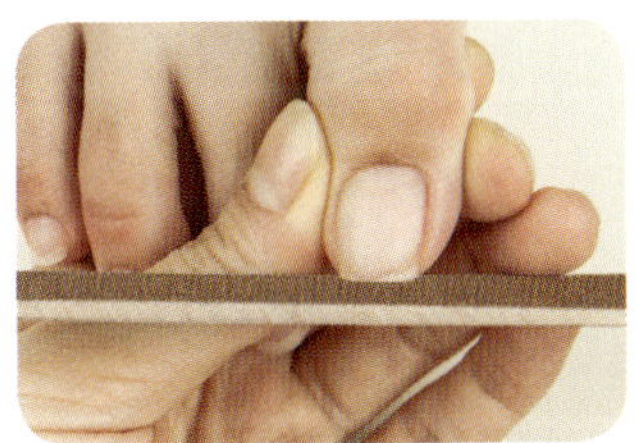
④ 프리에지 형태 조형하기

⑤ 표면 다듬기

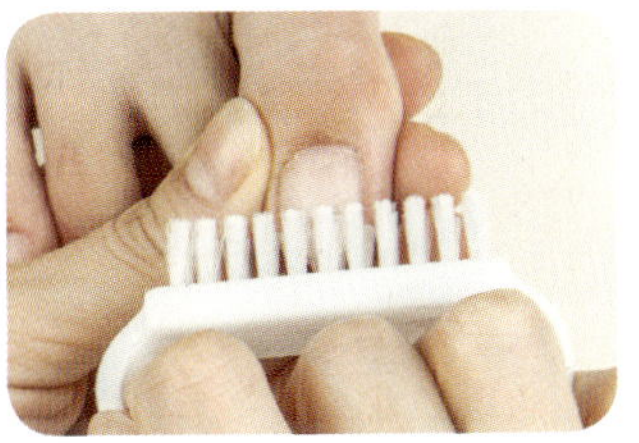
⑥ 분진 제거하기

⑦ 탈지면에 네일 폴리시리무버를 적시고 오렌지 우드스틱 사용하여 발톱에 잔여물을 제거한다.
⑧ 토 세퍼레이터를 장착하고 프리에지에 도포하고 발톱 전체에 1회 도포한다.
⑨ 스펀지에 화이트 네일 폴리시를 적시고 발톱에 1회 그러데이션한다.

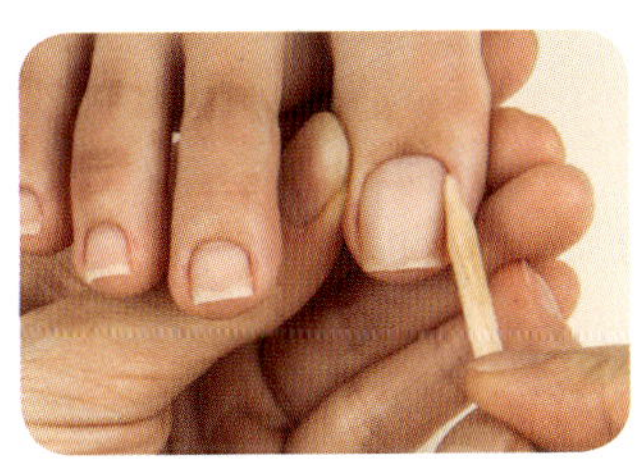
⑦ 잔여물 제거하기

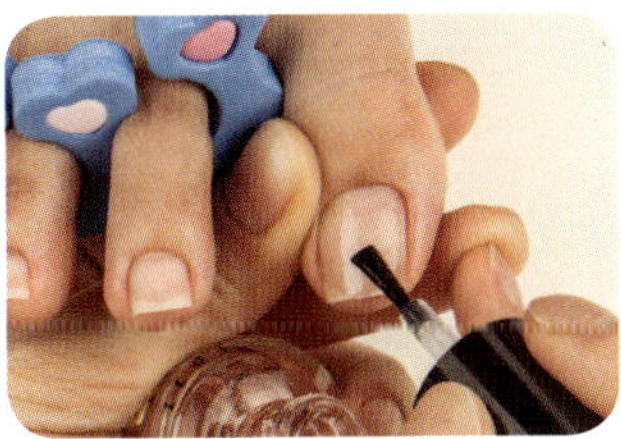
⑧ 베이스코트 1회 도포하기

⑨ 스펀지 1회 그러데이션하기

⑩ 스펀지로 발톱에 2회 그러데이션한다.
⑪ 톱코트를 프리에지에 도포하고 발톱 전체에 1회 도포한다.
⑫ 오렌지 우드스틱 또는 멸균거즈를 사용하여 주변에 넘친 네일 폴리시를 수정한다.

⑩ 스펀지 2회 그러데이션하기

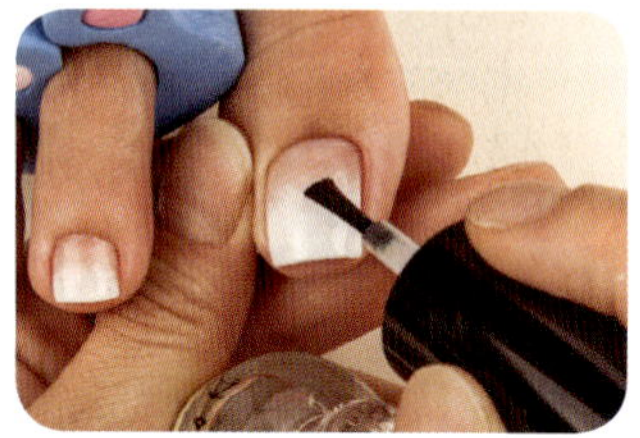
⑪ 톱코트 1회 도포하기

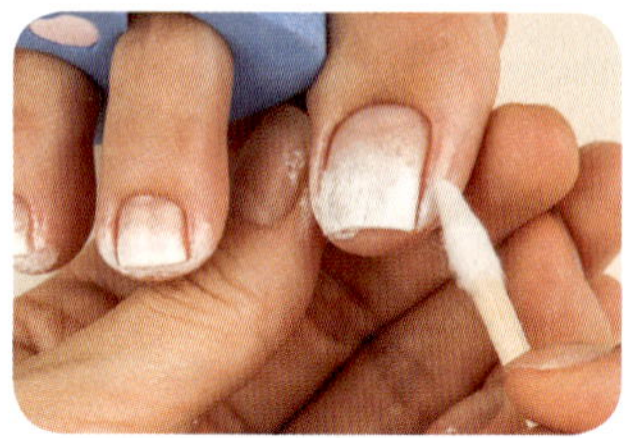
⑫ 수정하기

8. 발 그러데이션 컬러링 순서 정리

손・발소독 → 네일 화장물 제거 → 선택 가능(형태 조형→표면 정리→분진 제거) → 잔여물 제거 → 토 세퍼레이터 장착 → 베이스코트 1회 도포 → 스펀지 2회 그러데이션 → 톱코트 1회 도포 → 수정

9. 발 그러데이션 컬러링 완성

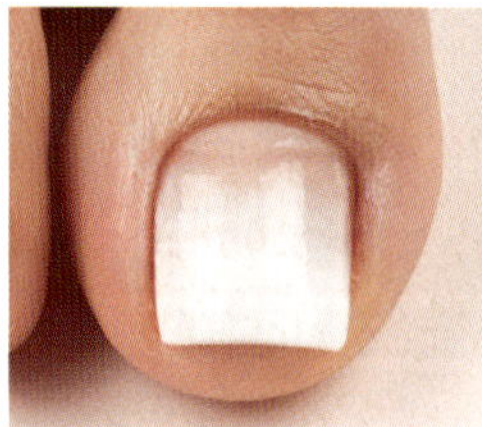
정면

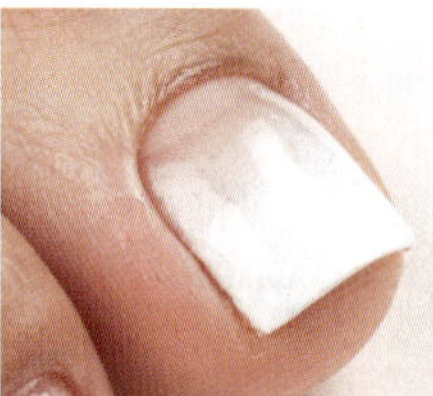
왼쪽 옆면

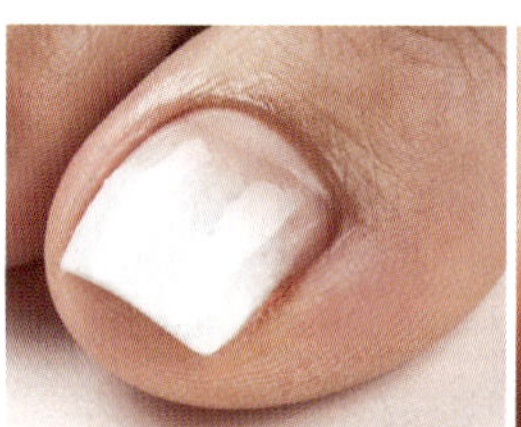
오른쪽 옆면

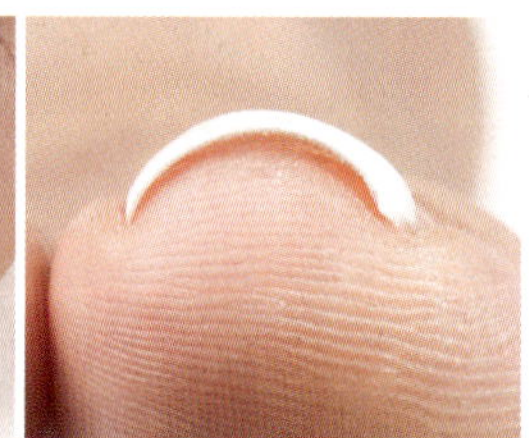
프리에지 단면

10. 발 그러데이션 컬러링 확인

순번	확인 사항	확인
①	베이스 코트가 도포되었는지 확인	
②	화이트 컬러가 발톱 전체 길이의 1/2 이상, 루눌라 부분을 넘지 않게 자연스럽게 그러데이션으로 도포되었는지 확인	
③	화이트 컬러가 얼룩 없이 양발에 일정한 두께로 도포되었는지 확인	
④	톱코트가 도포되었는지 확인	
⑤	발톱 주변 잔여물과 발톱 아래 위생 상태를 확인	

SECTION 7. 젤 네일 폴리시 컬러링 유의사항

젤 네일 폴리시 컬러링은 기본적으로 일반 네일 폴리시와 과정이 동일하나 젤 램프기기의 경화해야 하는 특징이 있다. 일반 네일 폴리시는 언제든지 수정이 가능하지만 젤 네일 폴리시는 경화가 된 후에는 수정이 어렵기 때문에 경화 전에 수정작업을 하는 것에 유의하여 작업한다.

또한 고객은 젤 램프기기의 사용이 익숙하지 않으므로 사전에 손을 넣는 방법을 설명해야한다. 손을 지나치게 올리거나 너무 아래로 내리지 않고, 젤 램프기기 입구에 손이 닿지 않게 주의하며 천천히 넣어야한다.

[올바른 방법]

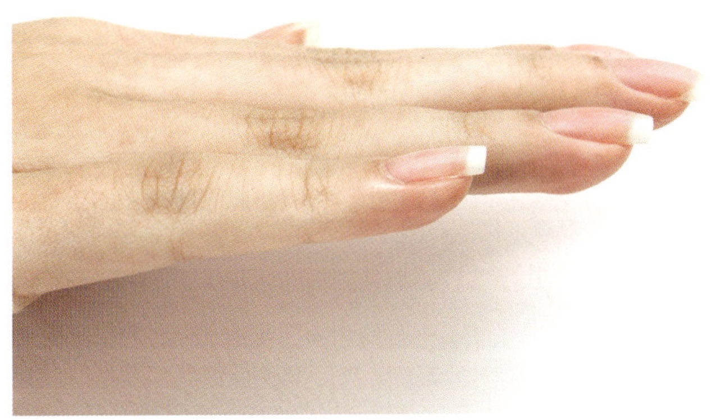

[잘못된 방법]

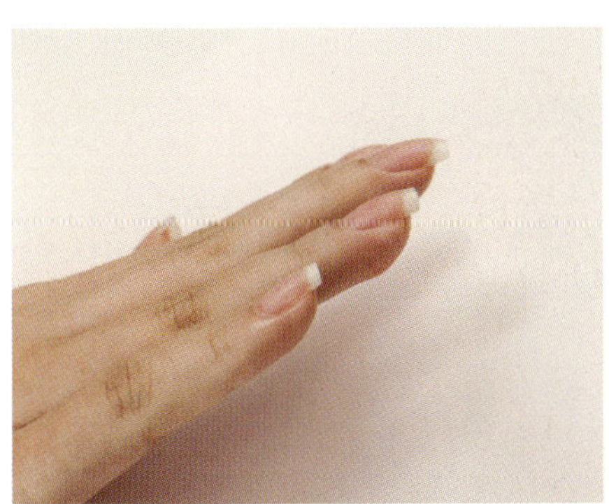

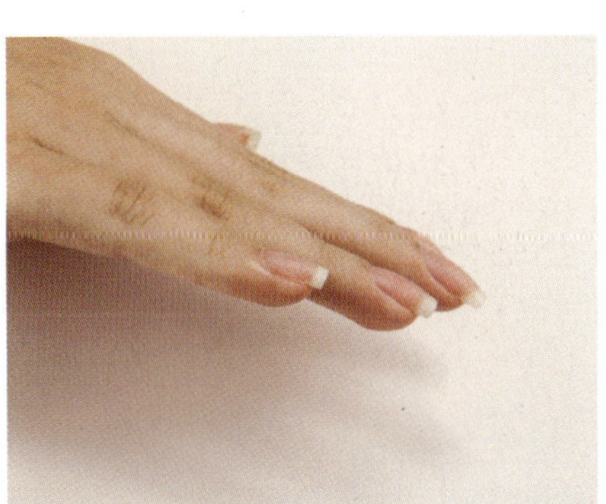

◈ 젤 네일 폴리시 컬러링 작업 준비사항

※ 작업자의 복장 및 작업대 준비

① 작업자는 위생가운과 보안경, 마스크를 착용한다.
② 작업대를 소독한 후 수건을 깔고 위생봉지를 붙인다.
③ 고객의 방향에 손목 받침대를 올려놓고 손목 받침대 앞쪽으로 키친타월을 깐다.
④ 재료 정리함을 사용하기 편한 위치에 놓는다.
⑤ 젤 램프기기의 입구를 고객 방향으로 맞추어 올려둔다.

[작업대 준비물품]

준비물품	수건, 손목 받침대, 키친타월, 위생봉지. 젤 램프기기, 재료 정리함

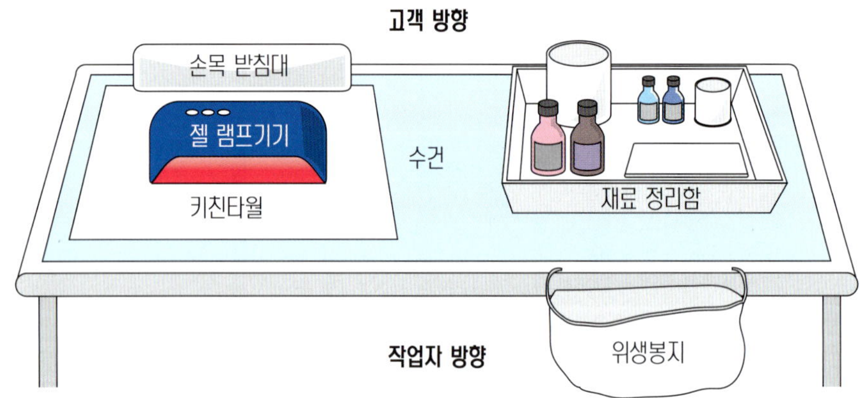

※ 재료 정리함 준비

① 재료 정리함에 젤 네일 컬러링 재료를 준비하고 네일 도구의 소독을 마친다.
② 소독용기 바닥에 탈지면을 깔고 오렌지 우드스틱을 넣고 에탄올수용액 70%에 10분 이상 담가준다.
③ 뚜껑이 있는 용기에 소독용 탈지면과 제거용 탈지면, 젤 와이퍼, 멸균거즈, 스펀지를 넣어둔다.

[재료 정리함 준비물품]

준비물품	· 소독용기(오렌지 우드스틱, 네일 데스트 브러시) · 파일 꽂이(자연 네일용 파일, 샌딩 파일) · 용기(소독용 탈지면, 제거용 탈지면, 젤 와이퍼, 멸균거즈, 스펀지) · 베이스 젤, 젤 네일 폴리시(레드, 화이트), 톱 젤, 셀 클렌서 · 네일 폴리시리무버, 토 세퍼레이터 · 에탄올, 소독제, 지혈제

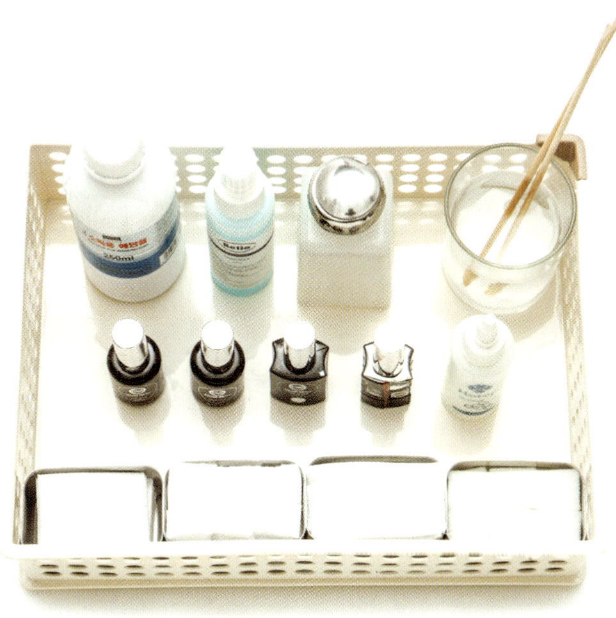

SECTION 8. 젤 풀 코트 컬러링

1. 손 젤 풀 코트 컬러링 도포 순서

① 베이스 젤을 프리에지 단면과 손톱 전체에 1회 도포한다.
② 오렌지 우드스틱이나 멸균거즈를 사용하여 수정 작업을 한 후 젤 램프기기에 경화한다.
③ 레드 젤 네일 폴리시를 프리에지 단면과 손톱 전체에 1회 도포한다.
④ 오렌지 우드스틱이나 멸균거즈를 사용하여 수정 작업을 한 후 젤 램프기기에 경화한다.

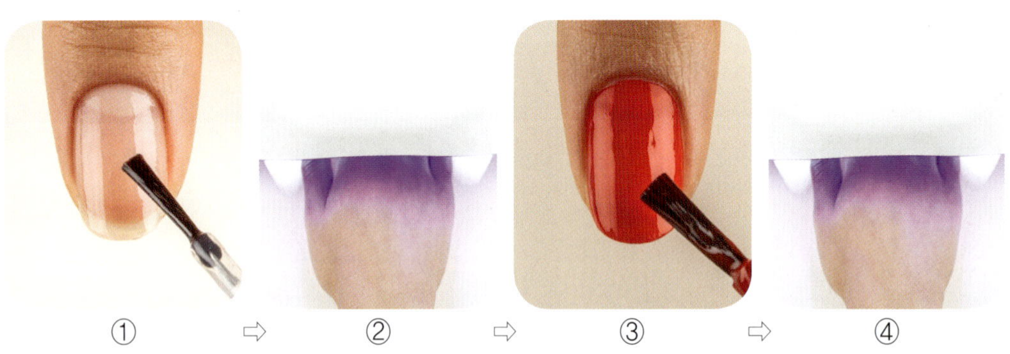

① ⇨ ② ⇨ ③ ⇨ ④

⑤ 레드 젤 네일 폴리시를 프리에지 단면과 손톱 전체에 2회 도포한다.
⑥ 오렌지 우드스틱이나 멸균거즈를 사용하여 수정 작업을 한 후 젤 램프기기에 경화한다.
⑦ 톱 젤을 프리에지 단면과 손톱 전체에 2회 도포한다.
⑧ 오렌지 우드스틱이나 멸균거즈를 사용하여 수정 작업을 한 후 젤 램프기기에 경화한다.
※ 경화 후 미경화 젤이 남은 경우에는 젤 클렌저를 젤 와이퍼에 적셔 미경화 젤을 제거할 수 있다.

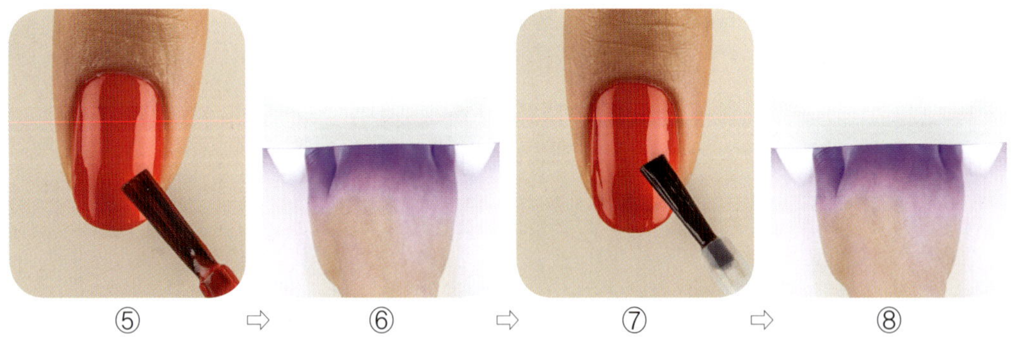

⑤ ⇨ ⑥ ⇨ ⑦ ⇨ ⑧

2. 손 젤 풀 코트 컬러링 작업 순서

① 소독제를 탈지면에 분사하여 작업자의 양손과 손톱 주변, 손톱을 소독한다.
② 소독제를 탈지면에 분사하여 고객의 양손과 손톱 주변, 손톱을 소독한다.
③ 네일 화장물이 도포되어 있는 경우 고객의 양손에 네일 화장물을 제거한다.

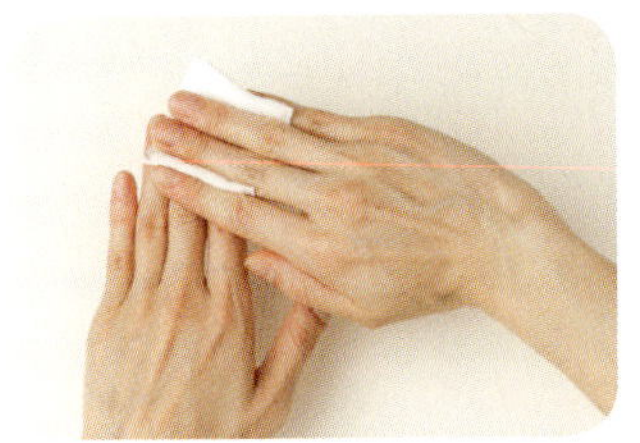
① 작업자 손 소독하기

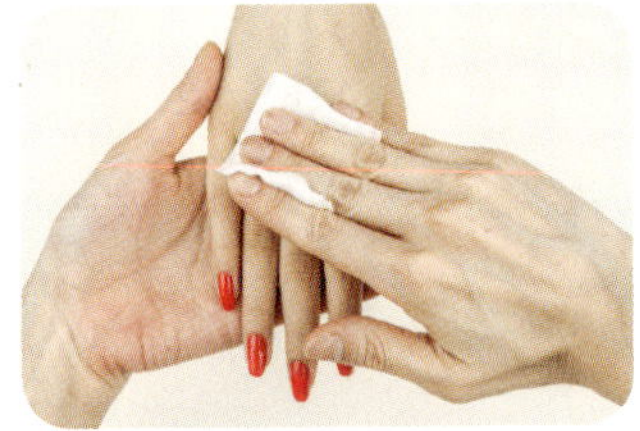
② 고객 손 소독하기

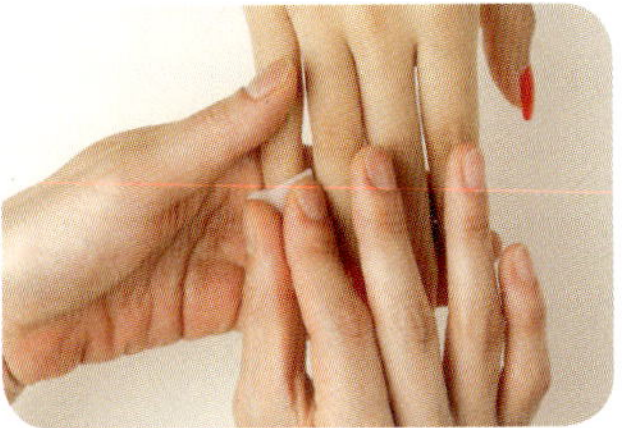
③ 네일 화장물 제거하기

④ 자연 네일용 파일을 사용하여 프리에지의 형태를 라운드로 조형한다.
⑤ 샌딩 파일을 사용하여 네일의 표면을 다듬고 프리에지 밑 거스러미를 제거한다.
⑥ 네일 더스트 브러시를 사용하여 분진을 제거한다.

④ 프리에지 형태 조형하기

⑤ 표면 다듬기

⑥ 분진 제거하기

⑦ 탈지면에 네일 폴리시리무버를 적시고 오렌지 우드스틱 사용하여 손톱에 잔여물을 제거한다.
⑧ 손톱 상태에 따라 전 처리제를 도포한 후 베이스 젤을 프리에지에 도포하고 손톱 전체에 1회 도포한다.
⑨ 주변에 묻은 베이스 젤을 정리한 후 젤 램프기기에 경화한다.

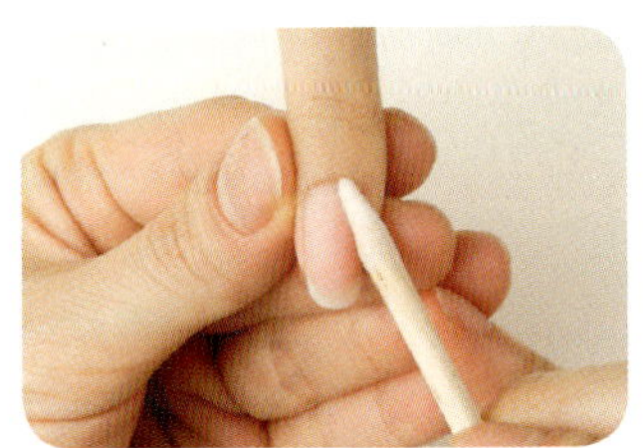
⑦ 잔여물 제거하기

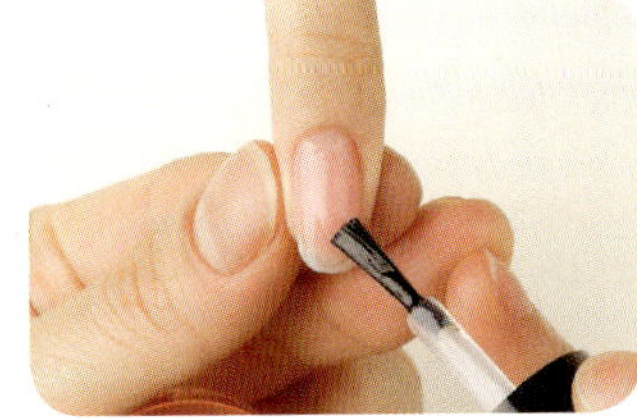
⑧ 베이스 젤 1회 도포하기

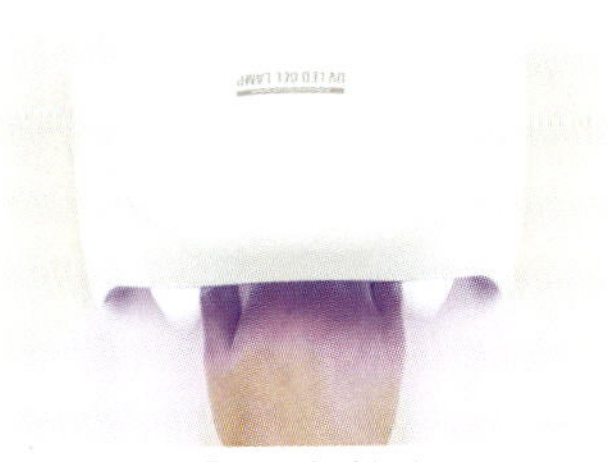
⑨ 경화하기

⑩ 레드 젤 네일 폴리시를 프리에지에 도포하고 손톱 전체에 1회 도포한다.
⑪ 주변에 묻은 젤 네일 폴리시를 정리한 후 젤 램프기기에 경화한다.
⑫ 레드 젤 네일 폴리시를 프리에지에 도포하고 손톱 전체에 2회 도포한다.

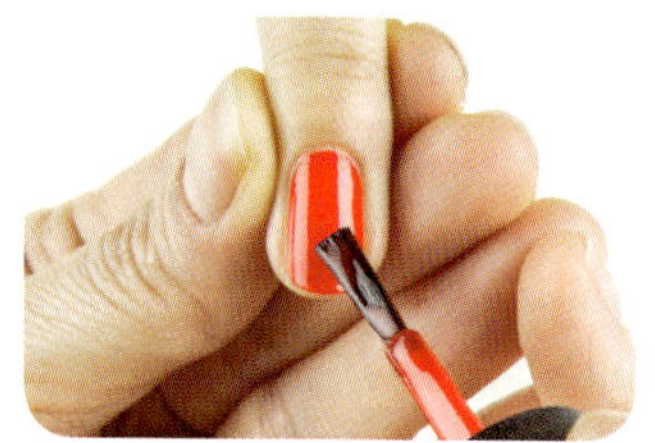

⑩ 젤 네일 폴리시 1회 풀 코트하기

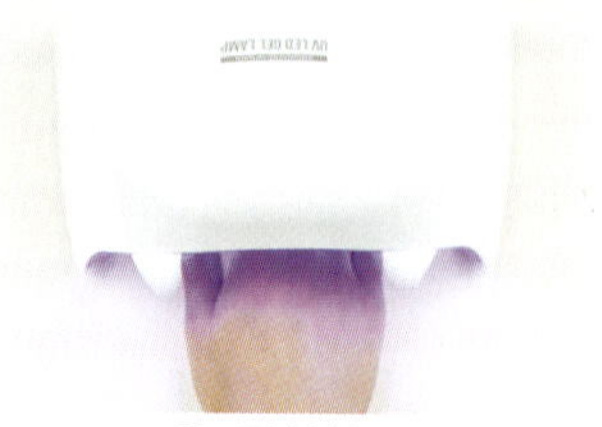
⑪ 경화하기

⑫ 젤 네일 폴리시 2회 풀 코트하기

⑬ 주변에 묻은 젤 네일 폴리시를 정리한 후 젤 램프기기에 경화한다.
⑭ 톱 젤을 프리에지에 도포하고 손톱 전체에 1회 도포한다.
⑮ 주변에 묻은 톱 젤 정리한 후 젤 램프기기에 경화한다.
※ 톱 젤 경화 후 미경화 젤이 남은 경우에는 미경화 젤을 제거하고 주변에 묻은 잔여물을 제거한다.

⑬ 경화하기

⑭ 톱 젤 1회 도포하기

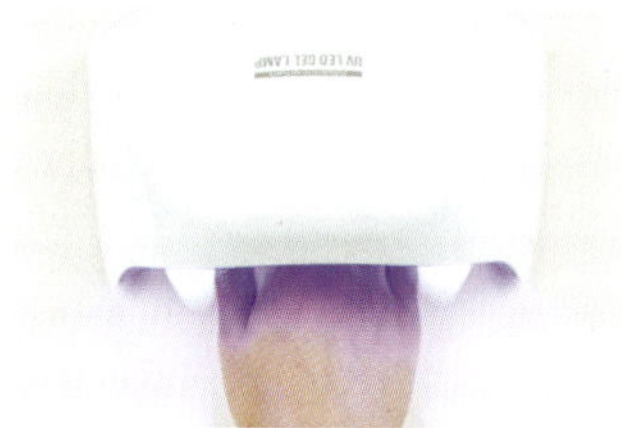
⑮ 경화하기

3. 손 젤 풀 코트 컬러링 순서 정리

손 소독 → 네일 화장물 제거 → 선택 가능(형태 조형→표면 정리→분진 제거) → 잔여물 제거 → 전 처리제 도포 → 베이스 젤 1회 도포 → 수정 & 경화 → 젤 네일 폴리시 1회 풀 코트 → 수정 & 경화 → 젤 네일 폴리시 2회 풀 코트 → 수정 & 경화 → 톱 젤 1회 도포 → 수정 & 경화 → 미경화 젤 제거

4. 손 젤 풀 코트 컬러링 완성

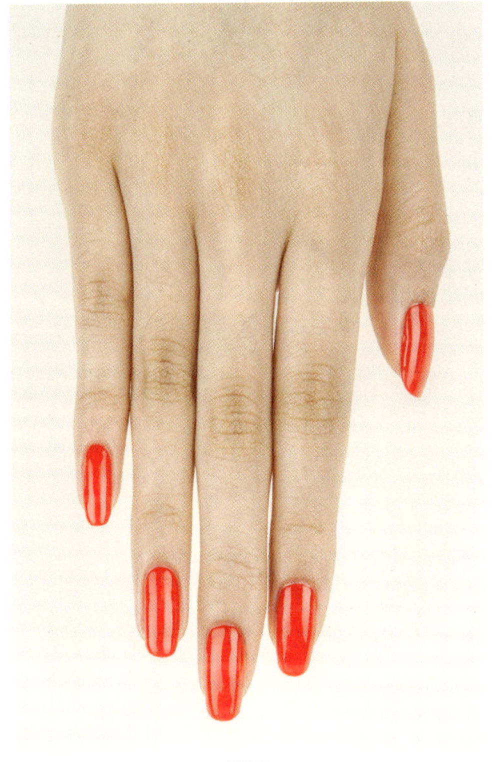

정면

옆면

프리에지 단면

5. 손 젤 풀 코트 컬러링 확인

순번	확인 사항	확인
①	베이스 젤이 도포되었는지 확인	
②	레드 컬러가 큐티클 라인, 옆면, 프리에지 단면까지 풀 코트로 도포되었는지 확인	
③	레드 컬러가 얼룩 없이 양손에 일정한 두께로 도포되었는지 확인	
④	톱 젤이 도포되었는지 확인	
⑤	미경화 젤이 남지 않았는지 확인	
⑥	올바르게 젤 네일 폴리시가 경화되었는지 확인	
⑦	손톱 주변 잔여물과 손톱 아래 위생 상태를 확인	

6. 발 젤 풀 코트 컬러링 도포 순서

① 베이스 젤을 프리에지 단면과 발톱 전체에 1회 도포한다.
② 오렌지 우드스틱이나 멸균거즈를 사용하여 수정 작업을 한 후 젤 램프기기에 경화한다.
③ 레드 젤 네일 폴리시를 프리에지 단면과 발톱 전체에 1회 도포한다.
④ 오렌지 우드스틱이나 멸균거즈를 사용하여 수정 작업을 한 후 젤 램프기기에 경화한다.

① ⇨ ② ⇨ ③ ⇨ ④

⑤ 레드 네일 폴리시를 프리에지 단면과 발톱 전체에 2회 도포한다.
⑥ 오렌지 우드스틱이나 멸균거즈를 사용하여 수정 작업을 한 후 젤 램프기기에 경화한다.
⑦ 톱 젤을 프리에지 단면과 발톱 전체에 2회 도포한다.
⑧ 오렌지 우드스틱이나 멸균거즈를 사용하여 수정 작업을 한 후 젤 램프기기에 경화한다.
※ 경화 후 미경화 젤이 남은 경우에는 젤 클렌저를 젤 와이퍼에 적셔 미경화 젤을 제거 할 수 있다.

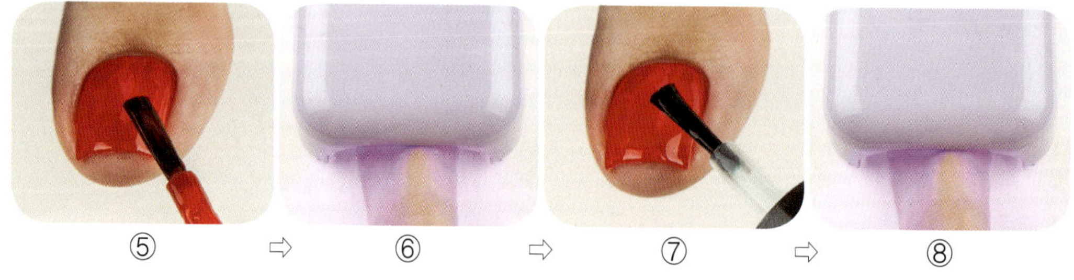

⑤ ⇨ ⑥ ⇨ ⑦ ⇨ ⑧

7. 발 젤 풀 코트 컬러링 작업 순서

① 소독제를 탈지면에 분사하여 작업자의 양손과 손톱 주변, 손톱을 소독한다.
② 소독제를 탈지면에 분사하여 고객의 양발과 발톱 주변, 발톱을 소독한다.
③ 네일 화장물이 도포되어 있는 경우 고객의 양발에 네일 화장물을 제거한다.

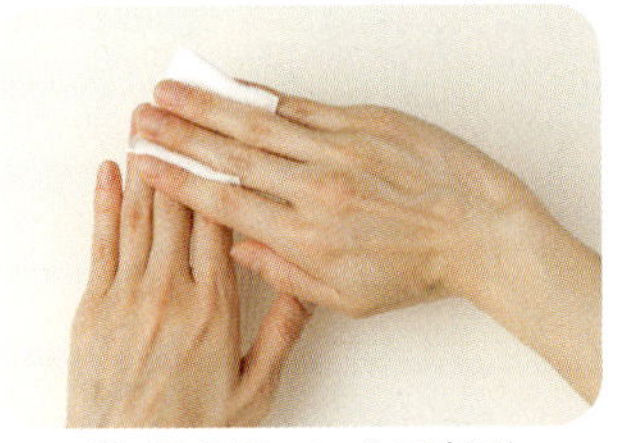
① 작업자 손 소독하기

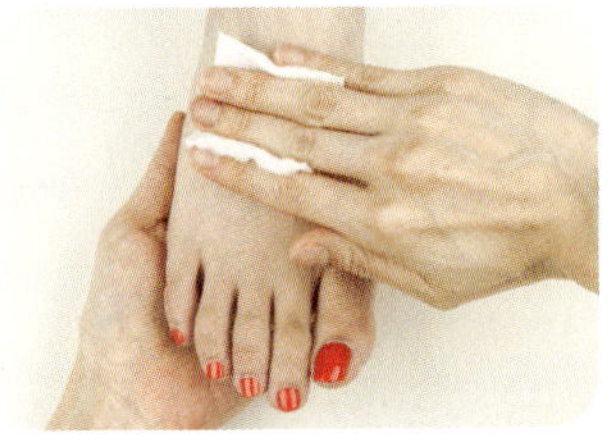
② 고객 발 소독하기

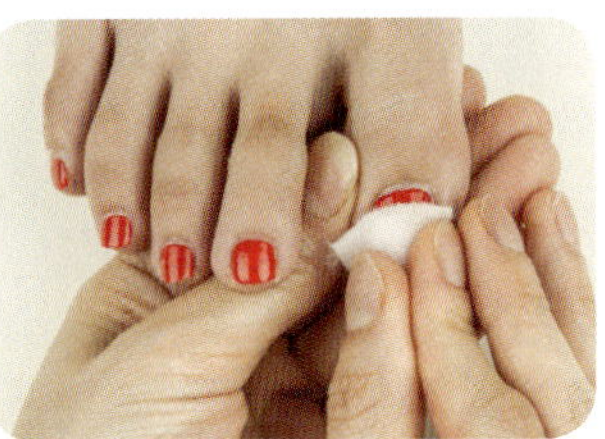
③ 네일 화장물 제거하기

④ 자연 네일용 파일을 사용하여 프리에지의 형태를 스퀘어로 조형한다.
⑤ 샌딩 파일을 사용하여 네일의 표면을 다듬고 프리에지 밑 거스러미를 제거한다.
⑥ 네일 더스트 브러시를 사용하여 분진을 제거한다

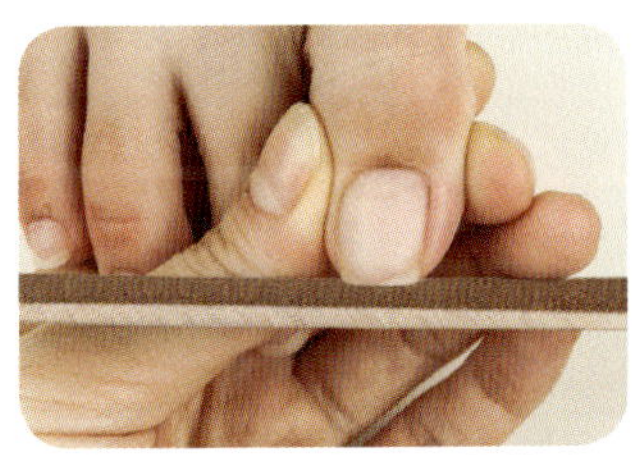
④ 프리에지 형태 조형하기

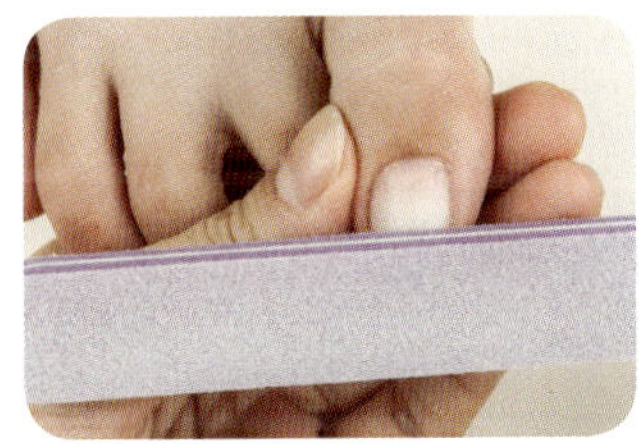
⑤ 표면 다듬기

⑥ 분진 제거하기

⑦ 탈지면에 네일 폴리시리무버를 적시고 오렌지 우드스틱 사용하여 발톱에 잔여물을 제거한다.
⑧ 토 세퍼레이터를 장착하고 발톱 상태에 따라 전 처리제를 도포한 후 베이스 젤을 프리에지에 도포하고 발톱 전체에 1회 도포한다.
⑨ 주변에 묻은 베이스 젤을 정리한 후 젤 램프기기에 경화한다.

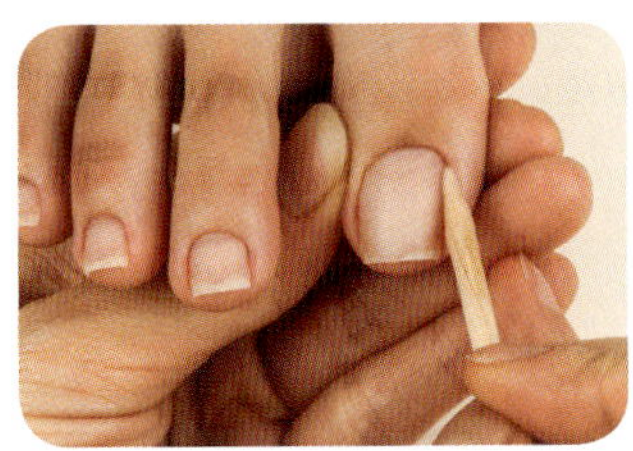
⑦ 잔여물 제거하기

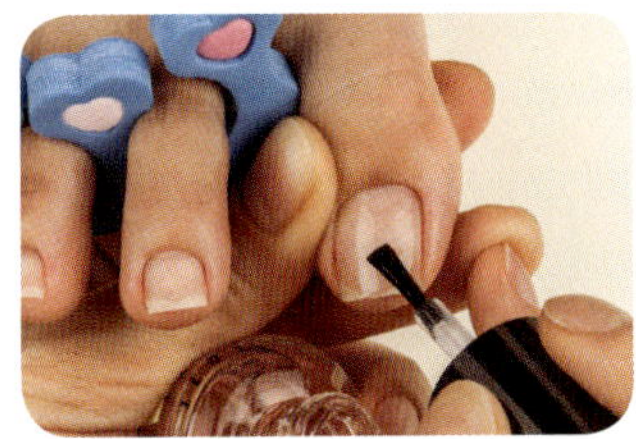
⑧ 베이스 젤 1회 도포하기

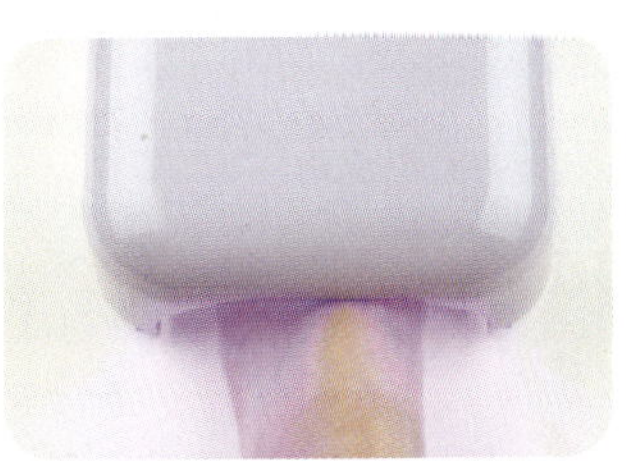
⑨ 경화하기

⑩ 레드 젤 네일 폴리시를 프리에지에 도포하고 발톱 전체에 1회 도포한다.
⑪ 주변에 묻은 젤 네일 폴리시를 정리한 후 젤 램프기기에 경화한다.
⑫ 레드 젤 네일 폴리시를 프리에지에 도포하고 발톱 전체에 2회 도포한다.

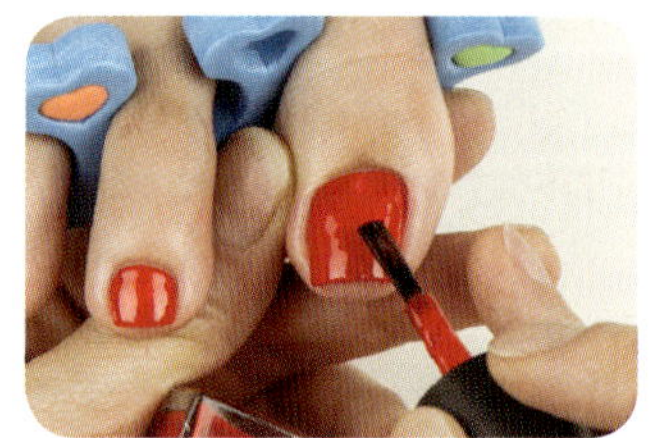
⑩ 젤 네일 폴리시 1회 풀 코트하기

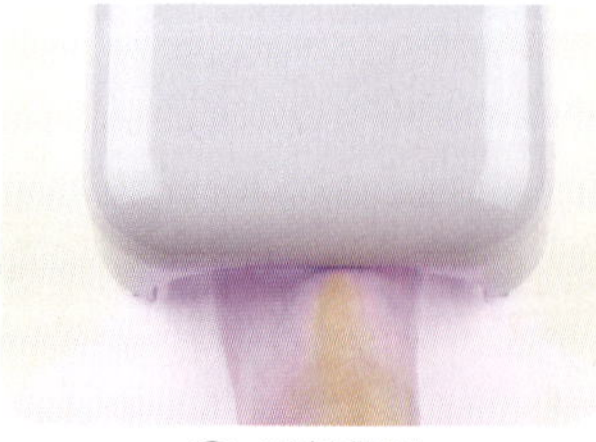
⑪ 경화하기

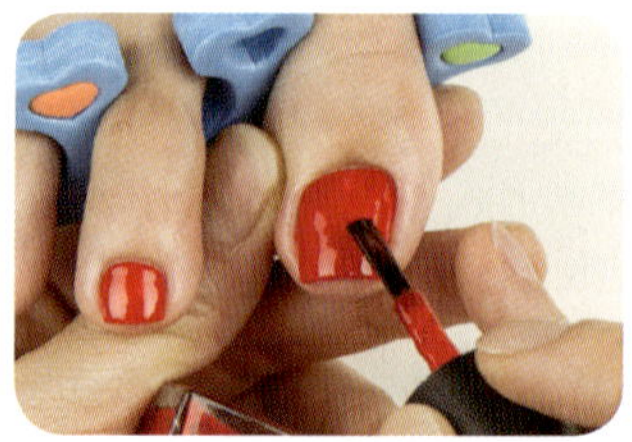
⑫ 젤 네일 폴리시 2회 풀 코트하기

⑬ 주변에 묻은 젤 네일 폴리시를 정리한 후 젤 램프기기에 경화한다.
⑭ 톱 젤을 프리에지에 도포하고 발톱 전체에 1회 도포한다.
⑮ 주변에 묻은 톱 젤 정리한 후 젤 램프기기에 경화한다.
※ 톱 젤 경화 후 미경화 젤이 남은 경우에는 미경화 젤을 제거하고 주변에 묻은 잔여물을 제거한다.

⑬ 경화하기

⑭ 톱 젤 1회 도포하기

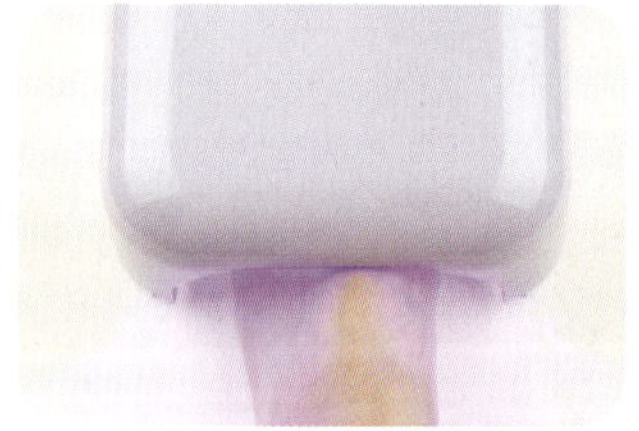
⑮ 경화하기

8. 발 젤 풀 코트 컬러링 순서 정리

손・발소독 → 네일 화장물 제거 → 선택 가능(형태 조형→표면 정리→분진 제거) → 잔여물 제거 → 토 세퍼레이터 장착 → 전 처리제 도포 → 베이스 젤 1회 도포 → 수정 & 경화 → 젤 네일 폴리시 1회 풀 코트 → 수정 & 경화 → 젤 네일 폴리시 2회 풀 코트 → 수정 & 경화 → 톱 젤 1회 도포 → 수정 & 경화 → 미경화 젤 제거

9. 발 젤 풀 코트 컬러링 완성

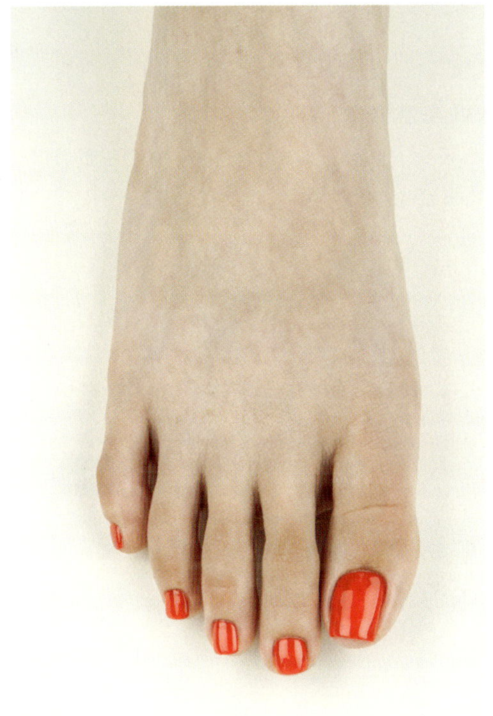

정면

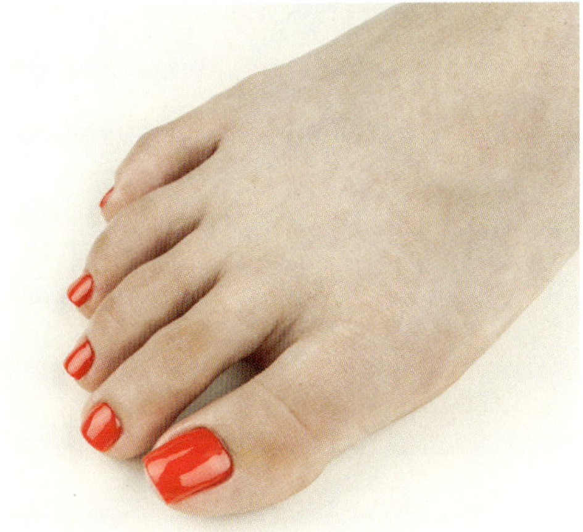

옆면

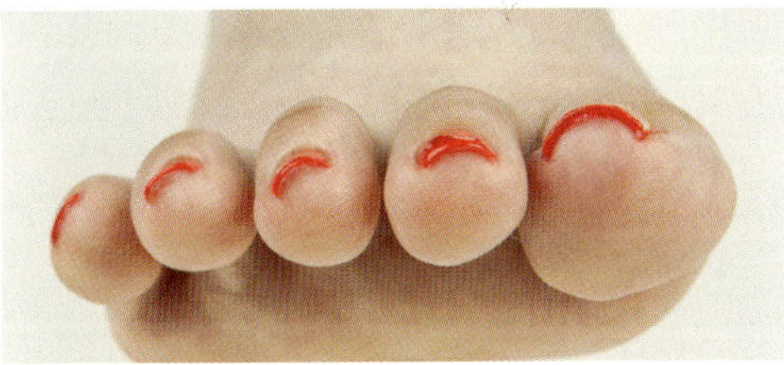

프리에지 단면

10. 발 젤 풀 코트 컬러링 확인

순번	확인 사항	확인
①	베이스 젤이 도포되었는지 확인	
②	레드 컬러가 큐티클 라인, 옆면, 프리에지 단면까지 풀 코트로 도포되었는지 확인	
③	레드 컬러가 얼룩 없이 양발에 일정한 두께로 도포되었는지 확인	
④	톱 젤이 도포되었는지 확인	
⑤	미경화 젤이 남지 않았는지 확인	
⑥	올바르게 젤 네일 폴리시가 경화되었는지 확인	
⑦	발톱 주변 잔여물과 발톱 아래 위생 상태를 확인	

SECTION 9. 젤 프렌치 컬러링

1. 손 젤 프렌치 컬러링 도포 순서

① 베이스 젤을 프리에지 단면과 손톱 전체에 1회 도포한다.
② 오렌지 우드스틱이나 멸균거즈를 사용하여 수정 작업을 한 후 젤 램프기기에 경화한다.
③ 화이트 젤 네일 폴리시를 프리에지 단면과 프렌치 라인에 1회 도포한다.
④ 오렌지 우드스틱이나 멸균거즈를 사용하여 수정 작업을 한 후 젤 램프기기에 경화한다.

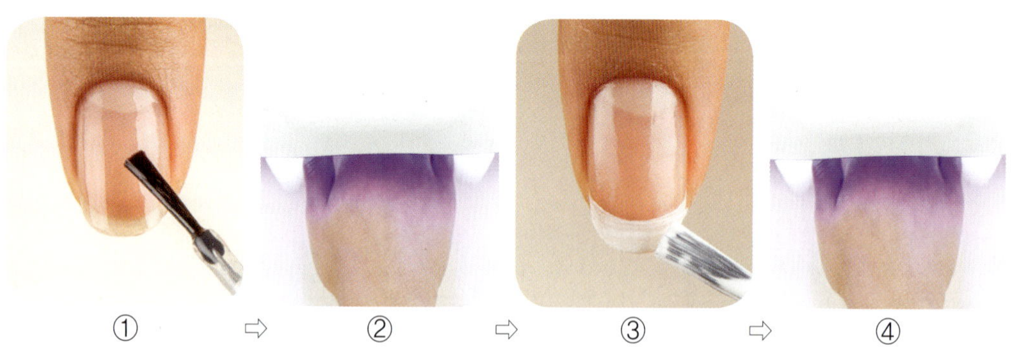

① ⇨ ② ⇨ ③ ⇨ ④

⑤ 화이트 젤 네일 폴리시를 프리에지 단면과 프렌치 라인에 2회 도포한다.
⑥ 오렌지 우드스틱이나 멸균거즈를 사용하여 수정 작업을 한 후 젤 램프기기에 경화한다.
⑦ 톱 젤을 프리에지 단면과 손톱 전체에 1회 도포한다.
⑧ 오렌지 우드스틱이나 멸균거즈를 사용하여 수정 작업을 한 후 젤 램프기기에 경화한다.
※ 경화 후 미경화 젤이 남은 경우에는 젤 클렌저를 젤 와이퍼에 적셔 미경화 젤을 제거 할 수 있다.

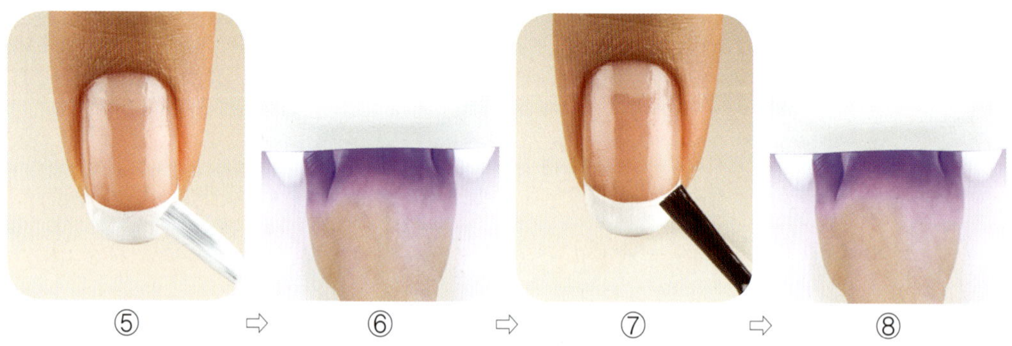

⑤ ⇨ ⑥ ⇨ ⑦ ⇨ ⑧

2. 손 젤 프렌치 컬러링 작업 순서

① 소독제를 탈지면에 분사하여 작업자의 양손과 손톱 주변, 손톱을 소독한다.
② 소독제를 탈지면에 분사하여 고객의 양손과 손톱 주변, 손톱을 소독한다.
③ 네일 화장물이 도포되어 있는 경우 고객의 양손에 네일 화장물을 제거한다.

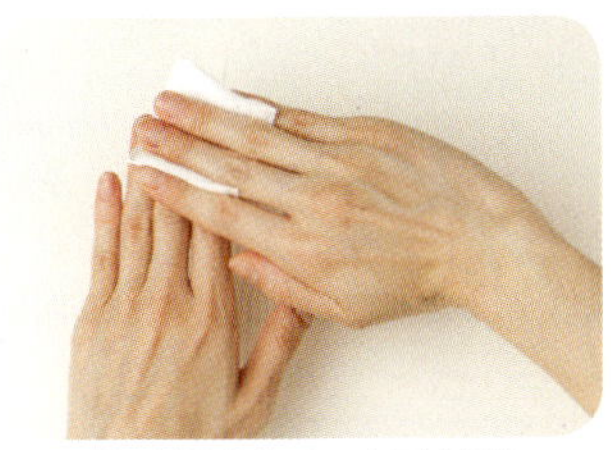
① 작업자 손 소독하기

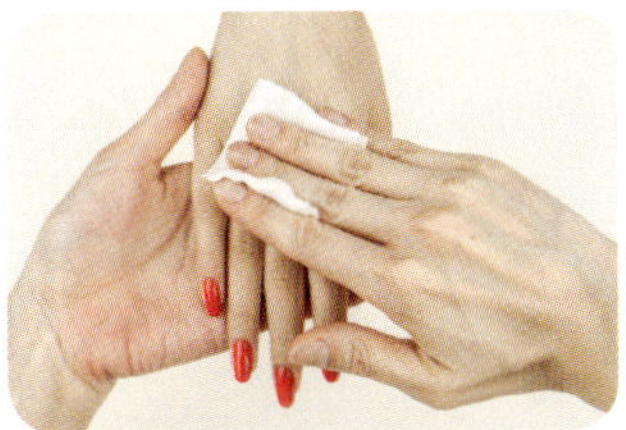
② 고객 손 소독하기

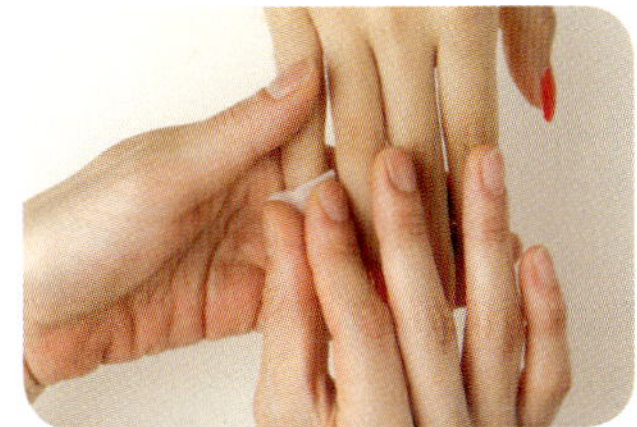
③ 네일 화장물 제거하기

④ 자연 네일용 파일을 사용하여 프리에지의 형태를 라운드로 조형한다.
⑤ 샌딩 파일을 사용하여 네일의 표면을 다듬고 프리에지 밑 거스러미를 제거한다.
⑥ 네일 더스트 브러시를 사용하여 분진을 제거한다.

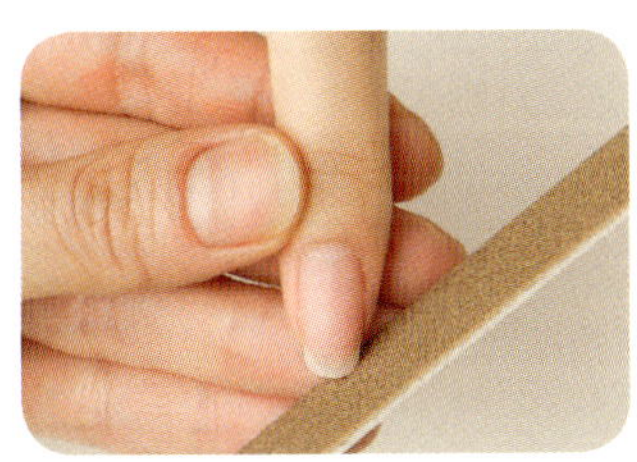
④ 프리에지 형태 조형하기

⑤ 표면 다듬기

⑥ 분진 제거하기

⑦ 탈지면에 네일 폴리시리무버를 적시고 오렌지 우드스틱 사용하여 손톱에 잔여물을 제거한다.
⑧ 손톱 상태에 따라 전 처리제를 도포한 후 베이스 젤을 프리에지에 도포하고 손톱 전체에 1회 도포한다.
⑨ 주변에 묻은 베이스 젤을 정리한 후 젤 램프기기에 경화한다.

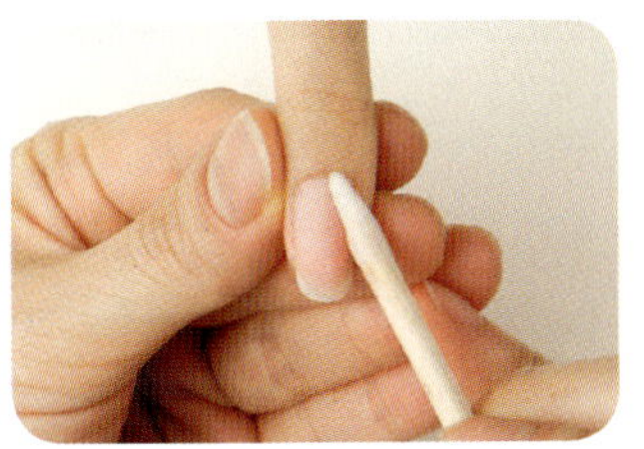
⑦ 잔여물 제거하기

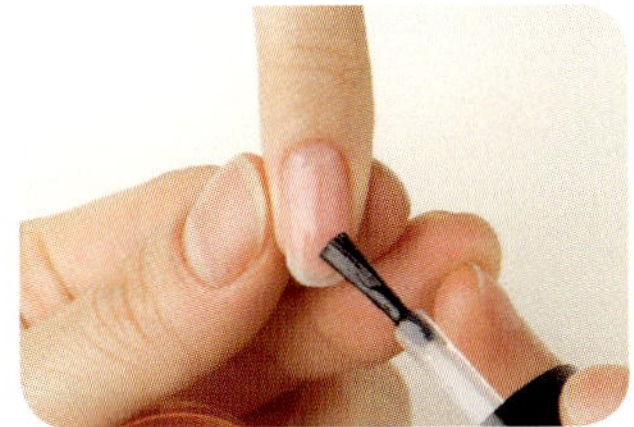
⑧ 베이스 젤 1회 도포하기

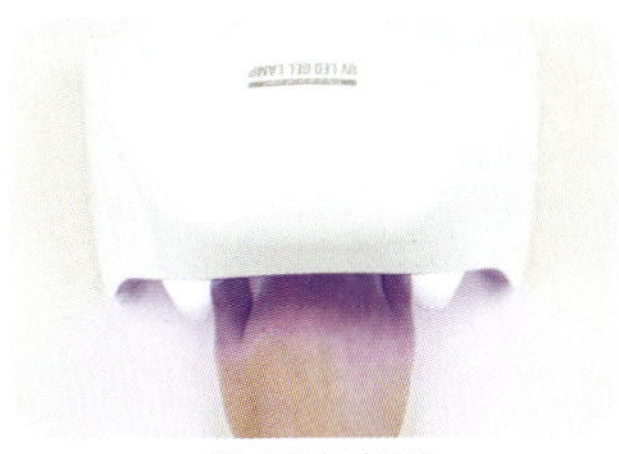
⑨ 경화하기

⑩ 화이트 젤 네일 폴리시를 프리에지에 도포하고 프렌치 라인에 1회 도포한다.
⑪ 주변에 묻은 젤 네일 폴리시를 정리한 후 젤 램프기기에 경화한다.
⑫ 화이트 젤 네일 폴리시를 프리에지에 도포하고 프렌치 라인에 2회 도포한다.

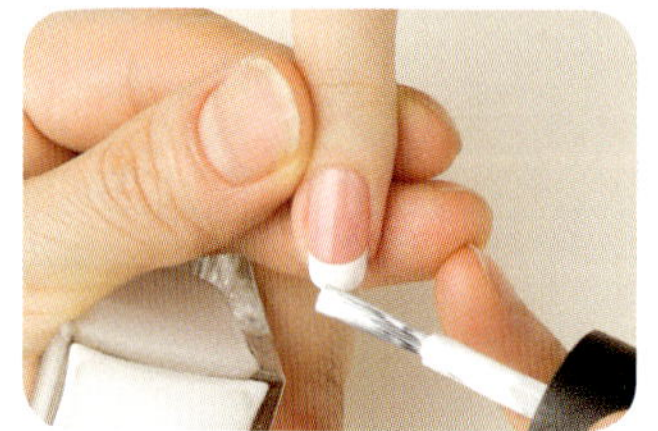
⑩ 젤 네일 폴리시 1회 프렌치하기

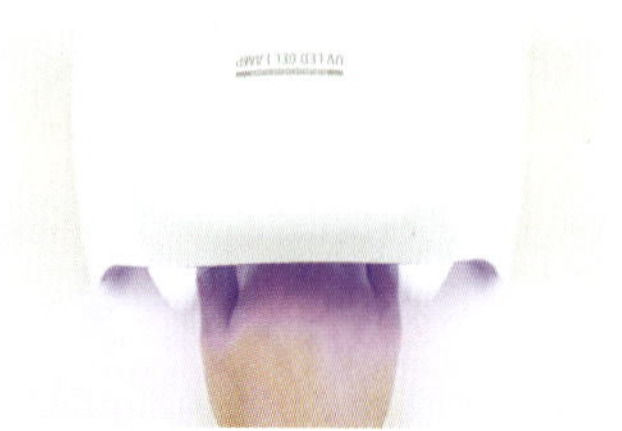
⑪ 경화하기

⑫ 젤 네일 폴리시 2회 프렌치하기

⑬ 주변에 묻은 젤 네일 폴리시를 정리한 후 젤 램프기기에 경화한다.
⑭ 톱 젤을 프리에지에 도포하고 손톱 전체에 1회 도포한다.
⑮ 주변에 묻은 톱 젤 정리한 후 젤 램프기기에 경화한다.
※ 톱 젤 경화 후 미경화 젤이 남은 경우에는 미경화 젤을 제거하고 주변에 묻은 잔여물을 제거한다.

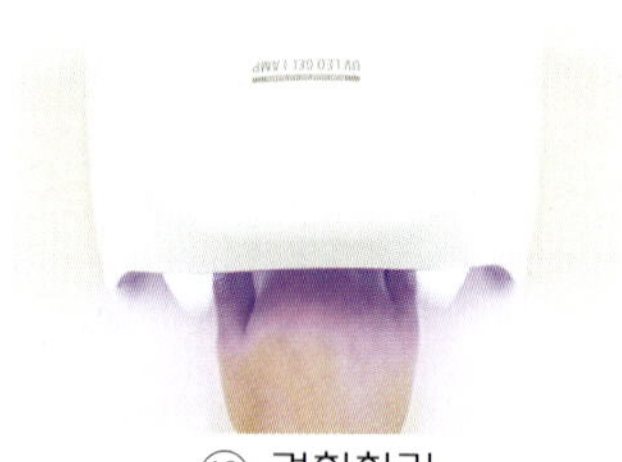
⑬ 경화하기

⑭ 톱 젤 1회 도포하기

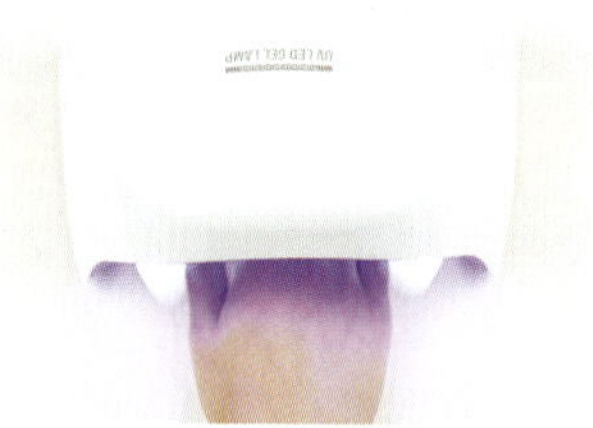
⑮ 경화하기

3. 손 젤 프렌치 컬러링 순서 정리

손 소독 → 네일 화장물 제거 → 선택 가능(형태 조형→표면 정리→분진 제거) → 잔여물 제거 → 전 처리제 도포 → 베이스 젤 1회 도포 → 수정 & 경화 → 젤 네일 폴리시 1회 프렌치 → 수정 & 경화 → 젤 네일 폴리시 2회 프렌치 → 수정 & 경화 → 톱 젤 1회 도포 → 수정 & 경화 → 미경화 젤 제거

4. 손 젤 프렌치 컬러링 완성

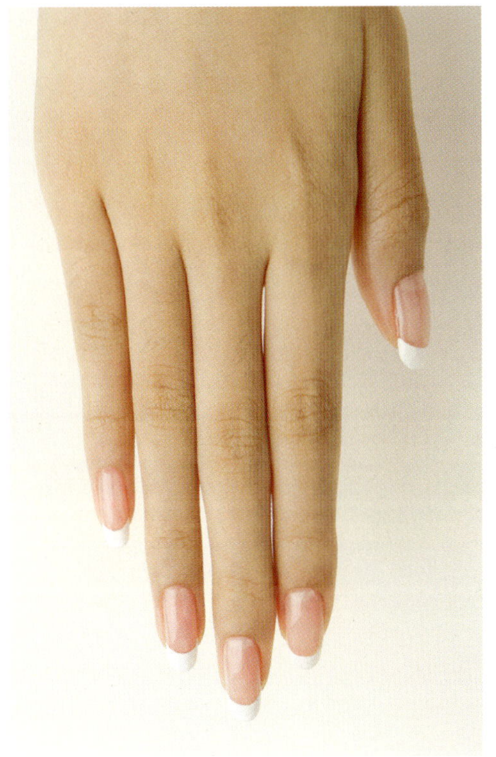

정면

옆면

프리에지 단면

5. 손 젤 프렌치 컬러링 확인

순번	확인 사항	확인
①	베이스 젤이 도포되었는지 확인	
②	화이트 컬러가 3~5mm의 상하너비로 선명하게 프렌치로 도포되었는지 확인	
③	화이트 컬러가 얼룩 없이 양손에 일정한 두께로 도포되었는지 확인	
④	톱 젤이 도포되었는지 확인	
⑤	미경화 젤이 남지 않았는지 확인	
⑥	올바르게 젤 네일 폴리시가 경화되었는지 확인	
⑦	손톱 주변 잔여물과 손톱 아래 위생 상태를 확인	

SECTION 10. 젤 딥 프렌치 컬러링

1. 손 젤 딥 프렌치 컬러링 도포 순서

① 베이스 젤을 프리에지 단면과 손톱 전체에 1회 도포한다.
② 오렌지 우드스틱이나 멸균거즈를 사용하여 수정 작업을 한 후 젤 램프기기에 경화한다.
③ 화이트 젤 네일 폴리시를 프리에지 단면과 딥 프렌치 라인에 1회 도포한다.
④ 오렌지 우드스틱이나 멸균거즈를 사용하여 수정 작업을 한 후 젤 램프기기에 경화한다.

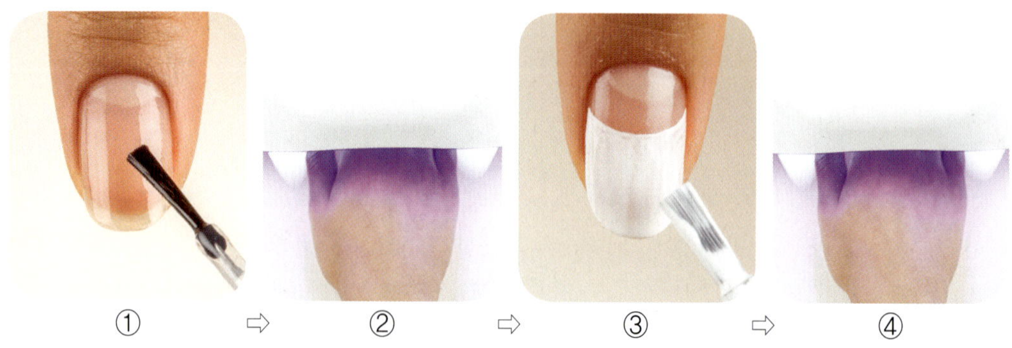

① ⇨ ② ⇨ ③ ⇨ ④

⑤ 화이트 젤 네일 폴리시를 프리에지 단면과 딥 프렌치 라인에 2회 도포한다.
⑥ 오렌지 우드스틱이나 멸균거즈를 사용하여 수정 작업을 한 후 젤 램프기기에 경화한다.
⑦ 톱 젤을 프리에지 단면과 손톱 전체에 1회 도포한다.
⑧ 오렌지 우드스틱이나 멸균거즈를 사용하여 수정 작업을 한 후 젤 램프기기에 경화한다.
※ 경화 후 미경화 젤이 남은 경우에는 젤 클렌저를 젤 와이퍼에 적셔 미경화 젤을 제거 할 수 있다.

⑤ ⇨ ⑥ ⇨ ⑦ ⇨ ⑧

2. 손 젤 딥 프렌치 컬러링 작업 순서

① 소독제를 탈지면에 분사하여 작업자의 양손과 손톱 주변, 손톱을 소독한다.
② 소독제를 탈지면에 분사하여 고객의 양손과 손톱 주변, 손톱을 소독한다.
③ 네일 화장물이 도포되어 있는 경우 고객의 양손에 네일 화장물을 제거한다.

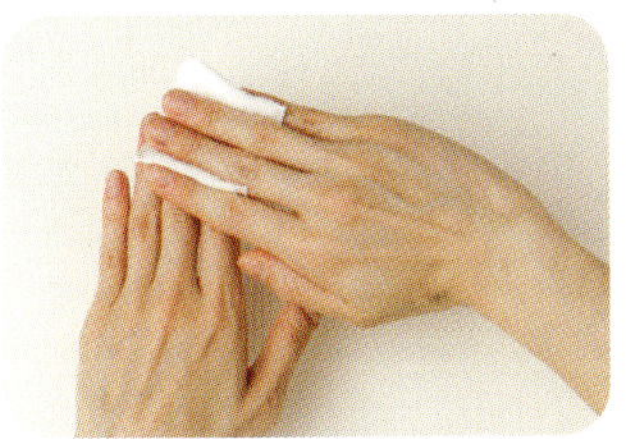
① 작업자 손 소독하기

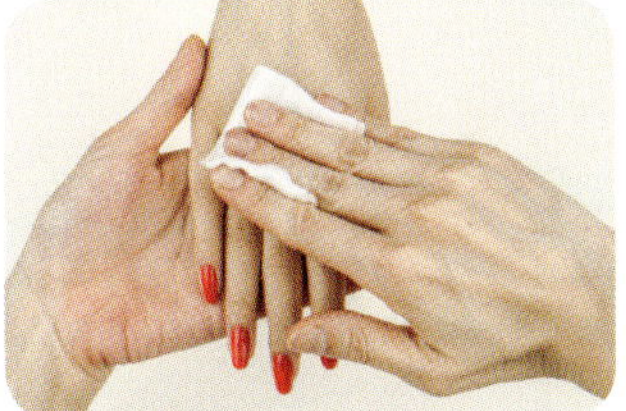
② 고객 손 소독하기

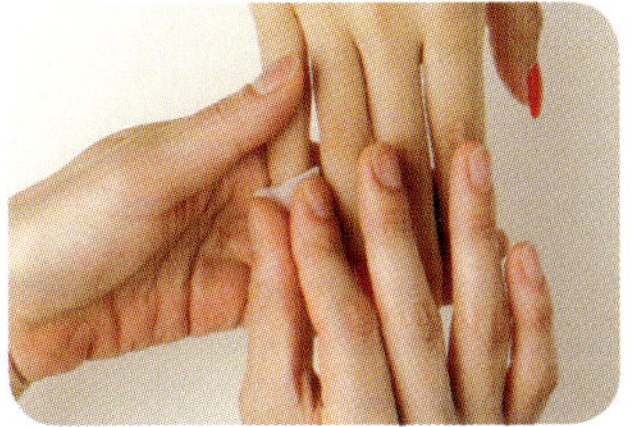
③ 네일 화장물 제거하기

④ 자연 네일용 파일을 사용하여 프리에지의 형태를 라운드로 조형한다.
⑤ 샌딩 파일을 사용하여 네일의 표면을 다듬고 프리에지 밑 거스러미를 제거한다.
⑥ 네일 더스트 브러시를 사용하여 분진을 제거한다.

④ 프리에지 형태 조형하기

⑤ 표면 다듬기

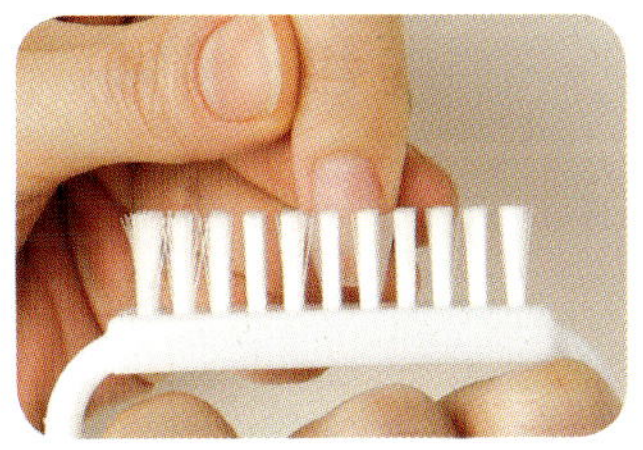
⑥ 분진 제거하기

⑦ 탈지면에 네일 폴리시리무버를 적시고 오렌지 우드스틱 사용하여 손톱에 잔여물을 제거한다.
⑧ 손톱 상태에 따라 전 처리제를 도포한 후 베이스 젤을 프리에지에 도포하고 손톱 전체에 1회 도포한다.
⑨ 주변에 묻은 베이스 젤을 정리한 후 젤 램프기기에 경화한다.

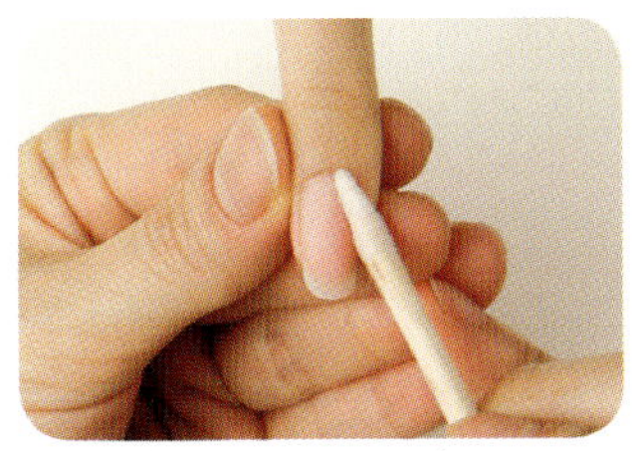
⑦ 잔여물 제거하기

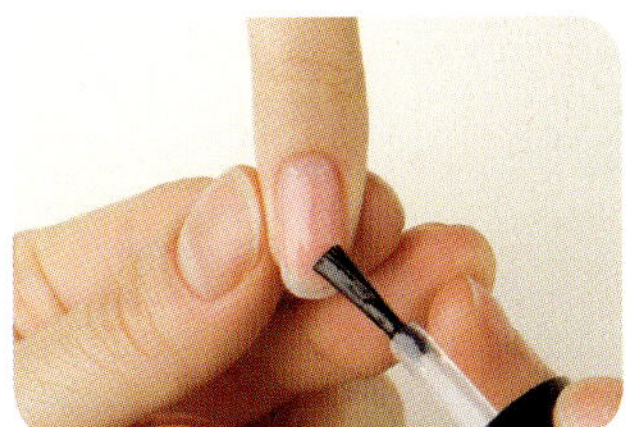
⑧ 베이스 젤 1회 도포하기

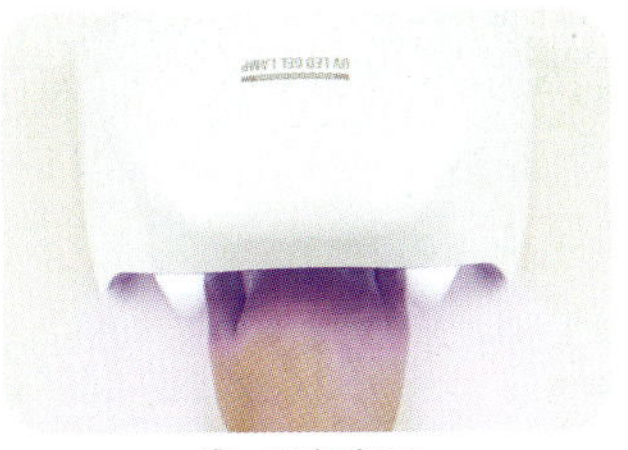
⑨ 경화하기

⑩ 화이트 젤 네일 폴리시를 프리에지에 도포하고 딥 프렌치 라인에 1회 도포한다.
⑪ 주변에 묻은 젤 네일 폴리시를 정리한 후 젤 램프기기에 경화한다.
⑫ 화이트 젤 네일 폴리시를 프리에지에 도포하고 딥 프렌치 라인에 2회 도포한다.

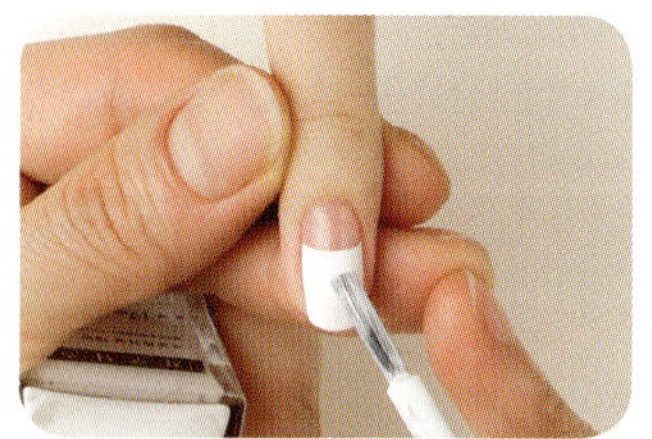
⑩ 젤 네일 폴리시 1회 딥 프렌치하기

⑪ 경화하기

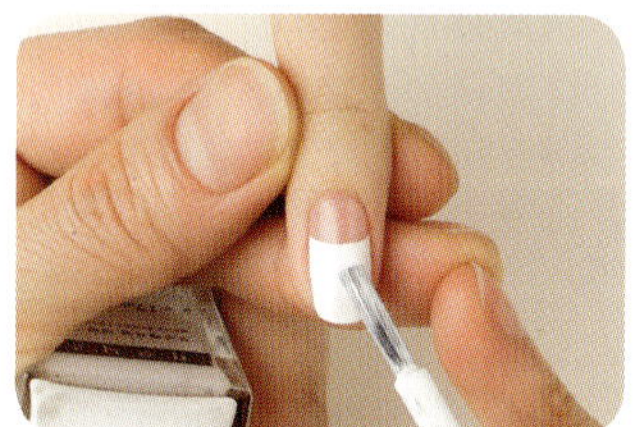
⑫ 젤 네일 폴리시 2회 딥 프렌치하기

⑬ 주변에 묻은 젤 네일 폴리시를 정리한 후 젤 램프기기에 경화한다.
⑭ 톱 젤을 프리에지에 도포하고 손톱 전체에 1회 도포한다.
⑮ 주변에 묻은 톱 젤 정리한 후 젤 램프기기에 경화한다.
※ 톱 젤 경화 후 미경화 젤이 남은 경우에는 미경화 젤을 제거하고 주변에 묻은 잔여물을 제거한다.

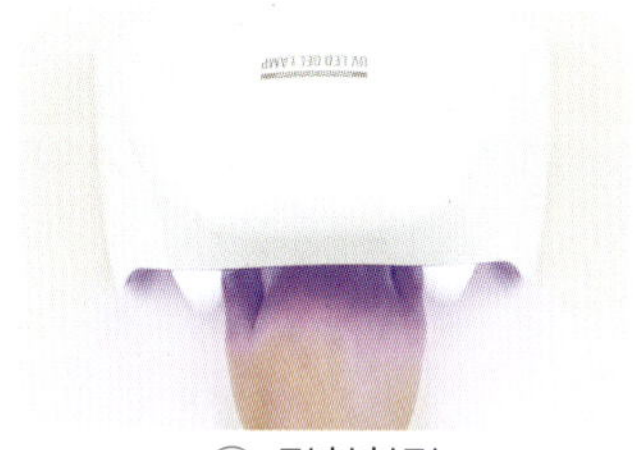
⑬ 경화하기

⑭ 톱 젤 1회 도포하기

⑮ 경화하기

3. 손 젤 딥 프렌치 컬러링 순서 정리

손 소독 → 네일 화장물 제거 → 선택 가능(형태 조형→표면 정리→분진 제거) → 잔여물 제거 → 전 처리제 도포 → 베이스 젤 1회 도포 → 수정 & 경화 → 젤 네일 폴리시 1회 딥 프렌치 → 수정 & 경화 → 젤 네일 폴리시 2회 딥 프렌치 → 수정 & 경화 → 톱 젤 1회 도포 → 수정 & 경화 → 미경화 젤 제거

4. 손 젤 딥 프렌치 컬러링 완성

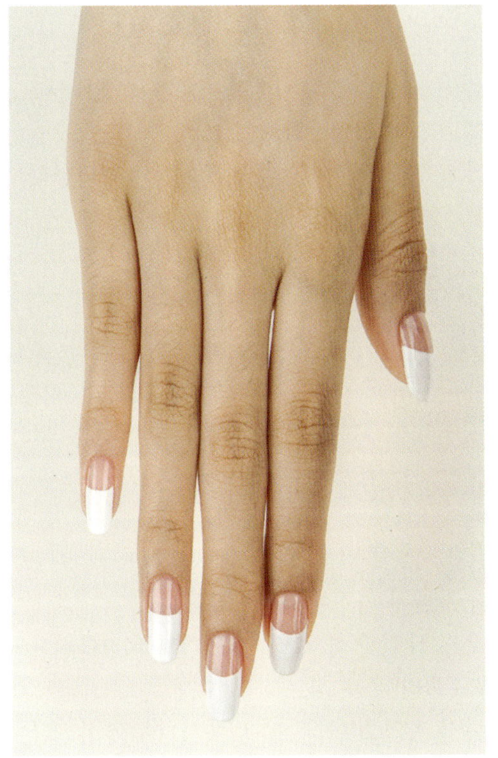

정면

옆면

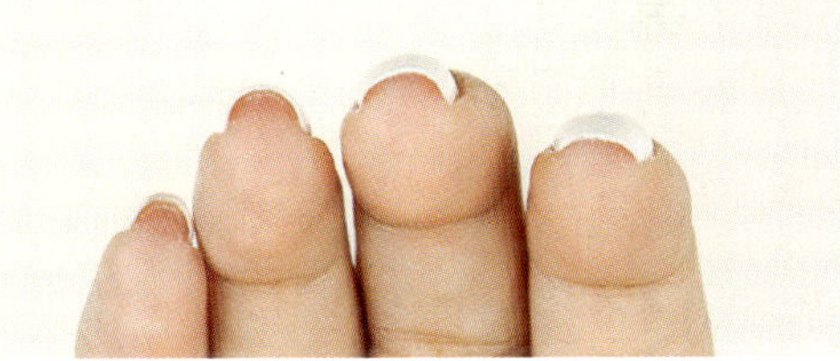

프리에지 단면

5. 손 젤 딥 프렌치 컬러링 확인

순번	확인 사항	확인
①	베이스 젤이 도포되었는지 확인	
②	화이트 컬러가 손톱 전체 길이의 1/2 이상, 루눌라 부분을 넘지 않게 선명하게 딥 프렌치로 도포되었는지 확인	
③	화이트 컬러가 얼룩 없이 양손에 일정한 두께로 도포되었는지 확인	
④	톱 젤이 도포되었는지 확인	
⑤	미경화 젤이 남지 않았는지 확인	
⑥	올바르게 젤 네일 폴리시가 경화되었는지 확인	
⑦	손톱 주변 잔여물과 손톱 아래 위생 상태를 확인	

6. 발 젤 딥 프렌치 컬러링 도포 순서

① 베이스 젤을 프리에지 단면과 발톱 전체에 1회 도포한다.
② 오렌지 우드스틱이나 멸균거즈를 사용하여 수정 작업을 한 후 젤 램프기기에 경화한다.
③ 화이트 젤 네일 폴리시를 프리에지 단면과 딥 프렌치 라인에 1회 도포한다.
④ 오렌지 우드스틱이나 멸균거즈를 사용하여 수정 작업을 한 후 젤 램프기기에 경화한다.

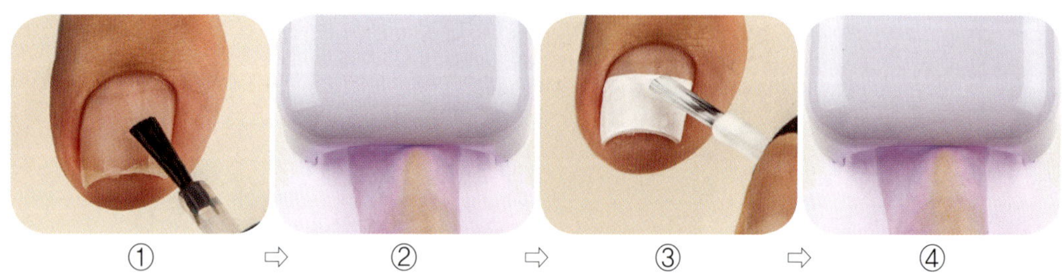

① ⇨ ② ⇨ ③ ⇨ ④

⑤ 화이트 젤 네일 폴리시를 프리에지 단면과 딥 프렌치 라인에 2회 도포한다.
⑥ 오렌지 우드스틱이나 멸균거즈를 사용하여 수정 작업을 한 후 젤 램프기기에 경화한다.
⑦ 톱 젤을 프리에지 단면과 발톱 전체에 1회 도포한다.
⑧ 오렌지 우드스틱이나 멸균거즈를 사용하여 수정 작업을 한 후 젤 램프기기에 경화한다.
※ 경화 후 미경화 젤이 남은 경우에는 젤 클렌저를 젤 와이퍼에 적셔 미경화 젤을 제거 할 수 있다.

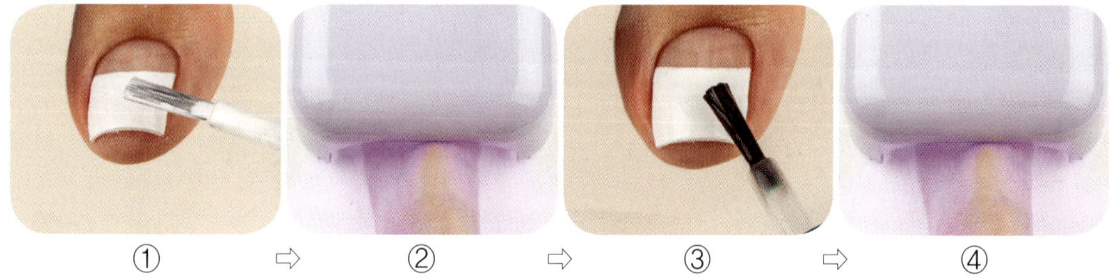

① ⇨ ② ⇨ ③ ⇨ ④

7. 발 젤 딥 프렌치 컬러링 작업 순서

① 소독제를 탈지면에 분사하여 작업자의 양손과 손톱 주변, 손톱을 소독한다.
② 소독제를 탈지면에 분사하여 고객의 양발과 발톱 주변, 발톱을 소독한다.
③ 네일 화장물이 도포되어 있는 경우 고객의 양발에 네일 화장물을 제거한다.

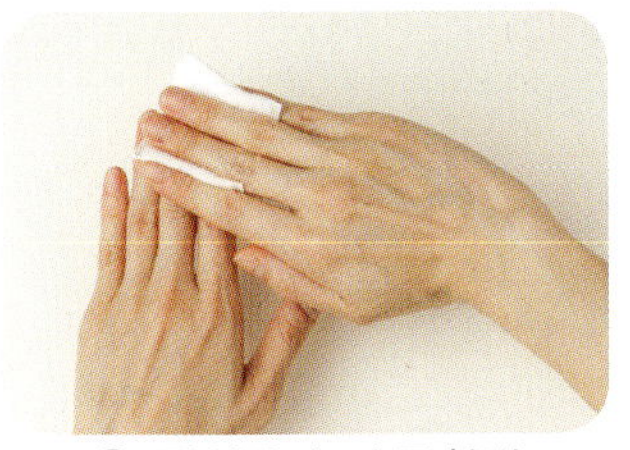
① 작업자 손 소독하기

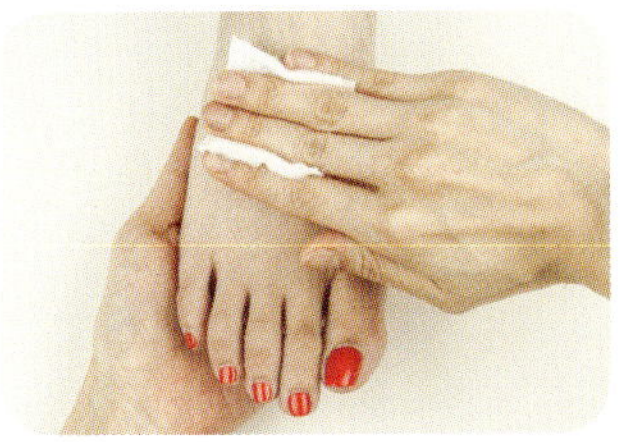
② 고객 발 소독하기

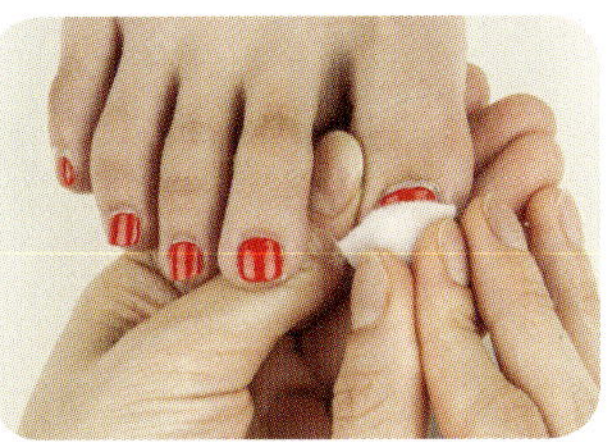
③ 네일 화장물 제거하기

④ 자연 네일용 파일을 사용하여 프리에지의 형태를 스퀘어로 조형한다.
⑤ 샌딩 파일을 사용하여 네일의 표면을 다듬고 프리에지 밑 거스러미를 제거한다.
⑥ 네일 더스트 브러시를 사용하여 분진을 제거한다.

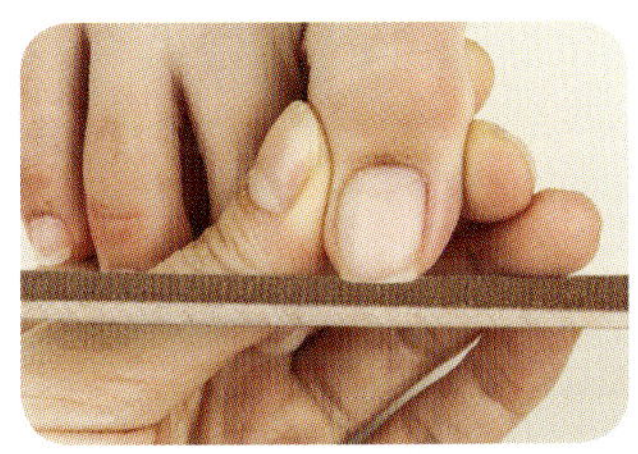
④ 프리에지 형태 조형하기

⑤ 표면 다듬기

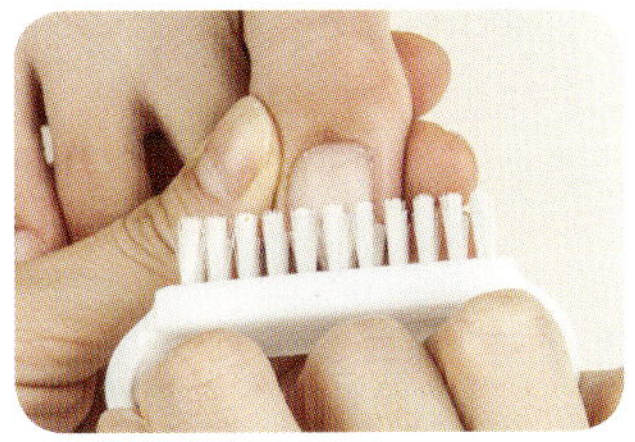
⑥ 분진 제거하기

⑦ 탈지면에 네일 폴리시리무버를 적시고 오렌지 우드스틱 사용하여 발톱에 잔여물을 제거한다.
⑧ 토 세퍼레이터를 장착하고 발톱 상태에 따라 전 처리제를 도포한 후 베이스 젤을 프리에지에 도포하고 발톱 전체에 1회 도포한다.
⑨ 주변에 묻은 베이스 젤을 정리한 후 젤 램프기기에 경화한다.

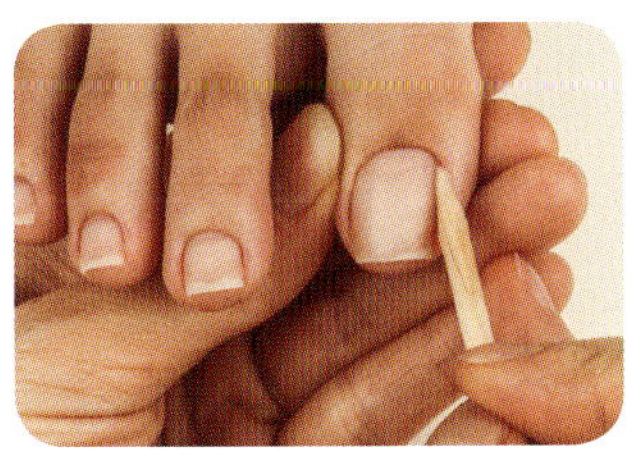
⑦ 잔여물 제거하기

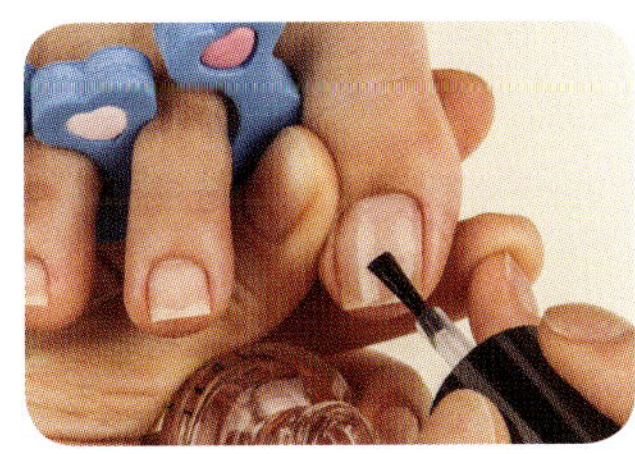
⑧ 베이스 젤 1회 도포하기

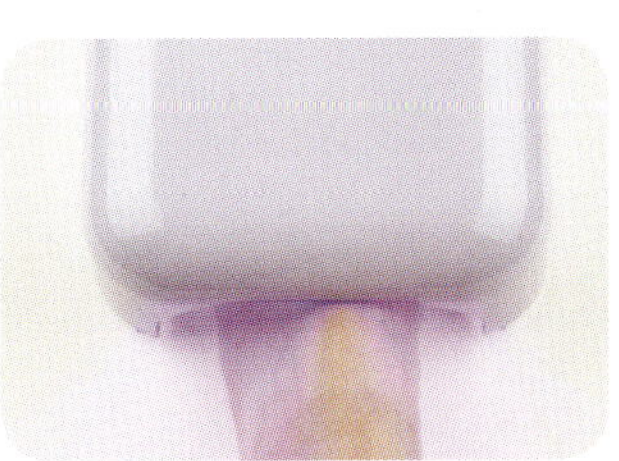
⑨ 경화하기

⑩ 화이트 젤 네일 폴리시를 프리에지에 도포하고 딥 프렌치 라인에 1회 도포한다.
⑪ 주변에 묻은 젤 네일 폴리시를 정리한 후 젤 램프기기에 경화한다.
⑫ 화이트 젤 네일 폴리시를 프리에지에 도포하고 딥 프렌치 라인에 2회 도포한다.

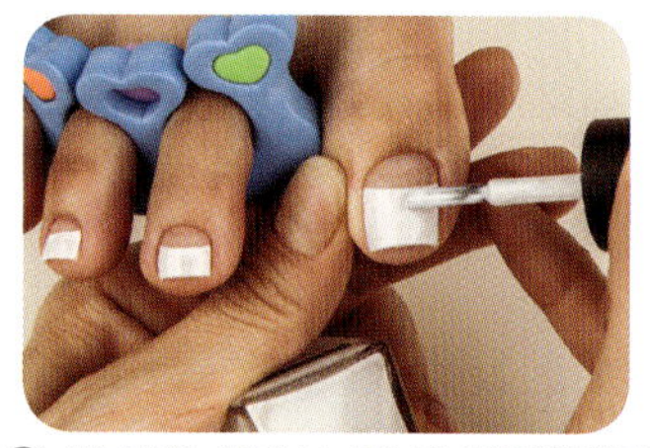

⑩ 젤 네일 폴리시 1회 딥 프렌치하기

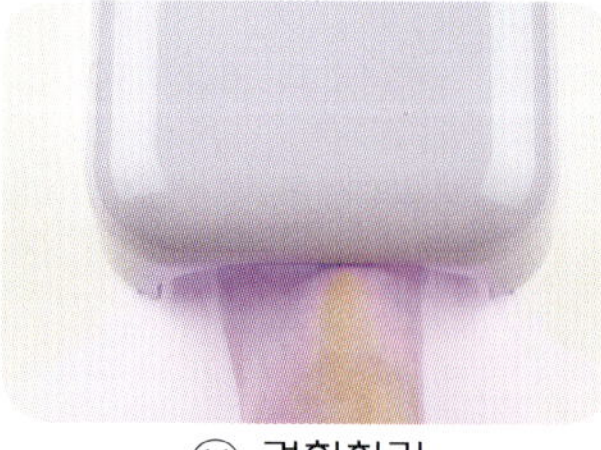

⑪ 경화하기

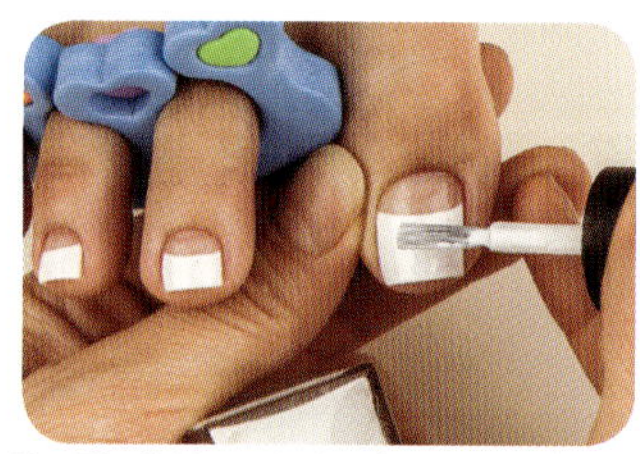

⑫ 젤 네일 폴리시 2회 딥 프렌치하기

⑬ 주변에 묻은 젤 네일 폴리시를 정리한 후 젤 램프기기에 경화한다.
⑭ 톱 젤을 프리에지에 도포하고 발톱 전체에 1회 도포한다.
⑮ 주변에 묻은 톱 젤 정리한 후 젤 램프기기에 경화한다.
※ 톱 젤 경화 후 미경화 젤이 남은 경우에는 미경화 젤을 제거하고 주변에 묻은 잔여물을 제거한다.

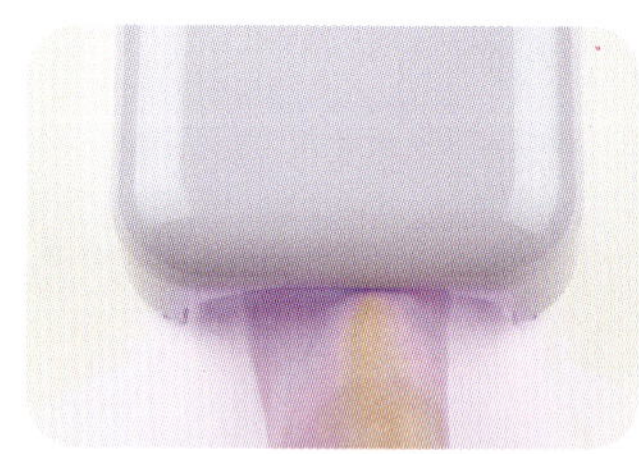

⑬ 경화하기

⑭ 톱 젤 1회 도포하기

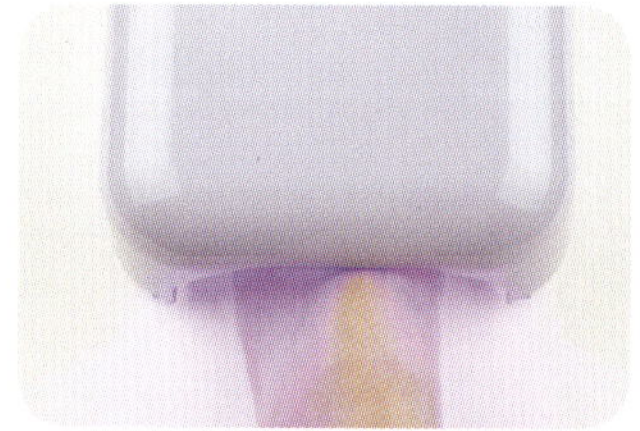

⑮ 경화하기

8. 발 젤 딥 프렌치 컬러링 순서 정리

손・발소독 → 네일 화장물 제거 → 선택 가능(형태 조형→표면 정리→분진 제거) → 잔여물 제거 → 토 세퍼레이터 장착 → 전 처리제 도포 → 베이스 젤 1회 도포 → 수정 & 경화 → 젤 네일 폴리시 1회 딥 프렌치 → 수정 & 경화 → 젤 네일 폴리시 2회 딥 프렌치 → 수정 & 경화 → 톱 젤 1회 도포 → 수정 & 경화 → 미경화 젤 제거

9. 발 젤 딥 프렌치 컬러링 완성

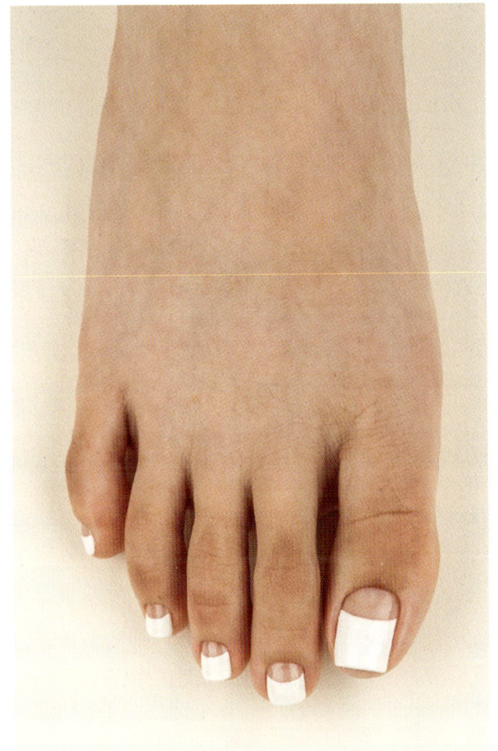

정면

옆면

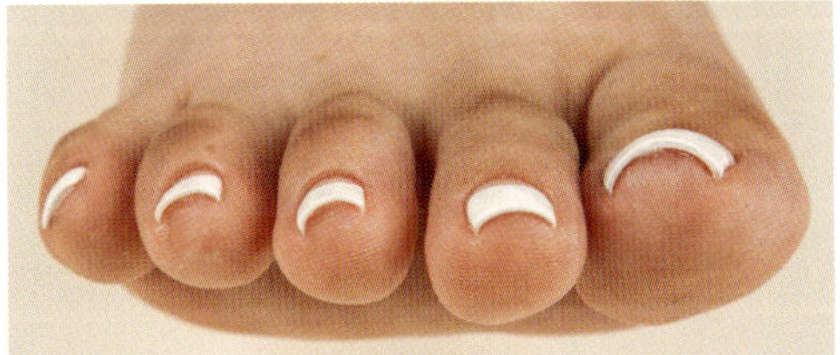

프리에지 단면

10. 발 젤 딥 프렌치 컬러링 확인

순번	확인 사항	확인
①	베이스 젤이 도포되었는지 확인	
②	화이트 컬러가 발톱 전체 길이의 1/2 이상, 루눌라 부분을 넘지 않게 선명하게 딥 프렌치로 도포되었는지 확인	
③	화이트 컬러가 얼룩 없이 양발에 일정한 두께로 도포되었는지 확인	
④	톱 젤이 도포되었는지 확인	
⑤	미경화 젤이 남지 않았는지 확인	
⑥	올바르게 젤 네일 폴리시가 경화되었는지 확인	
⑦	발톱 주변 잔여물과 발톱 아래 위생 상태를 확인	

SECTION 11. 젤 그러데이션 컬러링

1. 손 젤 그러데이션 컬러링 도포 순서

① 베이스 젤을 프리에지 단면과 손톱 전체에 1회 도포한다.
② 오렌지 우드스틱이나 멸균거즈를 사용하여 수정 작업을 한 후 젤 램프기기에 경화한다.
③ 화이트 젤 네일 폴리시로 스펀지에 그러데이션한 후 손톱에 1회 젤 그러데이션한다.
④ 오렌지 우드스틱이나 멸균거즈를 사용하여 수정 작업을 한 후 젤 램프기기에 경화한다.

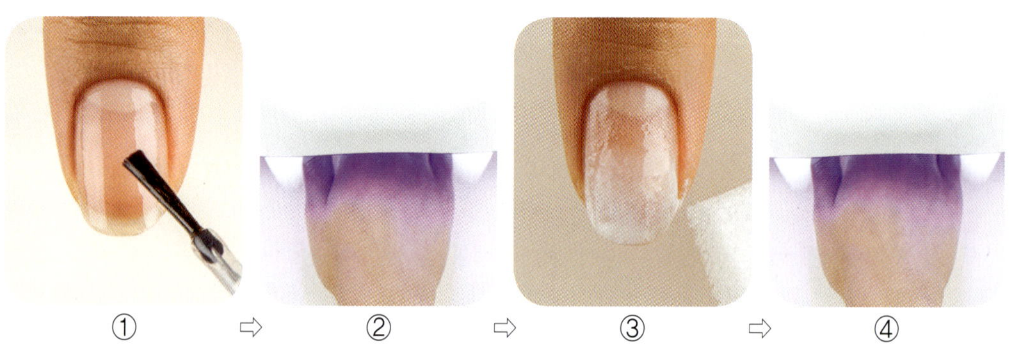

① ⇨ ② ⇨ ③ ⇨ ④

⑤ 스펀지로 손톱에 2회 젤 그러데이션한다.
⑥ 오렌지 우드스틱이나 멸균거즈를 사용하여 수정 작업을 한 후 젤 램프기기에 경화한다.
⑦ 톱 젤을 프리에지 단면과 손톱 전체에 1회 도포한다.
⑧ 오렌지 우드스틱이나 멸균거즈를 사용하여 수정 작업을 한 후 젤 램프기기에 경화한다.
※ 경화 후 미경화 젤이 남은 경우에는 젤 클렌저를 젤 와이퍼에 적셔 미경화 젤을 제거 할 수 있다.

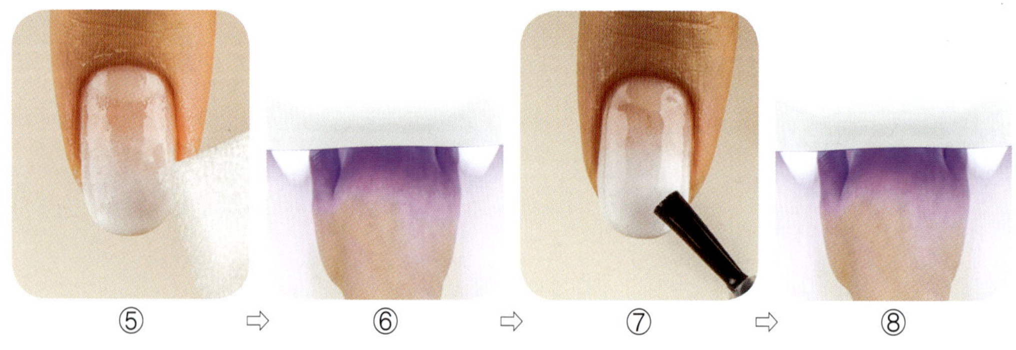

⑤ ⇨ ⑥ ⇨ ⑦ ⇨ ⑧

2. 손 젤 그러데이션 컬러링 작업 순서

① 소독제를 탈지면에 분사하여 작업자의 양손과 손톱 주변, 손톱을 소독한다.
② 소독제를 탈지면에 분사하여 고객의 양손과 손톱 주변, 손톱을 소독한다.
③ 네일 화장물이 도포되어 있는 경우 고객의 양손에 네일 화장물을 제거한다.

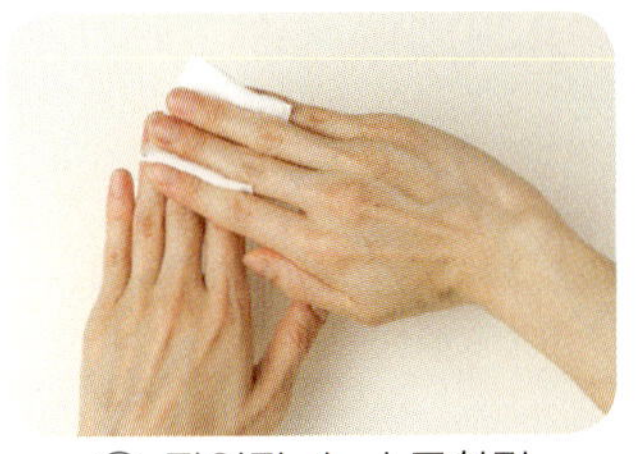

① 작업자 손 소독하기

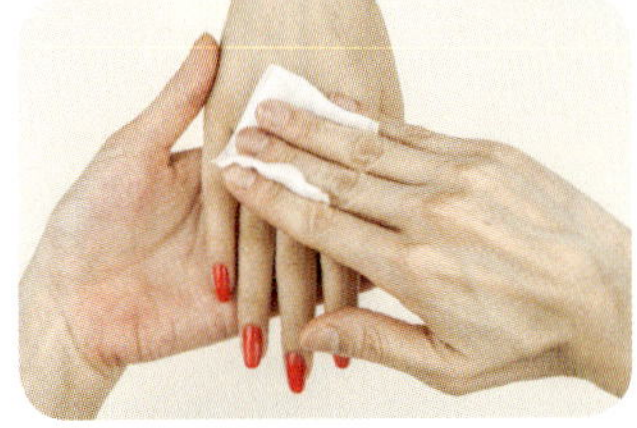
② 고객 손 소독하기

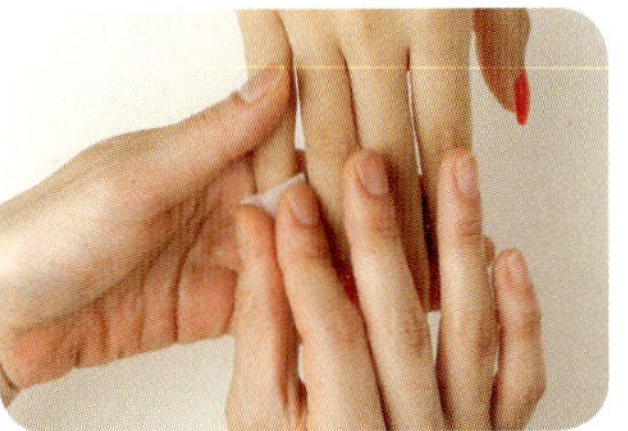
③ 네일 화장물 제거하기

④ 자연 네일용 파일을 사용하여 프리에지의 형태를 라운드로 조형한다.
⑤ 샌딩 파일을 사용하여 네일의 표면을 다듬고 프리에지 밑 거스러미를 제거한다.
⑥ 네일 더스트 브러시를 사용하여 분진을 제거한다.

④ 프리에지 형태 조형하기

⑤ 표면 다듬기

⑥ 분진 제거하기

⑦ 탈지면에 네일 폴리시리무버를 적시고 오렌지 우드스틱 사용하여 손톱에 잔여물 제거한다.
⑧ 손톱 상태에 따라 전 처리제를 도포한 후 베이스 젤을 프리에지에 도포하고 손톱 전체에 1회 도포한다.
⑨ 주변에 묻은 베이스 젤을 정리한 후 젤 램프기기에 경화한다.

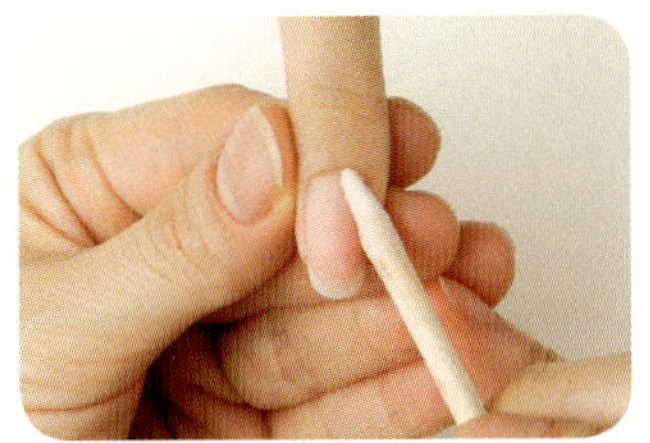
⑦ 잔여물 제거하기

⑧ 베이스 젤 1회 도포하기

⑨ 경화하기

⑩ 스펀지에 화이트 젤 네일 폴리시를 적시고 손톱에 1회 젤 그러데이션한다.
⑪ 주변에 묻은 젤 네일 폴리시를 정리한 후 젤 램프기기에 경화한다.
⑫ 스펀지로 손톱에 2회 젤 그러데이션한다.

⑩ 스펀지 1회 젤 그러데이션하기

⑪ 경화하기

⑫ 스펀지 2회 젤 그러데이션하기

⑬ 주변에 묻은 젤 네일 폴리시를 정리한 후 젤 램프기기에 경화한다.
⑭ 톱 젤을 프리에지에 도포하고 손톱 전체에 1회 도포한다.
⑮ 주변에 묻은 톱 젤 정리한 후 젤 램프기기에 경화한다.
※ 톱 젤 경화 후 미경화 젤이 남은 경우에는 미경화 젤을 제거하고 주변에 묻은 잔여물을 제거한다.

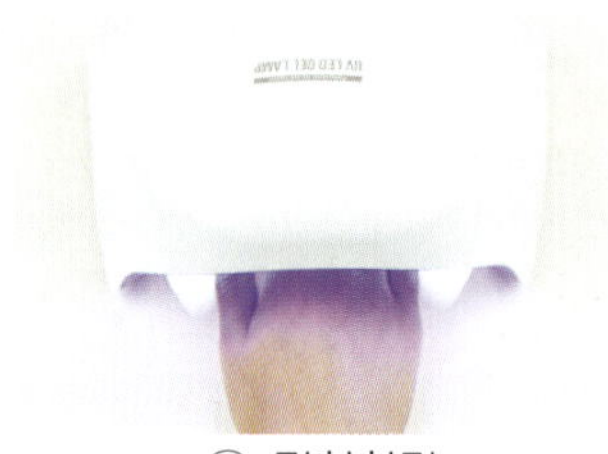
⑬ 경화하기

⑭ 톱 젤 1회 도포하기

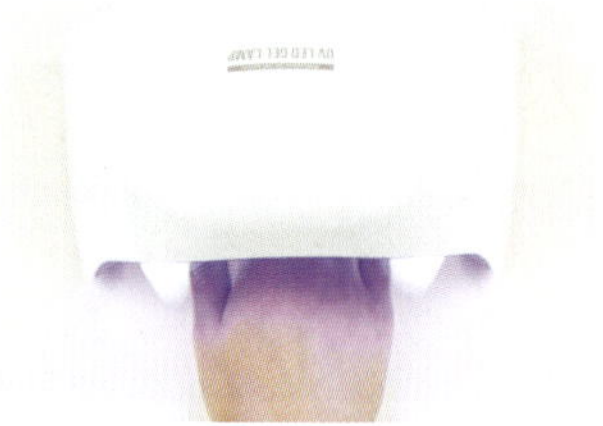
⑮ 경화하기

3. 손 젤 그러데이션 컬러링 순서 정리

손 소독 → 네일 화장물 제거 → 선택 가능(형태 조형→표면 정리→분진 제거) → 잔여물 제거 → 전 처리제 도포 → 베이스 젤 1회 도포 → 수정 & 경화 → 스펀지 1회 젤 그러데이션→ 수정 & 경화 → 스펀지 2회 젤 그러데이션 → 수정 & 경화 → 톱 젤 1회 도포 → 수정 & 경화 → 미경화 젤 제거

4. 손 젤 그러데이션 컬러링 완성

정면

옆면

프리에지 단면

5. 손 젤 그러데이션 컬러링 확인

순번	확인 사항	확인
①	베이스 젤이 도포되었는지 확인	
②	화이트 컬러가 손톱 전체 길이의 1/2 이상, 루눌라 부분을 넘지 않게 자연스럽게 젤 그러데이션으로 도포되었는지 확인	
③	화이트 컬러가 얼룩 없이 양손에 일정한 두께로 도포되었는지 확인	
④	톱 젤이 도포되었는지 확인	
⑤	미경화 젤이 남지 않았는지 확인	
⑥	올바르게 젤 네일 폴리시가 경화되었는지 확인	
⑦	손톱 주변 잔여물과 손톱 아래 위생 상태를 확인	

6. 발 젤 그러데이션 컬러링 도포 순서

① 베이스 젤을 프리에지 단면과 발톱 전체에 1회 도포한다.
② 오렌지 우드스틱이나 멸균거즈를 사용하여 수정 작업을 한 후 젤 램프기기에 경화한다.
③ 화이트 젤 네일 폴리시로 스펀지에 그러데이션한 후 발톱에 1회 젤 그러데이션한다.
④ 오렌지 우드스틱이나 멸균거즈를 사용하여 수정 작업을 한 후 젤 램프기기에 경화한다.

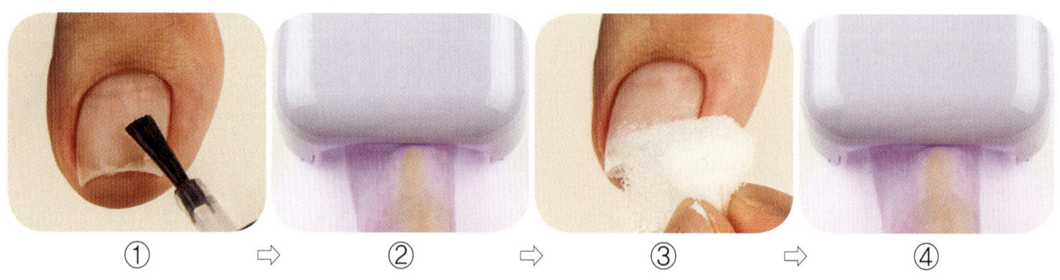

① ⇨ ② ⇨ ③ ⇨ ④

⑤ 스펀지로 발톱에 2회 젤 그러데이션한다.
⑥ 오렌지 우드스틱이나 멸균거즈를 사용하여 수정 작업을 한 후 젤 램프기기에 경화한다.
⑦ 톱 젤을 프리에지 단면과 발톱 전체에 1회 도포한다.
⑧ 오렌지 우드스틱이나 멸균거즈를 사용하여 수정 작업을 한 후 젤 램프기기에 경화한다.
※ 경화 후 미경화 젤이 남은 경우에는 젤 클렌저를 젤 와이퍼에 적셔 미경화 젤을 제거 할 수 있다.

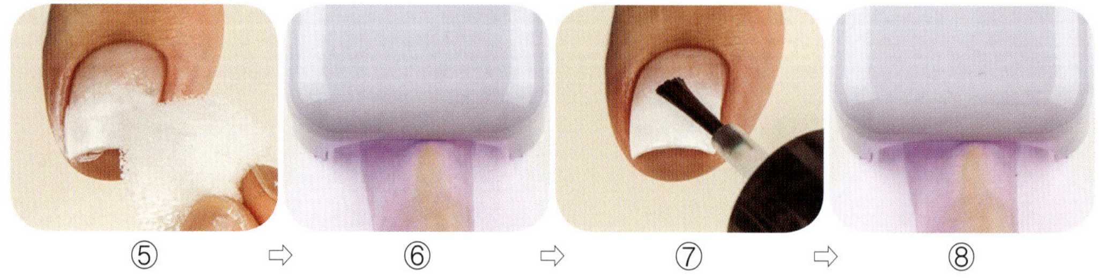

⑤ ⇨ ⑥ ⇨ ⑦ ⇨ ⑧

7. 발 젤 그러데이션 컬러링 작업 순서

① 소독제를 탈지면에 분사하여 작업자의 양손과 손톱 주변, 손톱을 소독한다.
② 소독제를 탈지면에 분사하여 고객의 양발과 발톱 주변, 발톱을 소독한다.
③ 네일 화장물이 도포되어 있는 경우 고객의 양발에 네일 화장물을 제거한다.

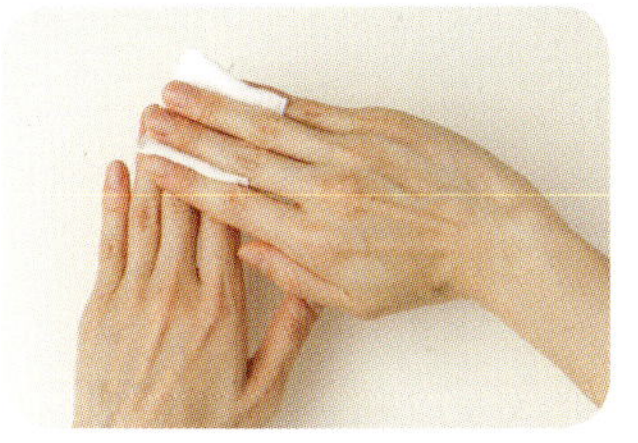
① 작업자 손 소독하기

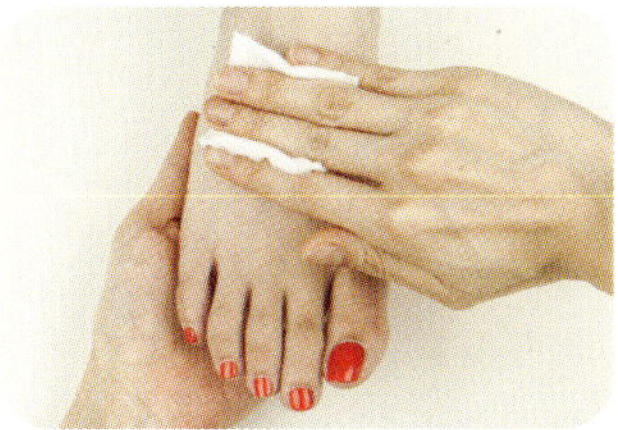
② 고객 발 소독하기

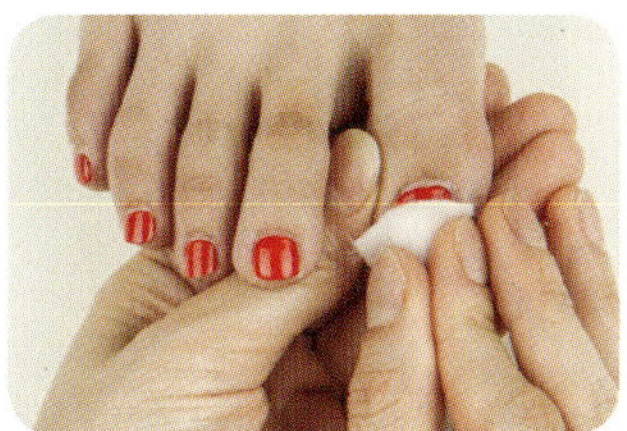
③ 네일 화장물 제거하기

④ 자연 네일용 파일을 사용하여 프리에지의 형태를 스퀘어로 조형한다.
⑤ 샌딩 파일을 사용하여 네일의 표면을 다듬고 프리에지 밑 거스러미를 제거한다.
⑥ 네일 더스트 브러시를 사용하여 분진을 제거한다.

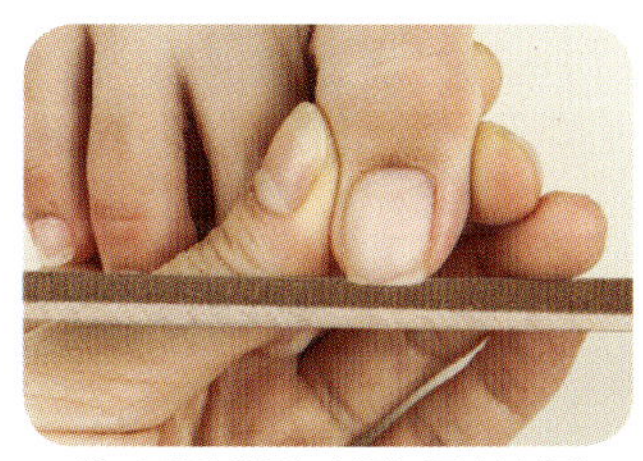
④ 프리에지 형태 조형하기

⑤ 표면 다듬기

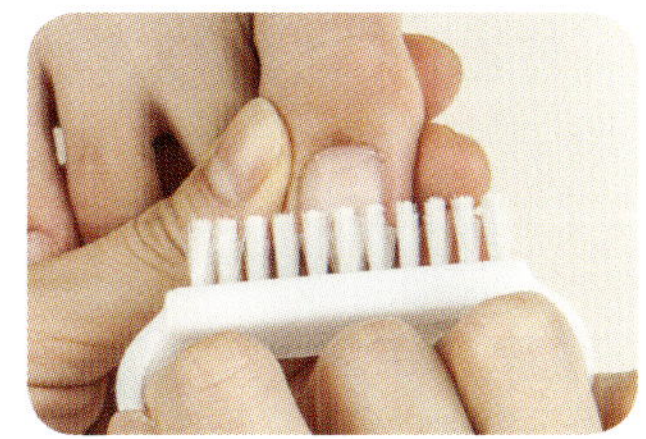
⑥ 분진 제거하기

⑦ 탈지면에 네일 폴리시리무버를 적시고 오렌지 우드스틱 사용하여 발톱에 잔여물을 제거한다.
⑧ 토 세퍼레이터를 장착하고 발톱 상태에 따라 전 처리제를 도포한 후 베이스 젤을 프리에지에 도포하고 발톱 전체에 1회 도포한다.
⑨ 주변에 묻은 베이스 젤을 정리한 후 젤 램프기기에 경화한다.

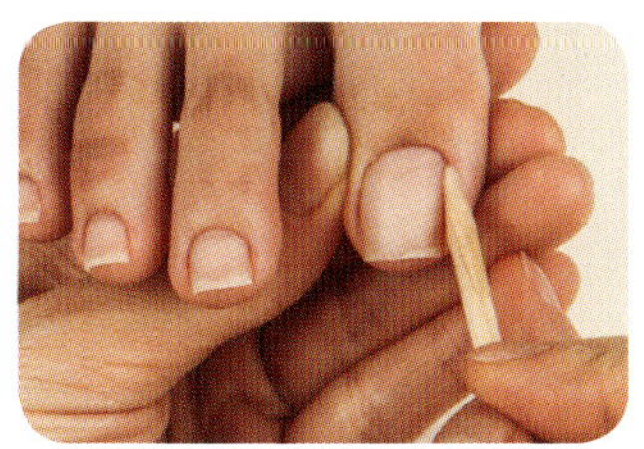
⑦ 잔여물 제거하기

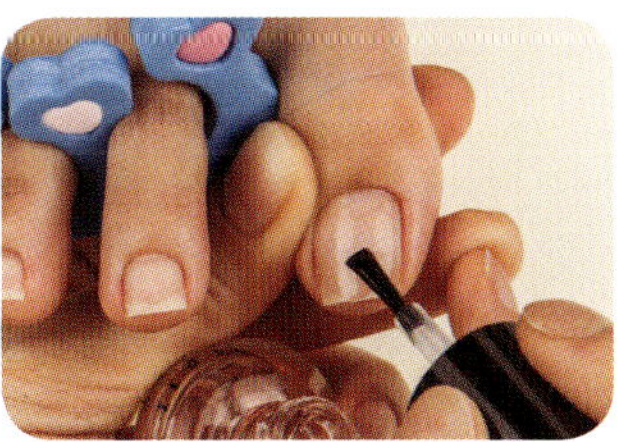
⑧ 베이스 젤 1회 도포하기

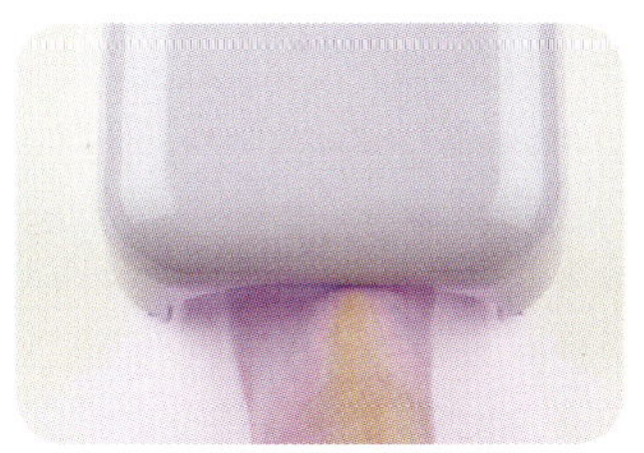
⑨ 경화하기

⑩ 스펀지에 화이트 젤 네일 폴리시를 적시고 발톱에 1회 젤 그러데이션한다.
⑪ 주변에 묻은 젤 네일 폴리시를 정리한 후 젤 램프기기에 경화한다.
⑫ 스펀지로 발톱에 2회 젤 그러데이션한다.

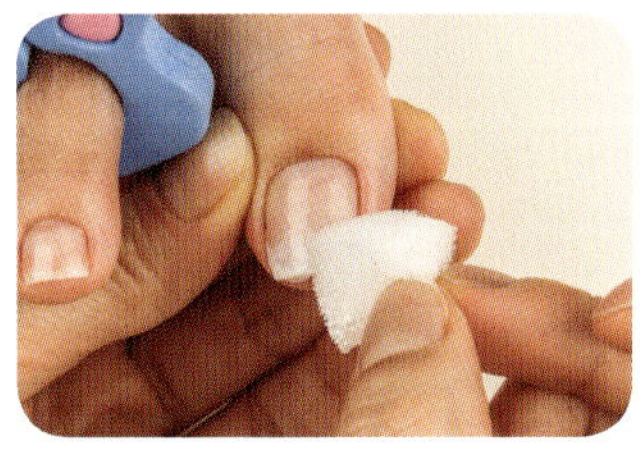
⑩ 스펀지 1회 젤 그러데이션하기

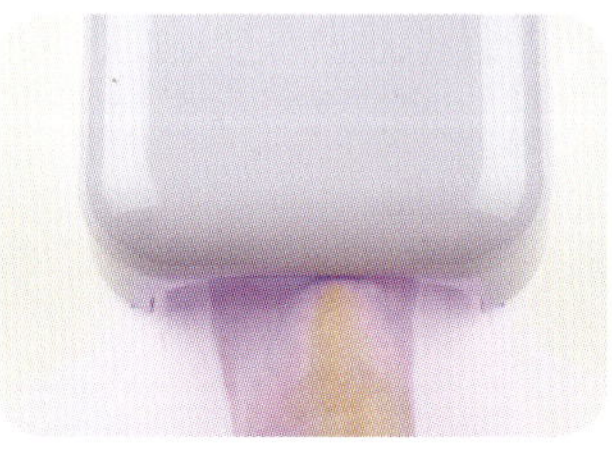
⑪ 경화하기

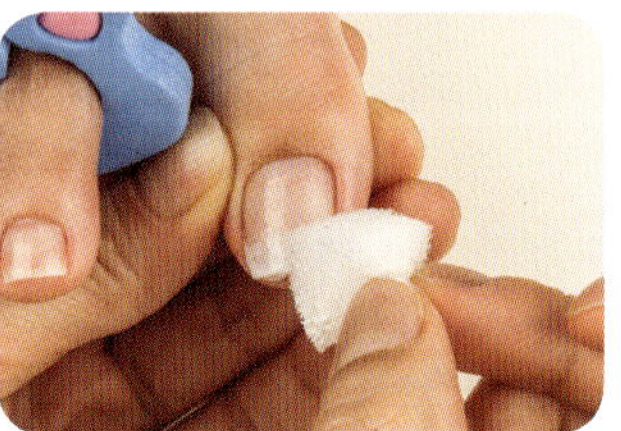
⑫ 스펀지 2회 젤 그러데이션하기

⑬ 주변에 묻은 젤 네일 폴리시를 정리한 후 젤 램프기기에 경화한다.
⑭ 톱 젤을 프리에지에 도포하고 발톱 전체에 1회 도포한다.
⑮ 주변에 묻은 톱 젤 정리한 후 젤 램프기기에 경화한다.
※ 톱 젤 경화 후 미경화 젤이 남은 경우에는 미경화 젤을 제거하고 주변에 묻은 잔여물을 제거한다

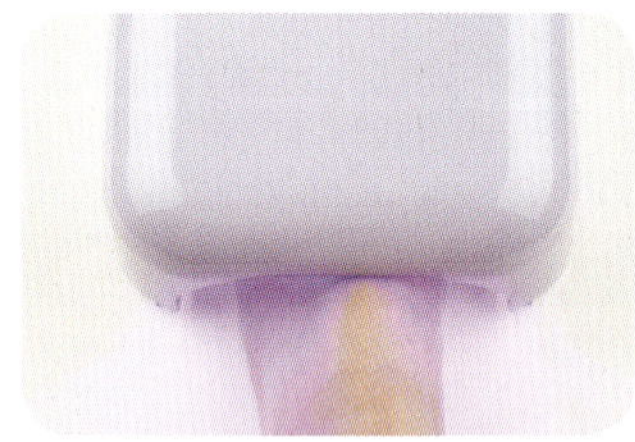
⑬ 경화하기

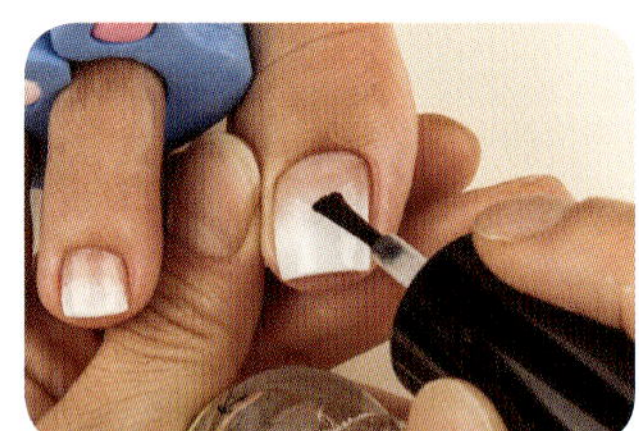
⑭ 톱 젤 1회 도포하기

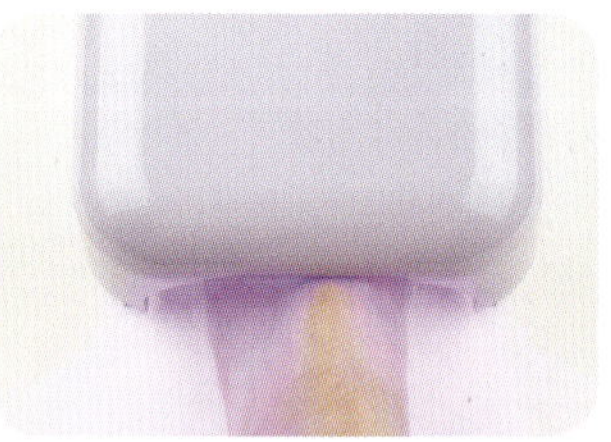
⑮ 경화하기

8. 발 젤 그러데이션 컬러링 순서 정리

손・발소독 → 네일 화장물 제거 → 선택 가능(형태 조형→표면 정리→분진 제거) → 잔여물 제거 → 토 세퍼레이터 장착 → 전 처리제 도포 → 베이스 젤 1회 도포 → 수정 & 경화 → 스펀지 1회 젤 그러데이션 → 수정 & 경화 → 스펀지 2회 젤 그러데이션 → 수정 & 경화→ 톱 젤 1회 도포 → 수정 & 경화 → 미경화 젤 제거

9. 발 젤 그러데이션 컬러링 완성

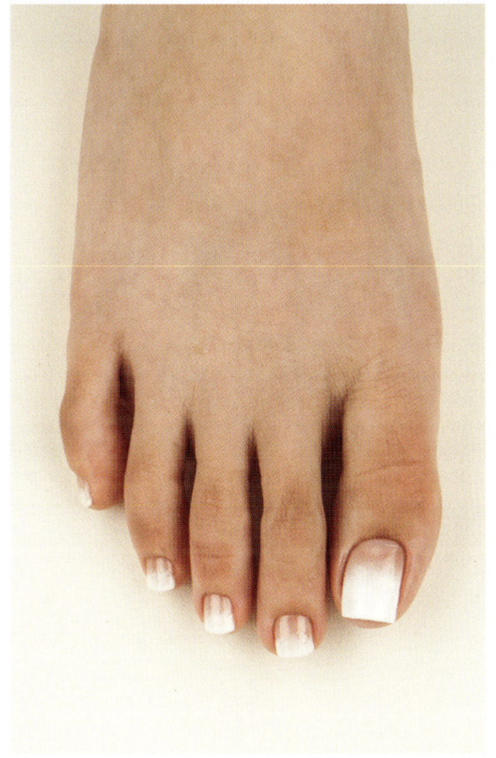

정면

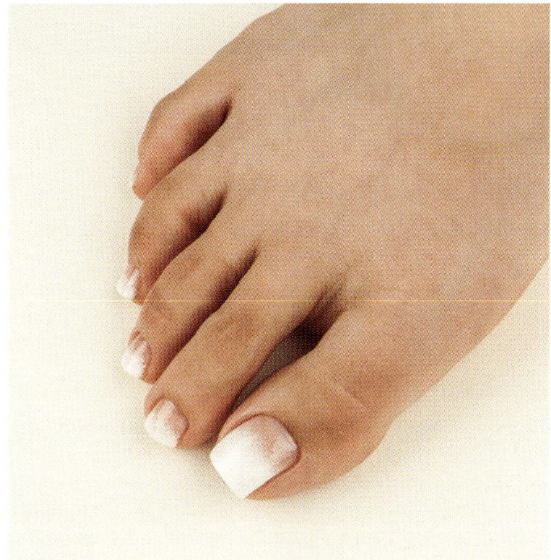

옆면

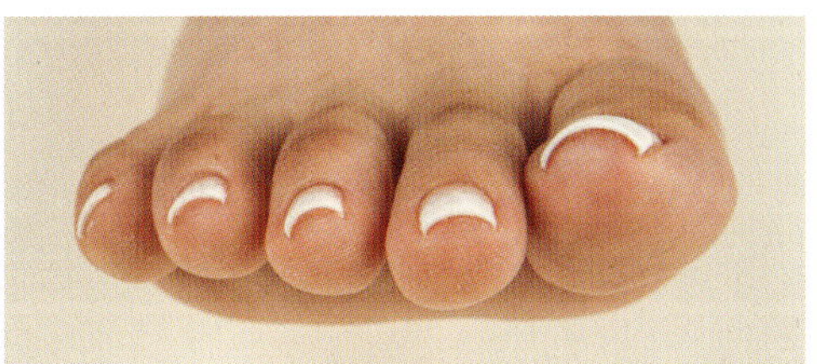

프리에지 단면

10. 발 젤 그러데이션 컬러링 확인

순번	확인 사항	확인
①	베이스 젤이 도포되었는지 확인	
②	화이트 컬러가 발톱 전체 길이의 1/2 이상, 루눌라 부분을 넘지 않게 자연스럽게 젤 그러데이션으로 도포되었는지 확인	
③	화이트 컬러가 얼룩 없이 양발에 일정한 두께로 도포되었는지 확인	
④	톱 젤이 도포되었는지 확인	
⑤	미경화 젤이 남지 않았는지 확인	
⑥	올바르게 젤 네일 폴리시가 경화되었는지 확인	
⑦	발톱 주변 잔여물과 발톱 아래 위생 상태를 확인	

PART 8.

팁 위드 파우더

네일 팁과 필러 파우더를 적용하여 네일의 길이를 연장하고 조형하는 능력

능력단위요소	수 행 준 거
네일 팁 선택하기	1.1 자연 네일의 모양에 따라 적합한 네일 팁을 선택할 수 있다. 1.2 자연 네일의 크기에 알맞은 네일 팁의 크기를 선택할 수 있다. 1.3 고객의 요청에 따라 다양한 네일 팁을 선택할 수 있다.
풀 커버 팁 작업하기	2.1 큐티클 부분 라인의 형태에 따라 풀 커버 팁을 사전 조형할 수 있다. 2.2 필러 파우더를 선택적으로 적용하여 자연 네일의 굴곡을 매끄럽게 할 수 있다. 2.3 네일 접착제를 사용하여 기포가 들어가지 않도록 풀 커버 팁을 접착할 수 있다. 2.4 고객의 요청에 따라 길이와 모양을 조절할 수 있다.
프렌치 팁 작업하기	3.1 자연 네일의 크기와 모양에 따라 알맞은 프렌치 팁을 선택할 수 있다. 3.2 네일 접착제를 사용하여 기포가 들어가지 않도록 프렌치 팁을 접착할 수 있다. 3.3 필러 파우더를 사용하여 프렌치 팁의 구조를 조형할 수 있다. 3.4 프렌치 팁의 완성을 위하여 네일 파일을 선택하여 작업할 수 있다.
내추럴 팁 작업하기	4.1 네일의 크기와 모양에 따라 알맞은 내추럴 팁을 선택할 수 있다. 4.2 네일 접착제를 사용하여 기포가 들어가지 않도록 내추럴 팁을 접착할 수 있다. 4.3 내추럴 팁의 팁 턱을 자연 네일의 손상 없이 제거할 수 있다. 4.4 필러 파우더를 사용하여 내추럴 팁의 구조를 조형할 수 있다. 4.5 내추럴 팁의 완성을 위하여 네일 파일을 선택하여 작업할 수 있다.

팁 위드 파우더의 주요 학습 포인트!

팁 위드 파우더의 앞서 본 파트에서는 인조 네일의 의미와 구조를 먼저 학습한다.

인조 네일이란 네일 팁, 네일 랩, 아크릴, 젤, 등의 네일 재료를 사용하여 자연 네일을 보강하거나 길이를 연장하여 인위적으로 만든 손톱과 발톱을 말한다.

팁 네일이란 네일 팁을 이용하여 길이를 연장하고 다양한 네일 재료를 사용하며 인조 네일을 만드는 것을 말한다. 오버레이하는 네일 재료에 따라 각각의 명칭과 특징이 있으며 활용 방법이 달라진다.

본 파트에서는 팁 네일의 특성과 가장 기초적인 인조 네일인 팁 위드 파우더를 활용한 다양한 작업 방법에 대해 알아본다.

SECTION 1	인조 네일의 구조
SECTION 2	팁 네일의 특성 및 네일 팁 선택 방법
SECTION 3	풀 커버 팁
SECTION 4	프렌치 팁
SECTION 5	내추럴 팁

SECTION 1. 인조 네일의 구조

1. 인조 네일의 구조

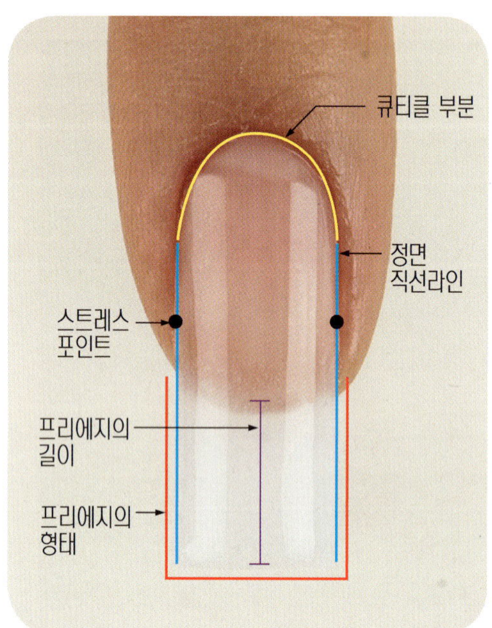

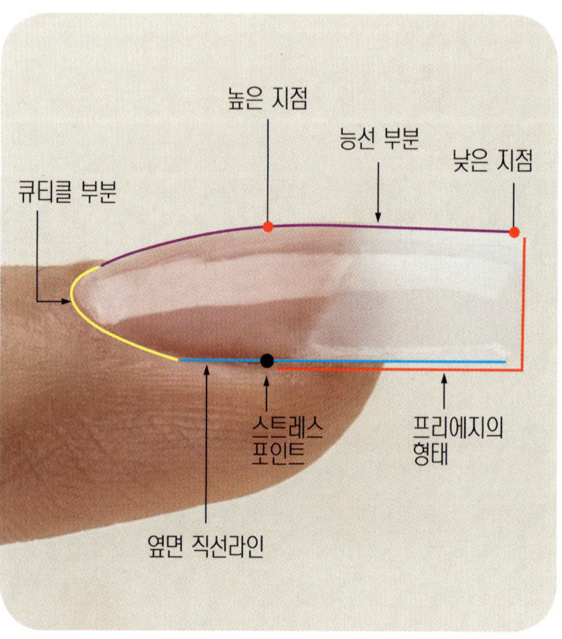

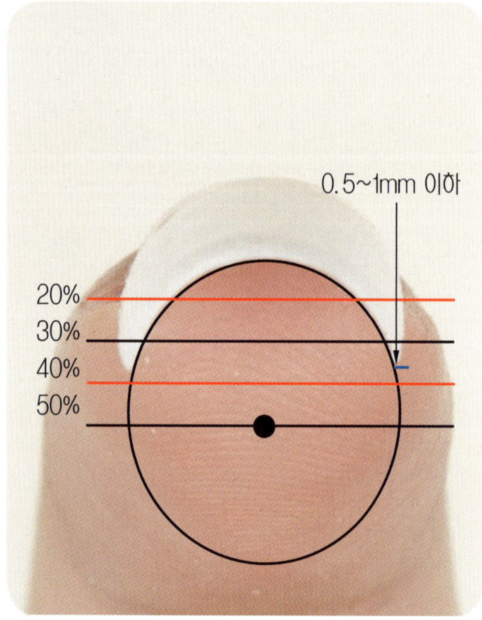

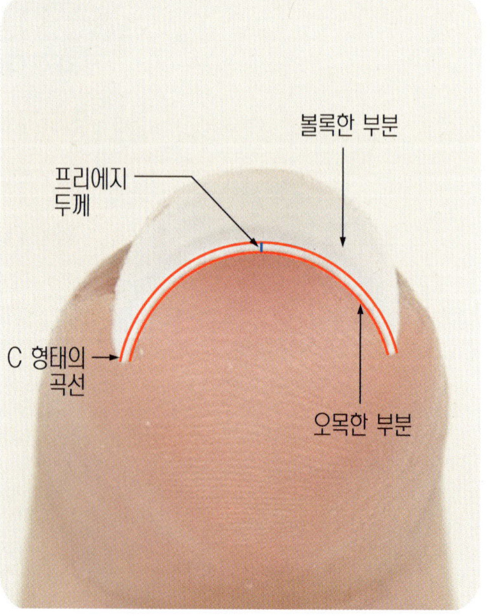

[인조 네일의 구조]

2. 인조 네일의 구조에 따른 분류와 특징

[인조 네일의 구조와 특징]

명 칭	특 징
프리에지의 길이 프리에지 렝스 Free Edge Length	· 옐로 라인 아랫부분에 연장된 인조 네일의 길이
프리에지의 형태 프리에지 셰이프 Free Edge Shape	· 스트레스 포인트 아랫부분으로 외관에서 본 프리에지 형태
정면 직선라인 프런트 스트레이트 Front Straight	· 정면에서 본 양쪽 외관의 직선라인
옆면 직선라인 사이드 스트레이트 Side Straight	· 옆면에서 본 직선라인
C-형태의 곡선 씨 커브 C-Curve	· 프리에지 단면에 C-형태의 곡선
오목한 부분 콘 케이브 Con cave	· C-형태의 곡선 안쪽의 오목한 부분
볼록한 부분 콘 벡스 Con vex	· C-형태의 곡선 바깥쪽의 볼록한 부분
프리에지의 두께 프리에지 티크니스 Free Edge Thickness	· 프리에지 단면의 두께
높은 지점 하이 포인트 High Point	· 자연 네일의 양쪽 스트레스 포인트 중앙 부분으로 인조 네일에서 가장 높은 지점
낮은 지점 로우 포인트 Low Point	· 인조 네일에서 가장 낮은 프리에지의 끝부분
능선 부분 아치 로케이션 Arch Location	· 가장 높은 지점을 중심으로 낮은 지점까지 완만하게 곡선을 형성하는 부분
큐티클 부분 큐티클 에어리어 Cuticle Area	· 인조 네일에서 가장 얇아야 하는 큐티클 부분

3. 인조 네일의 구조 조형 방법(실기시험 기준 스퀘어 형태)

프리에지의 길이와 프리에지의 형태는 고객의 요구에 따라 달라지나 인조 네일의 구조를 조형하는 방법은 동일하다. 국가자격제도나 네일 대회에서 가장 많이 사용하는 스퀘어 형태의 기준으로 인조 네일 구조에 따른 네일 파일링 방법을 알아본다.

(프리에지 길이: 0.5~1cm 미만, 프리에지 두께: 0.5~1mm 이하, 프리에지: 곡선 20~40%)

① 큐티클 라인의 중앙과 프리에지 단면이 수평이 되도록 프리에지의 길이를 0.5~1cm 미만으로 조절한다.

② 양쪽의 정면 직선라인을 프리에지 단면과 90°의 각도가 되도록 일직선으로 네일 파일링하여 스퀘어 형태로 조형한다.

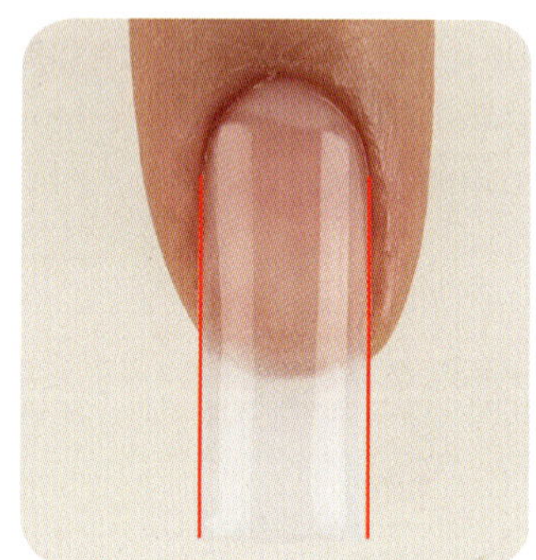

③ 오목한 부분과 볼록한 부분의 곡선을 확인하여, 프리에지의 두께를 0.5~1mm 이하로 조형한다.

④ C-형태의 곡선이 20~40%가 되도록 네일 파일링한다.

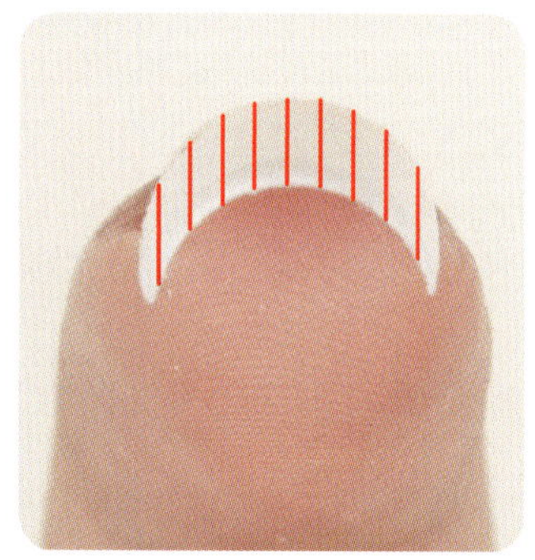

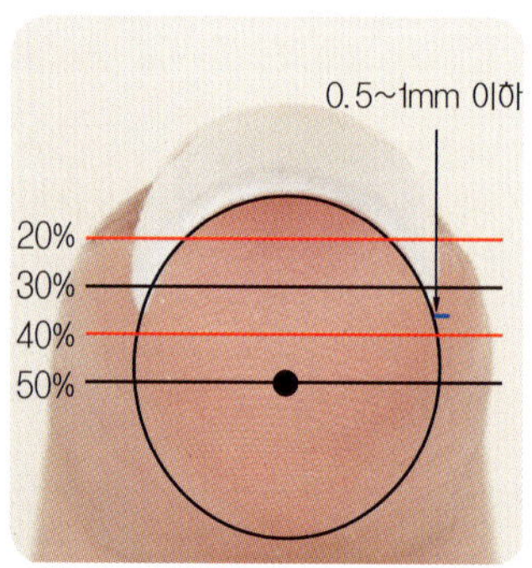

⑤ 높은 지점과 낮은 지점을 세로로 네일 파일링하여 자연스럽게 연결한다.
⑥ 높은 지점과 낮은 지점을 가로로 네일 파일링하여 자연스럽게 연결한다.

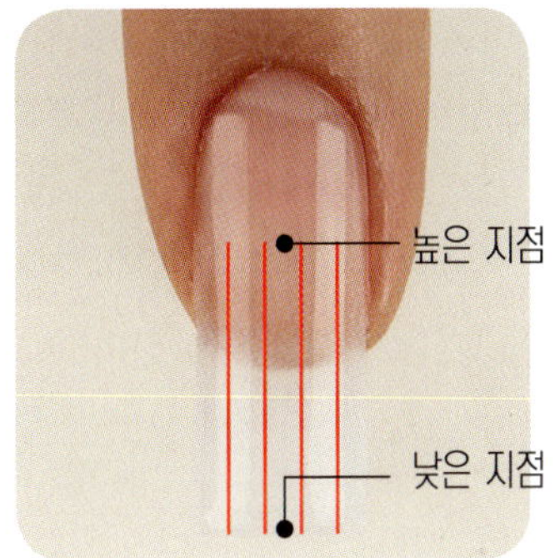

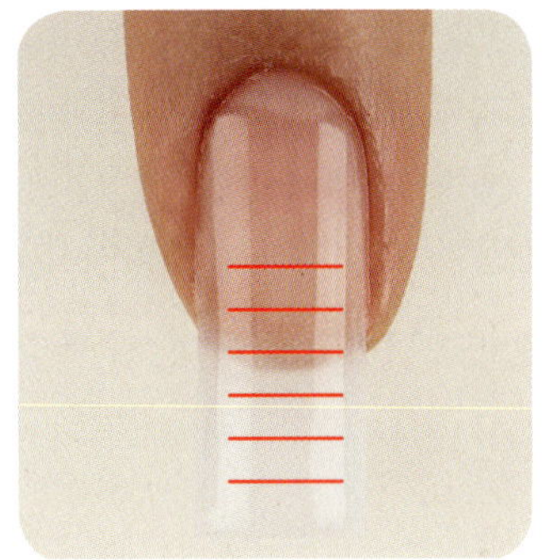

⑦ 네일 주변 피부에 주의하며 자연 네일과 인조 네일을 자연스럽게 연결되도록 큐티클 부분을 네일 파일링한다.
⑧ 부러짐에 유의하며 스트레스 포인트 아랫부분을 네일 파일링한다.

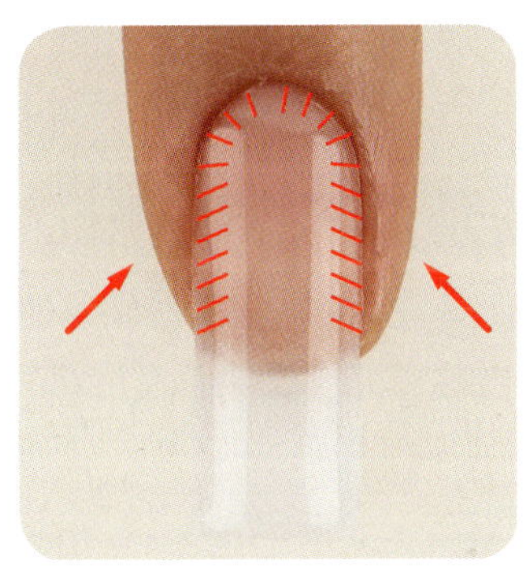

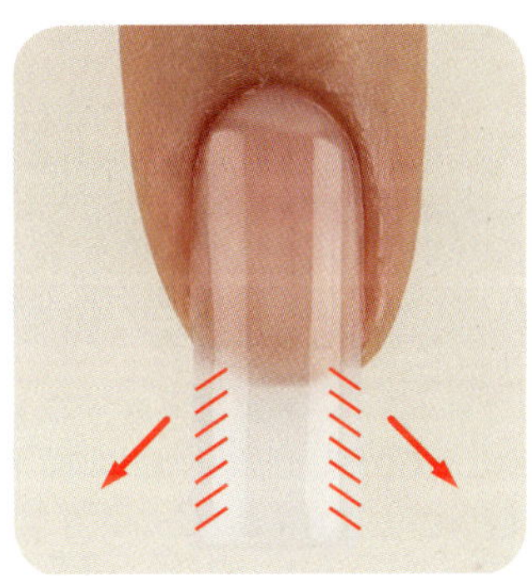

⑨ 높은 지점을 중심으로 완만한 곡선이 형성되도록 인조 네일의 전체의 능선 부분을 네일 파일링한다.
⑩ 반대 방향도 같은 방법으로 네일 파일을 끊어서 사용하지 말고 부드럽게 연결하여 인조 네일의 전체를 네일 파일링한다.

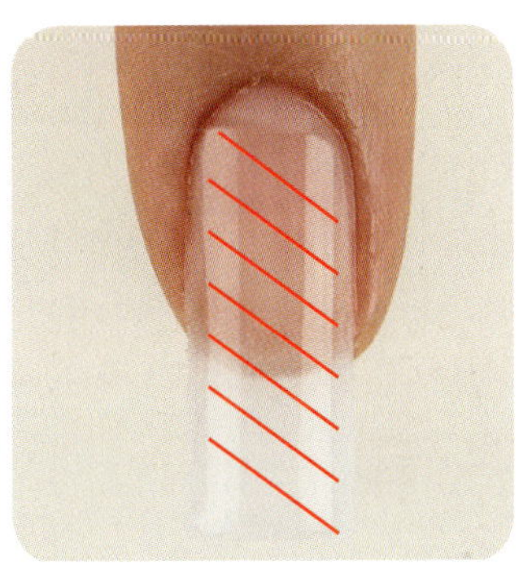

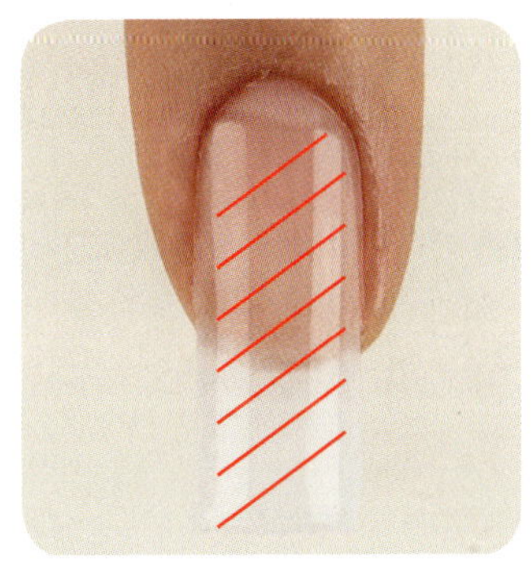

SECTION 2. 팁 네일의 특성 및 네일 팁 선택 방법

1. 팁 네일(Tip Nail)

팁 네일이란 네일 팁을 사용하여 길이를 연장하고 네일 랩, 아크릴, 젤 등의 다양한 네일 재료를 오버레이(Overlay)함으로써 튼튼하게 유지시키는 방법이다. 물어뜯는 네일에는 아크릴 네일이 효과적이나 프리에지 라인이 일정한 경우라면 네일 팁을 적용할 수 있다.

팁 오버레이라고도 하며, 오버레이하는 네일 재료에 따라 명칭이 달라진다.

2. 팁 네일의 분류

구분	내용
팁 위드 파우더 (Tip With Powder)	· 네일 팁을 붙인 후 좀 더 보강하는 의미로 필러 파우더를 사용하여 견고하게 만들어주는 작업 방법 · 주요 재료 : 네일 팁, 필러 파우더, 네일 접착제
팁 위드 랩 (Tip With Wrap)	· 네일 팁을 붙인 후 좀 더 보강하는 의미로 네일 랩을 붙여 견고하게 만들어 주는 만들어주는 작업 방법 · 주요 재료 : 네일 팁, 네일 랩, 네일 접착제 * 필러 파우더 선택 가능
팁 위드 아크릴 (Tip With Acrylic)	· 네일 팁을 붙인 후 좀 더 보강하는 의미로 아크릴 제품을 적용하여 견고하게 만들어 주는 만들어주는 작업 방법 · 주요 재료 : 네일 팁, 아크릴 파우더, 아크릴 리퀴드
팁 위드 젤 (Tip With Gel)	· 네일 팁을 붙인 후 좀 더 보강하는 의미로 젤 제품을 적용하여 견고하게 만들어 주는 만들어주는 작업 방법 · 주요 재료 : 네일 팁, 젤, 젤 램프기기

3. 네일 팁(Nail Tip)

네일 팁은 이미 모양이 만들어진 인조 손톱으로 네일의 길이를 연장하기 위해 사용하며, 만들어진 네일 팁을 바로 접착하기 때문에 비교적 금액이 저렴하고 작업 과정이 용이하다. 네일 팁의 재질은 플라스틱(Plastic), 나일론(Nylon), 아세테이트(Acetate) 등이다.

나일론은 내마모성 · 내한성이 좋고 가벼워 성형성도 우수하고 강인하며 무독성 등의 뛰어난 성질을 지닌다는 장점을 가진 반면, 열팽창이나 수분에 의한 치수 정밀도는 불충분하고 내산성 · 내광성이 약하다는 등의 결점이 있다.

4. 팁 네일의 분류

1) 크기

1(0)~10(9) 단위로 분류되며 번호가 작을수록 사이즈가 큼

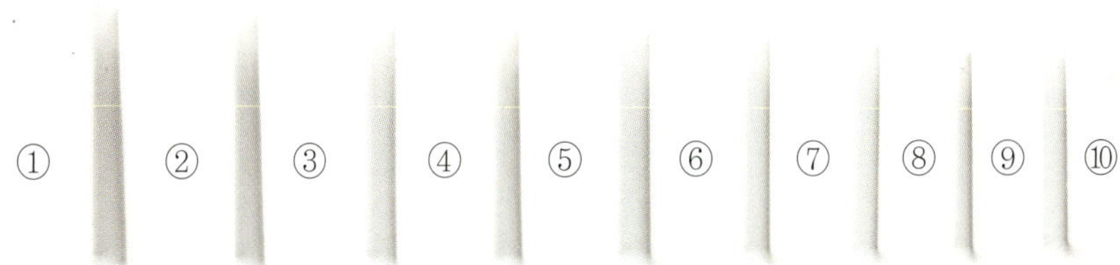

2) 컬러

투명 팁, 내추럴 팁, 컬러 팁, 아트 팁, 디자인 팁 등

3) 프리에지 형태

스퀘어, 내로우, 스퀘어 오프, 라운드, 오발, 포인트(아몬드) 등

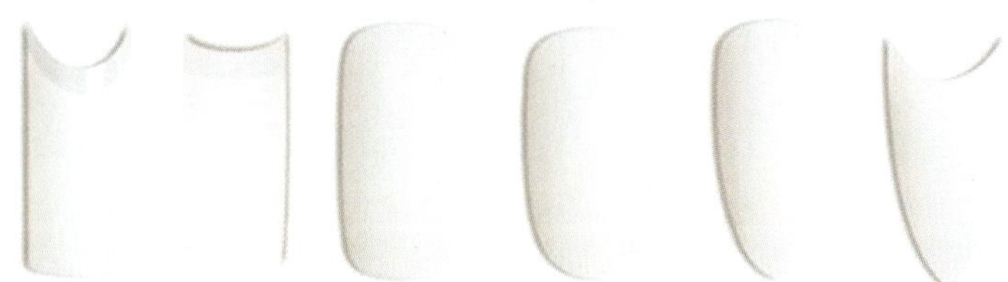

4) 옆면 곡선

일자 네일 팁, 곡선 네일 팁

5) 프리에지 곡선

C커브 네일 팁(약 40~50%), 일반 네일 팁(약 20~30%)

5. 웰(Well)

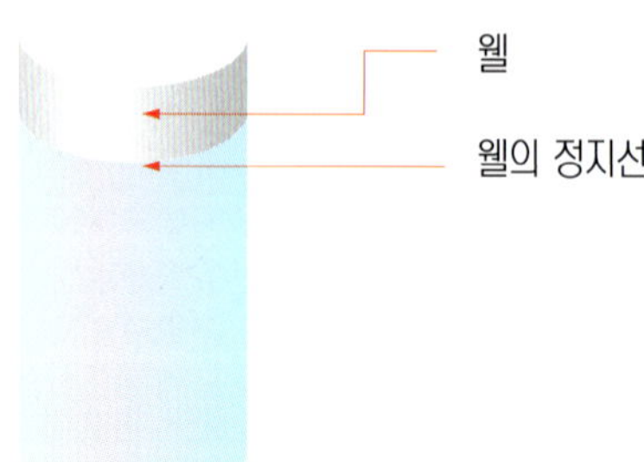

· 웰 : 네일 접착제를 바르는 곳으로 자연 네일과 네일 팁이 접착될 약간의 홈이 파여 있는 부분

· 웰의 정지선 : 웰이 끝나는 부분의 경계선으로 네일 접착제가 넘치면 안 되는 부분, 포지션 스톱(Position Stop)이라고 함

웰의 형태에 따라 하프 웰(Half Well)과 풀 웰(Full Well)로 구분된다.

· 하프 웰 : 자연스럽다는 장점이 있는 반면 네일 접착제를 도포하는 부분이 적어 풀 웰에 비해 약함
· 풀 웰 : 비교적 부자연스러우나 네일 접착제를 도포하는 부분이 넓어 하프 웰에 비해 보존력이 강함

네일 팁 종류에는 웰이 없는 네일 팁도 존재하며, 웰이 없는 네일 팁은 작업 상황에 따라 웰 부분을 임의로 정하여 네일 접착제를 도포하여 사용할 수 있다. 또한 네일 접착제를 전체적으로 도포하여 접착하는 네일 팁을 풀 커버 팁이라고 한다. 풀 커버 팁은 큐티클 부분부터 접착하여 자연스러운 손톱 연장 방법은 아니며, 이미 아트가 되어있는 경우 주로 사용한다.

[웰에 면적에 따른 네일 팁의 분류]

[웰이 없는 네일 팁의 분류]

6. 네일 팁 선택 방법

① 고객의 자연 네일의 크기와 형태에 알맞은 네일 팁을 선택한다.
② 자연 네일의 양쪽 옆면(스트레스 포인트)을 모두 커버하는 네일 팁을 선택한다.
③ 만약 잘 모르겠으면 한 사이즈 큰 네일 팁을 선택하여 조절해서 사용한다.
④ 양쪽 옆면이 움푹 들어갔거나 각진 네일은 하프 웰 처럼 얇은 네일 팁을 선택한다.
⑤ 넓적한 네일에는 끝이 좁아지는 내로우 네일 팁(Narrow Tip)을 선택한다.
⑥ 아래로 향한 네일(Claw Nail)에는 일자 네일 팁을 선택한다.
⑦ 위로 솟아 오른 네일(Spoon Nail)에는 옆선에 곡선이 있는 네일 팁을 선택한다.

7. 네일 팁 접착 방법

① 자연 네일의 형태는 웰의 정지선 형태와 동일하게 조형하여 접착한다.
② 웰이 있는 네일 팁은 자연 네일의 프리에지 단면과 웰의 정지선을 맞추어 접착한다.
③ 웰에 크기가 크면 접착 전 갈아내거나 잘라서 사용할 수 있다.
④ 웰이 있는 네일 팁은 자연 네일의 1/2 미만으로 접착한다.
⑤ 네일 팁을 자연 네일과 45°의 각도로 기포가 생기지 않도록 주의하며 접착한다.
⑥ 정면에서 비틀어지지 않고 옆면에서도 처지거나 들뜨지 않게 접착한다.
⑦ 자연 네일의 양쪽 옆면(스트레스 포인트)을 모두 커버하게 접착한다.
⑧ 웰이 없는 네일 팁은 작업 상황에 따라 웰 부분을 임의로 정하여 네일 접착제를 도포하여 접착한다.
⑨ 풀 커버 팁은 큐티클 라인부터 자연 네일 전체에 접착한다

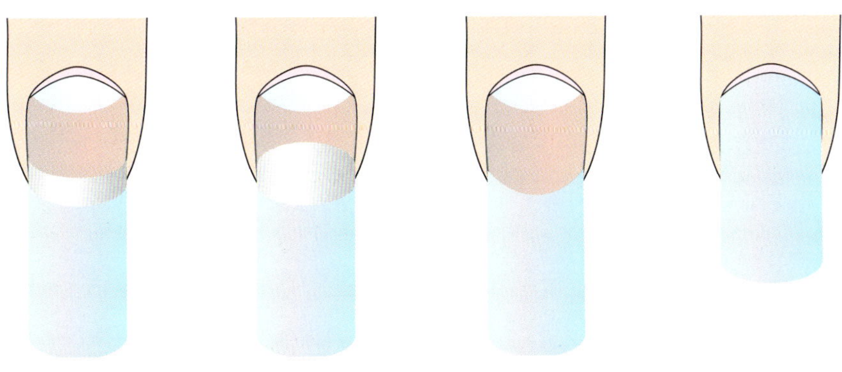

[네일 팁 종류에 따른 접착 방법]

4. 네일 접착제(Nail Glue)

네일 접착제는 네일 글루라고 하며, 네일 팁을 접착하거나 네일 랩 등을 고정할 때 사용한다. 공기 중의 수분을 흡수하여 굳는 성질의 이온 중합을 한다. 네일 접착제는 점성과 형태에 따라 구분되며 사용 용도에 맞추어 적절히 사용해야 한다. 점성이 작은 네일 접착제는 얇고 빠르게 건조하는데 유동되어 흐를 수 있다는 단점이 있고, 점성이 큰 젤 형태의 네일 접착제는 접착력과 보존력이 우수하여 네일 액세서리 등을 부착하는 용도로 많이 사용하나 제거가 어렵다.

[점성에 따른 네일 접착제의 분류]

점성	이미지	특 징
작다		· 스틱 글루(Stick Glue) 네일 팁 접착, 네일 랩과 스톤 고정 스틱타입으로 손으로 눌러 짜서 사용하는 스퀴즈(Squeeze) 방식 - 라이트 글루(Light Glue) 투명하며 액체로 가장 작은 점성을 지님 - 핑크 글루(Pink Glue) 핑크 컬러로 라이트 글루보다 점성이 큼
		· 투웨이 글루(2Way Glue) 네일 팁 접착, 인조 네일 보강, 네일 랩과 네일 스톤 고정 상단에 있는 마개를 열어 손으로 눌러 짜서 사용하는 방법과 뚜껑에 부착되어 있는 브러시를 사용하여 바르는 2가지의 사용 방법 투명하며 젤의 형태로 중간 정도의 점성을 지님
		· 브러시 글루(Brush Glue) 네일 팁 접착, 인조 네일 보강, 네일 랩과 스톤 고정 뚜껑에 부착되어있는 브러시를 사용하여 도포 투명하며 젤의 형태로 중간 정도의 점성을 지님
크다		· 액세서리 글루(Accessory Glue, Part Glue) 큰 사이즈의 스톤, 네일 액세서리, 네일 파츠 등을 고정 튜브타입으로 손으로 눌러 짜면서 사용 투명하며 끈끈한 젤의 형태로 가장 강한 점성을 지님

5. 경화 촉진제(Dry Activator, Glue Dryer)

경화 촉진제는 네일 접착제를 좀 더 빠르게 건조하는 역할을 하며 일반적으로 글루 드라이어라고 한다. 경화 촉진제는 형태에 따라 분사타입의 제품과 스포이트타입의 제품, 브러시 타입의 제품으로 구분되는데, 프레온 가스를 포함하고 있지 않는 제품을 사용하는 것이 바람직하다.

[경화 촉진제의 분류]

이미지	특 징
	· 분사 제품(가스) 일반적으로 가스를 포함하고 있으며, 고르게 분사되어 작업에는 효율적이나 눈과 호흡기에 부작용을 유발할 수 있어 주의를 기울여 사용해야 함
	· 분사 제품(액체) 가스를 포함하고 있지 않는 제품으로 사용상에는 안전하나 고르게 분사되지 않고 작업 시 뭉침 현상이 일어날 수 있음
	· 스포이트 제품(액체) 눈과 호흡기에는 비교적 자극을 덜 주지만 양 조절이 어렵고 공기 중에 노출되어 쉽게 변질될 수 있음
	· 브러시 제품(액체) 눈과 호흡기에는 비교적 자극을 덜 주고 양 조절도 용이하지만 브러시가 쉽게 굳는 단점이 있음

SECTION 3. 풀 커버 팁

1. 풀 커버 팁 작업 순서

① 소독제를 탈지면에 분사하여 작업자의 양손과 손톱 주변, 손톱을 소독한다.
② 소독제를 탈지면에 분사하여 고객의 양손과 손톱 주변, 손톱을 소독한다.
③ 자연 네일용 파일을 사용하여 프리에지의 길이를 약 0.1cm 정도로 조절하고, 프리에지의 형태를 조형한다.

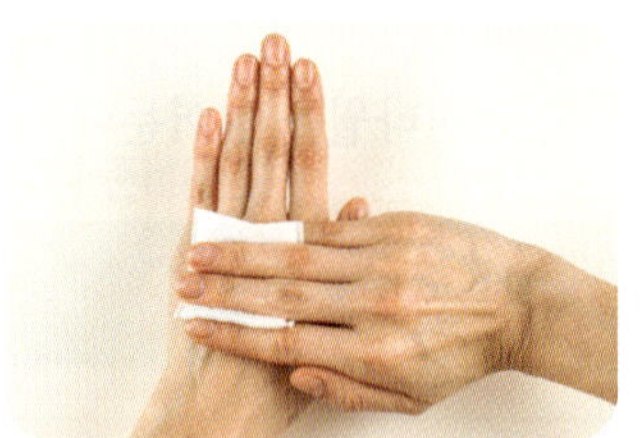
① 작업자 손 소독하기

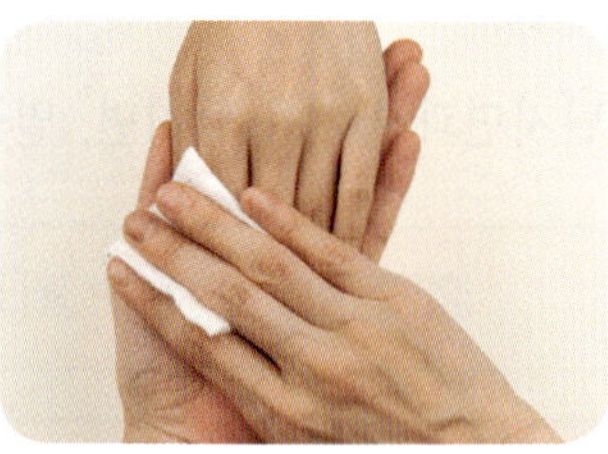
② 고객 손 소독하기

③ 프리에지 조형하기

④ 큐티클 푸셔로 큐티클을 밀어주고, 필요시 큐티클 니퍼를 사용하여 큐티클을 정리할 수 있다.
⑤ 네일 파일을 사용하여 에칭 작업을 하고, 자연 네일의 광택과 거스러미를 제거한다.
⑥ 네일 더스트 브러시를 사용하여 분진을 제거한다.

④ 큐티클 밀어 올리기

⑤ 에칭 작업하기

⑥ 분진 제거하기

⑦ 알맞은 사이즈의 풀 커버 팁을 선택하고 큐티클 라인을 확인한다.
⑧ 큐티클 라인과 동일하게 풀 커버 팁의 윗부분 라인을 조형한다.
⑨ 자연 네일의 표면의 커브와 풀 커버 팁의 커브를 확인한다.

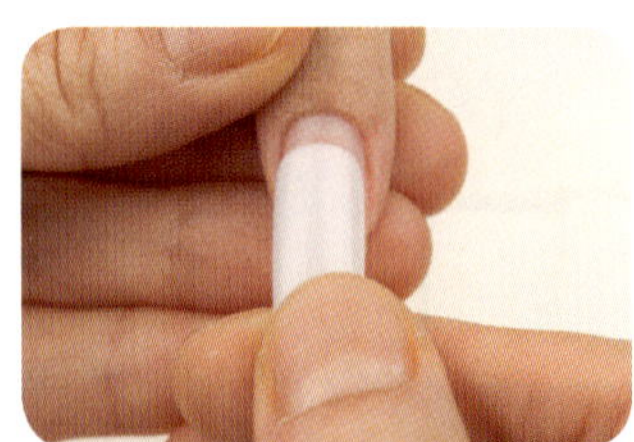
⑦ 풀 커버 팁 선택하기

⑧ 풀 커버 팁 조형하기

⑨ 커브 확인하기

⑩ 굴곡이 있는 부분에 네일 접착제를 도포한다.
⑪ 네일 접착제를 도포한 부분에 필러 파우더를 뿌려준다.
⑫ 오렌지 우드스틱을 사용하여 주변에 묻은 필러 파우더를 정리한다.

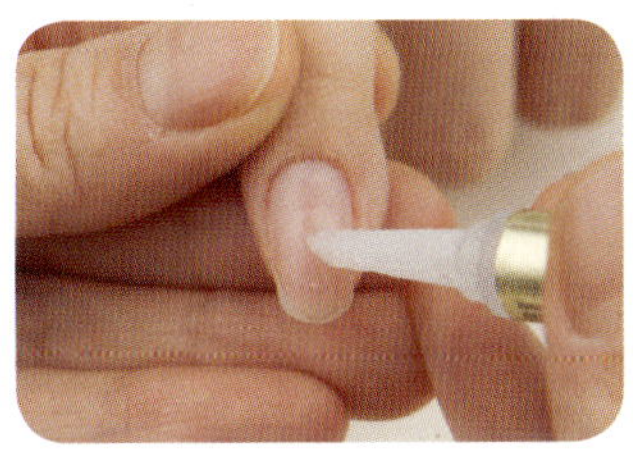
⑩ 네일 접착제 도포하기

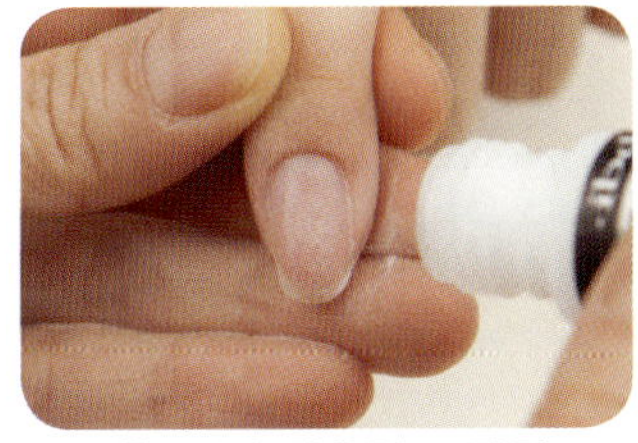
⑪ 필러 파우더 뿌리기

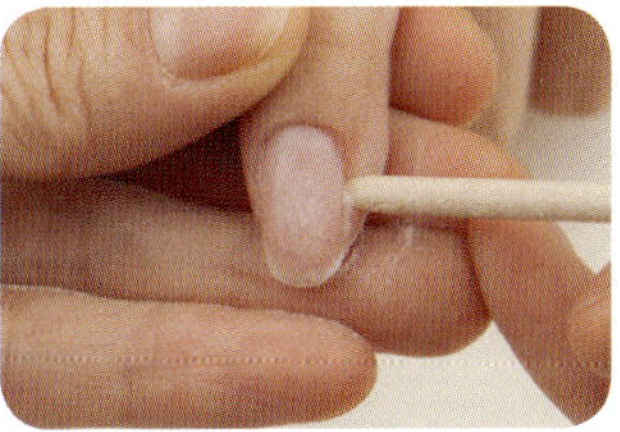
⑫ 필러 파우더 정리하기

⑬ 부족한 부분에 네일 접착제를 도포한다.
⑭ 표면에 두께를 고려하여 적당량의 필러 파우더를 뿌려준다.
⑮ 오렌지 우드스틱을 사용하여 주변에 묻은 필러 파우더를 정리한다.

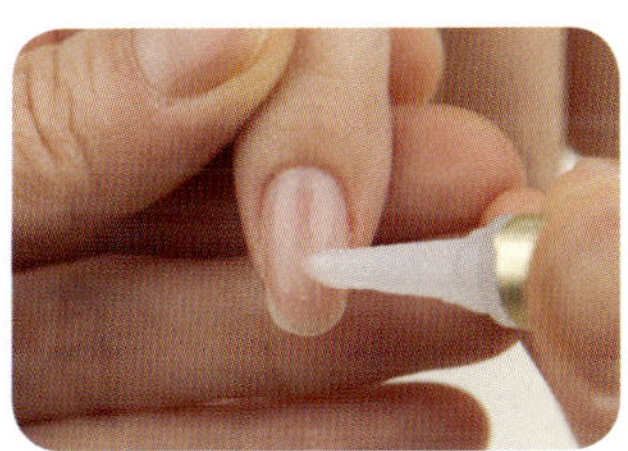
⑬ 네일 접착제 도포하기

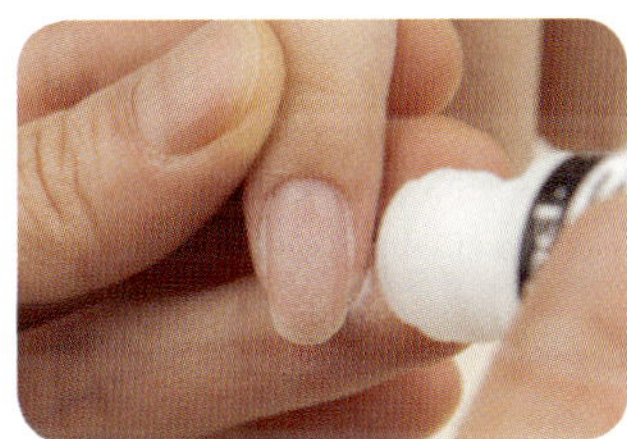
⑭ 필러 파우더 뿌리기

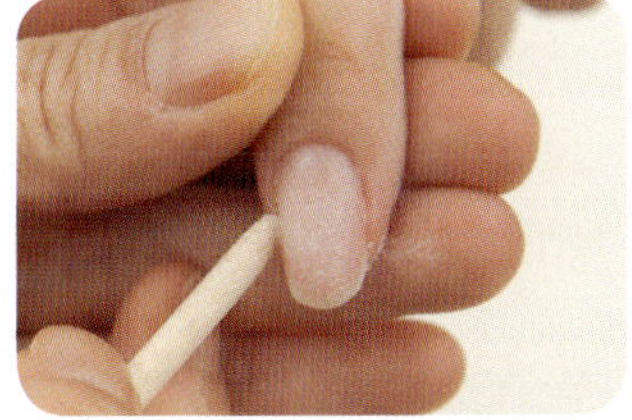
⑮ 필러 파우더 정리하기

⑯ 필러파우더가 충분히 흡수하도록 네일 접착제를 도포한다.
⑰ 자연 네일의 표면이 충분히 메꿔지면 경화 촉진제를 10cm 이상의 거리에서 약하게 분사하여 고정한다.
⑱ 인조 네일용 파일을 사용하여 자연 네일의 표면을 풀 커버 팁의 커브와 동일하게 조형한다.

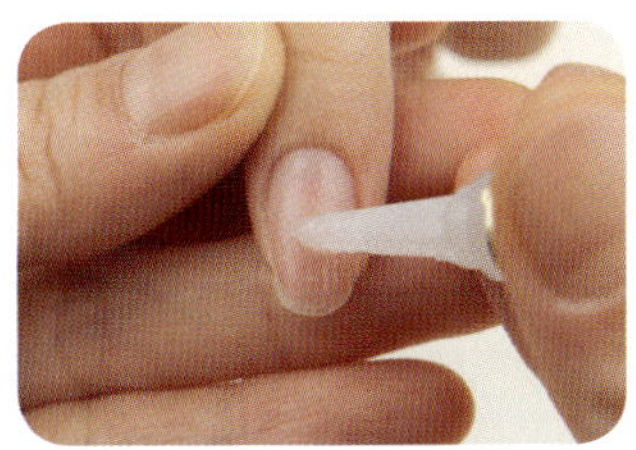
⑯ 네일 접착제 도포하기

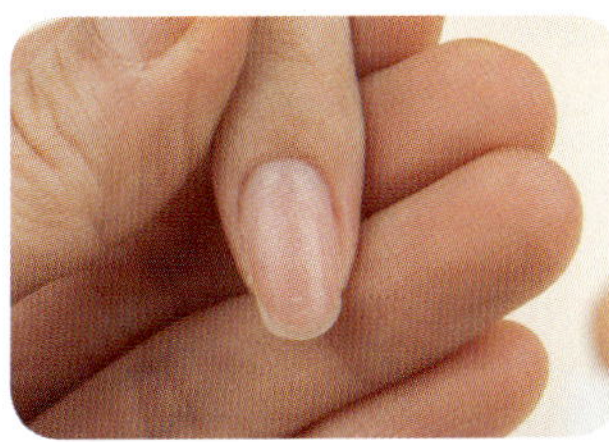
⑰ 경화 촉진제 분사하기

⑱ 표면 조형하기

⑲ 샌딩 파일을 사용하여 자연 네일의 표면을 매끄럽게 정리한다.
⑳ 네일 더스트 브러시를 사용하여 분진을 제거한다.
㉑ 브러시 글루를 자연 네일의 가운데를 중심으로 도포한다.

⑲ 표면 다듬기

⑳ 분진 제거하기

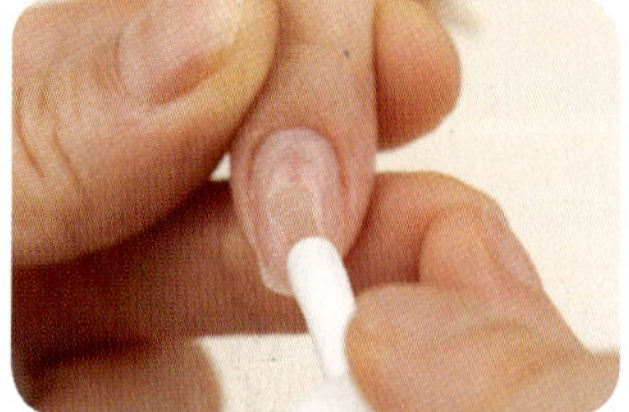
㉑ 브러시 글루 도포하기

㉒ 브러시 글루를 풀 커버 팁의 가장자리를 중심으로 도포한다.
㉓ 풀 커버 팁이 정면에서 비틀어지지 않고 옆면에서도 처지거나 들뜨지 않게 접착한다.
㉔ 경화 촉진제를 10cm 이상의 거리에서 약하게 분사하여 고정한다.

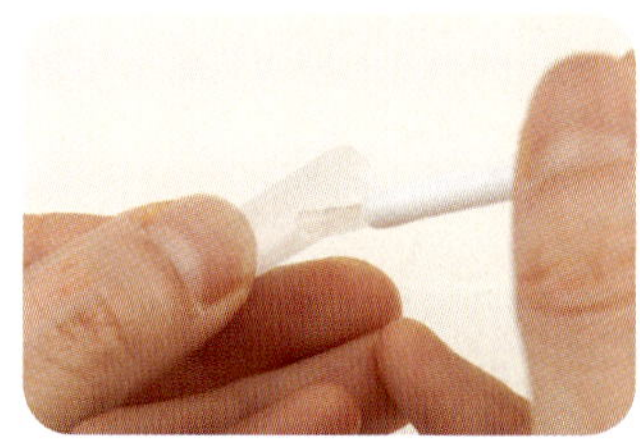
㉒ 브러시 글루 도포하기

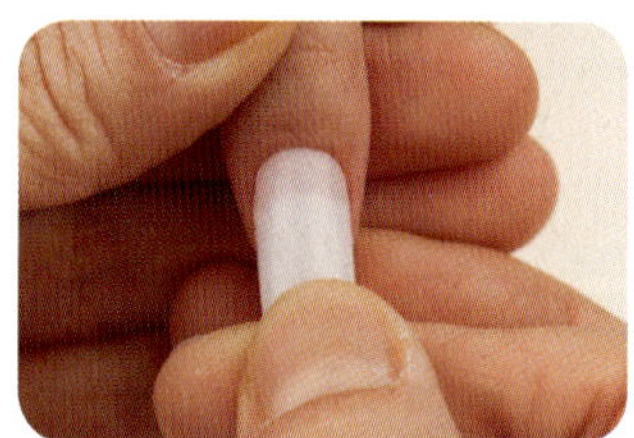
㉓ 풀 커버 팁 접착하기

㉔ 경화 촉진제 분사하기

㉕ 풀 커버 팁이 올바르게 접착되었는지 확인한다.
㉖ 손가락을 안전하게 고정한 후, 팁 커터를 사용하여 풀 커버 팁을 재단한다.
㉗ 재단한 네일 팁이 튀지 않도록 손으로 잡고 위생봉지에 버린다.

㉕ 접착 확인하기

㉖ 풀 커버 팁 재단하기

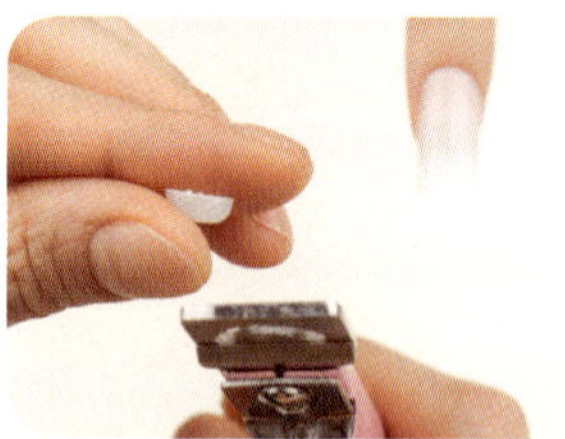
㉗ 재단한 네일 팁 잡기

㉘ 인조 네일용 파일을 사용하여 프리에지의 길이를 0.5~1mm 미만으로 조절하고 형태를 스퀘어 오프로 조형한다.
㉙ 샌딩 파일을 사용하여 풀 커버 팁의 거스러미를 제거한다.
㉚ 네일 더스트 브러시를 사용하여 분진을 제거한 후, 냉 · 온 수건 또는 멸균거즈를 사용하여 손을 닦아준다.

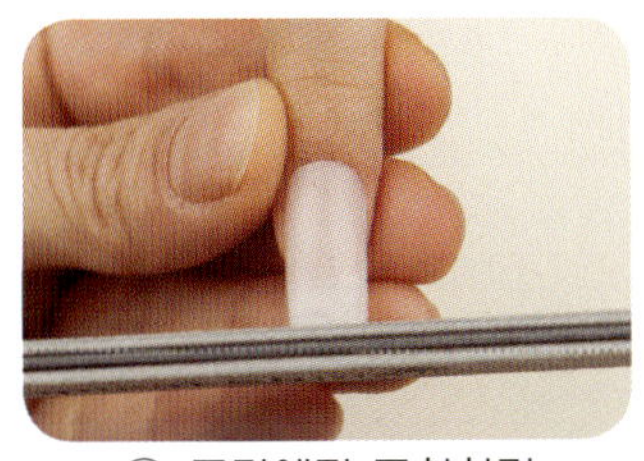
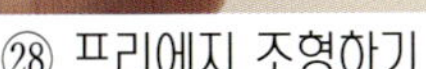
㉘ 프리에지 조형하기

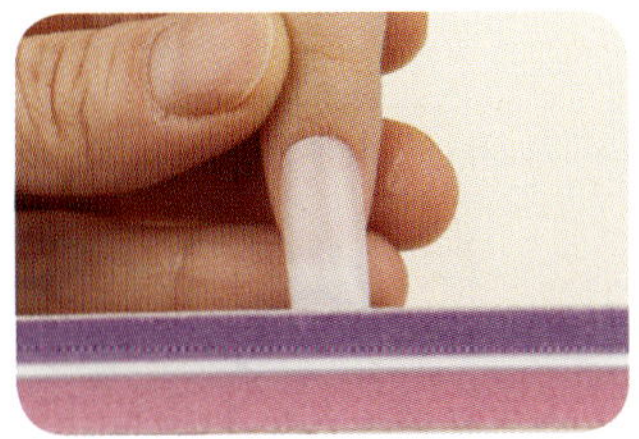
㉙ 거스러미 제거하기

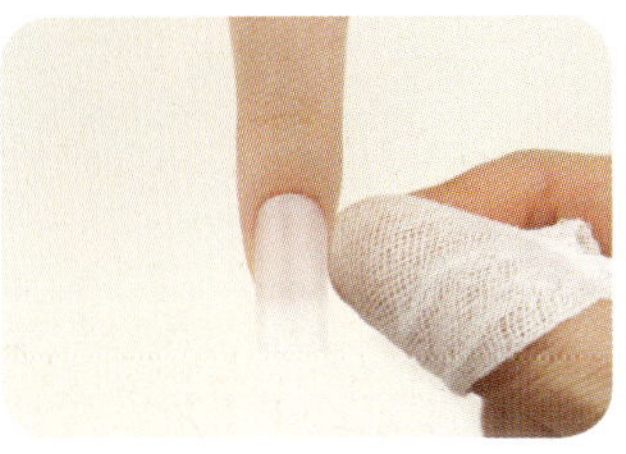
㉚ 손 닦아내기

2. 풀 커버 팁 순서 정리

손 소독 → 프리에지 조형 → 큐티클 밀기 → 에칭 작업 → 분진 제거 → 풀 커버 팁 선택 → 풀 커버 팁 조형 → 커브 확인 → 자연 네일 표면 메꾸기 → 자연 네일 표면 조형 → 자연 네일 표면 정리 → 분진 제거 → 브러시 글루 도포 → 풀 커버 팁 접착 → 풀 커버 팁 재단 → 프리에지 조형 → 거스러미 제거 → 분진 제거 → 손 닦기

3. 풀 커버 팁 완성

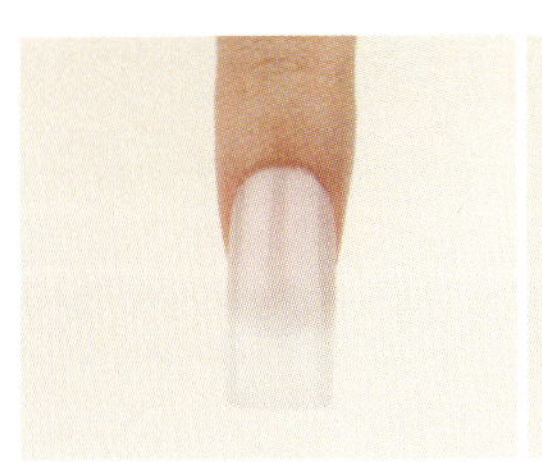
정면

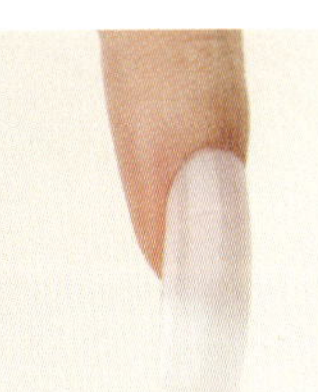
왼쪽 옆면

오른쪽 옆면

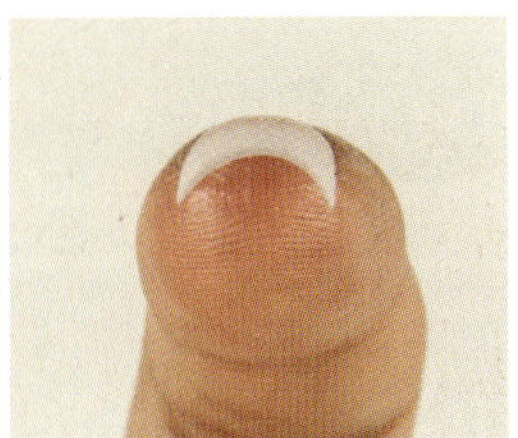
프리에지 단면

4. 풀 커버 팁 확인

순번	확인 사항	확인
①	풀 커버 팁이 올바르게 접착되었는지 확인	
②	프리에지의 길이가 0.5~1cm 미만 인지 확인	
③	정확한 스퀘어 오프 형태를 유지하는지 확인	
④	풀 커버 팁의 길이가 다른 손가락과 전부 동일한지 확인	
⑤	큐티클 라인과 풀 커버 팁이 자연스럽게 연결되었는지 확인	
⑥	네일 파일로 인하여 출혈이 발생하지 않았는지 확인	

SECTION 4. 프렌치 팁

1. 프렌치 팁 작업 순서

① 소독제를 탈지면에 분사하여 작업자의 양손과 손톱 주변, 손톱을 소독한다.
② 소독제를 탈지면에 분사하여 고객의 양손과 손톱 주변, 손톱을 소독한다.
③ 자연 네일용 파일을 사용하여 프리에지의 길이를 약 0.1cm 정도로 조절하고, 프리에지의 형태를 라운드 또는 오발로 조형한다.

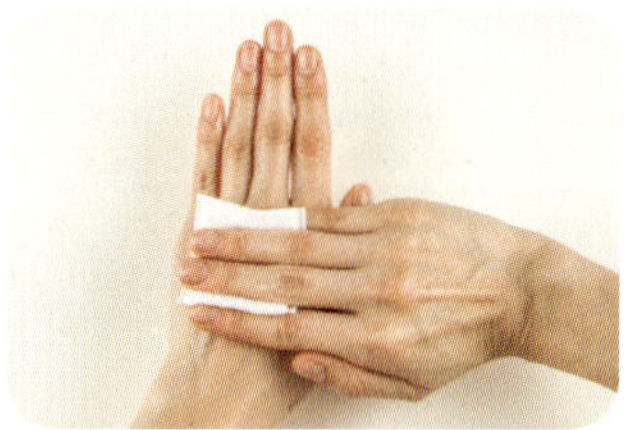
① 작업자 손 소독하기

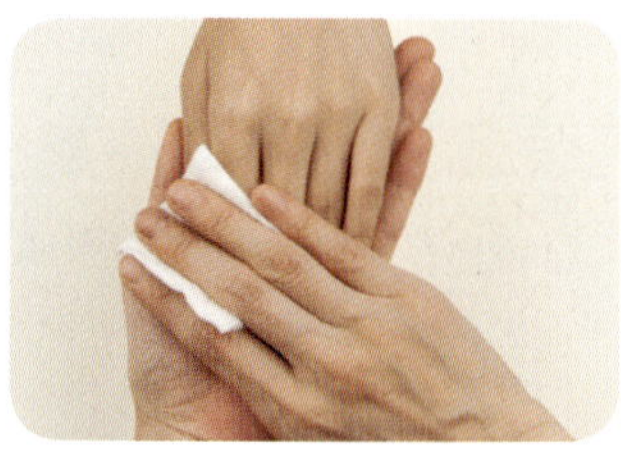
② 고객 손 소독하기

③ 프리에지 조형하기

④ 큐티클 푸셔로 큐티클을 밀어주고, 필요시 큐티클 니퍼를 사용하여 큐티클을 정리할 수 있다.
⑤ 네일 파일을 사용하여 에칭 작업을 하고, 자연 네일의 광택과 거스러미를 제거한다.
⑥ 네일 더스트 브러시를 사용하여 분진을 제거한다.

④ 큐티클 밀어 올리기

⑤ 에칭 작업하기

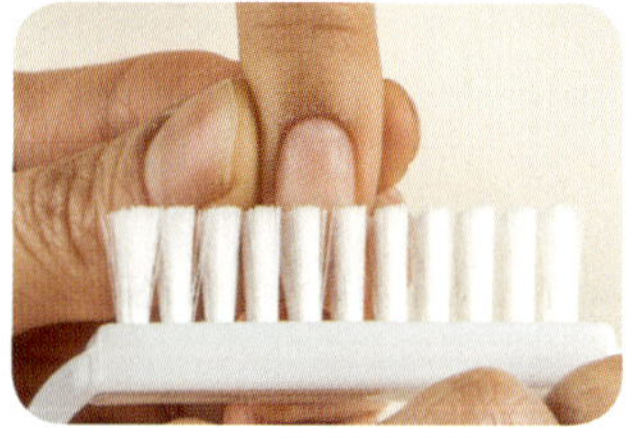
⑥ 분진 제거하기

⑦ 알맞은 사이즈의 프렌치 팁을 선택한다.
⑧ 프렌치 팁의 웰 부분에 네일 접착제를 도포한다.
⑨ 프렌치 팁이 정면에서 비틀어지지 않고 옆면에서도 처지거나 들뜨지 않게 접착한다.

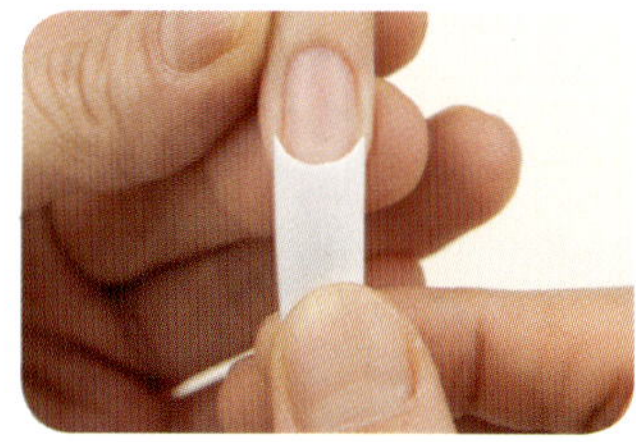
⑦ 프렌치 팁 선택하기

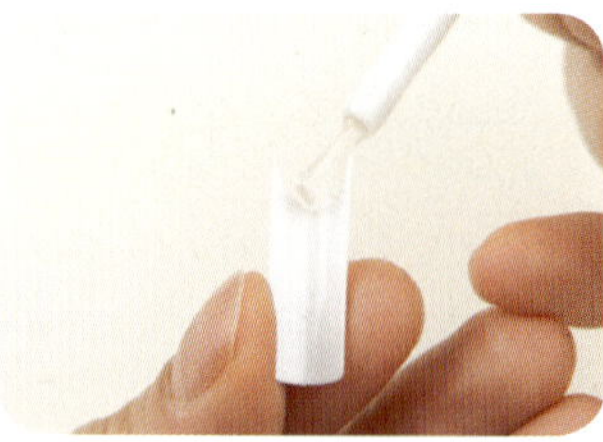
⑧ 네일 접착제 도포하기

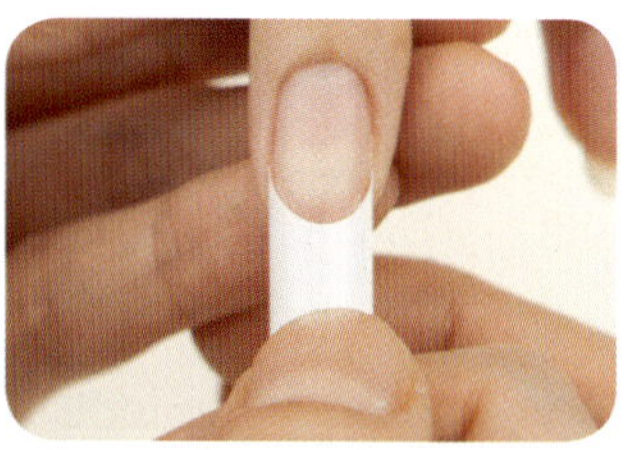
⑨ 프렌치 팁 접착하기(정면)

⑩ 프렌치 팁의 옆면 부분이 들뜨지 않게 엄지로 눌러 접착한다.
⑪ 경화 촉진제를 10cm 이상의 거리에서 약하게 분사하여 고정한다.
⑫ 손가락을 안전하게 고정 후 팁 커터를 사용하여 프렌치 팁을 재단한다.

⑩ 프렌치 팁 접착하기(옆면)

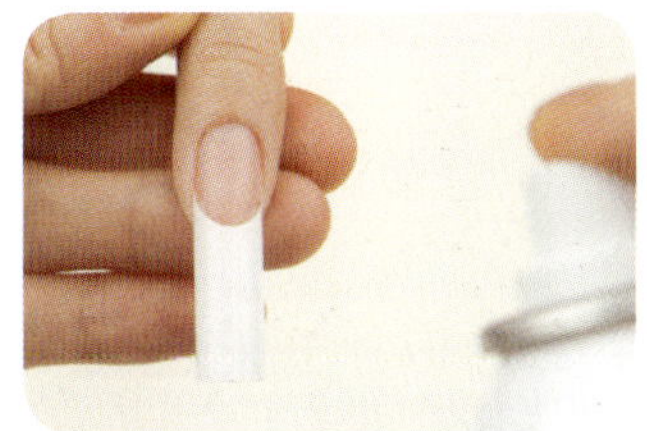
⑪ 경화 촉진제 분사하기

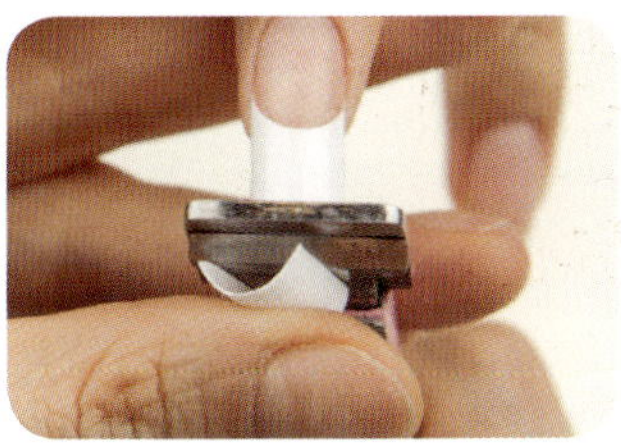
⑫ 프렌치 팁 재단하기

⑬ 재단한 네일 팁이 튀지 않도록 손으로 잡고 위생봉지에 버린다.
⑭ 샌딩 파일을 사용하여 프렌치 팁의 광택을 제거한다.
⑮ 네일 더스트 브러시를 사용하여 분진을 제거한다.

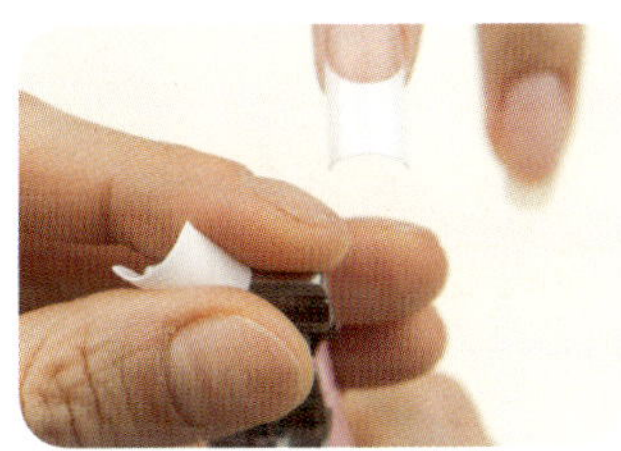
⑬ 재단한 네일 팁 잡기

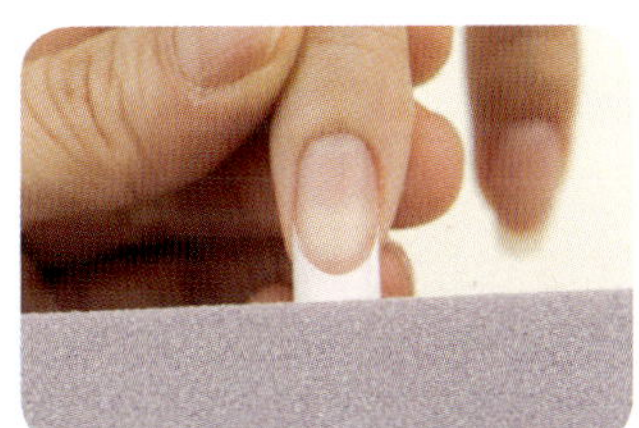
⑭ 광택 제거하기

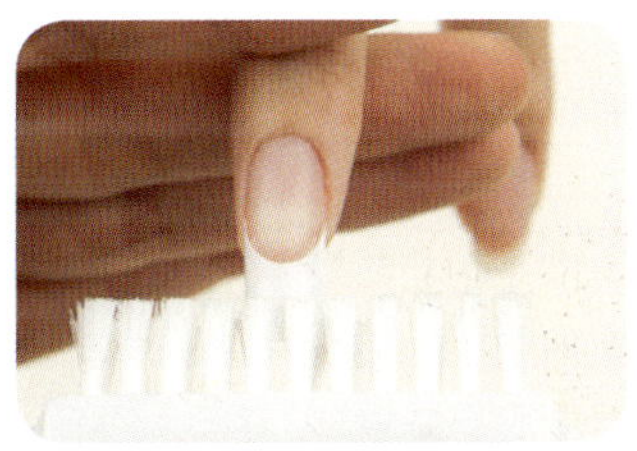
⑮ 분진 제거하기

⑯ 프렌치 라인 윗부분에 네일 접착제를 도포한다.
⑰ 네일 접착제를 도포한 부분에 필러 파우더를 뿌려준다.
⑱ 오렌지 우드스틱을 사용하여 주변에 묻은 필러 파우더를 정리한다.

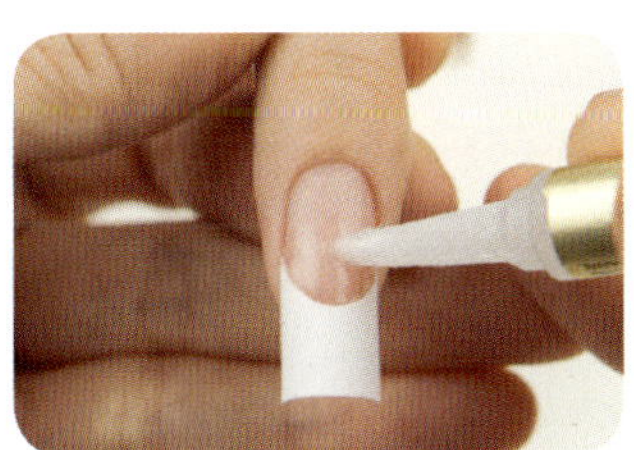
⑯ 네일 접착제 도포하기

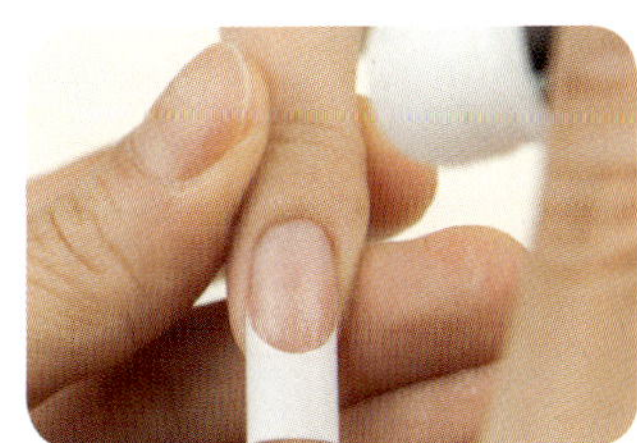
⑰ 필러 파우더 뿌리기

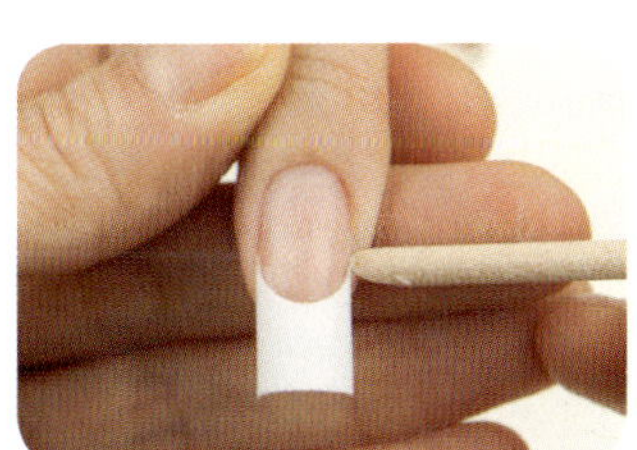
⑱ 필러 파우더 정리하기

⑲ 가장 높은 지점을 중심으로 네일 접착제를 도포한다.
⑳ 프렌치 팁의 두께를 고려하여 필러 파우더의 양을 조절하여 뿌려준다.
㉑ 오렌지 우드스틱을 사용하여 주변에 묻은 필러 파우더를 정리한 후, 네일 접착제를 도포한다.

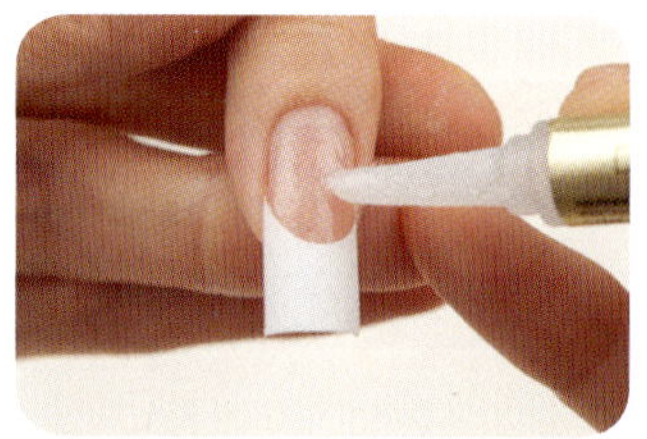
⑲ 네일 접착제 도포하기

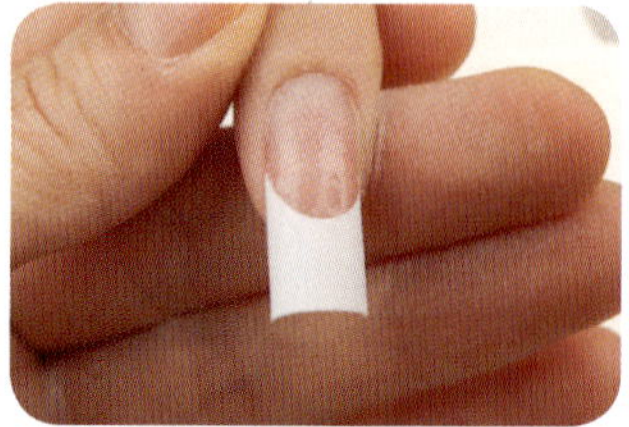
⑳ 필러 파우더 뿌리기

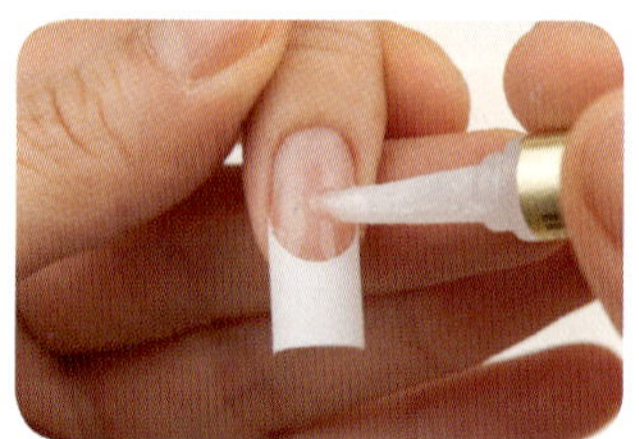
㉑ 네일 접착제 도포하기

㉒ 프렌치 팁의 두께가 형성되면 경화 촉진제를 분사한다.
㉓ 인조 네일용 파일을 사용하여 프리에지의 길이를 조절하고 형태를 스퀘어로 조형한다. (프리에지의 길이: 0.5~1cm, 프리에지의 두께: 0.5~1mm, C-형태의 곡선: 20~40%)
㉔ 인조 네일용 파일을 사용하여 인조 네일의 구조를 조형한다.

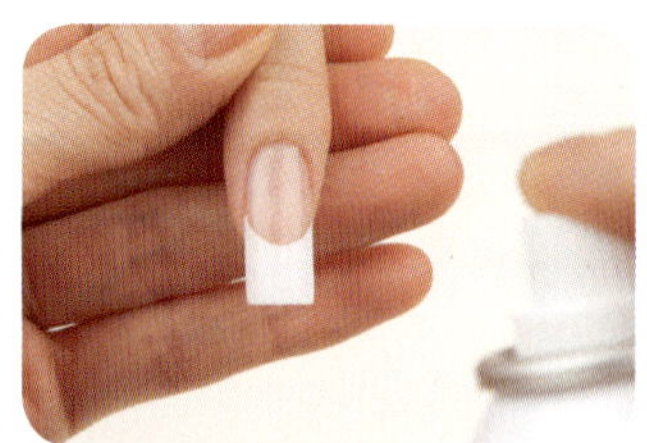
㉒ 경화 촉진제 분사하기

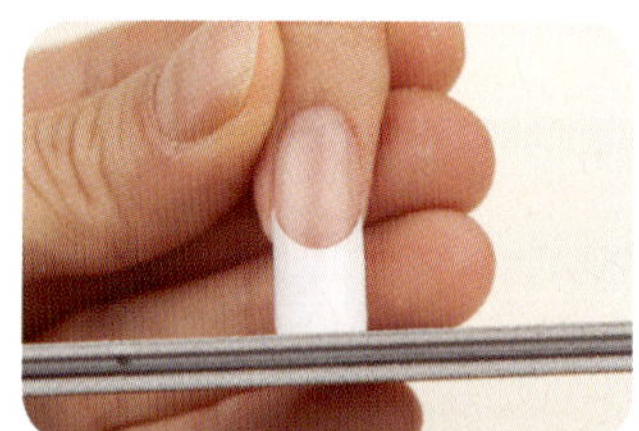
㉓ 프리에지 조형하기

㉔ 구조 조형하기

㉕ 샌딩 파일을 사용하여 표면을 매끄럽게 다듬고 거스러미를 제거한다.
㉖ 네일 더스트 브러시를 사용하여 분진을 제거한다.
㉗ 두께 보강과 광택 효과를 높이기 위해 브러시 글루를 인조 네일 전체에 도포한 후 경화 촉진제를 10cm 이상의 거리에서 약하게 분사하여 고정한다.

㉕ 표면 다듬기

㉖ 분진 제거하기

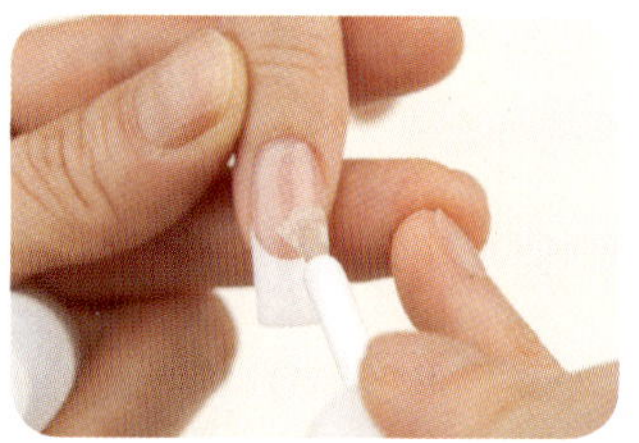
㉗ 브러시 글루 도포하기

㉘ 샌딩 파일을 사용하여 브러시 글루의 광택을 제거한다.
㉙ 광택용 파일을 사용하여 인조 네일 전체에 광택을 낸다.
㉚ 네일 더스트 브러시를 사용하여 분진을 제거한 후, 냉 · 온 수건 또는 멸균거즈를 사용하여 손을 닦아준다.

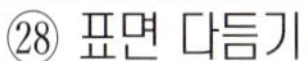
㉘ 표면 다듬기

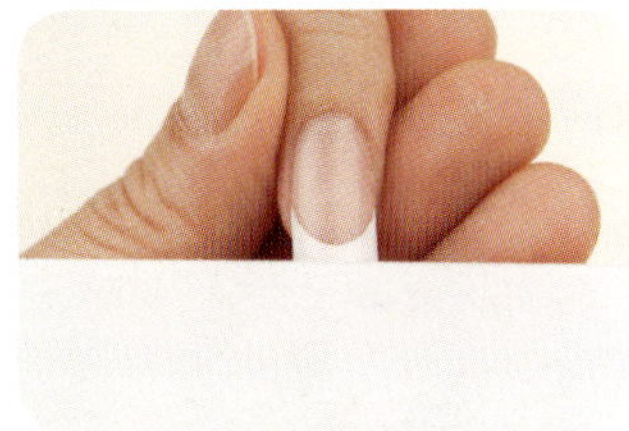
㉙ 광택내기

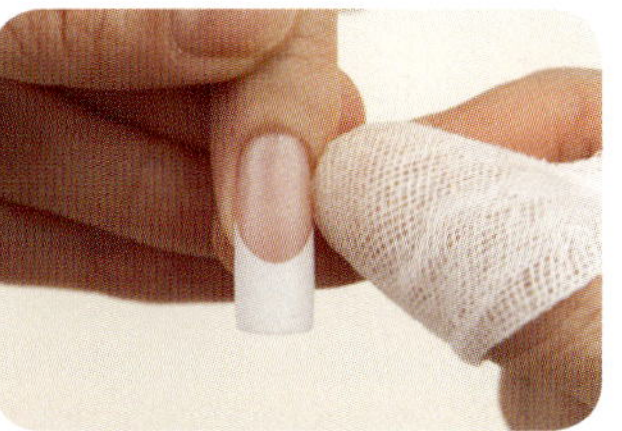
㉚ 손 닦아내기

2. 프렌치 팁 순서 정리

손 소독 → 프리에지 조형 → 큐티클 밀기 → 에칭 작업 → 분진 제거 → 프렌치 팁 선택 → 프렌치 팁 접착 → 프렌치 팁 재단 → 프렌치 팁 광택 제거 → 분진 제거 → 두께 조절 → 구조 조형 → 표면 정리 → 분진 제거 → 브러시 글루 도포 → 광택 제거 → 광택내기 → 분진 제거 → 손 닦기

3. 프렌치 팁 완성

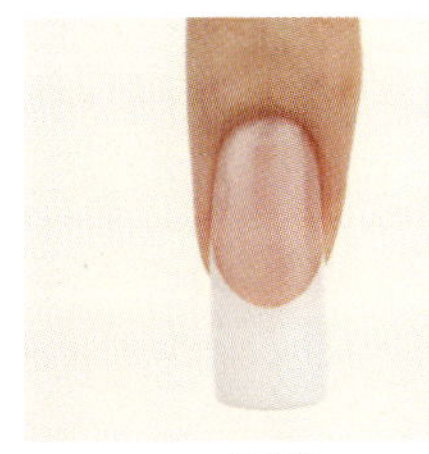
정면

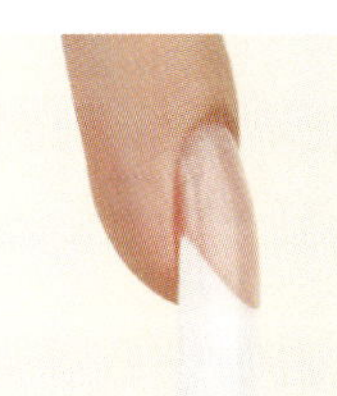
왼쪽 옆면

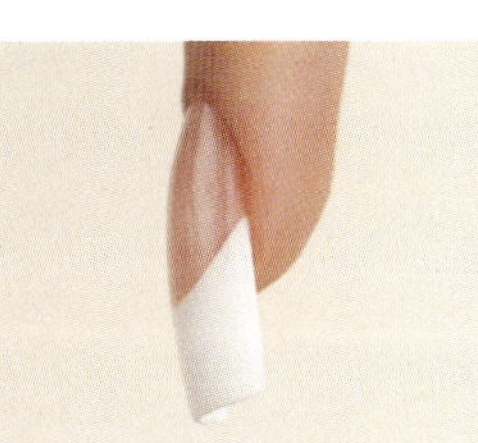
오른쪽 옆면

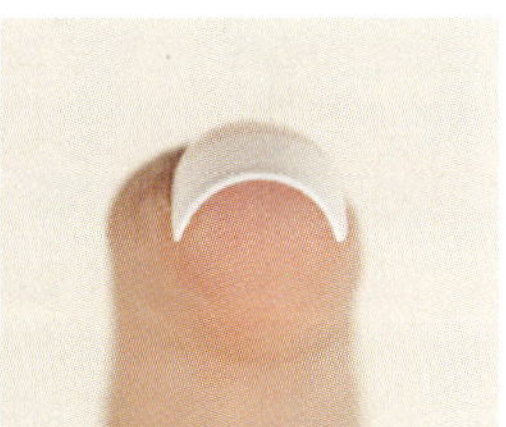
프리에지 단면

4. 프렌치 팁 확인

순번	확인 사항	확인
①	프렌치 팁이 올바르게 접착되었는지 확인	
②	프리에지의 길이가 0.5~1cm 미만, 두께가 0.5~1mm 이하인지 확인	
③	C-형태의 곡선이 20~40% 유지하고 정확한 스퀘어 형태를 유지하는지 확인	
④	프렌치 팁의 스마일 라인이 선명하고 표면이 매끄럽고, 광택이 나는지 확인	
⑤	프렌치 팁의 길이와 두께, 곡선이 다른 손가락과 전부 동일한지 확인	
⑥	자연 네일과 인조 네일이 자연스럽게 연결되었는지 확인	
⑦	네일 파일로 인하여 출혈이 발생하지 않았는지 확인	

SECTION 5. 내추럴 팁

1. 내추럴 팁 작업 순서

① 소독제를 탈지면에 분사하여 작업자의 양손과 손톱 주변, 손톱을 소독한다.
② 소독제를 탈지면에 분사하여 고객의 양손과 손톱 주변, 손톱을 소독한다.
③ 자연 네일용 파일을 사용하여 프리에지의 길이를 약 0.1cm 정도로 조절하고, 프리에지의 형태를 라운드 또는 오발로 조형한다.

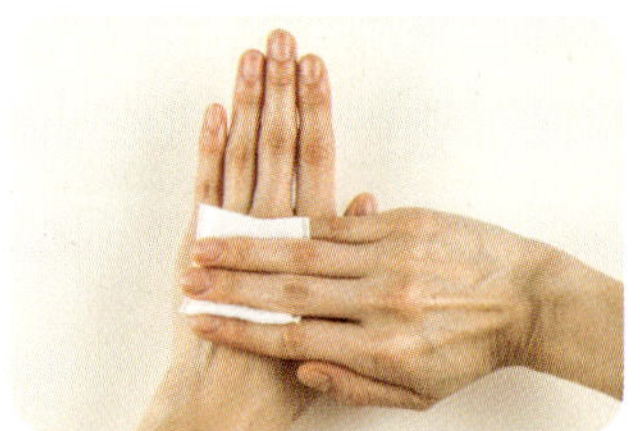
① 작업자 손 소독하기

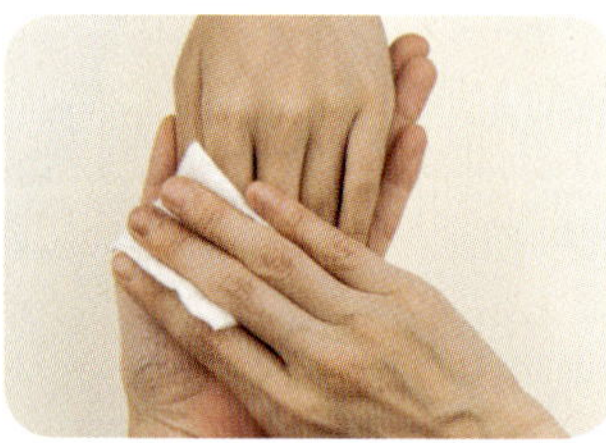
② 고객 손 소독하기

③ 프리에지 조형하기

④ 큐티클 푸셔로 큐티클을 밀어주고, 필요시 큐티클 니퍼를 사용하여 큐티클을 정리할 수 있다.
⑤ 네일 파일을 사용하여 에칭 작업을 하고, 자연 네일의 광택과 거스러미를 제거한다.
⑥ 네일 더스트 브러시를 사용하여 분진을 제거한다.

④ 큐티클 밀어 올리기

⑤ 에칭 작업하기

⑥ 분진 제거하기

⑦ 알맞은 사이즈의 내추럴 팁을 선택한다.
⑧ 내추럴 팁의 웰 부분에 네일 접착제를 도포한다.
⑨ 내추럴 팁이 정면에서 비틀어지지 않고 옆면에서도 처지거나 들뜨지 않게 접착한다.

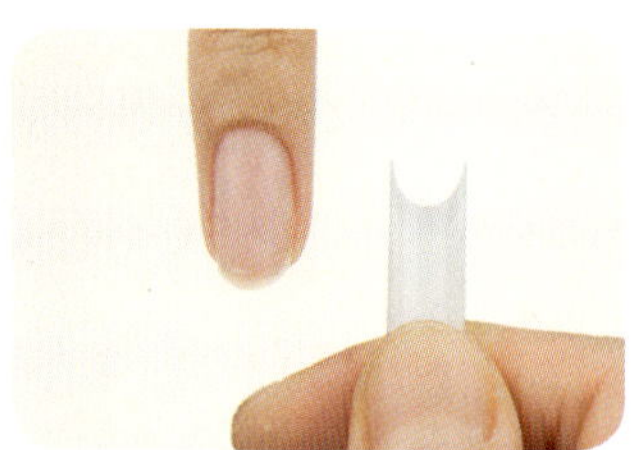
⑦ 내추럴 팁 선택하기

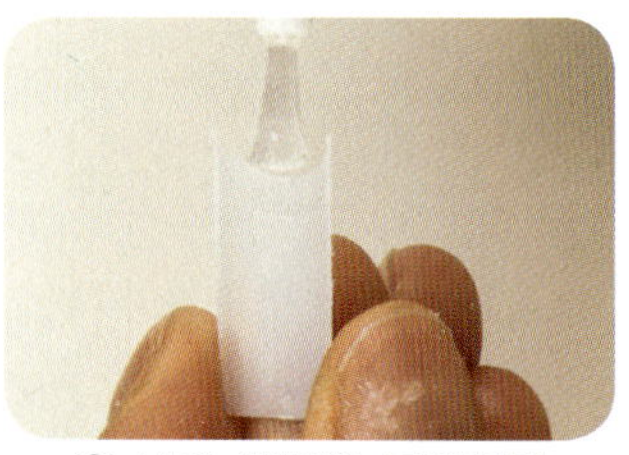
⑧ 네일 접착제 도포하기

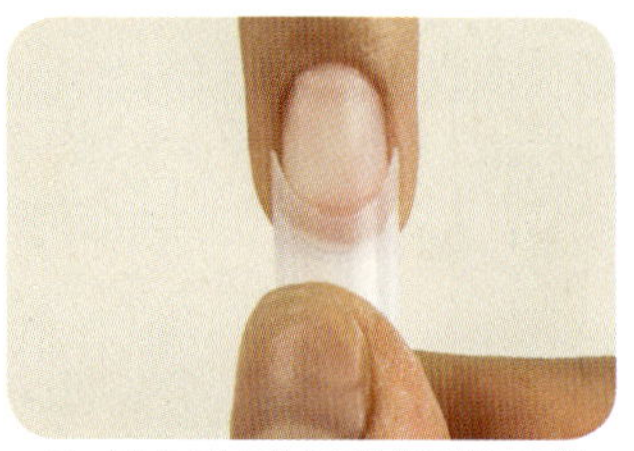
⑨ 내추럴 팁 접착하기(정면)

⑩ 내추럴 팁의 옆면 부분이 들뜨지 않게 엄지로 눌러 접착한다.
⑪ 경화 촉진제를 10cm 이상의 거리에서 약하게 분사하여 고정한다.
⑫ 고객의 손가락을 안전하게 고정 후 팁 커터를 사용하여 내추럴 팁을 재단한다.

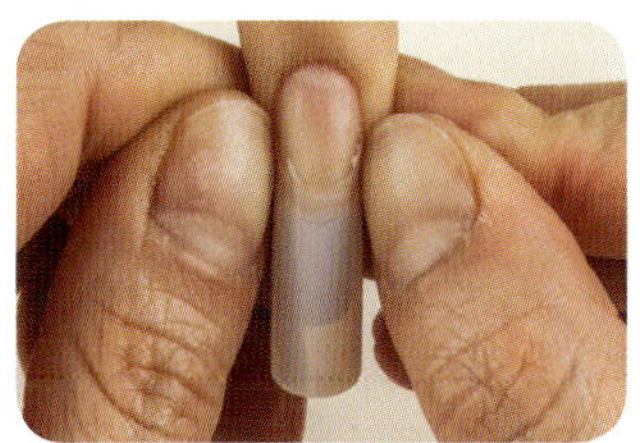
⑩ 내추럴 팁 접착하기(옆면)

⑪ 경화 촉진제 분사하기

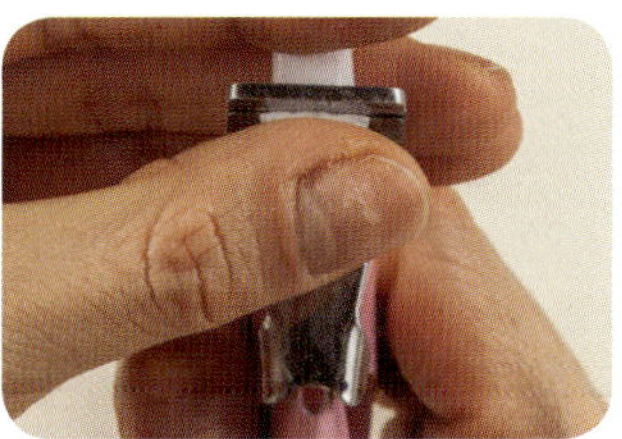
⑫ 내추럴 팁 재단하기

⑬ 재단한 네일 팁이 튀지 않도록 손으로 잡고 위생봉지에 버린다.
⑭ 네일 팁 양쪽 옆면 부분의 팁 턱을 제거한다.
⑮ 자연 네일과 매끄럽게 연결되도록 후 네일 팁 정면 부분의 팁 턱을 제거한다.

⑬ 재단한 네일 팁 잡기

⑭ 네일 팁 턱 제거하기

⑮ 네일 팁 턱 제거하기

⑯ 샌딩 파일을 사용하여 내추럴 팁의 광택을 제거하고, 네일 더스트 브러시를 사용하여 분진을 제거한다.
⑰ 네일 접착제와 필러 파우더를 사용하여 팁 위드 파우더의 두께를 조절한다. 두께를 형성해야 하는 부분에 네일 접착제를 도포한다.
⑱ 네일 접착제를 도포한 부분에 필러 파우더를 뿌려준다.

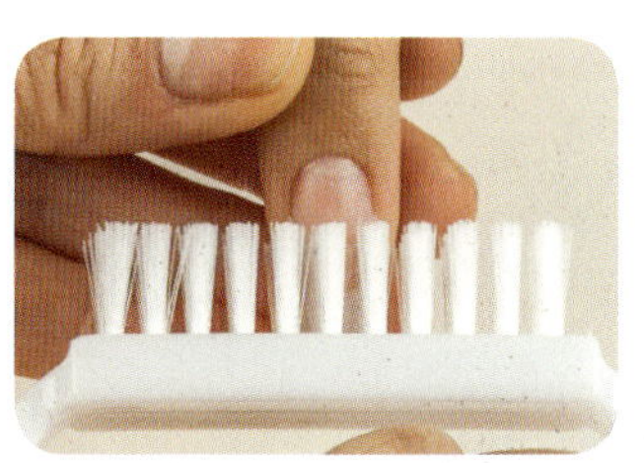
⑯ 분진 제거하기

⑰ 네일 접착제 도포

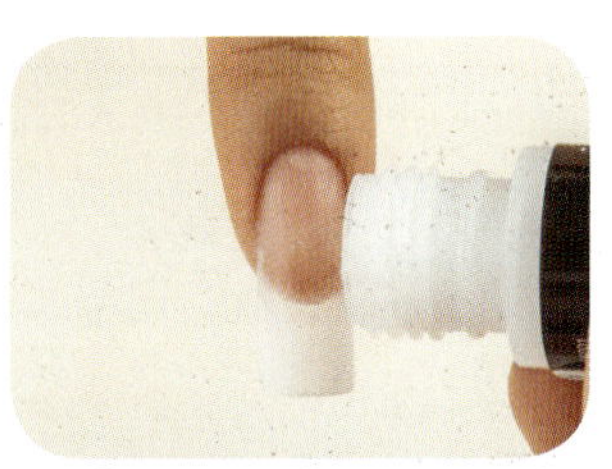
⑱ 필러 파우더 뿌리기

⑲ 오렌지 우드스틱을 사용하여 주변에 묻은 필러 파우더를 정리한 후, 네일 접착제를 도포한다.

⑳ 내추럴 팁의 두께를 고려하여 필러 파우더를 적당히 뿌려준다.

㉑ 오렌지 우드스틱을 사용하여 주변에 묻은 필러 파우더를 정리한 후, 네일 접착제를 도포한다.

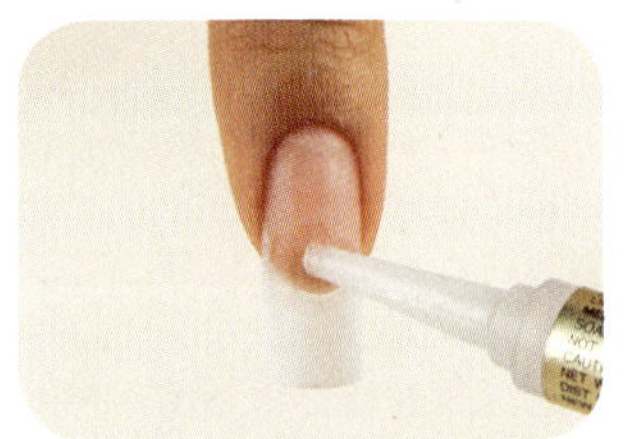
⑲ 네일 접착제 도포

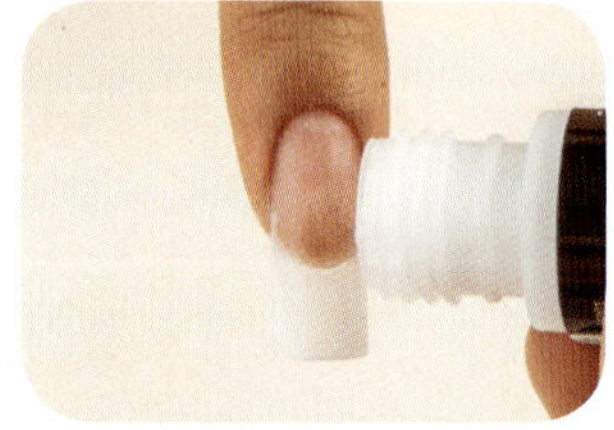
⑳ 필러 파우더 뿌리기

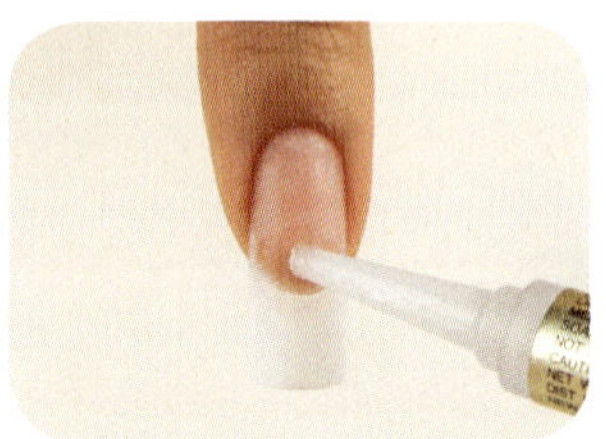
㉑ 네일 접착제 도포

㉒ 내추럴 팁의 두께가 형성되면 경화 촉진제를 분사한다.

㉓ 인조 네일용 파일을 사용하여 프리에지의 길이를 조절하고 형태를 스퀘어로 조형한다. (프리에지의 길이: 0.5~1cm, 프리에지의 두께: 0.5~1mm, C-형태의 곡선: 20~40%)

㉔ 인조 네일용 파일을 사용하여 인조 네일의 구조를 조형한다.

㉒ 경화 촉진제 분사하기

㉓ 프리에지 조형하기

㉔ 구조 조형하기

㉕ 샌딩 파일을 사용하여 표면을 매끄럽게 다듬고 거스러미를 제거한다.

㉖ 네일 더스트 브러시를 사용하여 분진을 제거한다.

㉗ 두께 보강과 광택 효과를 높이기 위해 브러시 글루를 인조 네일 전체에 도포한 후 경화 촉진제를 10cm 이상의 거리에서 약하게 분사하여 고정한다.

㉕ 표면 다듬기

㉖ 분진 제거하기

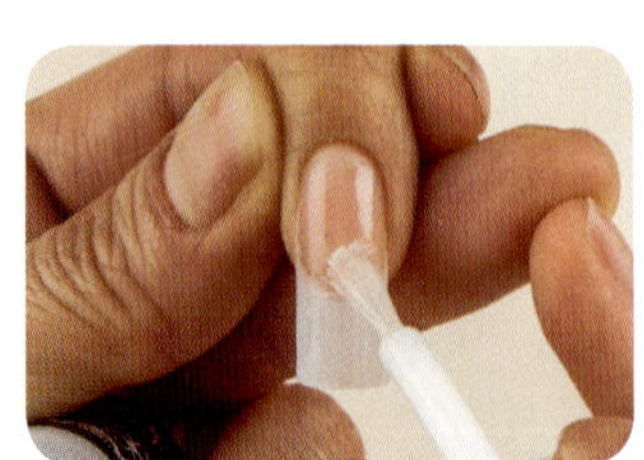
㉗ 브러시 글루 도포하기

㉘ 샌딩 파일을 사용하여 브러시 글루의 광택을 제거한다.
㉙ 광택용 파일을 사용하여 인조 네일 전체에 광택을 낸다.
㉚ 네일 더스트 브러시를 사용하여 분진을 제거한 후, 냉 · 온 수건 또는 멸균거즈를 사용하여 손을 닦아준다.

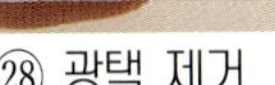
㉘ 광택 제거

㉙ 광택내기

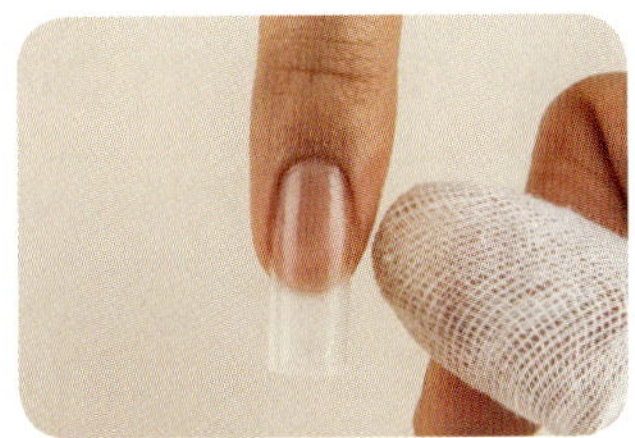
㉚ 손 닦아내기

2. 내추럴 팁 순서 정리

손 소독 → 프리에지 조형 → 큐티클 밀기 → 에칭 작업 → 분진 제거 → 내추럴 팁 선택 → 내추럴 팁 접착 → 내추럴 팁 재단 → 내추럴 팁 턱 제거 → 내추럴 팁 광택 제거 → 분진 제거 → 두께 조절 → 구조 조형 → 표면 정리 → 분진 제거 → 브러시 글루 도포 → 광택 제거 → 광택내기 → 분진 제거 → 손 닦기

3. 내추럴 팁 완성

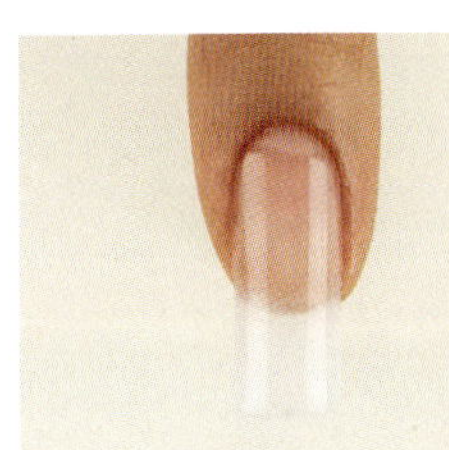
정면

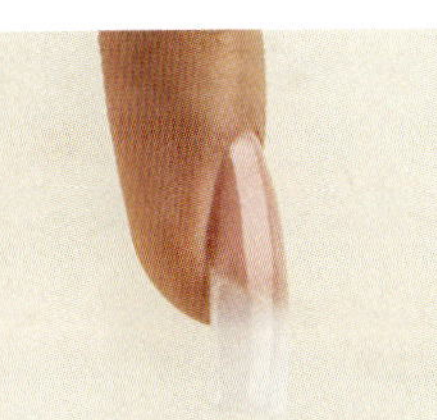
왼쪽 옆면

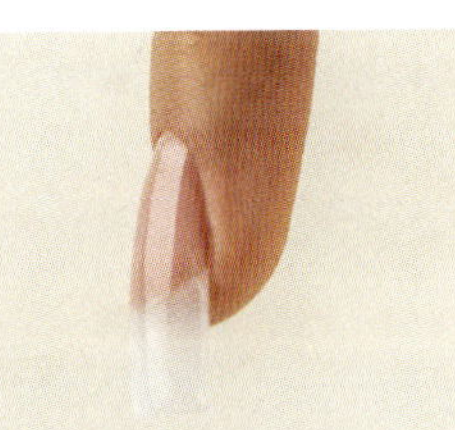
오른쪽 옆면

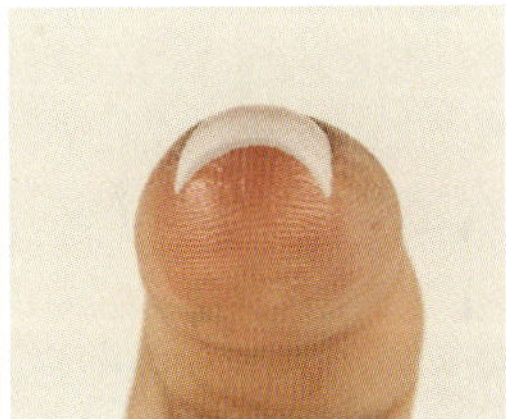
프리에지 단면

4. 내추럴 팁 확인

순번	확인 사항	확인
①	내추럴 팁이 올바르게 접착되었는지 확인	
②	프리에지의 길이가 0.5~1cm 미만, 두께가 0.5~1mm 이하인지 확인	
③	C-형태의 곡선이 20~40% 유지하고 정확한 스퀘어 형태를 유지하는지 확인	
④	내추럴 팁의 표면이 굴곡 없이 매끄럽고, 광택이 나는지 확인	
⑤	내추럴 팁의 길이와 두께, 곡선이 다른 손가락과 전부 동일한지 확인	
⑥	자연 네일과 인조 네일이 자연스럽게 연결되었는지 확인	
⑦	네일 파일로 인하여 출혈이 발생하지 않았는지 확인	

PART 9.

팁 위드 랩

네일 팁과 네일 랩을 적용하여 네일의 길이를 연장하고 조형하는 능력

능력단위요소	수 행 준 거
팁 위드 랩 네일 팁 적용하기	1.1 자연 네일의 크기와 모양에 따라 네일 팁을 선택할 수 있다 1.2 손가락과 손톱 방향에 따라 네일 팁을 접착할 수 있다. 1.3 네일 팁의 종류에 따라 팁 턱을 제거할 수 있다.
네일 랩 적용하기	2.1 인조 네일의 보강을 위하여 네일 랩을 적용할 수 있다. 2.2 네일 상태에 따라 팁 위드 랩의 두께를 조절할 수 있다. 2.3 형태를 조형하기 위해 기초 구조를 만들 수 있다.
팁 위드 랩 네일 파일 적용하기	3.1 팁 위드 랩 구조를 고려하여 네일 파일을 선택할 수 있다. 3.2 네일 파일을 사용하여 팁 위드 랩 형태를 조형할 수 있다. 3.3 팁 위드 랩 완성도를 위하여 순차적인 네일 파일을 선택하여 광택을 낼 수 있다.

팁 위드 랩 네일의 주요 학습 포인트!

팁 위드 랩은 네일 팁을 붙인 후 좀 더 보강하는 의미로 네일 랩을 붙여 견고하게 만들어주는 작업 방법을 말한다. 필러 파우더 사용은 선택 가능하며 주요 재료는 네일 팁, 네일 랩, 네일 접착제를 사용한다.

본 파트에서는 네일 팁과 네일 랩의 활용 방법과 네일 랩을 오버레이하는 것에 중점을 두고 학습한다.

SECTION 1	팁 위드 랩

◈ 팁 위드 랩 작업 준비사항

※ 작업자의 복장 및 작업대 준비

① 작업자는 위생가운과 보안경, 마스크를 착용한다.
② 작업대를 소독한 후, 수건을 깔고 위생봉지를 붙인다.
③ 고객의 방향에 손목 받침대를 올려놓고 손목 받침대 앞쪽으로 키친타월을 깐다.
④ 재료 정리함을 사용하기 편한 위치에 놓는다.

[작업대 준비물품]

준비물품	수건, 손목 받침대, 키친타월, 위생봉지, 재료 정리함

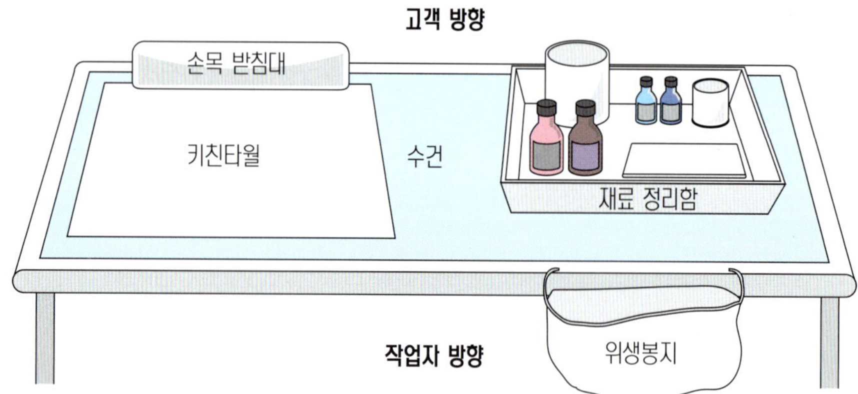

※ 재료 정리함 준비

① 재료 정리함에 팁 위드 랩 재료를 준비하고 네일 도구의 소독을 마친다.
② 소독용기 바닥에 탈지면을 깔고 큐티클 니퍼, 큐티클 푸셔, 네일 클리퍼, 오렌지 우드스틱, 네일 더스트 브러시를 넣고 에탄올수용액 70%에 10분 이상 담가준다.
③ 파일 꽂이에 자연 네일용 파일, 인조 네일용 파일, 샌딩 파일, 광택용 파일, 팁 커터, 가위를 꽂아준다.
④ 뚜껑이 있는 용기에 소독용 탈지면과 제거용 탈지면, 멸균거즈, 키친타월을 넣어둔다.

[재료 정리함 준비물품]

준비물품	· 소독용기(큐티클 니퍼, 큐티클 푸셔, 네일 클리퍼, 오렌지 우드스틱, 네일 더스트 브러시) · 파일 꽂이(자연 네일용 파일, 인조 네일용 파일, 샌딩 파일, 광택용 파일, 팁 커터, 가위) · 용기(소독용 탈지면, 제거용 탈지면, 멸균거즈, 키친타월) · 네일 팁, 네일 랩(실크), 네일 접착제, 필러 파우더, 경화 촉진제 · 에탄올, 소독제, 지혈제

SECTION 1. 팁 위드 랩

1. 팁 위드 랩 작업 순서

① 소독제를 탈지면에 분사하여 작업자의 양손과 손톱 주변, 손톱을 소독한다.
② 소독제를 탈지면에 분사하여 고객의 양손과 손톱 주변, 손톱을 소독한다.
③ 자연 네일용 파일을 사용하여 프리에지의 길이를 약 0.1cm 정도로 조절하고, 프리에지의 형태를 라운드 또는 오발로 조형한다.

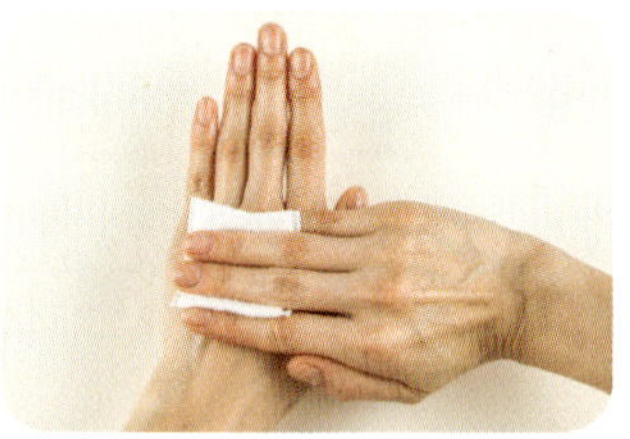
① 작업자 손 소독하기

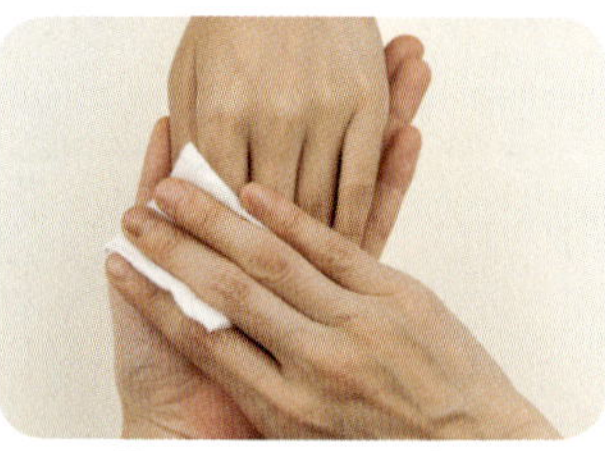
② 고객 손 소독하기

③ 프리에지 조형하기

④ 큐티클 푸셔로 큐티클을 밀어주고, 필요시 큐티클 니퍼를 사용하여 큐티클을 정리할 수 있다.
⑤ 네일 파일을 사용하여 에칭 작업을 하고, 자연 네일의 광택과 거스러미를 제거한다.
⑥ 네일 더스트 브러시를 사용하여 분진을 제거한다.

④ 큐티클 밀어 올리기

⑤ 에칭 작업하기

⑥ 분진 제거하기

⑦ 알맞은 사이즈의 네일 팁을 선택한다.
⑧ 네일 팁의 웰 부분에 네일 접착제를 도포한다.
⑨ 네일 팁이 정면에서 비틀어지지 않고 옆면에서도 처지거나 들뜨지 않게 접착한다.

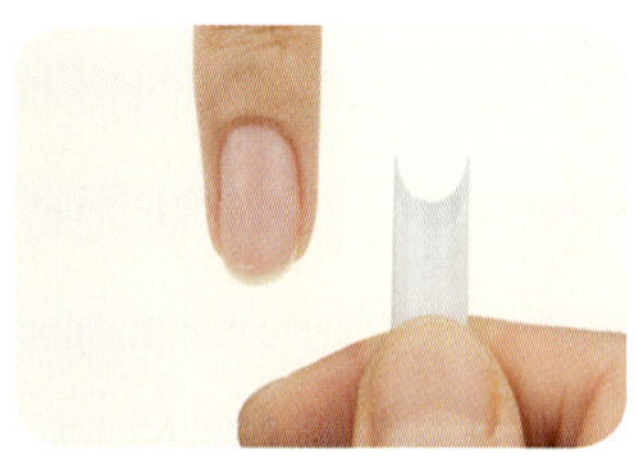
⑦ 네일 팁 선택하기

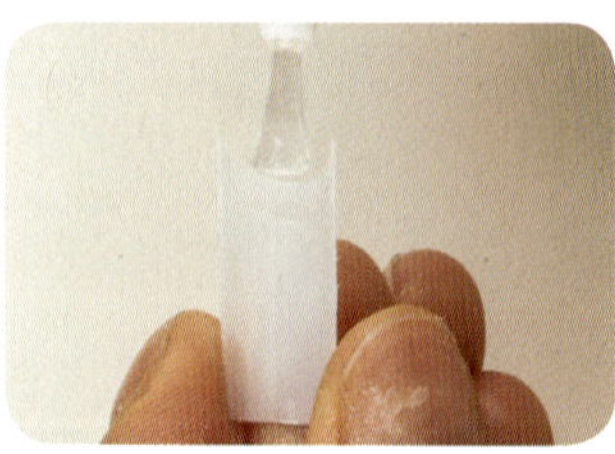
⑧ 네일 접착제 도포하기

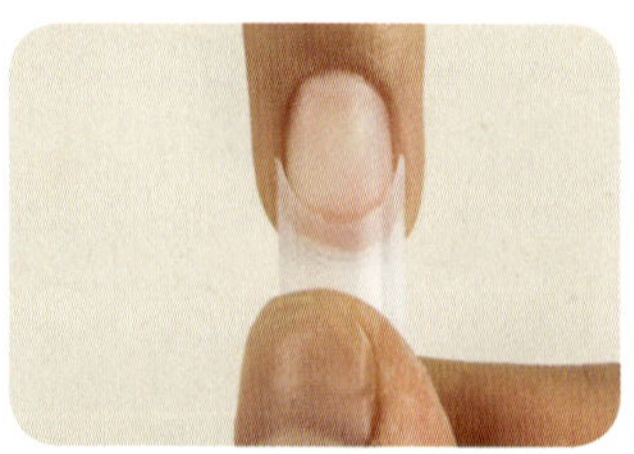
⑨ 네일 팁 접착하기(정면)

⑩ 네일 팁의 옆면 부분이 들뜨지 않게 엄지로 눌러 접착한다.
⑪ 경화 촉진제를 10cm 이상의 거리에서 약하게 분사하여 고정한다.
⑫ 손가락을 안전하게 고정한다.

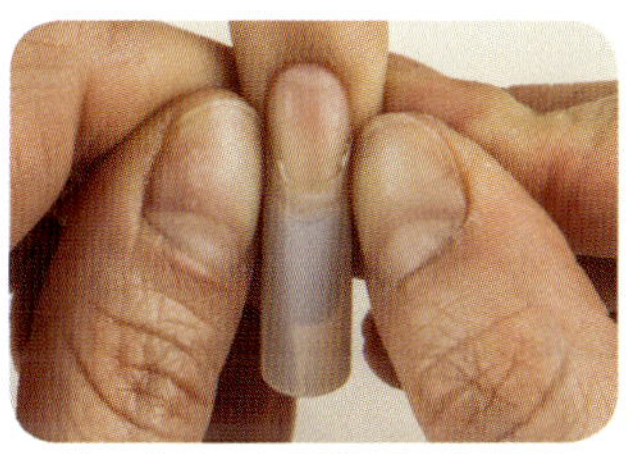
⑩ 네일 팁 접착하기(옆면)

⑪ 경화 촉진제 분사하기

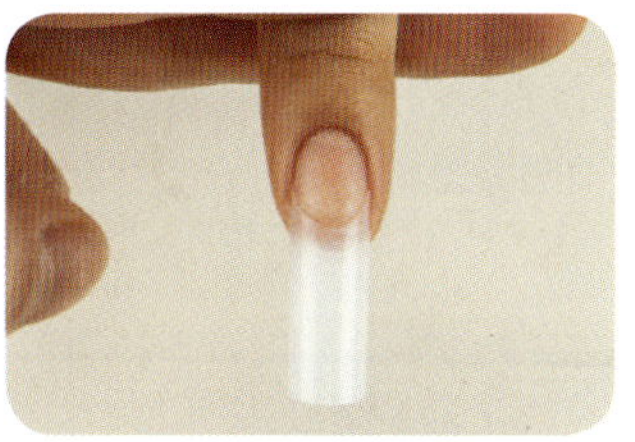
⑫ 손가락 고정하기

⑬ 팁 커터를 사용하여 네일 팁을 재단한다.
⑭ 재단한 네일 팁이 튀지 않도록 손으로 잡고 위생봉지에 버린다.
⑮ 네일 팁 양쪽 옆면 부분의 팁 턱을 제거한다.

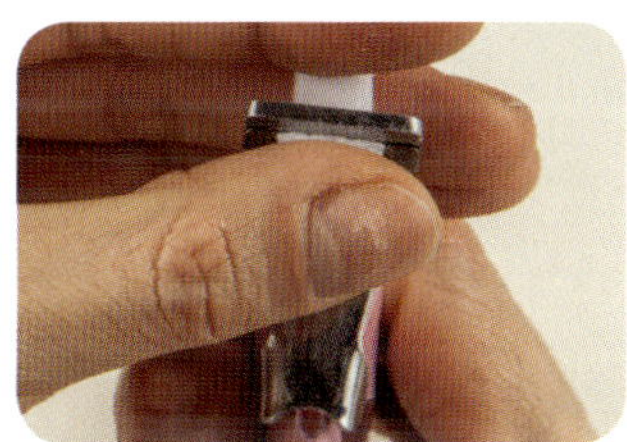
⑬ 네일 팁 재단하기

⑭ 재단한 네일 팁 잡기

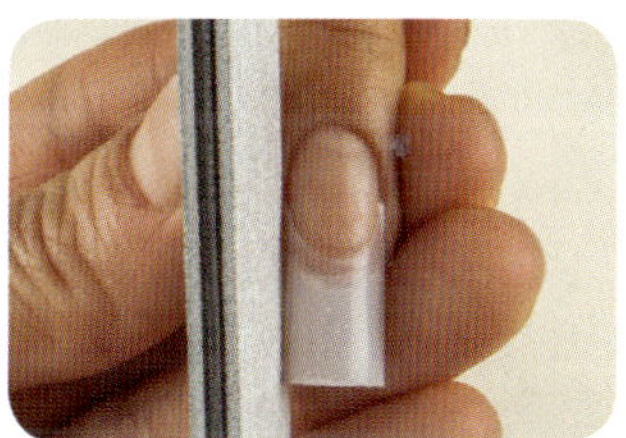
⑮ 네일 팁 턱 제거하기

⑯ 자연 네일과 매끄럽게 연결되도록 후 네일 팁 정면 부분의 팁 턱을 제거한다.
⑰ 샌딩 파일을 사용하여 네일 팁의 광택을 제거한다.
⑱ 네일 더스트 브러시를 사용하여 분진을 제거한다.

⑯ 네일 팁 턱 제거하기

⑰ 광택 제거하기

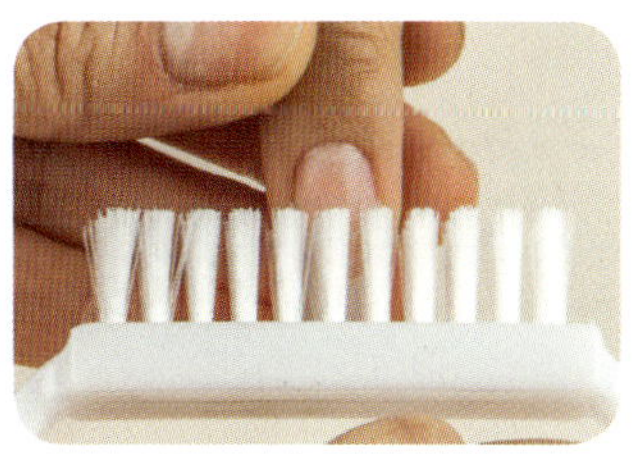
⑱ 분진 제거하기

[팁 턱 제거 후 자연 네일과 네일 팁의 경계가 조금 있는 경우]

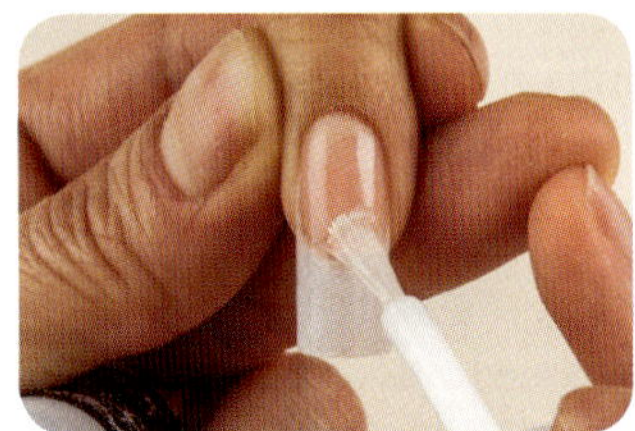
브러시 글루 1회 도포 →

브러시 글루 2회 도포 →

경화 촉진제 분사 →

표면 조형 →

표면 정리 →

분진 제거

[팁 턱 제거 후 자연 네일과 네일 팁의 경계가 심한 경우]

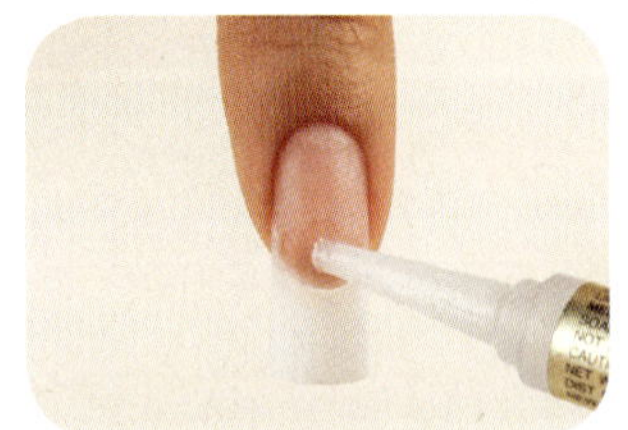
스틱 글루 도포 →

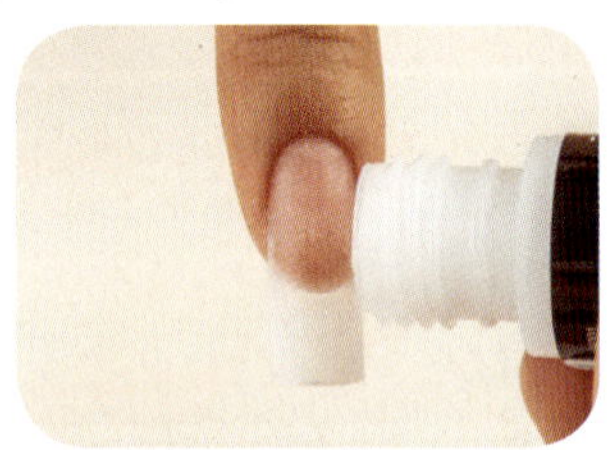
필러 파우더 뿌리기 →

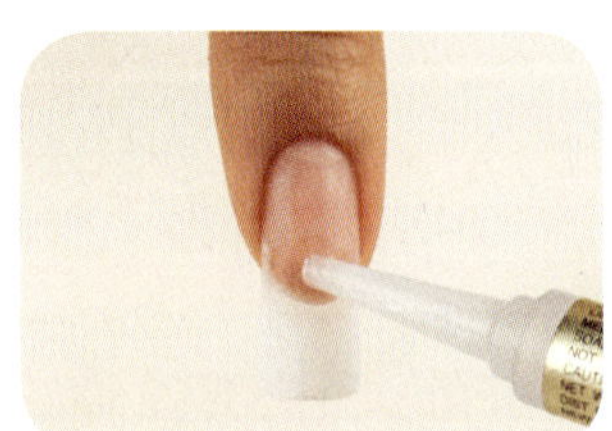
스틱 글루 도포 →

표면 조형 →

표면 정리 →

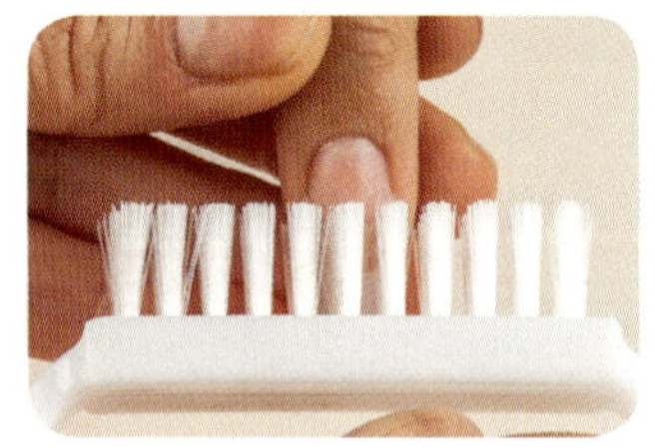
분진 제거

네일 상식

팁 위드 랩은 네일 팁의 팁 턱을 매끄럽게 제거하고 네일 랩을 적용한 후 두께는 브러시 글루로 조절해야 한다. 하지만 자연 네일과 네일 팁이 매끄럽게 연결되지 않았을 경우에는 네일 랩 접착 전 브러시 글루나 필러 파우더를 사용하여 굴곡진 부분을 메꿀 수 있다. 자연 네일과 네일 팁이 매끄럽게 연결된 경우에는 네일 랩 접착 단계로 이동한다.

[자연 네일과 네일 팁이 매끄럽게 연결된 경우]

⑲ 고객의 큐티클 라인 왼쪽 부분의 곡선을 확인한다.
⑳ 네일 랩을 큐티클 라인 왼쪽 부분의 곡선과 동일하게 재단한다.
㉑ 네일 랩 뒷면에 종이를 살짝 벗긴다.

⑲ 곡선 확인하기

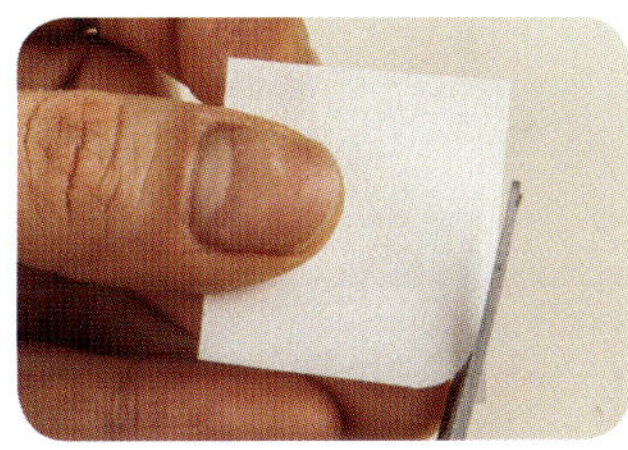
⑳ 네일 랩 재단하기

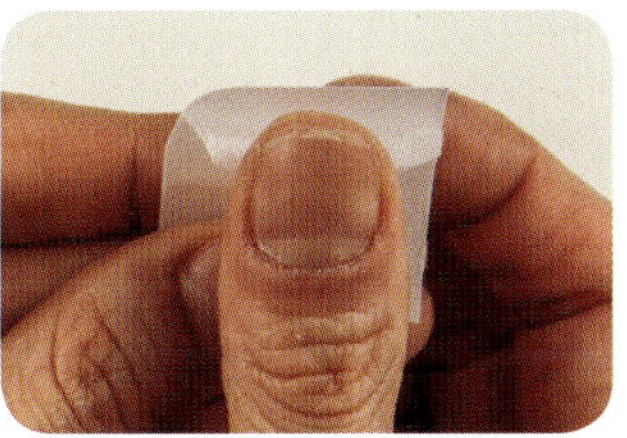
㉑ 네일 랩 벗겨내기

㉒ 네일 랩을 큐티클 라인에서 약 0.1~0.2cm정도 남기고 가볍게 접착하고, 네일 랩 뒷면에 종이를 완전히 제거한다.
㉓ 큐티클 라인의 오른쪽 부분의 곡선을 확인하고 동일하게 네일 랩을 재단한다.
㉔ 네일 랩을 완전히 눌러 접착시킨다.

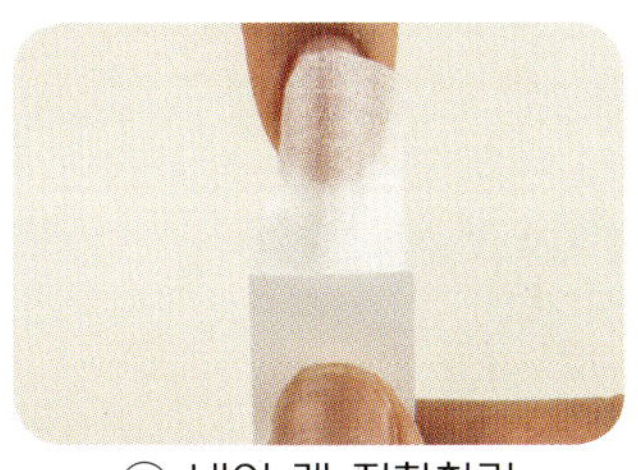
㉒ 네일 랩 접착하기

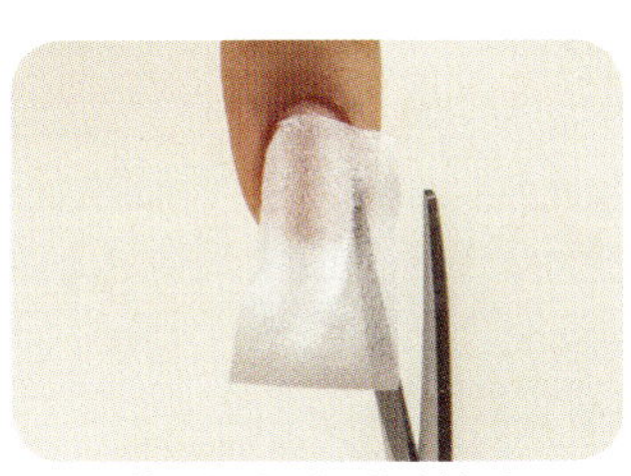
㉓ 네일 랩 재단하기

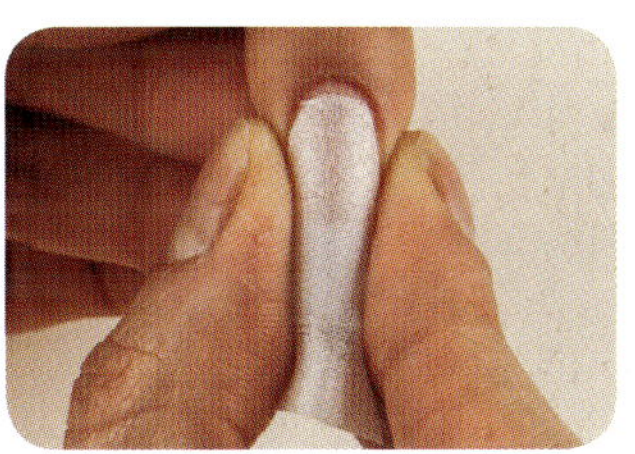
㉔ 네일 랩 눌러주기

㉕ 네일 접착제를 도포하여 네일 랩을 고정한다.
㉖ 네일 랩이 들뜨지 않게 끝 부분을 잡아 눌러준다.
㉗ 인조 네일용 파일을 사용하여 프리에지의 길이를 조절하고 형태를 스퀘어로 조형한다.
(프리에지의 길이: 0.5~1cm, 프리에지의 두께: 0.5~1mm, C-형태의 곡선: 20~40%)

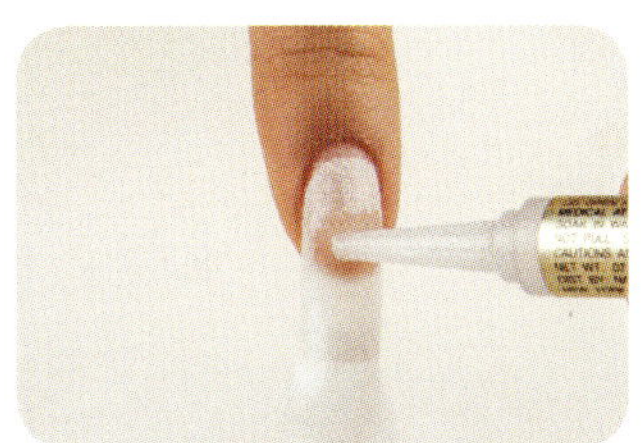
㉕ 네일 랩 고정하기

㉖ 네일 랩 말아주기

㉗ 프리에지 조형하기

㉘ 인조 네일용 파일을 사용하여 네일 랩 턱을 제거하고 인조 네일의 구조를 조형한다.

㉙ 샌딩 파일을 사용하여 표면을 매끄럽게 다듬고 거스러미를 제거한 후, 네일 더스트 브러시를 사용하여 분진을 제거한다.

㉚ 두께 보강과 광택 효과를 높이기 위해 브러시 글루를 인조 네일 전체에 도포한 후 경화 촉진제를 10cm 이상의 거리에서 약하게 분사하여 고정한다.

㉘ 구조 조형하기

㉙ 표면 다듬기

㉚ 브러시 글루 도포하기

㉛ 샌딩 파일을 사용하여 브러시 글루의 광택을 제거한다.

㉜ 광택용 파일을 사용하여 인조 네일 전체에 광택을 낸다.

㉝ 네일 더스트 브러시를 사용하여 분진을 제거한 후, 냉 · 온 수건 또는 멸균거즈를 사용하여 손을 닦아준다.

㉛ 광택 제거하기

㉜ 광택내기

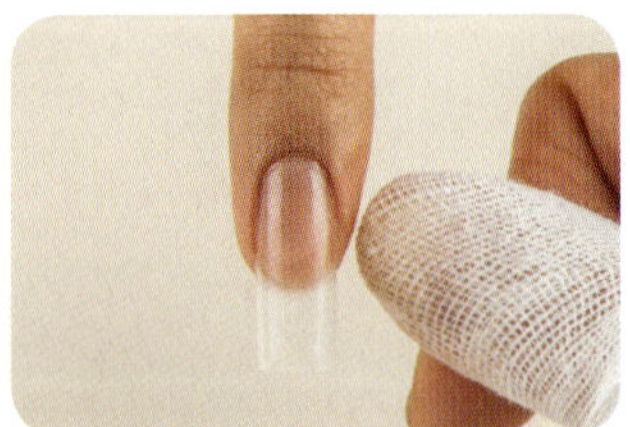
㉝ 손 닦아내기

2. 팁 위드 랩 순서 정리

손 소독 → 프리에지 조형 → 큐티클 밀기 → 에칭 작업 → 분진 제거 → 네일 팁 선택 → 네일 팁 접착 → 네일 팁 재단 → 네일 팁 턱 제거 → 네일 팁 광택 제거 → 분진 제거 → 네일 랩 재단 → 네일 랩 접착 → 네일 랩 고정 → 네일 랩 턱 제거 → 구조 조형 → 브러시 글루 도포 → 광택 제거 → 광택내기 → 분진 제거 → 손 닦기

3. 팁 위드 랩 완성

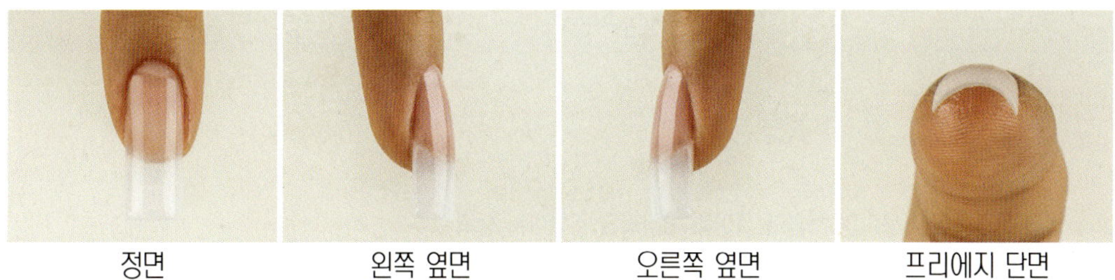

정면 / 왼쪽 옆면 / 오른쪽 옆면 / 프리에지 단면

4. 팁 위드 랩 확인

순번	확인 사항	확인
①	네일 팁이 올바르게 접착되었는지 확인	
②	네일 랩이 올바르게 접착되었는지 확인	
③	프리에지의 길이가 0.5~1cm 미만, 두께가 0.5~1mm 이하인지 확인	
④	C-형태의 곡선이 20~40% 유지하고 정확한 스퀘어 형태를 유지하는지 확인	
⑤	팁 위드 랩의 표면이 굴곡 없이 매끄럽고, 광택이 나는지 확인	
⑥	팁 위드 랩의 길이와 두께, 곡선이 다른 손가락과 전부 동일한지 확인	
⑦	자연 네일과 인조 네일이 자연스럽게 연결되었는지 확인	
⑧	네일 파일로 인하여 출혈이 발생하지 않았는지 확인	

PART 10.

팁 위드 아크릴

네일 팁과 아크릴을 적용하여 네일의 길이를 연장하고 조형하는 능력

능력단위요소	수 행 준 거
팁 위드 아크릴 네일 팁 적용하기	1.1 자연 네일의 크기와 모양에 따라 네일 팁을 선택할 수 있다 1.2 손가락과 손톱 방향에 따라 네일 팁을 접착할 수 있다. 1.3 네일 팁의 종류에 따라 팁 턱을 제거할 수 있다.
아크릴 적용하기	2.1 인조 네일의 보강을 위하여 아크릴을 적용할 수 있다. 2.2 네일 상태에 따라 팁 위드 아크릴의 두께를 조절할 수 있다. 2.3 형태를 조형하기 위해 기초 구조를 만들 수 있다.
팁 위드 아크릴 네일 파일 적용하기	3.1 팁 위드 아크릴 구조를 고려하여 네일 파일을 선택할 수 있다. 3.2 네일 파일을 사용하여 팁 위드 아크릴 형태를 조형할 수 있다. 3.3 팁 위드 아크릴 완성도를 위하여 순차적인 네일 파일을 선택하여 광택을 낼 수 있다.

팁 위드 아크릴의 주요 학습 포인트!

팁 위드 아크릴은 네일 팁을 붙인 후 좀 더 보강하는 의미로 아크릴 제품을 적용하여 견고하게 만들어 주는 만들어주는 작업 방법을 말한다. 주요 재료는 네일 팁, 아크릴 파우더, 아크릴 리퀴드를 사용한다.

본 파트에서는 네일 팁과 아크릴의 활용 방법과 아크릴을 오버레이하는 것에 중점을 두고 학습한다.

◈ 팁 위드 아크릴 작업 준비사항

※ 작업자의 복장 및 작업대 준비

① 작업자는 위생가운과 보안경, 마스크를 착용한다.
② 작업대를 소독한 후, 수건을 깔고 위생봉지를 붙인다.
③ 고객의 방향에 손목 받침대를 올려놓고 손목 받침대 앞쪽으로 키친타월을 깐다.
④ 재료 정리함을 사용하기 편한 위치에 놓는다.

[작업대 준비물품]

준비물품	수건, 손목 받침대, 키친타월, 위생봉지, 재료 정리함

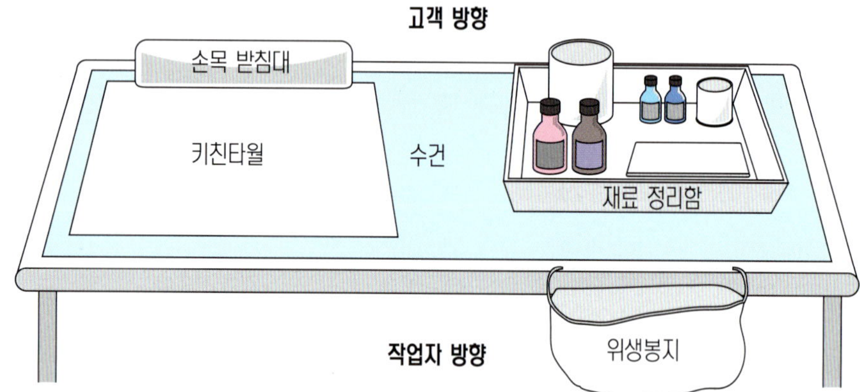

※ 재료 정리함 준비

① 재료 정리함에 팁 위드 아크릴 재료를 준비하고 네일 도구의 소독을 마친다.
② 소독용기 바닥에 탈지면을 깔고 큐티클 니퍼, 큐티클 푸셔, 네일 클리퍼, 오렌지 우드스틱, 네일 더스트 브러시를 넣고 에탄올수용액 70%에 10분 이상 담가준다.
③ 파일 꽂이에 자연 네일용 파일, 인조 네일용 파일, 샌딩 파일, 광택용 파일, 팁 커터, 아크릴 브러시를 꽂아준다.
④ 뚜껑이 있는 용기에 소독용 탈지면과 제거용 탈지면, 멸균거즈, 키친타월을 넣어둔다.
⑤ 다펜디시에 아크릴 리퀴드를 넣어둔다.
⑥ 아크릴 브러시를 닦는 키친타월을 별도로 준비한다.

[재료 정리함 준비물품]

준비물품	・소독용기(큐티클 니퍼, 큐티클 푸셔, 네일 클리퍼, 오렌지 우드스틱, 네일 더스트 브러시) ・파일 꽂이(자연 네일용 파일, 인조 네일용 파일, 샌딩 파일, 광택용 파일, 팁 커터, 아크릴 브러시) ・용기(소독용 탈지면, 제거용 탈지면, 멸균거즈, 키친타월) ・네일 팁, 네일 접착제, 경화 촉진제, 아크릴 파우더(클리어), 아크릴 리퀴드, 다펜디시, 전 처리제 ・에탄올, 소독제, 지혈제

SECTION 1. 팁 위드 아크릴

1. 팁 위드 아크릴 작업 순서

① 소독제를 탈지면에 분사하여 작업자의 양손과 손톱 주변, 손톱을 소독한다.
② 소독제를 탈지면에 분사하여 고객의 양손과 손톱 주변, 손톱을 소독한다.
③ 자연 네일용 파일을 사용하여 프리에지의 길이를 약 0.1cm 정도로 조절하고, 프리에지의 형태를 라운드 또는 오발로 조형한다.

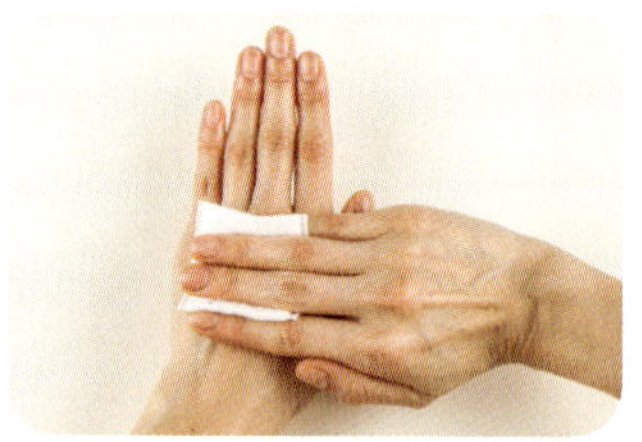
① 작업자 손 소독하기

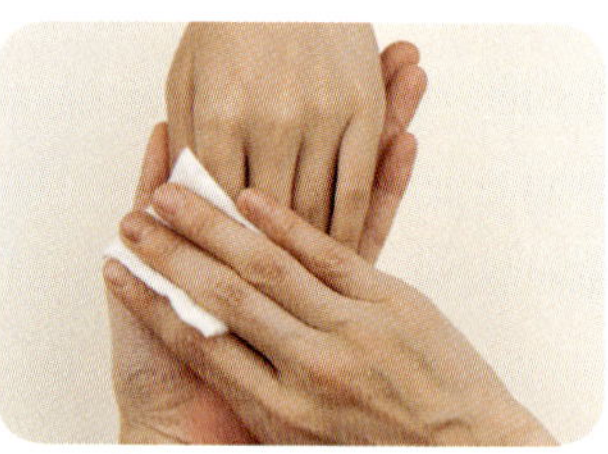
② 고객 손 소독하기

③ 프리에지 조형하기

④ 큐티클 푸셔로 큐티클을 밀어주고, 필요시 큐티클 니퍼를 사용하여 큐티클을 정리할 수 있다.
⑤ 네일 파일을 사용하여 에칭 작업을 하고, 자연 네일의 광택과 거스러미를 제거한다.
⑥ 네일 더스트 브러시를 사용하여 분진을 제거한다.

④ 큐티클 밀어 올리기

⑤ 에칭 작업하기

⑥ 분진 제거하기

⑦ 알맞은 사이즈의 네일 팁을 선택한다.
⑧ 네일 팁의 웰 부분에 네일 접착제를 도포한다.
⑨ 네일 팁이 정면에서 비틀어지지 않고 옆면에서도 처지거나 들뜨지 않게 접착한다.

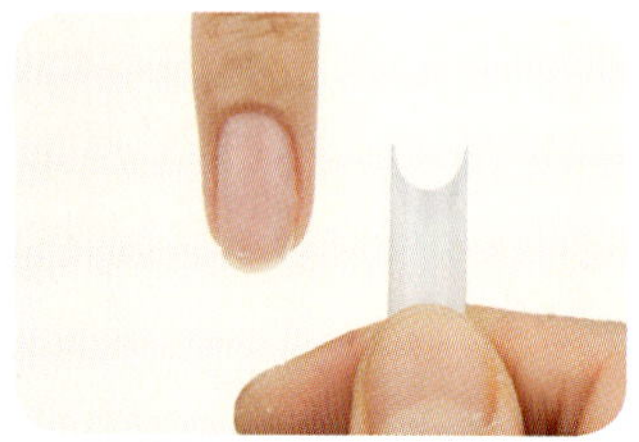
⑦ 네일 팁 선택하기

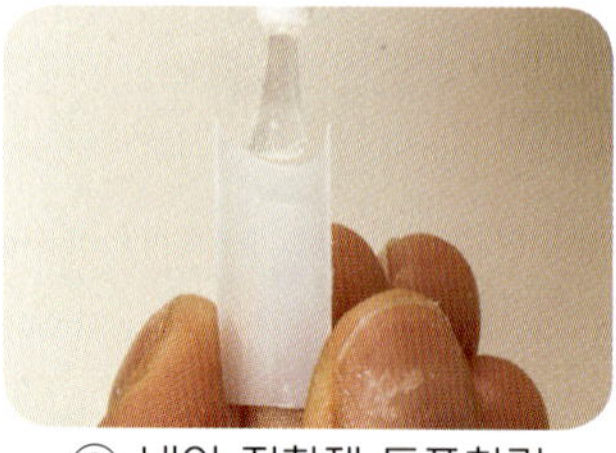
⑧ 네일 접착제 도포하기

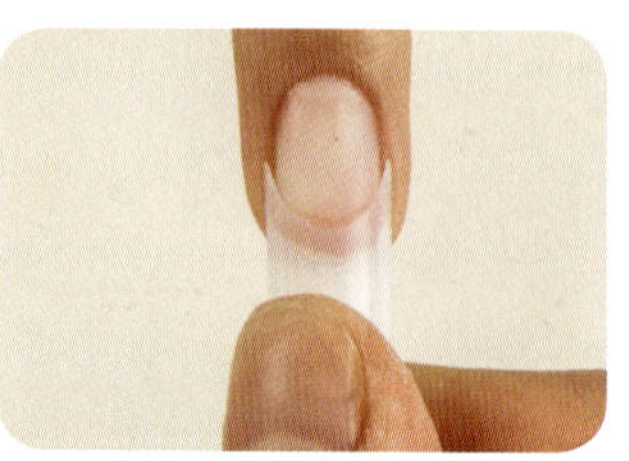
⑨ 네일 팁 접착하기

⑩ 네일 팁의 옆면 부분이 들뜨지 않게 엄지를 눌러 접착한다.
⑪ 경화 촉진제를 10cm 이상의 거리에서 약하게 분사하여 고정한다.
⑫ 손가락을 안전하게 고정한 후 팁 커터를 사용하여 네일 팁을 재단한다.

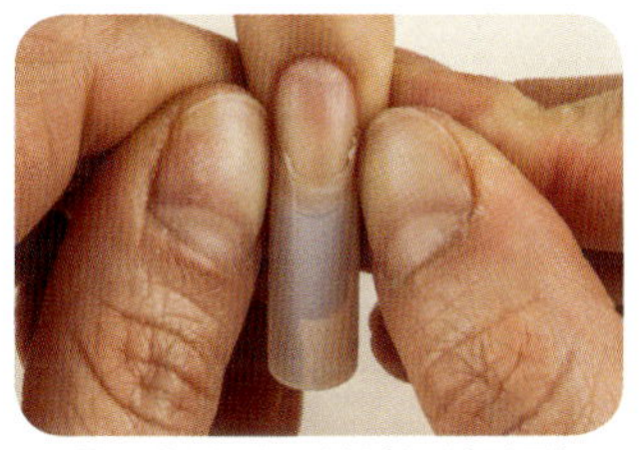
⑩ 네일 팁 접착하기(옆면)

⑪ 경화 촉진제 분사하기

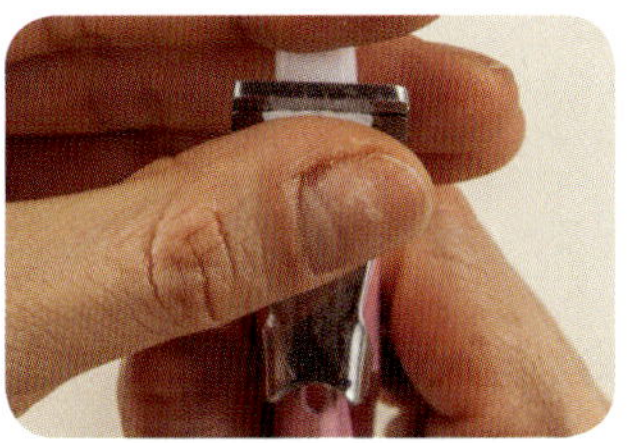
⑫ 네일 팁 재단하기

⑬ 재단한 네일 팁이 튀지 않도록 손으로 잡고 위생봉지에 버린다.
⑭ 네일 팁 양쪽 옆면 부분의 팁 턱을 제거한다.
⑮ 자연 네일과 매끄럽게 연결되도록 후 네일 팁 정면 부분의 팁 턱을 제거한다.

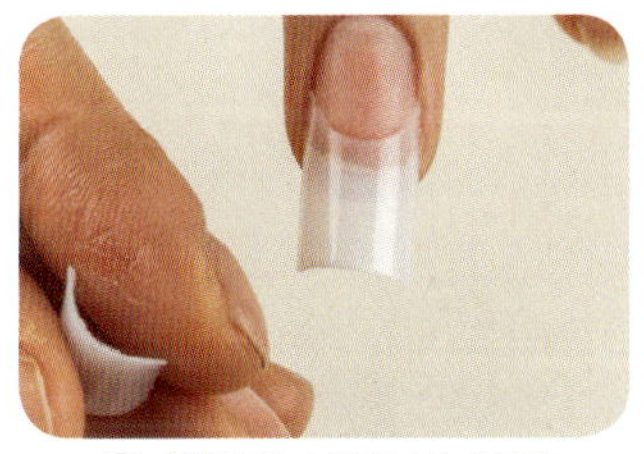
⑬ 재단한 네일 팁 잡기

⑭ 네일 팁 턱 제거하기

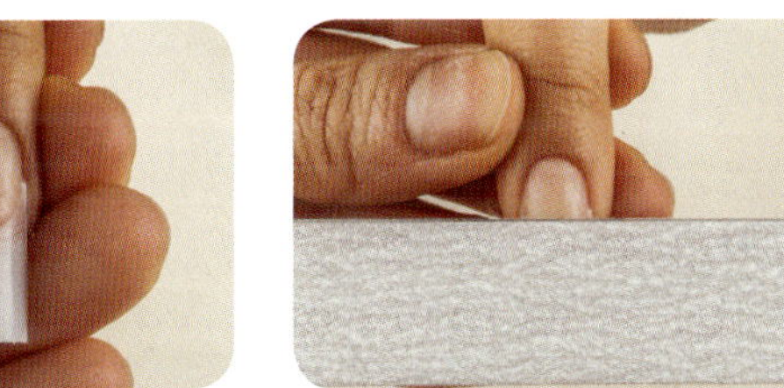
⑮ 네일 팁 턱 제거하기

⑯ 샌딩 파일을 사용하여 네일 팁의 광택을 제거하고, 네일 더스트 브러시를 사용하여 분진을 제거한다.
⑰ 전 처리제를 네일 팁 부분을 제외하고 자연 네일에 소량 도포한다.
⑱ 아크릴 볼을 올릴 때 부드럽게 연결하기 위해 네일 팁에 아크릴 리퀴드를 도포할 수 있다.

⑯ 광택 제거하기

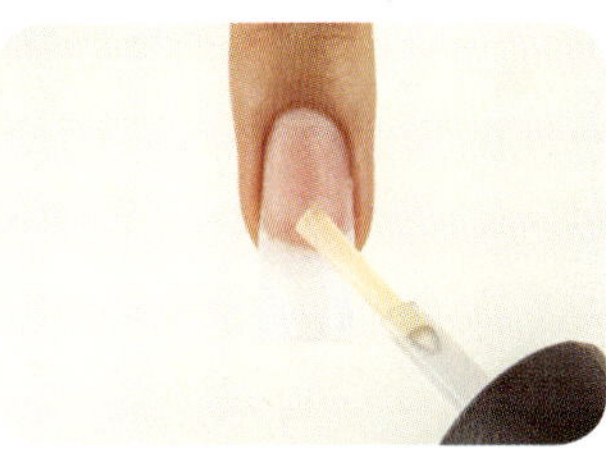
⑰ 전 처리제 도포하기

⑱ 아크릴 리퀴드 도포하기

⑲ 아크릴 브러시를 아크릴 리퀴드에 적시고 적당량에 아크릴 파우더를 묻혀 아크릴 볼을 만든다.
⑳ 네일 팁 턱을 제거한 부분에 아크릴 볼을 올리고 경계가 생기지 않게 자연스럽게 연결한다.
㉑ 가장 높은 지점에 아크릴 볼을 올리고 경계가 생기지 않게 자연스럽게 연결한다.

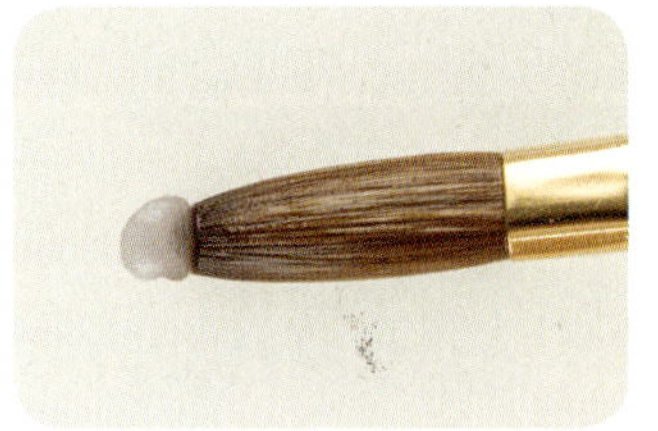
⑲ 아크릴 볼 만들기

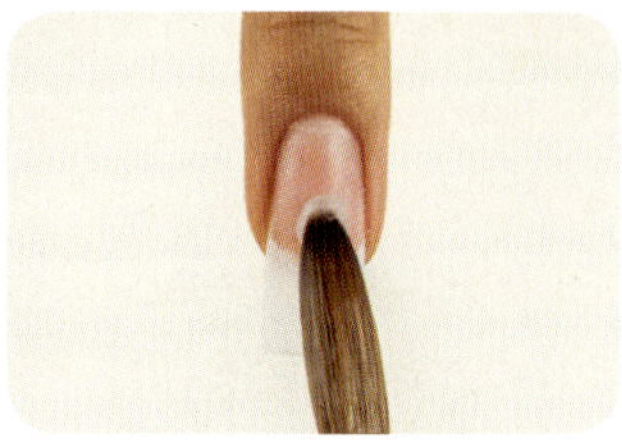
⑳ 아크릴 볼 올리기

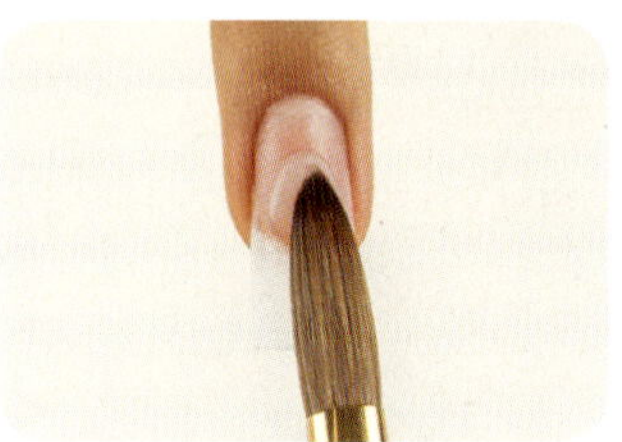
㉑ 아크릴 볼 올리기

㉒ 큐티클 부분에 얇게 아크릴 볼을 올리고 경계가 생기지 않게 자연스럽게 연결한다.
㉓ 인조 네일의 구조를 고려하여 부족한 부분을 메꾸고, 인조 네일의 전체를 자연스럽게 연결한다.
㉔ 옆면 라인이 일직선이 되도록 핀치를 넣어준다.

㉒ 아크릴 볼 올리기

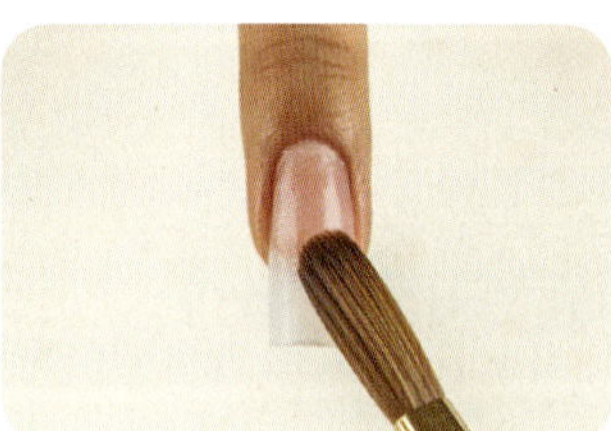
㉓ 부족한 부분 메꾸기

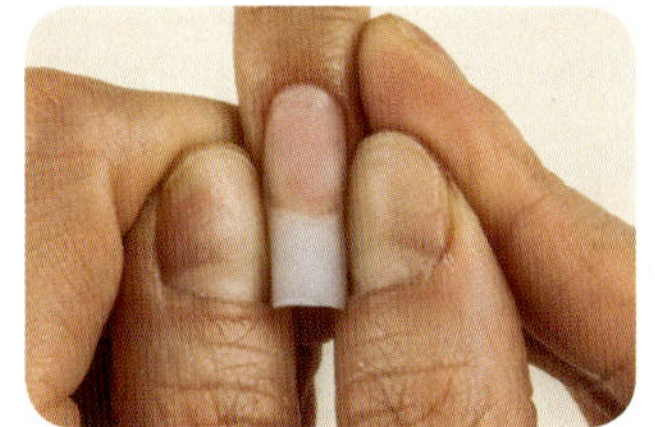
㉔ 핀치 넣기

㉕ 인조 네일용 파일을 사용하여 프리에지의 길이를 조절하고 형태를 스퀘어로 조형한다.
(프리에지의 길이: 0.5~1cm, 프리에지의 두께: 0.5~1mm, C-형태의 곡선: 20~40%)
㉖ 인조 네일용 파일을 사용하여 인조 네일의 구조를 조형한다.
㉗ 샌딩 파일을 사용하여 표면을 매끄럽게 다듬고 거스러미를 제거한다.

㉕ 프리에지 조형하기

㉖ 구조 조형하기

㉗ 표면 다듬기

㉘ 광택용 파일을 사용하여 인조 네일 전체에 광택을 낸다.
㉙ 네일 더스트 브러시를 사용하여 분진을 제거한다.
㉚ 냉 · 온 수건 또는 멸균거즈를 사용하여 손을 닦아준다.

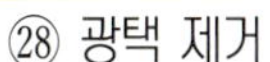
㉘ 광택 제거

㉙ 분진 제거하기

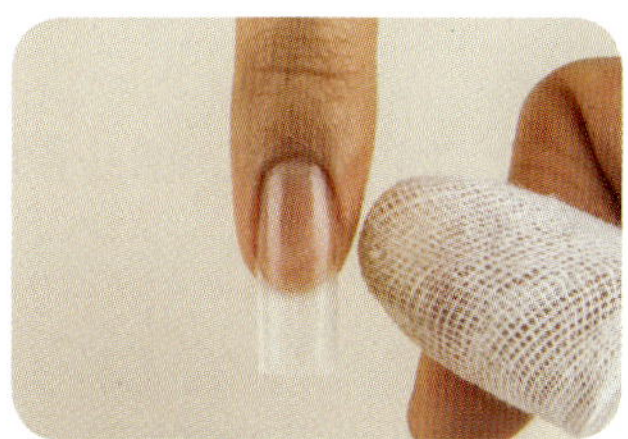
㉚ 손 닦아내기

2. 팁 위드 아크릴 순서 정리

손 소독 → 프리에지 조형 → 큐티클 밀기 → 에칭 작업 → 분진 제거 → 네일 팁 선택 → 네일 팁 접착 → 네일 팁 재단 → 네일 팁 턱 제거 → 네일 팁 광택 제거 → 분진 제거 → 전 처리제 도포 → 아크릴 오버레이 → 핀치 넣기 → 구조 조형 → 표면 정리 → 광택내기 → 분진 제거 → 손 닦기

3. 팁 위드 아크릴 완성

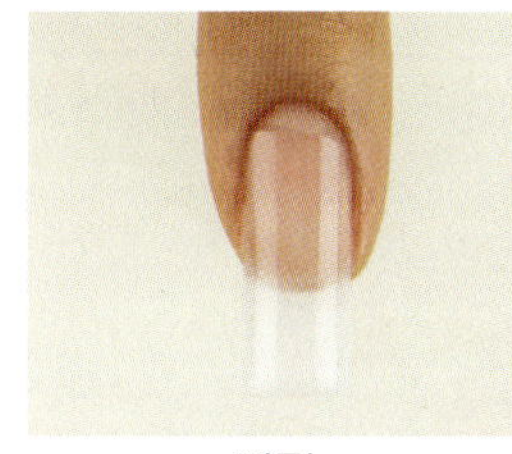
정면

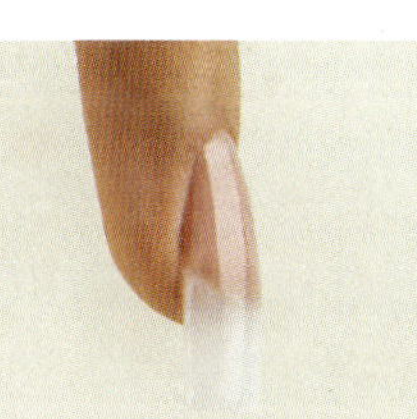
왼쪽 옆면

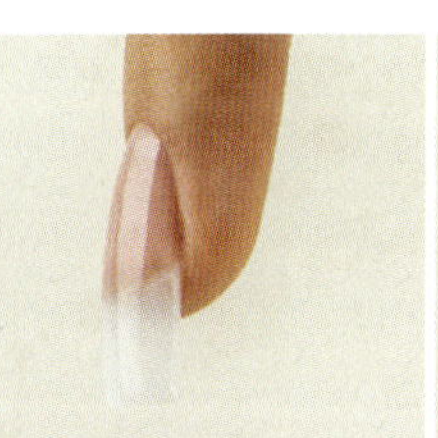
오른쪽 옆면

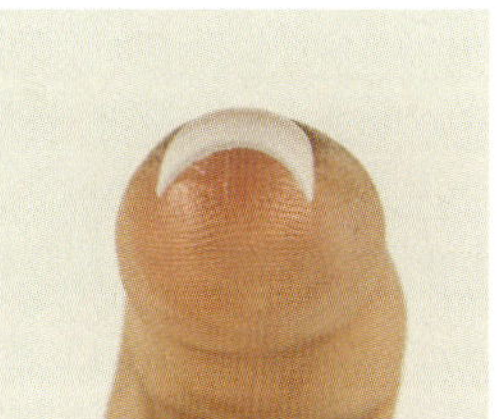
프리에지 단면

4. 팁 위드 아크릴 확인

순번	확인 사항	확인
①	네일 팁이 올바르게 접착되었는지 확인	
②	아크릴이 올바르게 오버레이되었는지 확인	
③	프리에지의 길이가 0.5~1cm 미만, 두께가 0.5~1mm 이하인지 확인	
④	C-형태의 곡선이 20~40% 유지하고 정확한 스퀘어 형태를 유지하는지 확인	
⑤	팁 위드 아크릴의 표면이 굴곡 없이 매끄럽고, 광택이 나는지 확인	
⑥	팁 위드 아크릴의 길이와 두께, 곡선이 다른 손가락과 전부 동일한지 확인	
⑦	자연 네일과 인조 네일이 자연스럽게 연결되었는지 확인	
⑧	네일 파일로 인하여 출혈이 발생하지 않았는지 확인	

PART 11.

팁 위드 젤

네일 팁과 젤을 적용하여 네일의 길이를 연장하고 조형하는 능력

능력단위요소	수 행 준 거
팁 위드 젤 네일 팁 적용하기	1.1 자연 네일의 크기와 모양에 따라 네일 팁을 선택할 수 있다. 1.2 손가락과 손톱 방향에 따라 네일 팁을 접착할 수 있다. 1.3 네일 팁의 종류에 따라 팁 턱을 제거할 수 있다.
젤 적용하기	2.1 인조 네일의 보강을 위하여 젤을 적용할 수 있다. 2.2 젤의 경화를 위해 젤 램프기기를 활용할 수 있다. 2.3 네일 상태에 따라 팁 위드 젤의 두께를 조절할 수 있다. 2.4 형태를 조형하기 위해 기초 구조를 만들 수 있다.
팁 위드 젤 파일 적용하기	3.1 팁 위드 젤 구조를 고려하여 네일 파일을 선택할 수 있다. 3.2 네일 파일을 사용하여 팁 위드 젤의 형태를 조형할 수 있다. 3.3 팁 위드 젤 완성도를 위하여 톱 젤을 사용할 수 있다.

팁 위드 젤 네일의 주요 학습 포인트!

팁 위드 젤은 네일 팁을 붙인 후 좀 더 보강하는 의미로 젤 제품을 적용하여 견고하게 만들어 주는 만들어주는 작업 방법을 말한다. 주요 재료는 네일 팁, 젤, 젤 램프기기를 사용한다.

본 파트에서는 네일 팁과 젤의 활용 방법과 젤을 오버레이하는 것에 중점을 두고 학습한다.

SECTION 1 팁 위드 젤

◈ 팁 위드 젤 작업 준비사항

※ 작업자의 복장 및 작업대 준비

① 작업자는 위생가운과 보안경, 마스크를 착용한다.
② 작업대를 소독한 후, 수건을 깔고 위생봉지를 붙인다.
③ 고객의 방향에 손목 받침대를 올려놓고 손목 받침대 앞쪽으로 키친타월을 깐다.
④ 재료 정리함을 사용하기 편한 위치에 놓는다.
⑤ 젤 램프기기의 입구를 고객 방향으로 맞추어 올려둔다.

[작업대 준비물품]

준비물품	수건, 손목 받침대, 키친타월, 위생봉지, 젤 램프기기, 재료 정리함

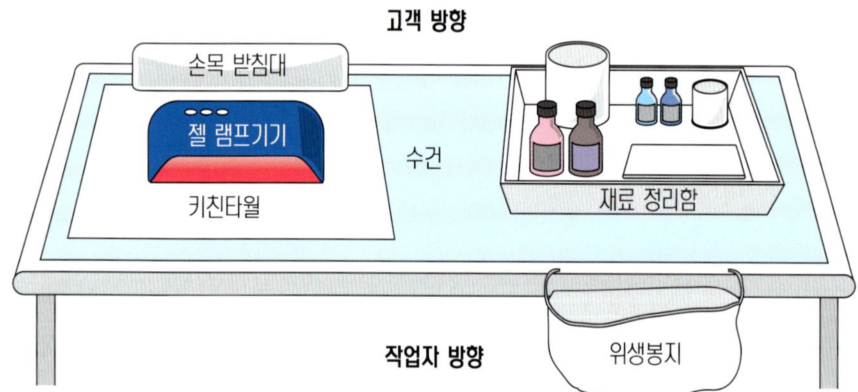

※ 재료 정리함 준비

① 재료 정리함에 팁 위드 젤 재료를 준비하고 네일 도구의 소독을 마친다.

② 소독용기 바닥에 탈지면을 깔고 큐티클 니퍼, 큐티클 푸셔, 네일 클리퍼, 오렌지 우드스틱, 네일 더스트 브러시를 넣고 에탄올수용액 70%에 10분 이상 담가준다.

③ 파일 꽂이에 자연 네일용 파일, 인조 네일용 파일, 샌딩 파일, 팁 커터, 젤 브러시를 꽂아준다.

④ 뚜껑이 있는 용기에 소독용 탈지면과 제거용 탈지면, 젤 와이퍼, 멸균거즈, 키친타월을 넣어둔다.

[재료 정리함 준비물품]

준비물품	· 소독용기(큐티클 니퍼, 큐티클 푸셔, 네일 클리퍼, 오렌지 우드스틱, 네일 더스트 브러시) · 파일 꽂이(자연 네일용 파일, 인조 네일용 파일, 샌딩 파일, 팁 커터, 젤 브러시) · 용기(소독용 탈지면, 제거용 탈지면, 젤 와이퍼, 멸균거즈, 키친타월) · 네일 팁, 네일 접착제, 경화 촉진제, 베이스 젤, 클리어 젤, 톱 젤, 젤 클렌저, 전 처리제 · 에탄올, 소독제, 지혈제

SECTION 1. 팁 위드 젤

1. 팁 위드 젤 작업 순서

① 소독제를 탈지면에 분사하여 작업자의 양손과 손톱 주변, 손톱을 소독한다.
② 소독제를 탈지면에 분사하여 고객의 양손과 손톱 주변, 손톱을 소독한다.
③ 자연 네일용 파일을 사용하여 프리에지의 길이를 약 0.1cm 정도로 조절하고, 프리에지의 형태를 라운드 또는 오발로 조형한다.

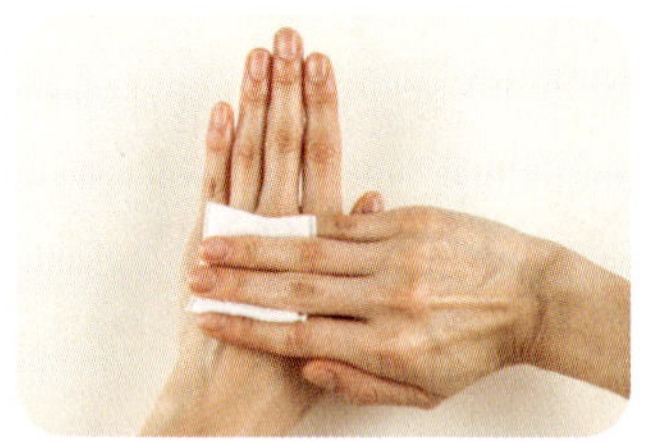
① 작업자 손 소독하기

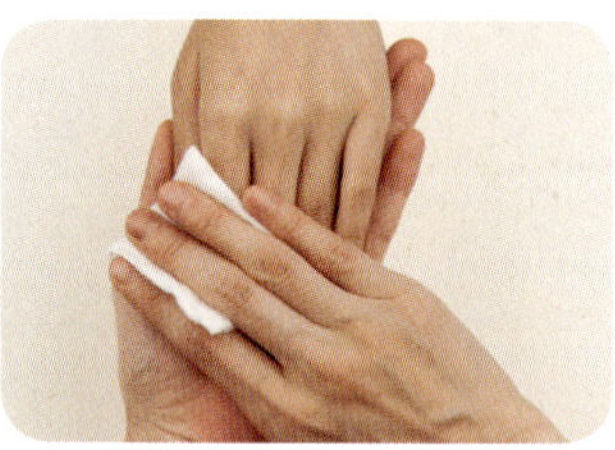
② 고객 손 소독하기

③ 프리에지 조형하기

④ 큐티클 푸셔로 큐티클을 밀어주고, 필요시 큐티클 니퍼를 사용하여 큐티클을 정리할 수 있다.
⑤ 네일 파일을 사용하여 에칭 작업을 하고, 자연 네일의 광택과 거스러미를 제거한다.
⑥ 네일 더스트 브러시를 사용하여 분진을 제거한다.

④ 큐티클 밀어 올리기

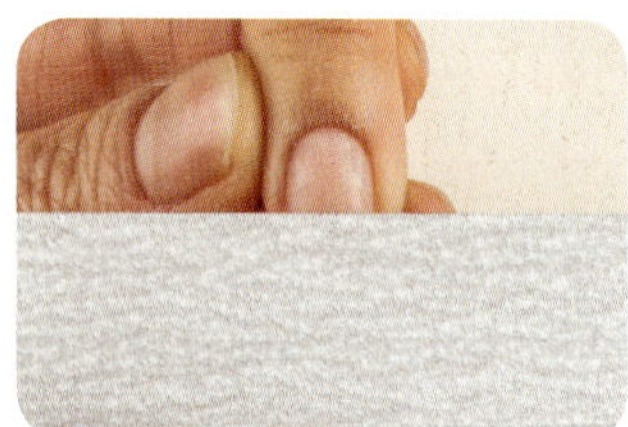
⑤ 에칭 작업하기

⑥ 분진 제거하기

⑦ 알맞은 사이즈의 네일 팁을 선택한다.
⑧ 네일 팁의 웰 부분에 네일 접착제를 도포한다.
⑨ 네일 팁이 정면에서 비틀어지지 않고 옆면에서도 처지거나 들뜨지 않게 접착한다.

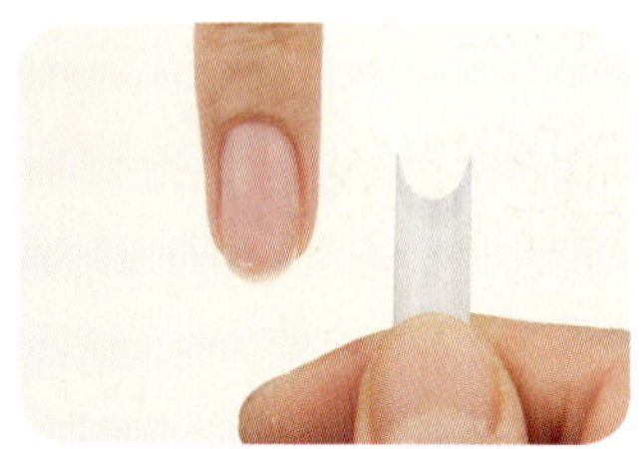
⑦ 네일 팁 선택하기

⑧ 네일 접착제 도포하기

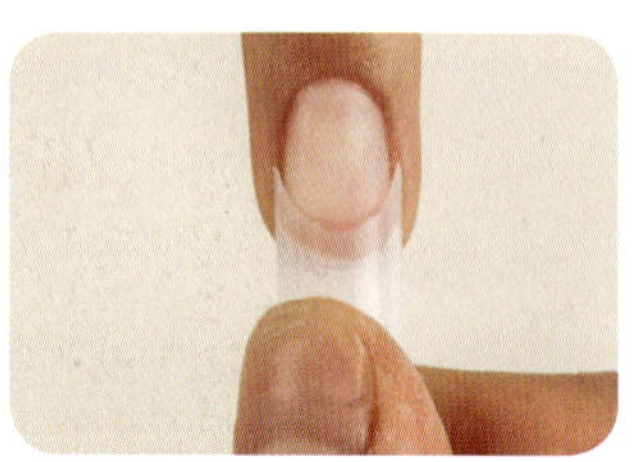
⑨ 네일 팁 접착하기

⑩ 네일 팁의 옆면 부분이 들뜨지 않게 엄지로 눌러 접착한다.
⑪ 경화 촉진제를 10cm 이상의 거리에서 약하게 분사하여 고정한다.
⑫ 손가락을 안전하게 고정한 후, 팁 커터를 사용하여 네일 팁을 재단한다.

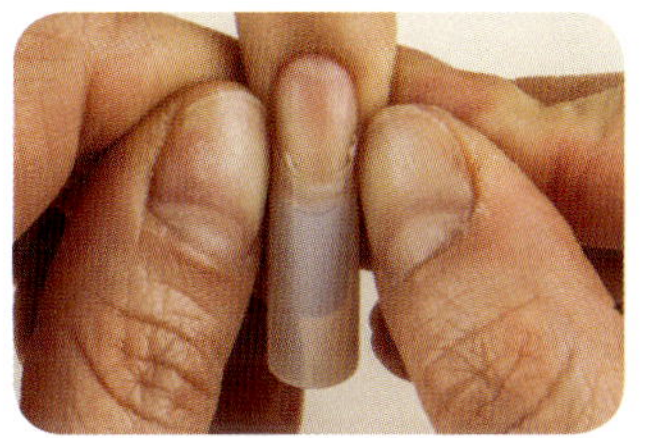
⑩ 네일 팁 접착하기(옆면)

⑪ 경화 촉진제 분사하기

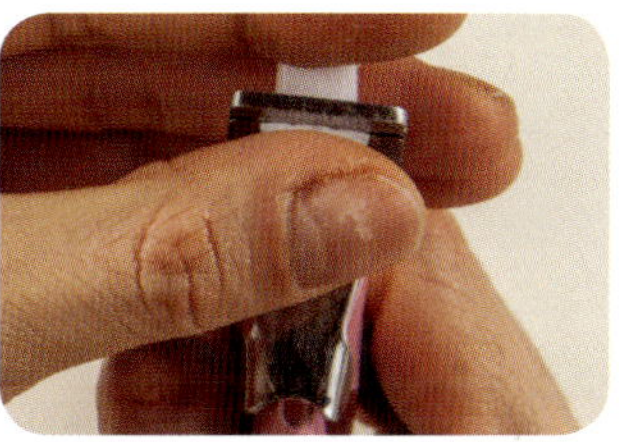
⑫ 네일 팁 재단하기

⑬ 재단한 네일 팁이 튀지 않도록 손으로 잡고 위생봉지에 버린다.
⑭ 네일 팁의 양쪽 옆면 부분의 팁 턱을 제거한다.
⑮ 자연 네일과 매끄럽게 연결되도록 후 네일 팁 정면 부분의 팁 턱을 제거한다.

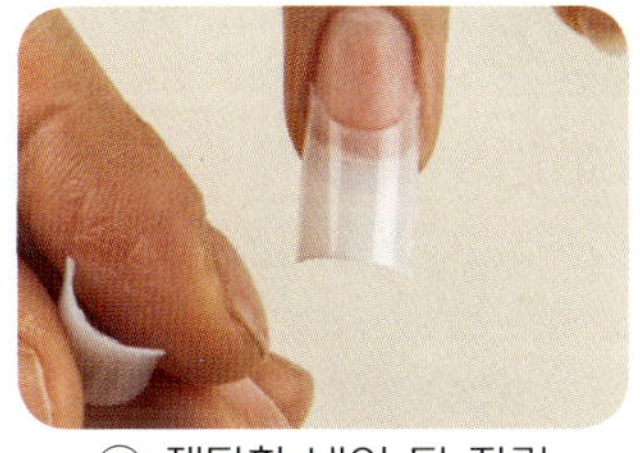
⑬ 재단한 네일 팁 잡기

⑭ 네일 팁 턱 제거하기

⑮ 네일 팁 턱 제거하기

⑯ 샌딩 파일을 사용하여 네일 팁의 광택을 제거하고, 네일 더스트 브러시를 사용하여 분진을 제거한다.
⑰ 전 처리제를 네일 팁 부분을 제외하고 자연 네일에 소량 도포한다.
⑱ 베이스 젤을 인조 네일 전체에 도포한다.

⑯ 광택 제거하기

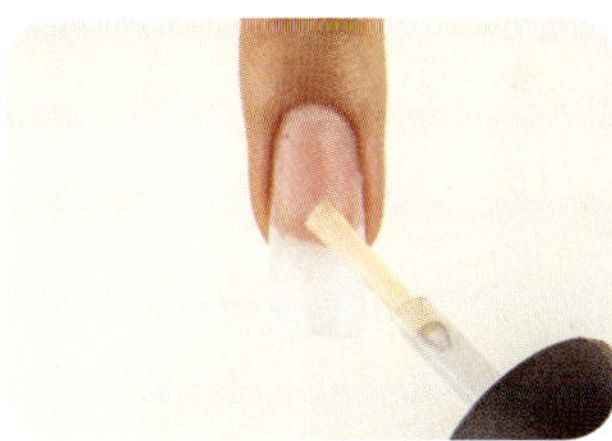
⑰ 전 처리제 도포하기

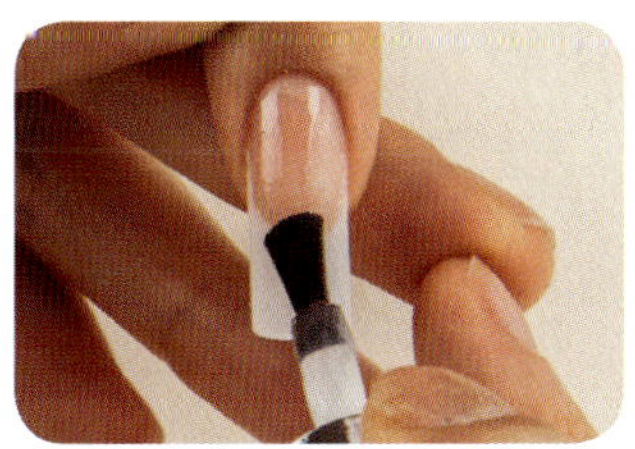
⑱ 베이스 젤 도포하기

⑲ 주변에 묻은 베이스 젤을 정리한 후, 젤 램프기기에 경화한다.
⑳ 네일 팁 턱을 제거한 부분에 젤을 올리고 경계가 생기지 않게 자연스럽게 연결한다.
㉑ 주변에 묻은 클리어 젤을 정리한 후, 젤 램프기기에 경화한다.

⑲ 경화하기

⑳ 클리어 젤 올리기

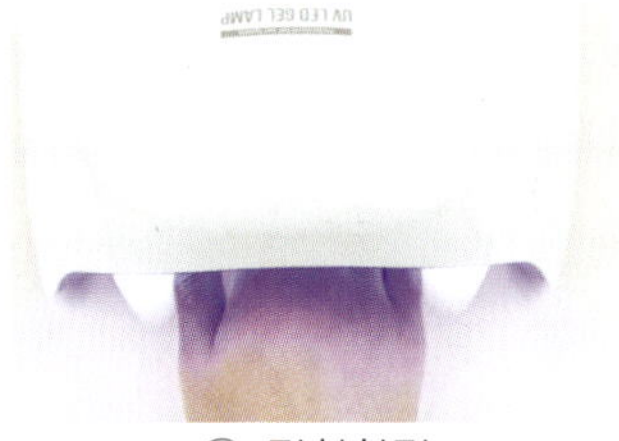
㉑ 경화하기

㉒ 가장 높은 지점에 젤을 올리고 경계가 생기지 않게 자연스럽게 연결한다.
㉓ 주변에 묻은 클리어 젤을 정리한 후, 젤 램프기기에 경화한다.
㉔ 큐티클 부분에 얇게 젤을 올리고 경계가 생기지 않게 자연스럽게 연결한다.

㉒ 클리어 젤 올리기

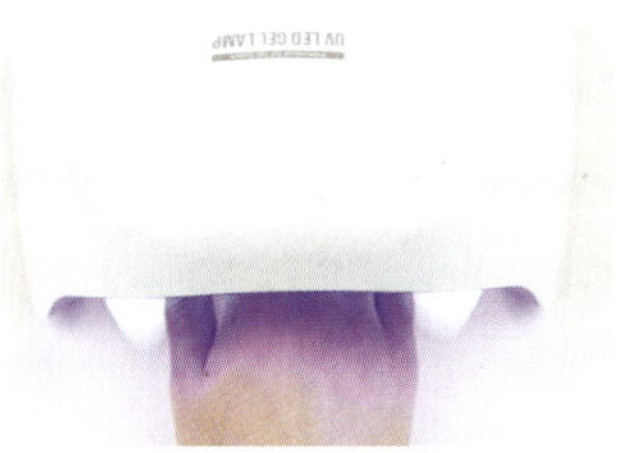
㉓ 경화하기

㉔ 클리어 젤 올리기

㉕ 주변에 묻은 클리어 젤을 정리한 후, 젤 램프기기에 경화한다.
㉖ 인조 네일의 구조를 고려하여 부족한 부분을 메꾸고 전체를 연결한다.
㉗ 주변에 묻은 클리어 젤을 정리한 후, 젤 램프기기에 경화한다.

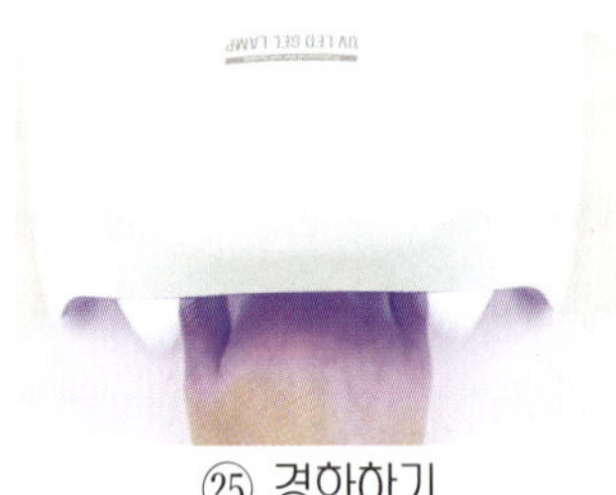
㉕ 경화하기

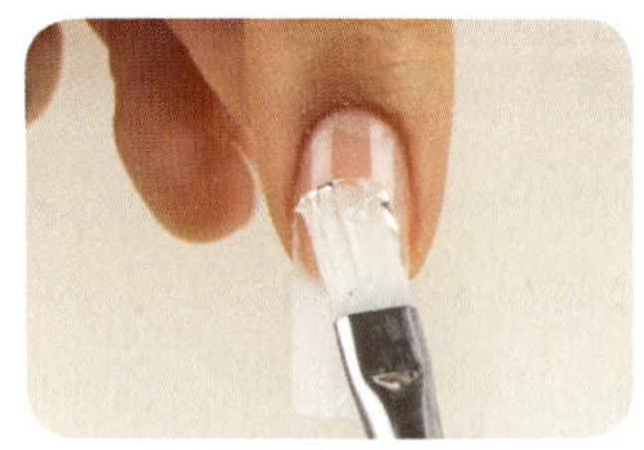
㉖ 클리어 젤 올리기

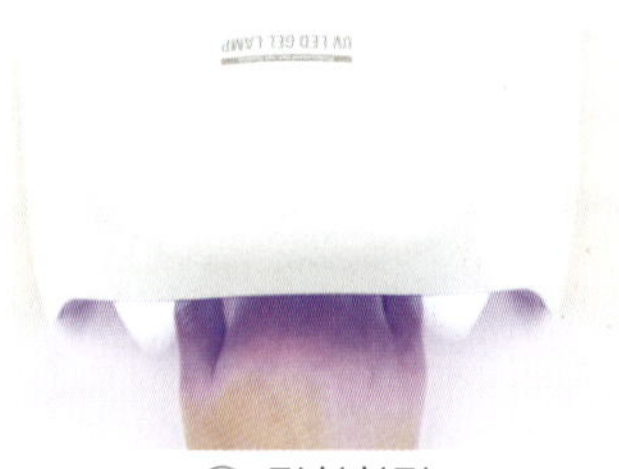
㉗ 경화하기

㉘ 젤 클렌저를 젤 와이퍼에 적시고 미경화 젤을 제거한다.
㉙ 인조 네일용 파일을 사용하여 프리에지의 길이를 조절하고 형태를 스퀘어로 조형한다.
(프리에지의 길이: 0.5~1cm, 프리에지의 두께: 0.5~1mm, C-형태의 곡선: 20~40%)
㉚ 인조 네일용 파일을 사용하여 인조 네일의 구조를 조형한다.

㉘ 미경화 젤 제거하기

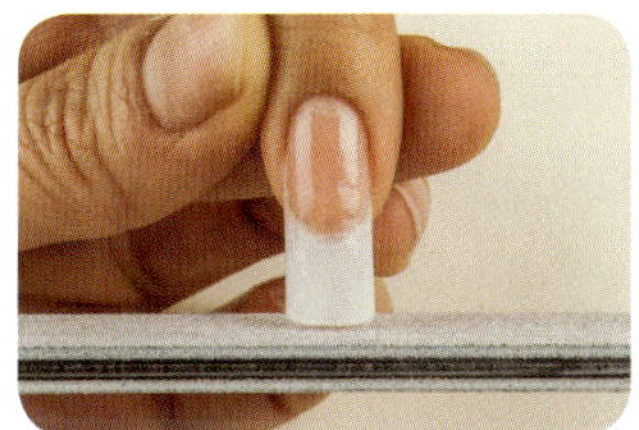
㉙ 프리에지 조형하기

㉚ 구조 조형하기

㉛ 샌딩 파일을 사용하여 표면을 매끄럽게 다듬고 거스러미를 제거한다.
㉜ 네일 더스트 브러시를 사용하여 분진을 제거한다.
㉝ 냉·온 수건 또는 멸균거즈를 사용하여 손을 닦아준다.

㉛ 표면 다듬기

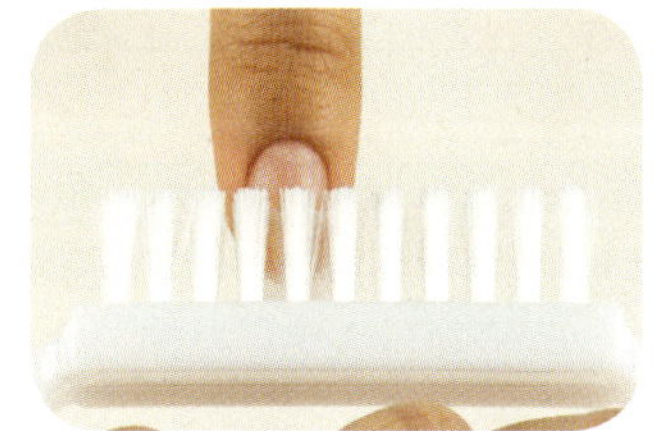
㉜ 분진 제거하기

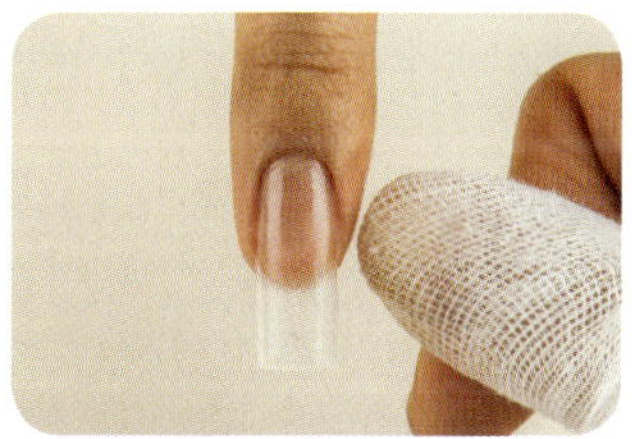
㉝ 손 닦아내기

㉞ 톱 젤을 인조 네일 전체에 도포한다.
㉟ 주변에 묻은 톱 젤을 정리한 후, 젤 램프기기에 경화한다.
㊱ 미경화 젤이 남은 경우에는 젤 클렌저를 젤 와이퍼에 적셔 미경화 젤을 제거한다.

㉞ 톱 젤 도포하기

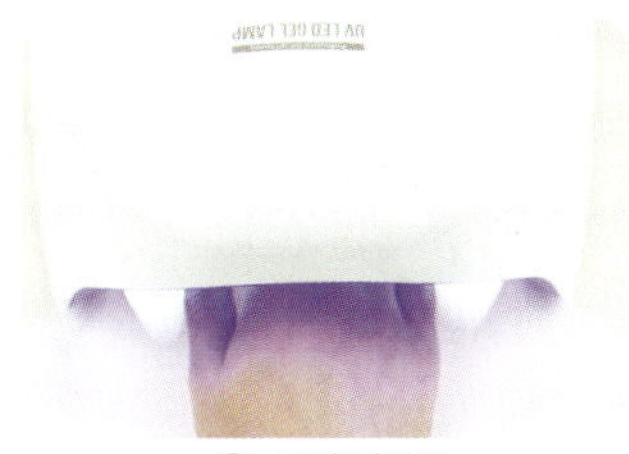
㉟ 경화하기

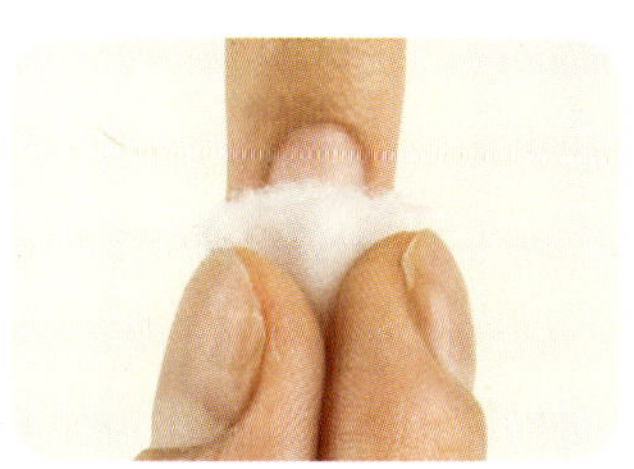
㊱ 미경화 젤 제거하기

2. 팁 위드 젤 순서 정리

손 소독 → 프리에지 조형 → 큐티클 밀기 → 에칭 작업 → 분진 제거 → 네일 팁 선택 → 네일 팁 접착 → 네일 팁 재단 → 네일 팁 턱 제거 → 네일 팁 광택 제거 → 분진 제거 → 전 처리제 도포 → 베이스 젤 도포(경화) → 젤 오버레이(경화) → 미경화 젤 제거 → 구조 조형 → 표면 정리 → 분진 제거 → 손 닦기 → 톱 젤 도포(경화) → 미경화 젤 제거

3. 팁 위드 젤 완성

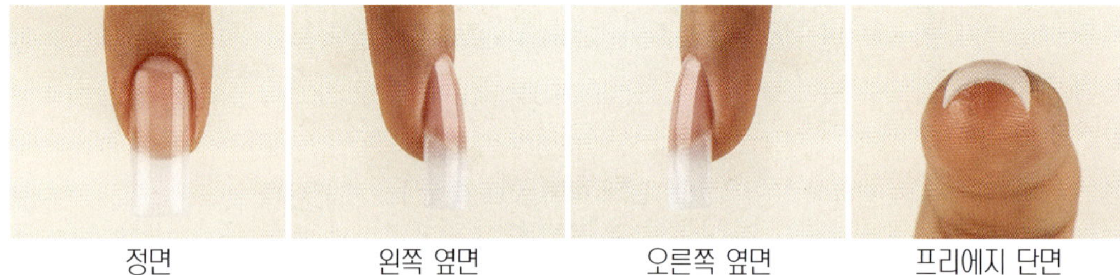

정면 | 왼쪽 옆면 | 오른쪽 옆면 | 프리에지 단면

4. 팁 위드 젤 확인

순번	확인 사항	확인
①	네일 팁이 올바르게 접착되었는지 확인	
②	베이스 젤이 도포되었는지 확인	
③	클리어 젤이 올바르게 오버레이되었는지 확인	
④	톱 젤이 도포되었는지 확인	
⑤	올바르게 젤이 경화되었는지 확인	
⑥	미경화 젤이 남지 않았는지 확인	
⑦	프리에지의 길이가 0.5~1cm 미만, 두께가 0.5~1mm 이하인지 확인	
⑧	C-형태의 곡선이 20~40% 유지하고 정확한 스퀘어 형태를 유지하는지 확인	
⑨	팁 위드 젤의 표면이 굴곡 없이 매끄럽고, 광택이 나는지 확인	
⑩	팁 위드 젤의 길이와 두께, 곡선이 다른 손가락과 전부 동일한지 확인	
⑪	자연 네일과 인조 네일이 자연스럽게 연결되었는지 확인	
⑫	네일 파일로 인하여 출혈이 발생하지 않았는지 확인	

PART 12.

랩 네일

네일 랩과 필러 파우더를 적용하여 네일의 길이를 연장하고 조형하는 능력

능력단위요소	수 행 준 거
네일 랩 재단하기	1.1 자연 네일 크기에 따라 네일 랩의 폭과 길이를 측정할 수 있다. 1.2 자연 네일 상태에 따라 네일 랩의 재단방법을 선택할 수 있다. 1.3 방법에 따라 네일 랩을 자연 네일에 맞추어 재단할 수 있다.
네일 랩 접착하기	2.1 네일 랩에 기포가 들어가지 않도록 네일 표면에 접착할 수 있다. 2.2 접착된 네일 랩의 상태에 따라 여분을 자를 수 있다. 2.3 네일 랩 고정을 위해 네일 접착제를 도포할 수 있다.
네일 랩 연장하기	3.1 고객의 요구에 따라 프리에지의 길이를 연장할 수 있다. 3.2 고객의 요구에 따라 랩 네일의 프리에지 형태를 조형할 수 있다. 3.3 고객의 요구에 따라 랩 네일의 두께를 조절할 수 있다. 3.4 고객의 요구에 따라 랩 네일의 형태를 조형할 수 있다.

랩 네일의 주요 학습 포인트!

랩 네일이란 네일 랩을 사용하여 네일을 보강하거나 네일의 길이를 연장하여 인조 네일을 만드는 것을 말한다. 네일 미용인은 랩 네일의 정확한 개념과 랩 네일의 명칭을 이해해야 한다. 또한 네일 랩의 종류별 특징과 고객의 네일과 적합한 네일 랩을 선택할 수 있어야 하며 네일 랩으로 길이를 연장하는 방법은 고난이도의 기술이 요구되므로 꾸준한 연습이 필요하다.

본 파트에서는 네일 랩을 활용한 랩 네일의 종류와 작업 방법에 대해 알아본다.

SECTION 1. 랩 네일의 특성

1. 랩 네일(Wrap Nail)

랩(Wrap)이란 '포장하다, 감싸다'라는 뜻으로 랩 네일이란 자연 네일 위에 네일 랩을 덧붙여 견고하게 만들거나 길이를 연장하는 것을 말한다.

네일 랩을 자연 네일에 붙여 약하거나 찢어진 자연 네일을 보강하여 단단하게 하는 것을 네일 랩 오버레이라고 하며, 네일 랩을 사용하여 부러진 부분을 연장하거나 전체 길이를 연장하는 것을 네일 익스텐션이라고 한다.

[랩 네일의 분류]

구 분	내 용
네일 랩 오버레이 (Nail Wrap Overlay)	자연 네일 보강
네일 랩 익스텐션(Nail Wrap Extension)	자연 네일 연장

2. 네일 랩 익스텐션(Nail Wrap Extension)

네일 랩 오버레이의 경우에는 필러 파우더의 사용은 선택이며, 네일 랩 익스텐션의 경우에는 연장된 부분은 네일 랩만으로는 두께를 형성할 수 없어 필러 파우더의 사용이 필수이다.

[네일 랩 익스텐션의 분류]

구 분	이미지
자연 네일의 부러진 부분 연장	
자연 네일의 전체 길이 연장	

3. 네일 랩(Nail Wrap)

네일 랩은 얇은 섬유로 가공 되어진 천으로 된 소재를 말하며 실크, 파이버 글라스, 리넨 등 네일에 사용하는 패브릭 랩을 총칭하여 네일 랩이라고 한다. 일반적으로는 실크라는 네일 랩을 사용하기 때문에 실크 오버레이, 실크 익스텐션이라고 이라고 한다. 자연 네일의 상태와 네일 랩의 특징에 따라 적절히 선택하여 사용해야 한다.

[네일 랩의 분류]

구 분	내 용	
파이버 글라스 (Fiber Glass)	인조 유리섬유로 짠 직물로 투명하고 매우 반짝거리며 실크에 비해서 조직이 느슨하며 접착제가 잘 스며듦	
실크 (Silk)	명주실로 짠 직물로 부드럽고 가벼우며 조직이 얇고 섬세하여 가장 많이 사용함	
리넨 (Linen)	아마 식물의 줄기에서 얻은 실로 짠 직물로 다른 소재에 비해 강하며 천의 조직이 비치고 두꺼우며 투박함	

4. 네일 랩의 재단과 접착 방법

① 접착할 네일의 면적을 확인하고 약간 넉넉하게 재단한다.
② 큐티클 라인과 네일 랩의 모서리는 동일하게 재단한다.
③ 큐티클 라인에서 약 0.1~0.2cm 정도 남겨놓고 접착한다.
④ 접착한 후 네일 옆면까지 잘 커버되어 있는지 확인한다.

SECTION 2. 네일 랩 익스텐션(부러진 부분 연장)

1. 네일 랩 익스텐션 작업 순서(부러진 부분 연장)

① 소독제를 탈지면에 분사하여 작업자의 양손과 손톱 주변, 손톱을 소독한다.
② 소독제를 탈지면에 분사하여 고객의 양손과 손톱 주변, 손톱을 소독한다.
③ 자연 네일용 파일을 사용하여 프리에지의 길이를 조절하고 형태를 조형한다.

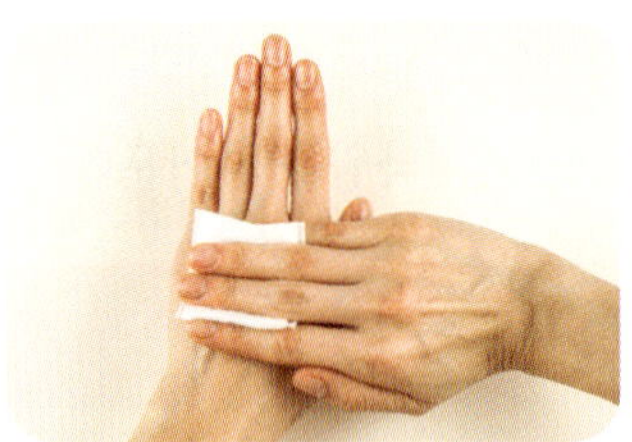
① 작업자 손 소독하기

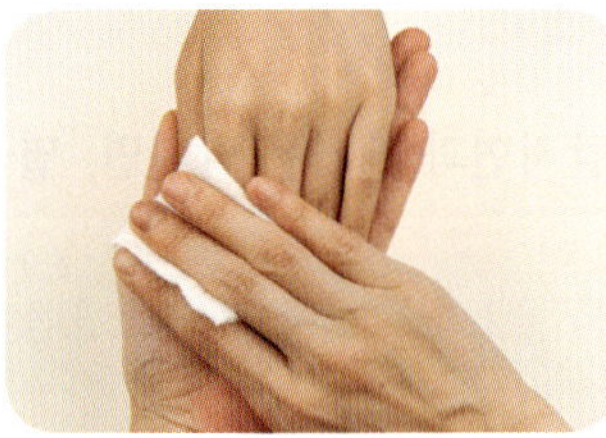
② 고객 손 소독하기

③ 프리에지 조형하기

④ 큐티클 푸셔로 큐티클을 밀어주고, 필요시 큐티클 니퍼를 사용하여 큐티클을 정리할 수 있다.
⑤ 네일 파일을 사용하여 에칭 작업을 하고, 자연 네일의 광택과 거스러미를 제거한다.
⑥ 네일 더스트 브러시를 사용하여 분진을 제거한다.

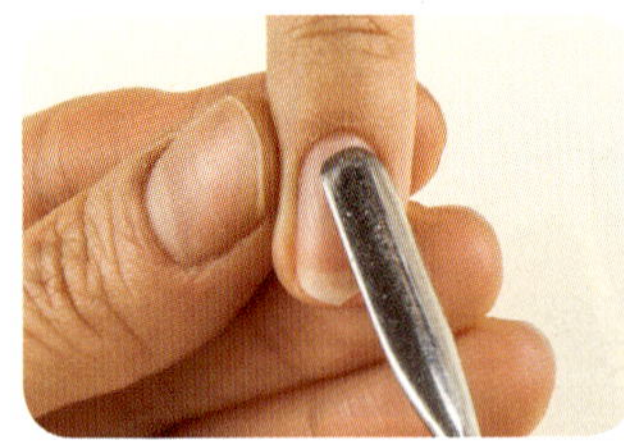
④ 큐티클 밀어 올리기

⑤ 에칭 작업하기

⑥ 분진 제거하기

⑦ 네일 랩의 길이를 자연 네일의 길이보다 조금 넉넉하게 재단하고 고객의 큐티클 라인 왼쪽 부분의 곡선을 확인한다.
⑧ 네일 랩을 큐티클 라인 왼쪽 부분의 곡선과 동일하게 사다리꼴로 재단한다.
⑨ 네일 랩을 큐티클 라인에서 약 0.1~0.2cm정도 남기고 가볍게 접착한다.

⑦ 곡선 확인하기

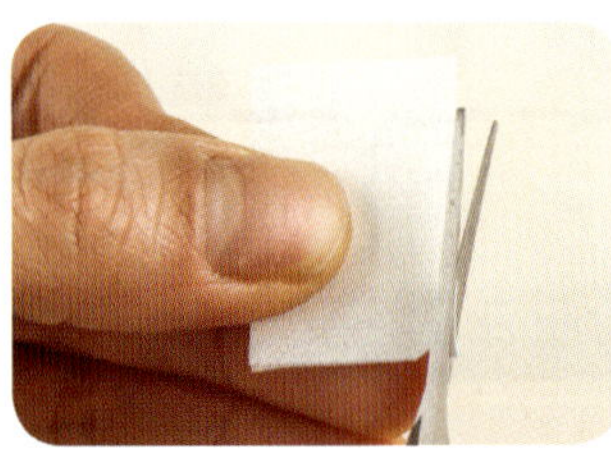
⑧ 네일 랩 재단하기

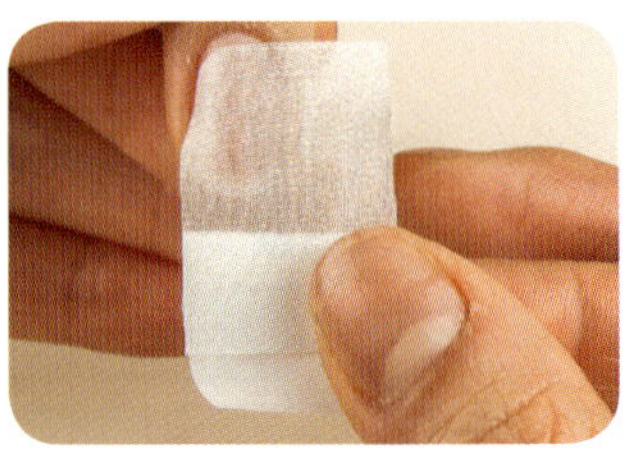
⑨ 네일 랩 접착하기

⑩ 큐티클 라인 오른쪽 부분의 곡선을 확인하고 동일하게 네일 랩을 사다리꼴로 재단한다.
⑪ 네일 랩을 완전히 눌러 접착하고 옆면에 부족한 부분이 없는지 확인한다.
⑫ 네일 접착제를 도포하여 네일 랩을 고정한다.

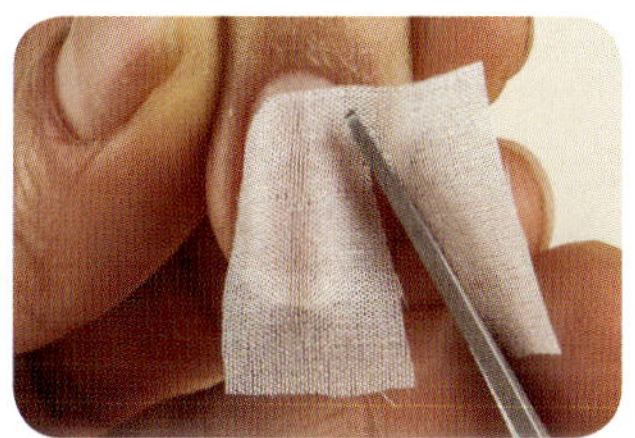
⑩ 네일 랩 재단하기

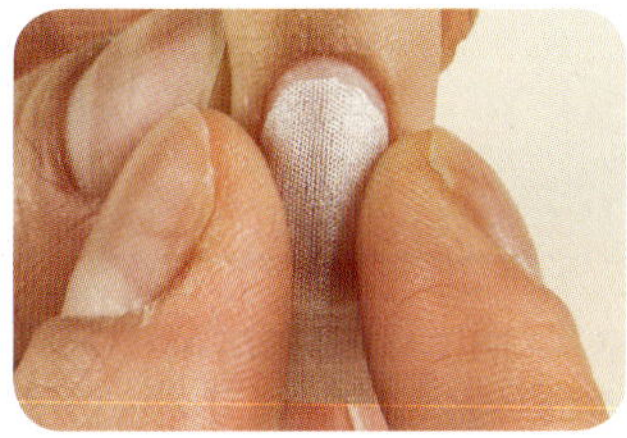
⑪ 네일 랩 눌러주기

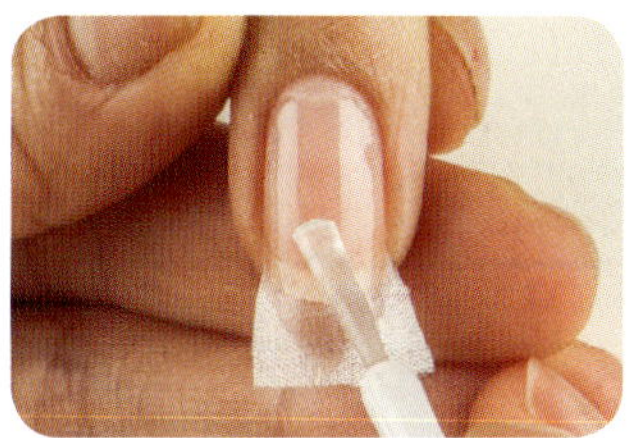
⑫ 네일 랩 고정하기

⑬ 주변으로 네일 접착제가 넘쳤을 경우 키친타월을 사용하여 네일 접착제를 닦아준다.
⑭ 부러진 부분을 위주로 필러 파우더를 뿌려준 후, 오렌지 우드스틱을 사용하여 주변에 묻은 필러 파우더를 정리한다.
⑮ 필러 파우더가 충분히 흡수하도록 네일 접착제를 도포하고, 주변으로 네일 접착제가 넘쳤을 경우 키친타월을 사용하여 네일 접착제를 닦아준다.

⑬ 네일 접착제 닦기

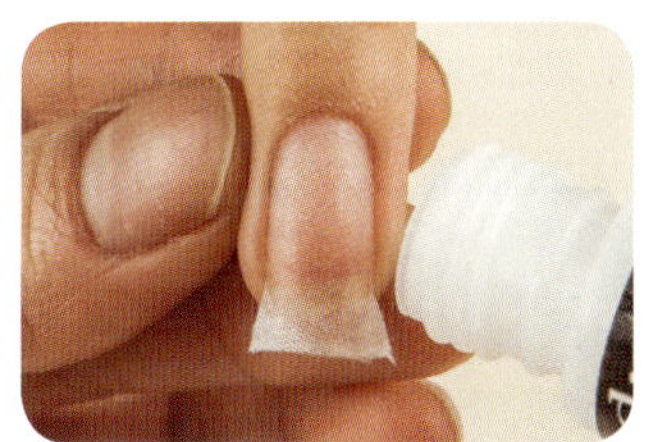
⑭ 필러 파우더 뿌리기

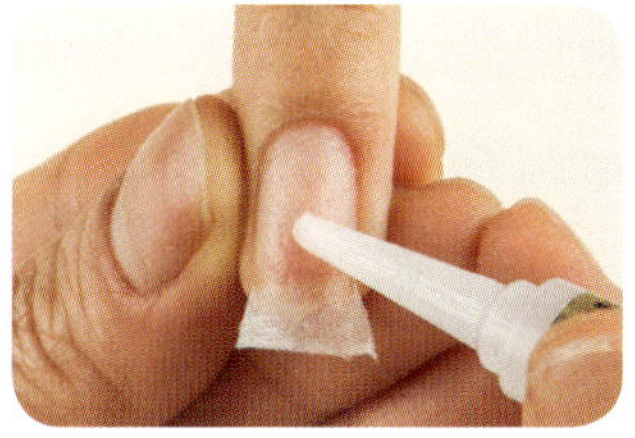
⑮ 네일 접착제 도포하기

⑯ 부러진 부분의 두께가 충분히 형성되도록 필러 파우더를 뿌려준 후, 오렌지 우드스틱을 사용하여 주변에 묻은 필러 파우더를 정리한다.
⑰ 필러 파우더가 충분히 흡수하도록 네일 접착제를 도포한다.
⑱ 경화 촉진제를 10cm 이상의 거리에서 약하게 분사하여 고정한다.

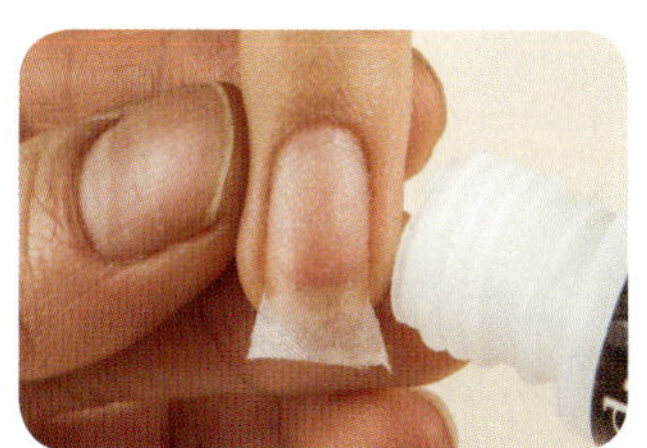
⑯ 필러 파우더 뿌리기

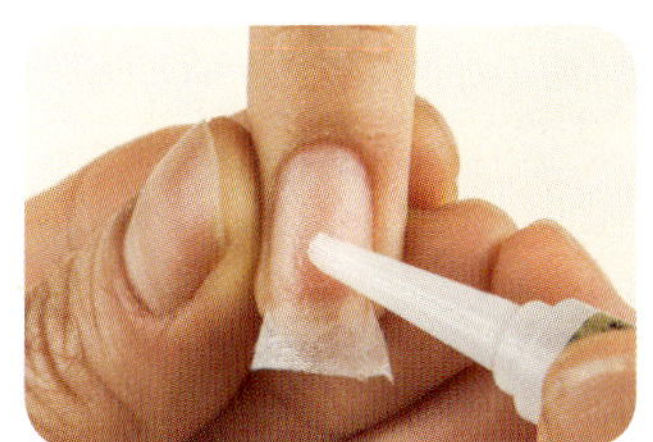
⑰ 네일 접착제 도포하기

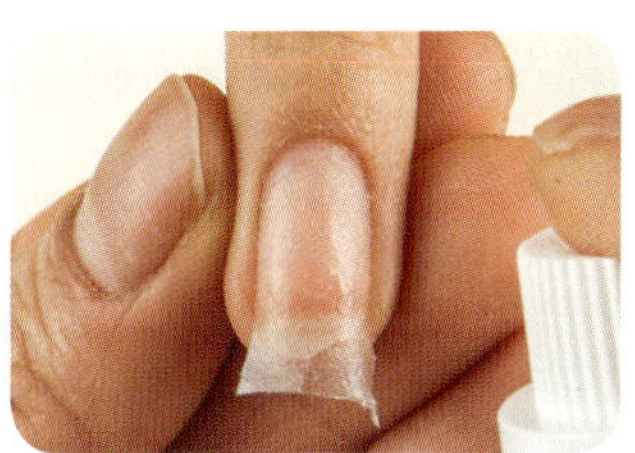
⑱ 경화 촉진제 분사하기

⑲ 네일 접착제가 완전히 경화되기 전에 자연 네일과 동일한 커브를 만들어준다.
⑳ 네일 클리퍼를 사용하여 불필요한 부분의 네일 랩의 길이를 재단할 수 있다.
㉑ 인조 네일용 파일을 사용하여 프리에지의 형태를 다른 손가락과 동일하게 조형한다.

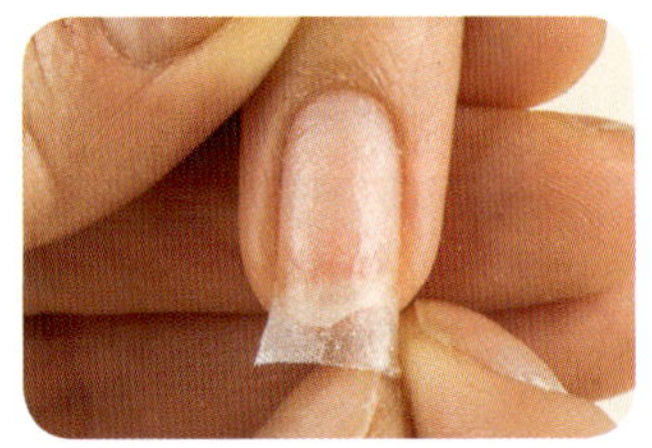
⑲ 커브 만들기

⑳ 네일 랩 재단하기

㉑ 프리에지 조형하기

㉒ 인조 네일용 파일을 사용하여 네일 랩 턱을 제거하고 자연 네일의 표면을 매끄럽게 조형한다.
㉓ 샌딩 파일을 사용하여 자연 네일의 표면을 다듬고 거스러미를 제거한다.
㉔ 네일 더스트 브러시를 사용하여 분진을 제거한다.

㉒ 표면 조형하기

㉓ 표면 다듬기

㉔ 분진 제거하기

㉕ 두께 보강과 광택 효과를 높이기 위해 브러시 글루를 자연 네일 전체에 도포한다.
㉖ 인조 네일의 강도와 투명도를 높이기 위해 뒷부분에 네일 접착제를 도포할 수 있다.
㉗ 경화 촉진제를 10cm 이상의 거리에서 약하게 분사하여 고정한다.

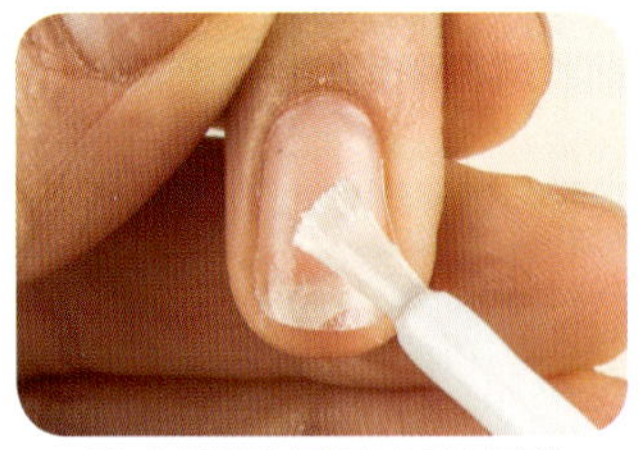
㉕ 브러시 글루 도포하기

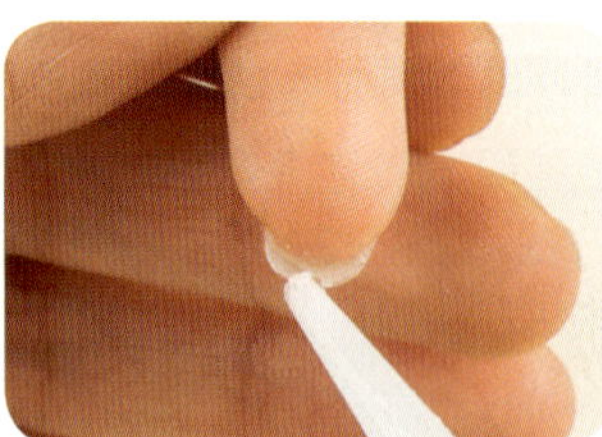
㉖ 네일 접착제 도포하기

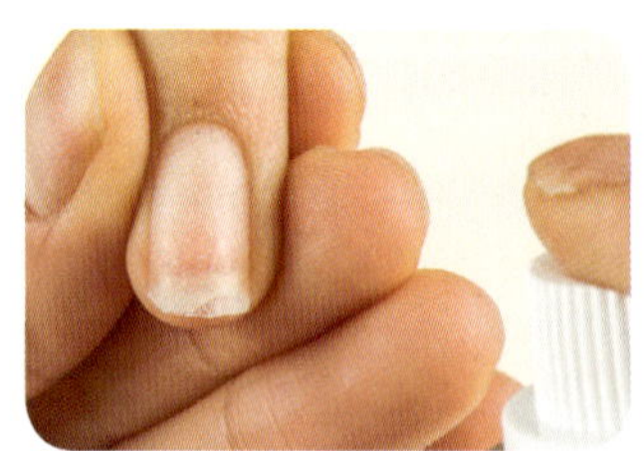
㉗ 경화 촉진제 분사하기

㉘ 샌딩 파일을 사용하여 브러시 글루의 광택을 제거한다.
㉙ 광택용 파일을 사용하여 자연 네일 전체에 광택을 낸다.
㉚ 네일 더스트 브러시를 사용하여 분진을 제거한 후, 냉 · 온 수건 또는 멸균거즈를 사용하여 손을 닦아준다.

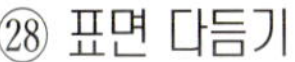
㉘ 표면 다듬기

㉙ 광택내기

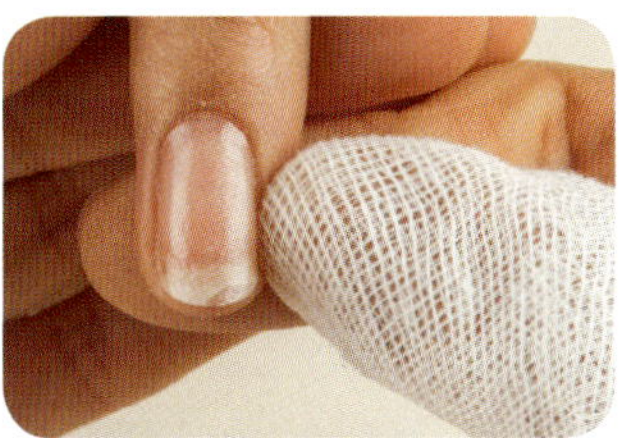
㉚ 손 닦아내기

2. 네일 랩 익스텐션 순서 정리(부러진 부분 연장)

손 소독 → 프리에지 조형 → 큐티클 밀기 → 에칭 작업 → 분진 제거 → 네일 랩 재단 → 네일 랩 접착 → 두께 형성 → 네일 랩 커브 → 길이 재단 → 네일 랩 턱 제거 → 구조 조형 → 표면 정리 → 분진 제거 → 브러시 글루 도포 → 광택 제거 → 광택내기 → 분진 제거 → 손 닦기

3. 네일 랩 익스텐션 완성(부러진 부분 연장)

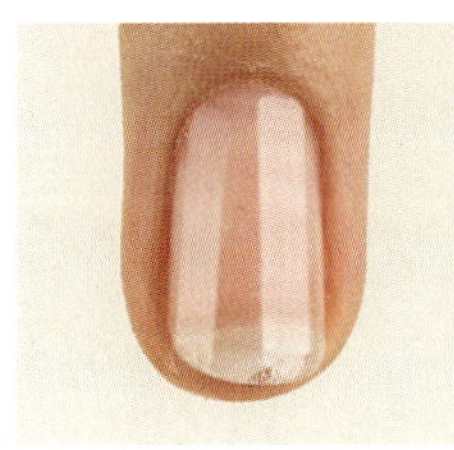
정면

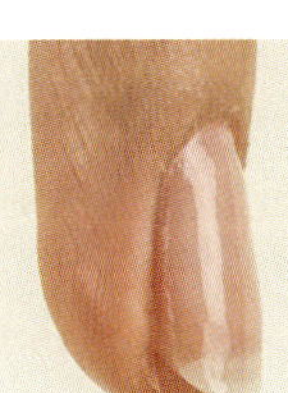
왼쪽 옆면

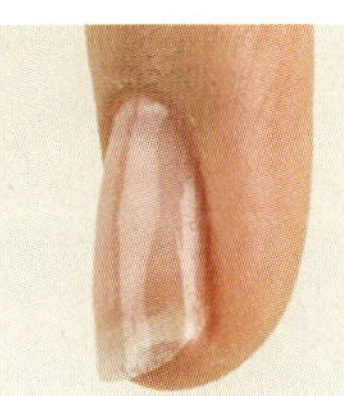
오른쪽 옆면

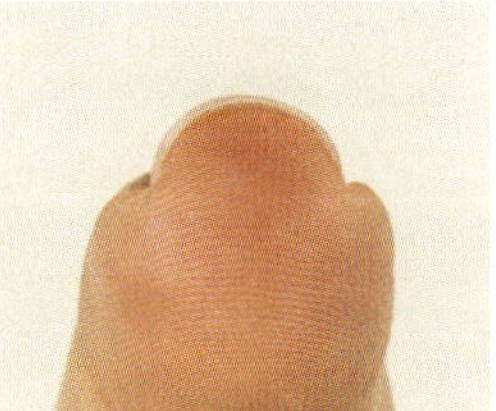
프리에지 단면

4. 네일 랩 익스텐션 확인(부러진 부분 연장)

순번	확인 사항	확인
①	네일 랩이 올바르게 접착되고 부러진 부분의 두께가 보강되었는지 확인	
②	부러진 부분의 표면이 굴곡 없이 매끄럽고, 광택이 나는지 확인	
③	부러진 부분의 길이와 곡선이 다른 손가락과 자연스러운지 확인	
④	자연 네일과 인조 네일이 자연스럽게 연결되었는지 확인	
⑤	네일 파일로 인하여 출혈이 발생하지 않았는지 확인	

SECTION 3. 네일 랩 익스텐션(전체 길이 연장)

1. 네일 랩 익스텐션 작업 순서(전체 길이 연장)

① 소독제를 탈지면에 분사하여 작업자의 양손과 손톱 주변, 손톱을 소독한다.
② 소독제를 탈지면에 분사하여 고객의 양손과 손톱 주변, 손톱을 소독한다.
③ 자연 네일용 파일을 사용하여 프리에지의 길이를 약 0.1cm 정도로 조절하고, 프리에지의 형태를 라운드 또는 오발로 조형한다.

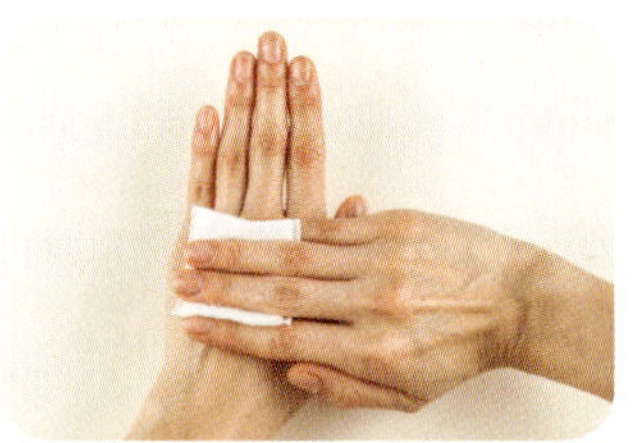
① 작업자 손 소독하기

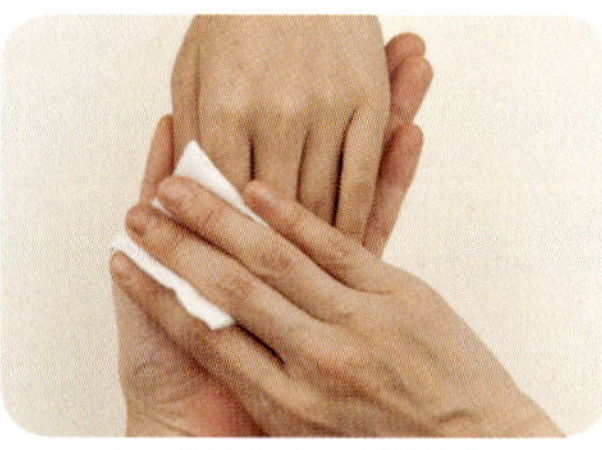
② 고객 손 소독하기

③ 프리에지 조형하기

④ 큐티클 푸셔로 큐티클을 밀어주고, 필요시 큐티클 니퍼를 사용하여 큐티클을 정리할 수 있다.
⑤ 네일 파일을 사용하여 에칭 작업을 하고, 자연 네일의 광택과 거스러미를 제거한다.
⑥ 네일 더스트 브러시를 사용하여 분진을 제거한다.

④ 큐티클 밀어 올리기

⑤ 에칭 작업하기

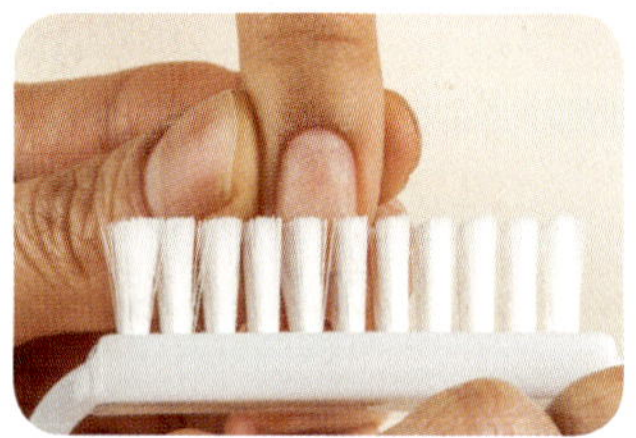
⑥ 분진 제거하기

⑦ 네일 랩의 길이를 연장하고자 하는 길이보다 넉넉하게 재단하고 큐티클 라인 왼쪽 부분의 곡선을 확인한다. 초보자는 네일 접착제가 흘러 손에 붙을 수 있기 때문에 처음에는 네일 랩의 길이를 넉넉히 재단하고 숙달되면 길이를 줄이는 것이 효과적이다.
⑧ 네일 랩을 큐티클 라인 왼쪽 부분의 곡선과 동일하게 사다리꼴로 재단한다.
⑨ 네일 랩을 큐티클 라인에서 약 0.1~0.2cm정도 남기고 가볍게 접착한다.

⑦ 곡선 확인하기

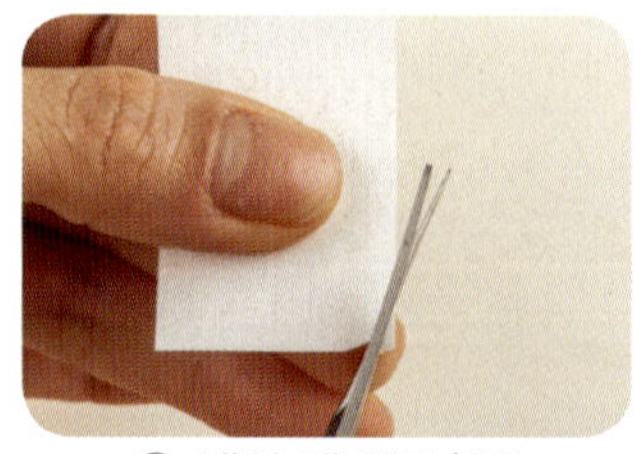
⑧ 네일 랩 재단하기

⑨ 네일 랩 접착하기

⑩ 큐티클 라인 오른쪽 부분의 곡선을 확인하고 동일하게 네일 랩을 사다리꼴로 재단한다.
⑪ 네일 랩이 사다리꼴로 재단되었는지 옆면에 부족한 부분이 없는지 확인한다.
⑫ 네일 랩을 완전히 눌러 접착시킨다.

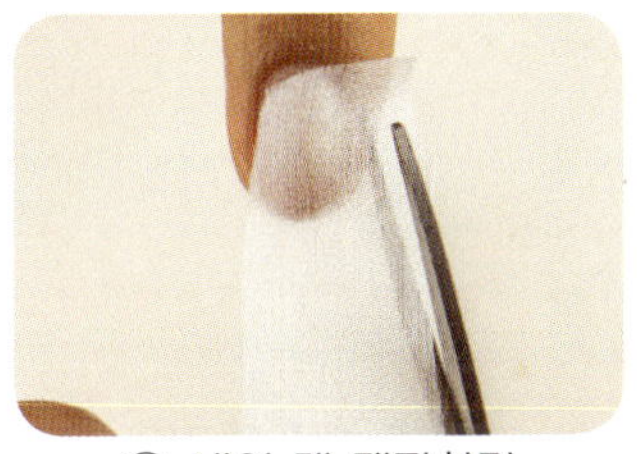
⑩ 네일 랩 재단하기

⑪ 접착 확인하기

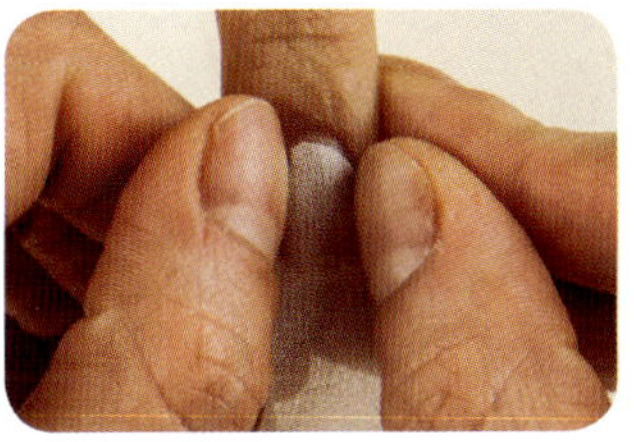
⑫ 네일 랩 눌러주기

⑬ 자연 네일에 네일 접착제를 도포하고 올바르게 네일 랩을 잡고 손을 고정한다. 네일 랩 익스텐션의 C-커브는 네일 랩을 잡고 있는 손에 의해 만들어지므로 네일 접착제를 도포하고 완전히 고정될 때까지 손을 움직여서는 안 된다.
⑭ 옐로 라인 부분부터 약 1cm 정도까지 네일 접착제를 도포한다.
⑮ 주변으로 네일 접착제가 넘쳤을 경우 키친타월을 사용하여 네일 접착제를 닦아준다.

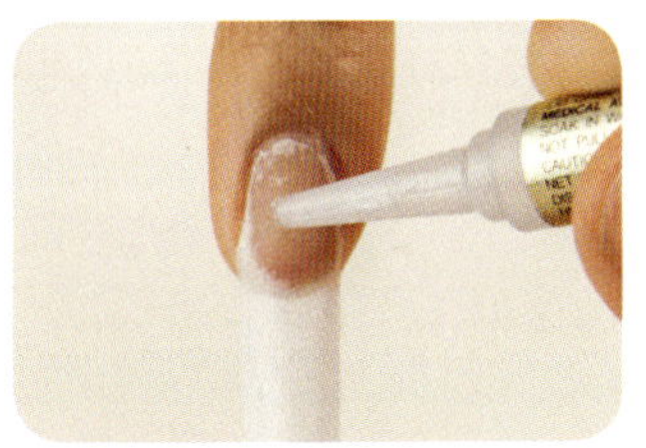
⑬ 네일 랩 커브 만들기

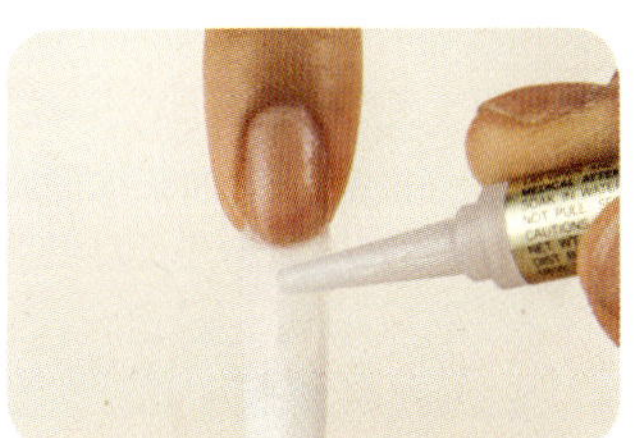
⑭ 네일 접착제 도포하기

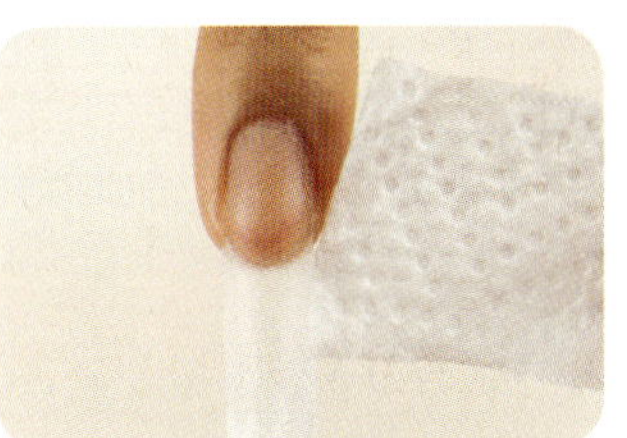
⑮ 네일 접착제 닦기

⑯ 연장하고자 하는 부분을 중심으로 필러 파우더를 뿌려준 후, 오렌지 우드스틱을 사용하여 주변에 묻은 필러 파우더를 정리한다.
⑰ 필러 파우더가 충분히 흡수하도록 네일 접착제를 도포한다.
⑱ 주변으로 네일 접착제가 넘쳤을 경우 키친타월을 사용하여 네일 접착제를 닦아준다.

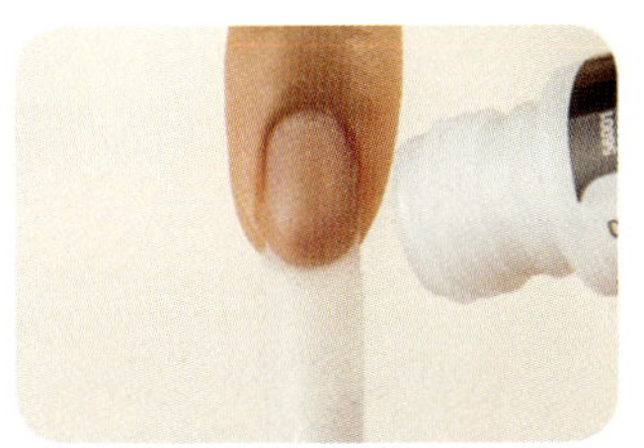
⑯ 필러 파우더 뿌리기

⑰ 네일 접착제 도포하기

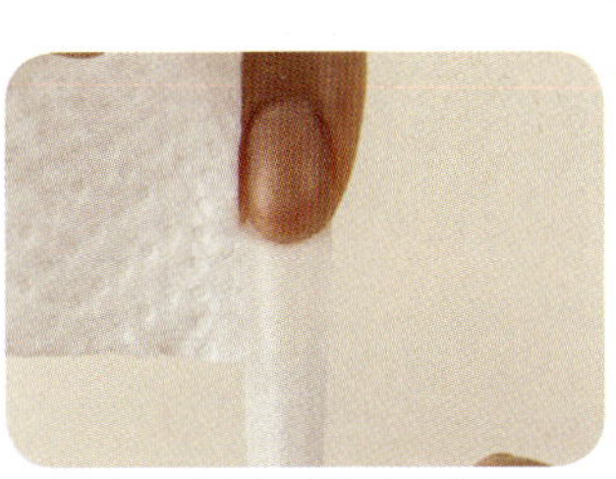
⑱ 네일 접착제 닦기

⑲ 가장 높은 지점을 중심으로 필러 파우더를 뿌려준 후, 오렌지 우드스틱을 사용하여 주변에 묻은 필러 파우더를 정리한다.
⑳ 필러 파우더가 충분히 흡수하도록 네일 접착제를 도포한다.
㉑ 주변으로 네일 접착제가 넘쳤을 경우 키친타월을 사용하여 네일 접착제를 닦아준다.

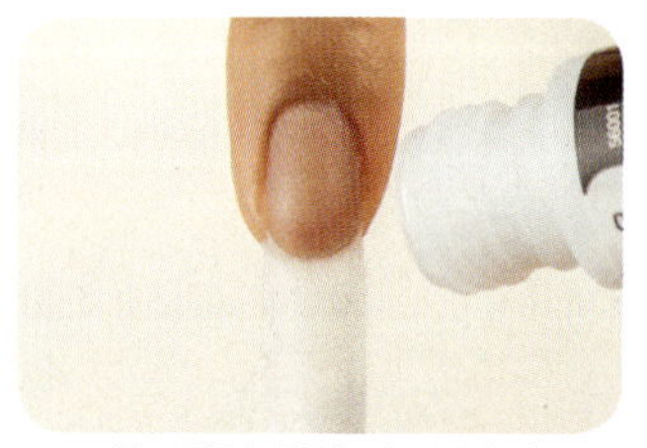
⑲ 필러 파우더 뿌리기

⑳ 네일 접착제 도포하기

㉑ 네일 접착제 닦기

㉒ 큐티클 부분을 중심으로 필러 파우더를 뿌려준 후, 오렌지 우드스틱을 사용하여 주변에 묻은 필러 파우더를 정리한다.
㉓ 필러 파우더가 충분히 흡수하도록 네일 접착제를 도포한다.
㉔ 주변으로 네일 접착제가 넘쳤을 경우 키친타월을 사용하여 네일 접착제를 닦아준다.

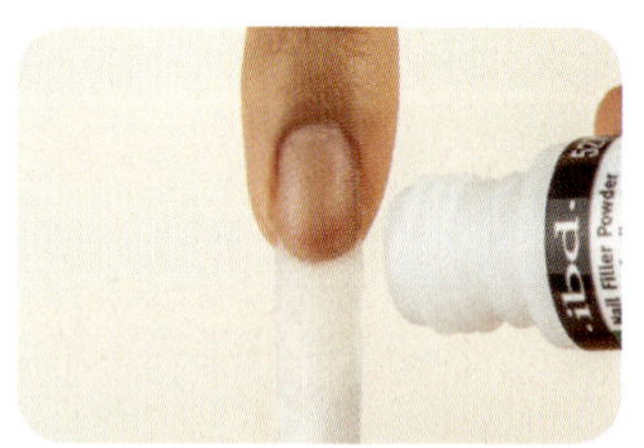

㉒ 필러 파우더 뿌리기

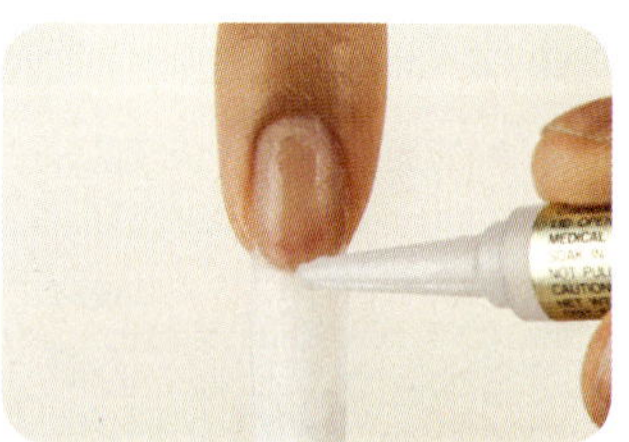
㉓ 네일 접착제 도포하기

㉔ 네일 접착제 닦기

㉕ 인조 네일의 두께가 충분히 형성되도록 필러 파우더를 뿌려준 후, 오렌지 우드스틱을 사용하여 주변에 묻은 필러 파우더를 정리한다.
㉖ 필러 파우더가 충분히 흡수하도록 네일 접착제를 도포한다.
㉗ 키친타월을 사용하여 주변에 묻은 네일 접착제를 닦아준다.

㉕ 필러 파우더 뿌리기

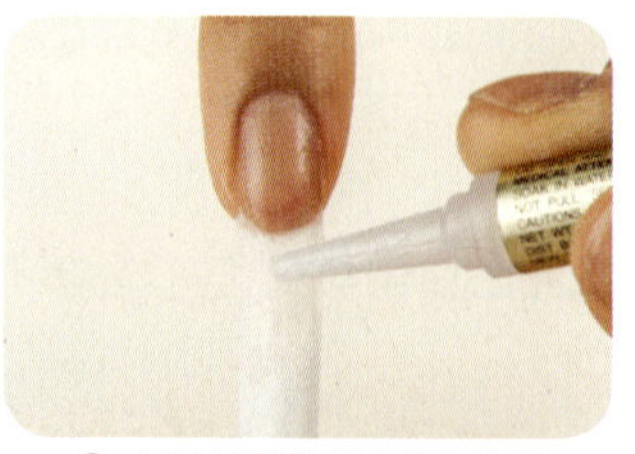
㉖ 네일 접착제 도포하기

㉗ 네일 접착제 닦기

㉘ 경화 촉진제를 10cm 이상의 거리에서 약하게 분사하여 고정한다.
㉙ 네일 클리퍼를 사용하여 인조 네일의 길이를 조절한다.
㉚ 인조 네일용 파일을 사용하여 프리에지의 길이를 조절하고 형태를 스퀘어로 조형한다.
(프리에지의 길이: 0.5~1cm, 프리에지의 두께: 0.5~1mm, C-형태의 곡선: 20~40%)

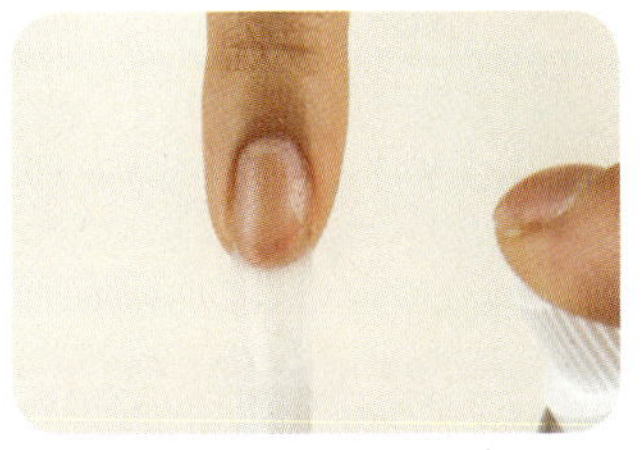

㉘ 경화 촉진제 분사하기

㉙ 길이 조절하기

㉚ 프리에지 조형하기

㉛ 인조 네일용 파일을 사용하여 네일 랩 턱을 제거하고 인조 네일의 구조를 조형한다.
㉜ 샌딩 파일을 사용하여 표면을 매끄럽게 다듬고 거스러미를 제거한다.
㉝ 네일 더스트 브러시를 사용하여 분진을 제거한다.

㉛ 구조 조형하기

㉜ 표면 다듬기

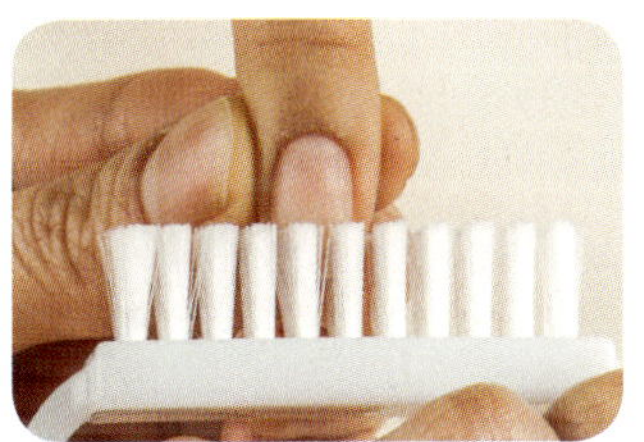
㉝ 분진 제거하기

㉞ 두께 보강과 광택 효과를 높이기 위해 브러시 글루를 인조 네일 전체에 도포한다.
㉟ 인조 네일의 강도와 투명도를 높이기 위해 뒷부분에 네일 접착제를 도포할 수 있다.
㊱ 경화 촉진제를 10cm 이상의 거리에서 약하게 분사하여 고정한다.

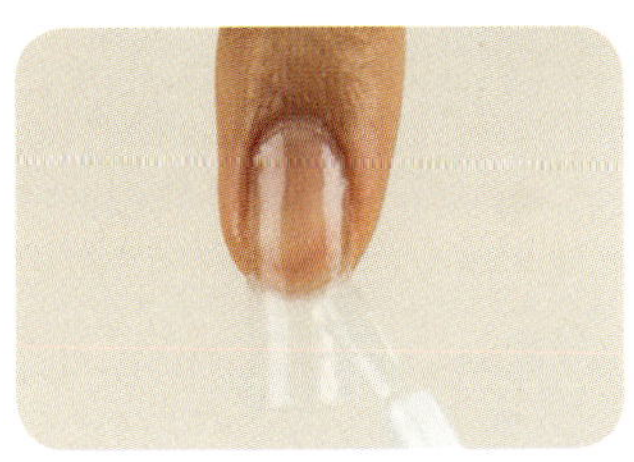
㉞ 브러시 글루 도포하기

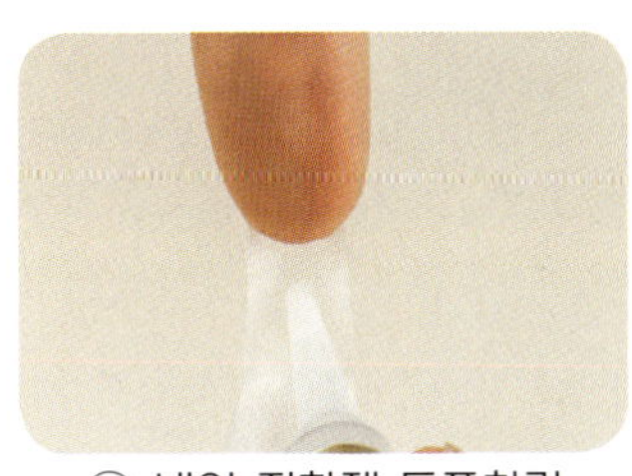
㉟ 네일 접착제 도포하기

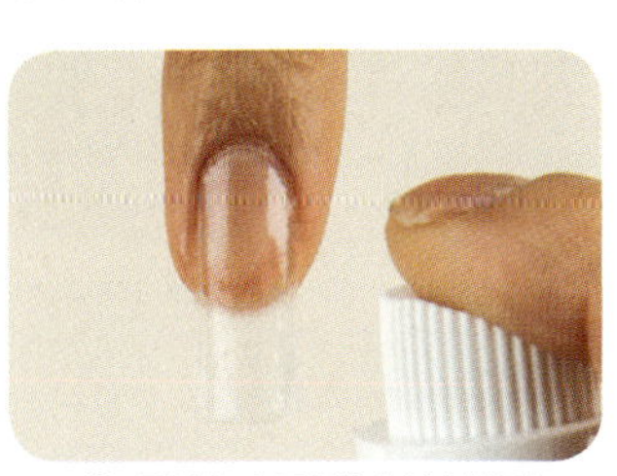
㊱ 경화 촉진제 분사하기

㊲ 샌딩 파일을 사용하여 브러시 글루의 광택을 제거한다.
㊳ 광택용 파일을 사용하여 인조 네일 전체에 광택을 낸다.
㊴ 네일 더스트 브러시를 사용하여 분진을 제거한 후, 냉 · 온 수건 또는 멸균거즈를 사용하여 손을 닦아준다.

㉞ 표면 다듬기

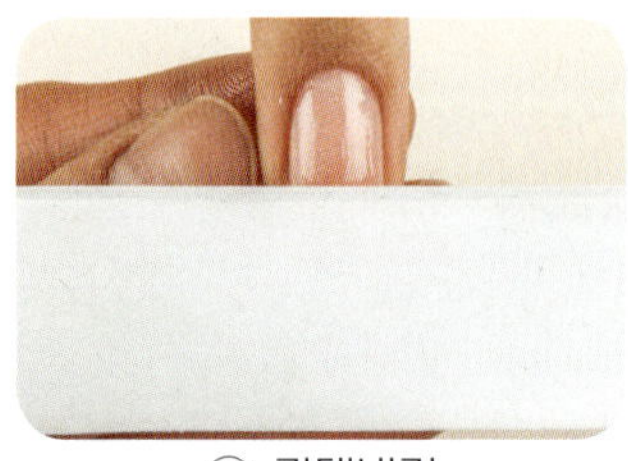
㉟ 광택내기

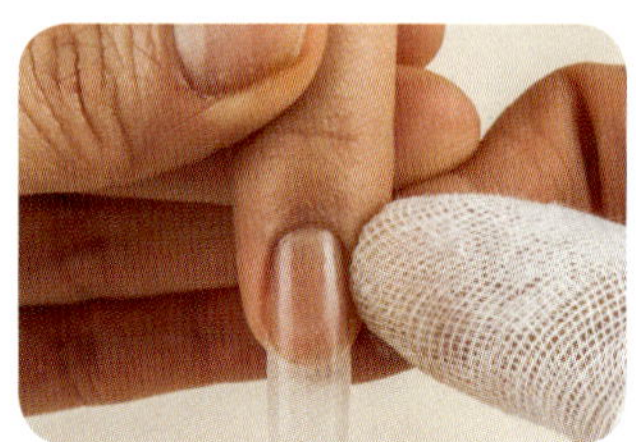
㊱ 손 닦아내기

2. 네일 랩 익스텐션 순서 정리(전체 길이 연장)

손 소독 → 프리에지 조형 → 큐티클 밀기 → 에칭 작업 → 분진 제거 → 네일 랩 재단 → 네일 랩 접착 → 네일 랩 커브 → 두께 형성 → 길이 재단 → 네일 랩 턱 제거 → 구조 조형 → 표면 정리 → 분진 제거 → 브러시 글루 도포 → 광택 제거 → 광택내기 → 분진 제거 → 손 닦기

3. 네일 랩 익스텐션 완성(전체 길이 연장)

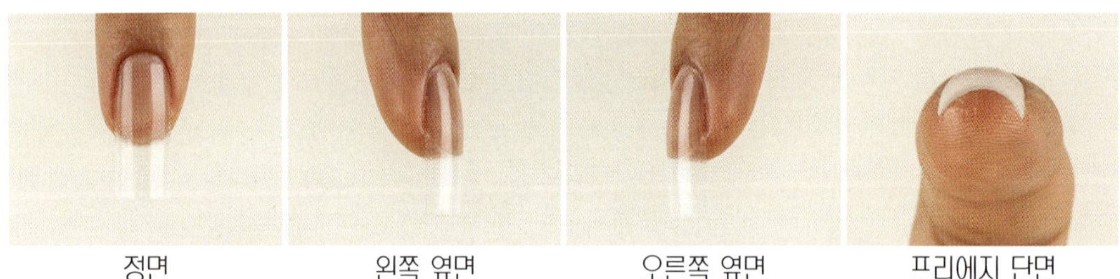
정면 | 왼쪽 옆면 | 오른쪽 옆면 | 프리에지 단면

4. 네일 랩 익스텐션 확인(전체 길이 연장)

순번	확인 사항	확인
①	네일 랩이 올바르게 접착되었는지 확인	
②	프리에지의 길이가 0.5~1cm 미만, 두께가 0.5~1mm 이하인지 확인	
③	C-형태의 곡선이 20~40% 유지하고 정확한 스퀘어 형태를 유지하는지 확인	
④	네일 랩 익스텐션의 표면이 굴곡 없이 매끄럽고, 광택이 나는지 확인	
⑤	네일 랩 익스텐션의의 길이와 두께, 곡선이 다른 손가락과 전부 동일한지 확인	
⑥	자연 네일과 인조 네일이 자연스럽게 연결되었는지 확인	

PART 13.

젤 네일

젤 네일이란 네일 폼과 젤을 적용하여 네일의 길이를 연장하고 조형하는 능력

능력단위요소	수 행 준 거
젤 화장물 활용하기	1.1 연습용 인조 손에 자연 네일 대용의 네일 팁을 장착할 수 있다. 1.2 연습용 인조 손을 활용하여 젤 화장물의 사용방법을 숙련할 수 있다. 1.3 연습용 인조 손을 활용하여 올바르게 네일 폼을 적용할 수 있다. 1.4 적합한 방법으로 젤 브러시를 사용할 수 있다. 1.5 네일 파일을 활용하여 젤 네일의 파일 방법을 숙련할 수 있다. 1.6 젤 램프기기를 이용하여 젤을 경화할 수 있다.
젤 원톤 스컬프처하기	2.1 젤 원톤 스컬프처를 위한 베이스 젤을 적용할 수 있다. 2.2 고객의 요구에 따라 프리에지의 길이를 연장할 수 있다. 2.3 젤 램프기기를 이용하여 인조 네일을 경화할 수 있다. 2.4 고객의 요구에 따라 젤 원톤 스컬프처를 위한 두께를 조절할 수 있다. 2.5 고객의 요구에 따라 원톤 스컬프처의 형태를 조형할 수 있다.
젤 프렌치 스컬프처하기	3.1 젤 프렌치 스컬프처를 위한 베이스 젤을 적용할 수 있다. 3.2 화이트 젤로 스마일 라인을 조형할 수 있다. 3.3 고객의 요구에 따라 프리에지의 길이를 연장할 수 있다. 3.4 젤 램프기기를 이용하여 젤을 경화할 수 있다. 3.5 고객의 요구에 따라 젤 프렌치 스컬프처를 위한 두께를 조절할 수 있다. 3.6 고객의 요구에 따라 젤 프렌치 스컬프처의 형태를 조형할 수 있다.

젤 네일의 주요 학습 포인트!

본 파트에서의 젤 네일은 네일 폼과 젤을 활용하여 길이를 연장하고 인조 네일의 구조에 맞게 오버레이하는 작업 방법을 말한다.

젤의 화학적인 특성과 네일 폼과 함께 활용하는 방법을 익히고, 잘못된 젤 램프기기의 사용으로 젤의 수축과, 네일의 뜨거움 등의 현상이 일어날 수 있으므로 올바른 기기 사용을 숙지해야한다.

본 파트에서는 젤 화장물의 특성과 젤을 활용한 젤 원톤 스컬프처와 젤 프렌치 스컬프처의 작업 방법에 대해 알아본다.

SECTION 1	젤 화장물의 특성 및 활용
SECTION 2	젤 원톤 스컬프처
SECTION 3	젤 프렌치 스컬프처

SECTION 1. 젤 화장물의 특성 및 활용

1. 젤 네일(Gel Nail)

젤은 아크릴레이트의 올리고머라는 분자구조를 갖고 있는 액상형태의 콜로이드입자이다. 젤 네일이란 젤을 자외선(UV) 젤 램프기기 또는 가시광선(LED)에 경화하여 인조 네일을 만드는 것을 말한다.

광선에 경화하는 젤을 라이트 큐어드 젤(Light Cured Gel)이라고 하며, 광선을 사용하지 않고 응고제를 사용하여 굳는 젤을 노 라이트 큐어드 젤(No Light Cured Gel)이라고 한다. 우리가 일반적으로 젤 네일이라고 하는 것은 라이트 큐어드 젤을 말한다.

2. 젤 램프기기

젤 램프기기는 젤을 경화하는 기기를 말하며 젤 램프기기에 사용되는 광선은 자외선(UV)과 가시광선(LED)으로 구분되며, 겸용되어 있는 젤 램프기기도 있다. 제조 회사마다 램프의 사용 시간이 다르고 젤에 첨가되어 있는 광중합 개시제에 따라 젤 램프기기(UV, LED 램프)의 종류가 달라지기 때문에 제품 설명서를 확인하고 사용한다.

[젤 네일에 사용되는 광선]

자외선(UV)			가시광선(LED)	적외선
UV-C	UV-B	**UV-A320~400nm**	**400~700nm정도**	램프기기로 사용 안 됨
램프기기로 사용 안 됨		**UV 램프**	**LED 램프**	

1) 젤 램프기기의 주의사항

① 적절하지 않은 장시간의 경화는 젤의 변색을 유발할 수 있음
② 경화 과정(큐어링 프로세스, Curing Process) 중에 젤을 만지게 되면 피부에 알레르기 등의 문제를 일으킬 수 있으므로 주의해서 사용하여야 함
③ 1회에 많은 양의 젤을 경화할 경우 젤의 균열과 기포를 유발, 젤의 수축(최고 25%까지)과 내구성을 저하시킬 수 있으며, 조직을 태우는 힛 스파이크로 인한 히팅(Heating) 현상이 발생하여 네일 보디와 네일 베드의 뜨거움이 일어나 자연 네일에 손상을 줄 수 있음
④ 젤이 완벽하게 경화되지 않아서 딱딱하지 않고 물렁거려 조기에 리프팅이 발생할 경우에는 램프를 교체해야 함

[UV와 LED 젤 램프기기의 비교]

구분	UV 젤 램프기기	LED 젤 램프기기
파장	UV-A 약 320~400nm	약 400~700nm
수명	램프 교체(대부분 1,000시간)	반영구적(40,000~120,000시간)
특징	자외선 차단제 사용을 권장함	자외선 차단제 사용하지 않음
이미지		

2) 젤이 경화에 미치는 주요 요인

① 젤 램프기기의 종류(LED, UV)와 상태(사용기간, 파손상태, 잔여물 접착 등)

② 젤의 종류와 두께(하드 젤, 소프트 젤)

③ 경화 시간과 젤 램프기기 안의 네일 위치

④ 젤의 투명도(클리어 젤, 컬러 젤)

⑤ 네일 폼의 투명도(불투명한 폼을 사용할 경우 빛이 투과하지 못할 수도 있기 때문에 손을 뒤집어서 경화할 수 있음

⑥ 젤의 질감(따따한 질감으로 변한 젤은 광택이 저하될 수 있으므로 따뜻하게 데운 후 사용하는 것이 좋음

2. 젤 네일 시스템(Gel Nail System)

1) 광(빛)중합반응

광(빛)중합반응 포토 폴리머라이제이션(Photo-Polymerization)			
올리고머	소프트 젤(저분자) 하드 젤(중분자)	소중합체	결합 미 반응
폴리머	완성된 젤 네일	고중합체	결합반응 완료
광중합개시제	광중합 반응을 개시 시키는 물질		

① 올리고머(Oligomer)

2개 이상의 분자 화합물이 결합한 저분자 · 중분자의 화합물로 점성이 있고 반응이 완료되지 않은 물질이다.

– 소프트 젤(Soft Gel)

점도가 작아 스스로 고르게 퍼지며 부드러운 제품으로 내구력과 지속력이 약해 제거용액으로 제거가 가능하나 그만큼 자주 제거해야 하는 단점이 있다. 주로 자연 네일을 보강할 때 사용하며 짧은 길이의 연장은 가능하나 긴 길이의 연장에는 적합하지 않다.

– 하드 젤(Hard Gel / Builder Gel)

점도가 커 단단한 제품으로 다루기 어려우나 내구력과 지속력이 강하다. 제거용액으로 제거가 가능한 제품도 있지만 대부분 제거가 가능하지 않다. 약한 자연 네일에 보강하거나 주로 길이를 연장할 때 사용한다.

② 폴리머(Polymer)

올리고머가 빛의 반응에 의해서 고체로 변화하며 고분자 화합물인 폴리머가 된다. 완성된 젤 네일을 말한다.

③ 광중합개시제

광원으로부터 에너지를 흡수하여 중합 반응을 개시시키는 물질이다. 젤에 첨가되어 있는 광중합 개시제에 따라 젤 램프기기(UV, LED 램프)의 종류가 달라진다.

3. 젤 네일과 아크릴 네일의 비교

아크릴 네일	젤 네일
냄새가 남 강도가 강함 광택이 있지만 젤보다는 떨어짐 아트 작업 시 수정이 어려움 작업시간이 길 아세톤에 제거됨	냄새가 거의 없음 강도가 약함 광택이 매우 좋음 아트 작업 시 수정이 용이함 작업시간이 짧음 아세톤에 제거 되는 젤과 제거되지 않는 젤이 있음

4. 분자의 구조

성분	구분	구조	이미지
모노머	단일분자	아주 작은 구슬 형태의 물질	
올리고머	저분자	두 개 이상의 분자가 연결된 미세한 그물구조	
폴리머	고분자	구슬이 길게 체인으로 연결된 구조	

◈ 젤 네일 작업 준비사항

※ 작업자의 복장 및 작업대 준비

① 작업자는 위생가운과 보안경, 마스크를 착용한다.
② 작업대를 소독한 후, 수건을 깔고 위생봉지를 붙인다.
③ 고객의 방향에 손목 받침대를 올려놓고 손목 받침대 앞쪽으로 키친타월을 깐다.
④ 재료 정리함을 사용하기 편한 위치에 놓는다.
⑤ 젤 램프기기의 입구를 고객 방향으로 맞추어 올려둔다.

[작업대 준비물품]

준비물품	수건, 손목 받침대, 키친타월, 위생봉지, 젤 램프기기, 재료 정리함

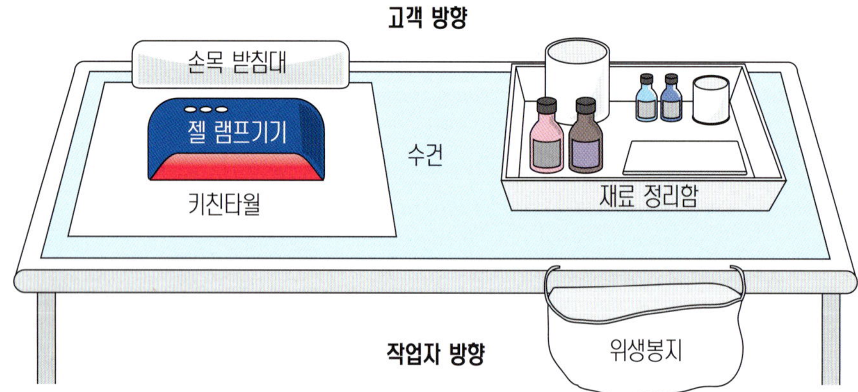

※ 재료 정리함 준비

① 재료 정리함에 젤 네일 재료를 준비하고 네일 도구의 소독을 마친다.
② 소독용기 바닥에 탈지면을 깔고 큐티클 니퍼, 큐티클 푸셔, 네일 클리퍼, 오렌지 우드스틱, 네일 더스트 브러시를 넣고 에탄올수용액 70%에 10분 이상 담가준다.
③ 파일 꽂이에 자연 네일용 파일, 인조 네일용 파일, 샌딩 파일, 가위, 젤 브러시를 꽂아준다.
④ 뚜껑이 있는 용기에 소독용 탈지면과 제거용 탈지면, 젤 와이퍼, 멸균거즈를 넣어둔다.

[재료 정리함 준비물품]

준비물품	· 소독용기(큐티클 니퍼, 큐티클 푸셔, 네일 클리퍼, 오렌지 우드스틱, 네일 더스트 브러시) · 파일 꽂이(자연 네일용 파일, 인조 네일용 파일, 샌딩 파일, 가위, 젤 브러시) · 용기(소독용 탈지면, 제거용 탈지면, 젤 와이퍼, 멸균거즈) · 네일 폼, 베이스 젤, 젤(클리어, 핑크, 화이트), 톱 젤, 젤 클렌저, 전 처리제 · 에탄올, 소독제, 지혈제

SECTION 2. 젤 원톤 스컬프처

1. 젤 원톤 스컬프처 작업 순서

① 소독제를 탈지면에 분사하여 작업자의 양손과 손톱 주변, 손톱을 소독한다.
② 소독제를 탈지면에 분사하여 고객의 양손과 손톱 주변, 손톱을 소독한다.
③ 자연 네일용 파일을 사용하여 프리에지 길이는 약 0.1cm 정도로 조절하고 프리에지의 형태를 라운드 또는 오발로 조형한다.

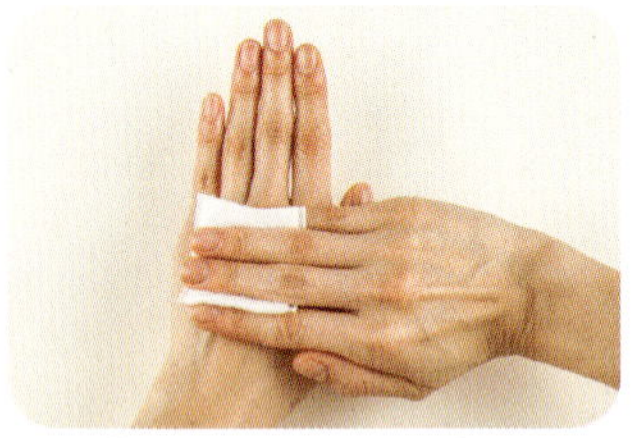
① 작업자 손 소독하기

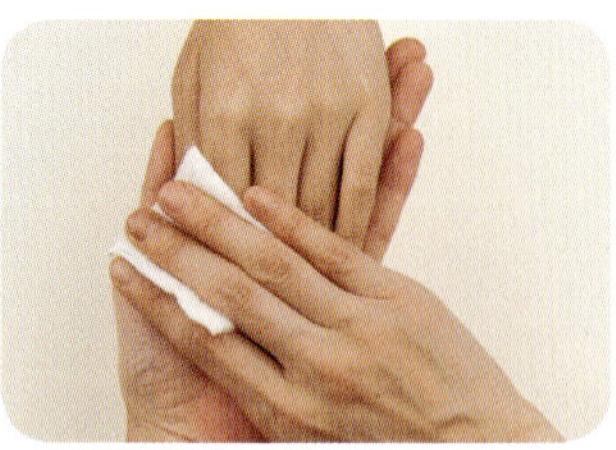
② 고객 손 소독하기

③ 프리에지 조형하기

④ 큐티클 푸셔로 큐티클을 밀어주고, 필요시 큐티클 니퍼를 사용하여 큐티클을 정리할 수 있다.
⑤ 네일 파일을 사용하여 에칭 작업을 하고, 자연 네일의 광택과 거스러미를 제거한다.
⑥ 네일 더스트 브러시를 사용하여 분진을 제거한다.

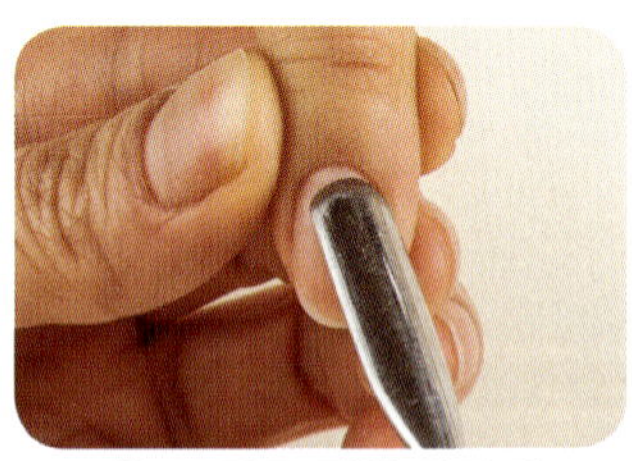
④ 큐티클 밀어 올리기

⑤ 에칭 작업하기

⑥ 분진 제거하기

⑦ 고객의 옐로 라인의 곡선과 네일 폼의 곡선을 동일하게 재단한다.
⑧ 네일 폼이 처지거나 비뚤어지지 않도록 균형을 맞추어서 접착한다.
⑨ 네일 폼이 올바르게 접착되었는지 확인한다.

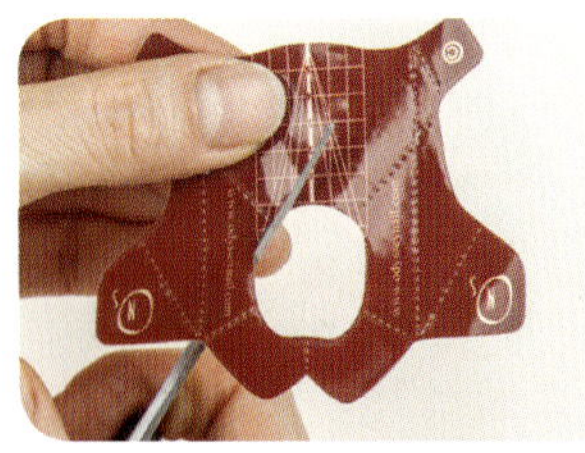
⑦ 네일 폼 재단하기

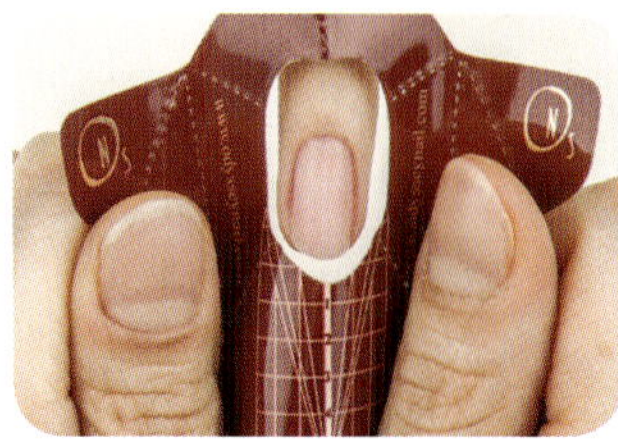
⑧ 네일 폼 접착하기

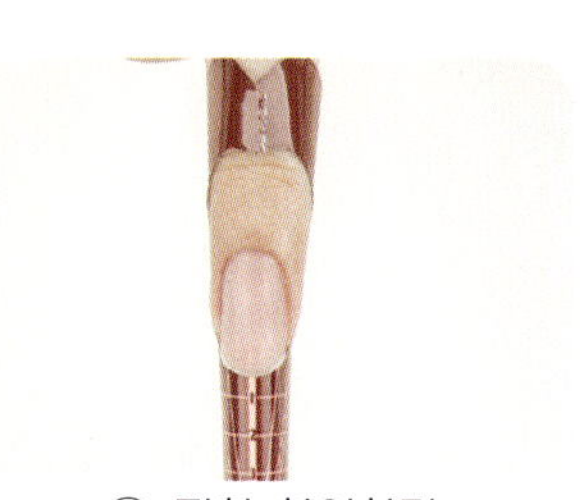
⑨ 접착 확인하기

⑩ 전 처리제를 자연 네일에 소량 도포한다.
⑪ 베이스 젤을 자연 네일 전체에 도포한다.
⑫ 주변에 묻은 베이스 젤을 정리한 후, 젤 램프기기에 경화한다.

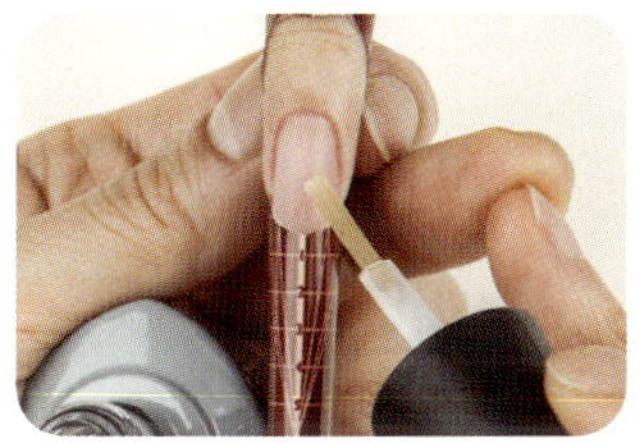
⑩ 전 처리제 도포하기

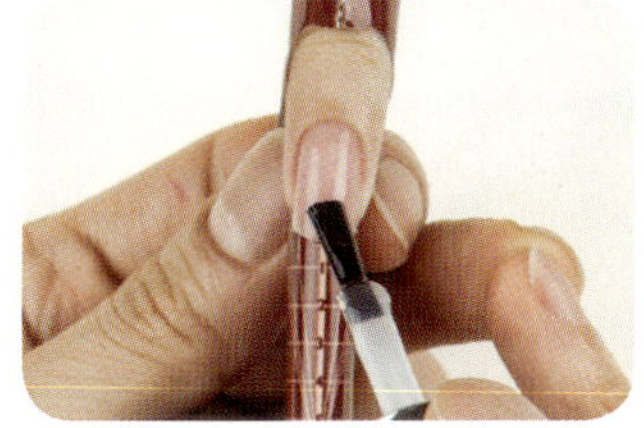
⑪ 베이스 젤 도포하기

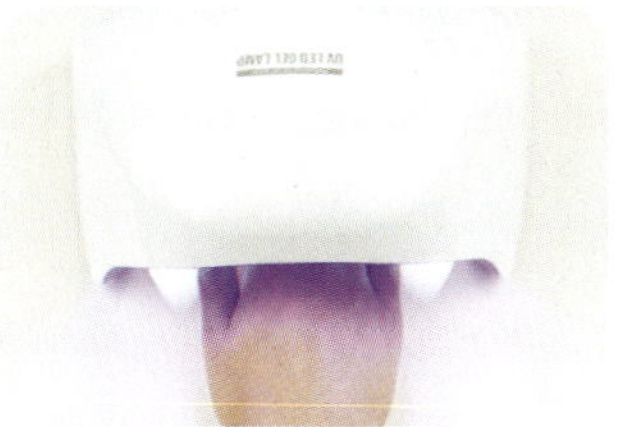
⑫ 경화하기

⑬ 클리어 젤을 옐로 라인 부분에 올리고 양쪽 스트레스 포인트가 일직선의 스퀘어 형태가 되도록 만들어주고 프리에지의 길이를 약 1cm 정도로 연장한다.
⑭ 주변에 묻은 클리어 젤을 정리한 후, 젤 램프기기에 경화한다.

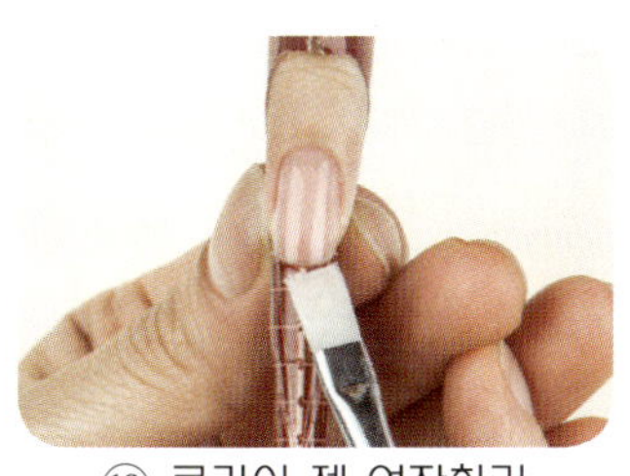
⑬ 클리어 젤 연장하기

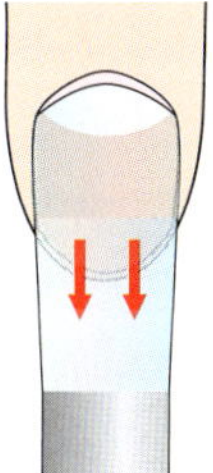

⑭ 경화하기

⑮ 클리어 젤을 가장 높은 지점에 올리고 자연스럽게 연결한다.
⑯ 주변에 묻은 클리어 젤을 정리한 후, 젤 램프기기에 경화한다.

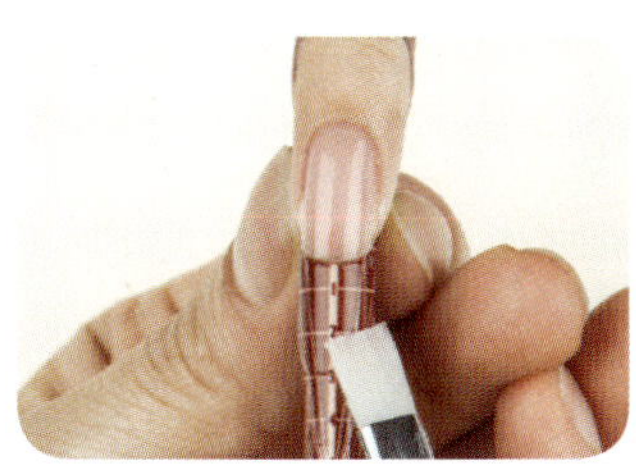
⑮ 클리어 젤 오버레이하기

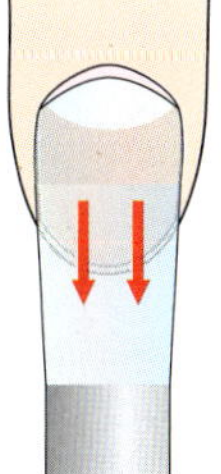

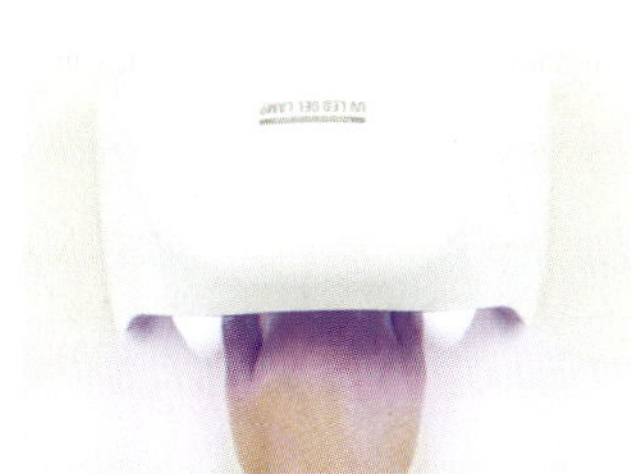
⑯ 경화하기

⑰ 큐티클 부분에 얇게 클리어 젤을 올리고 경계가 생기지 않게 자연스럽게 연결한다.
⑱ 주변에 묻은 클리어 젤을 정리한 후, 젤 램프기기에 경화한다.

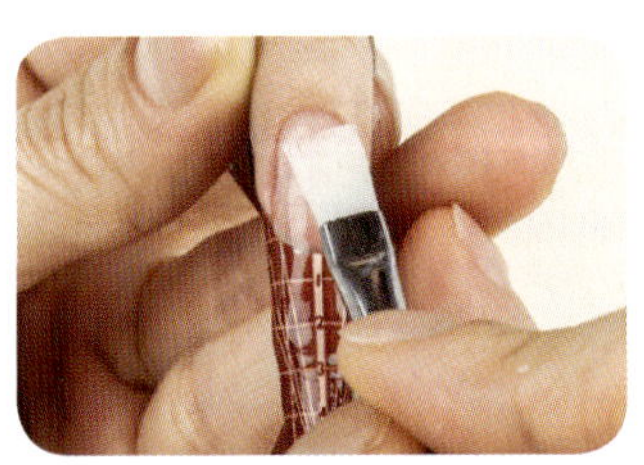
⑰ 클리어 젤 오버레이하기

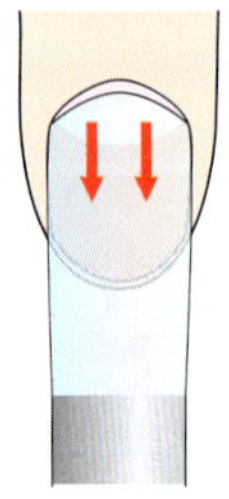

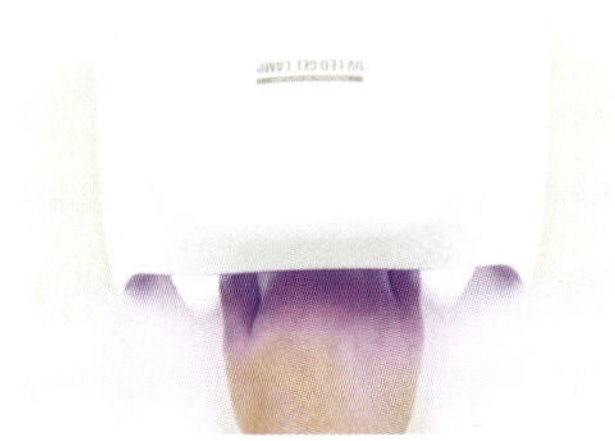
⑱ 경화하기

⑲ 인조 네일의 구조를 고려하여 부족한 부분을 메꾸고 전체를 연결한다.
⑳ 주변에 묻은 클리어 젤을 정리한 후, 젤 램프기기에 경화한다.

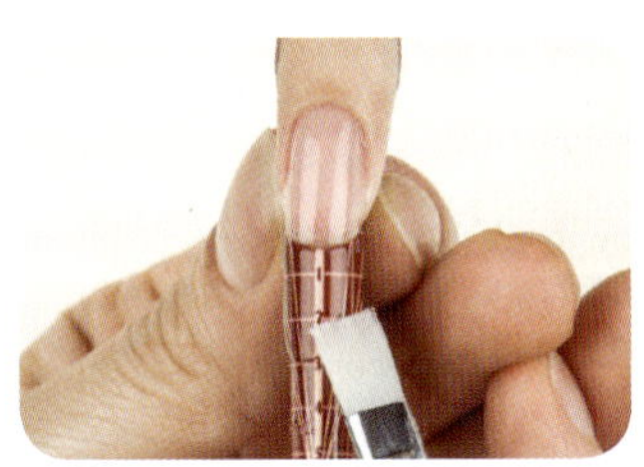
⑲ 클리어 젤 오버레이하기

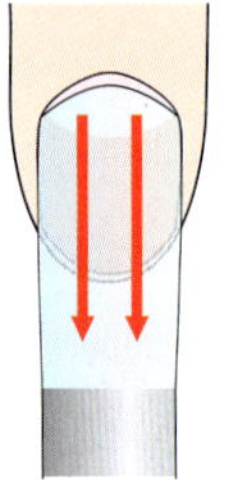

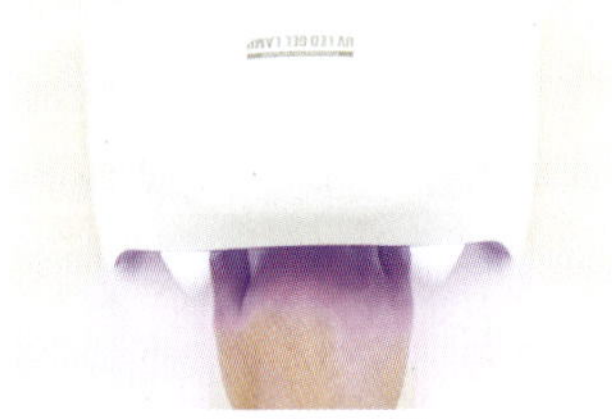
⑳ 경화하기

㉑ 젤 클렌저를 젤 와이퍼에 적시고 미 경화 젤을 제거한다.
㉒ 네일 폼을 제거한다.
㉓ 인조 네일용 파일을 사용하여 프리에지의 길이를 조절하고 형태를 스퀘어로 조형한다.
(프리에지의 길이 : 0.5~1cm, 프리에지의 두께 : 0.5~1mm, C-형태의 곡선 : 20~40%)

㉑ 미경화 젤 제거하기

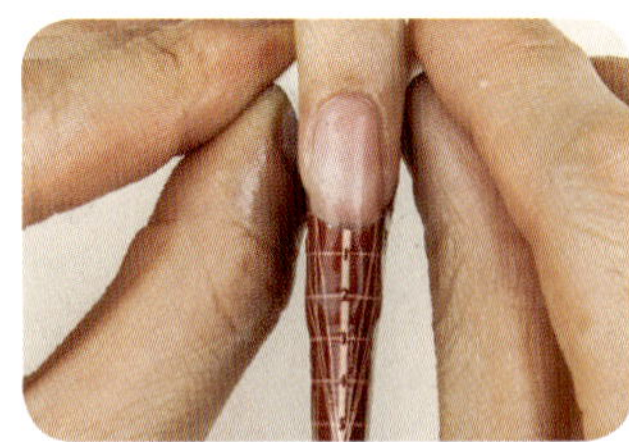
㉒ 네일 폼 제거하기

㉓ 프리에지 조형하기

㉔ 인조 네일용 파일을 사용하여 인조 네일의 구조를 조형한다.
㉕ 샌딩 파일을 사용하여 표면을 매끄럽게 다듬고 거스러미를 제거한다.
㉖ 네일 더스트 브러시를 사용하여 분진을 제거한 후, 냉 · 온 수건 또는 멸균거즈를 사용하여 손을 닦아준다.

㉔ 구조 조형하기

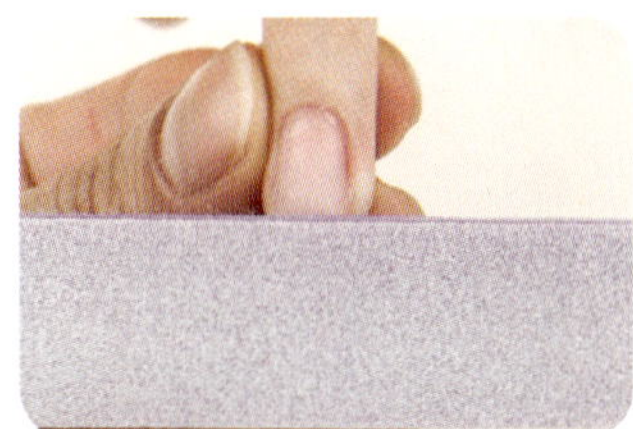
㉕ 표면 다듬기

㉖ 분진 제거하기

㉗ 톱 젤을 인조 네일 전체에 도포한다.
㉘ 주변에 묻은 톱 젤을 정리한 후, 젤 램프기기에 경화한다.
㉙ 미경화 젤이 남은 경우에는 젤 클렌저를 젤 와이퍼에 적셔 미경화 젤을 제거한다.

㉗ 톱 젤 도포하기

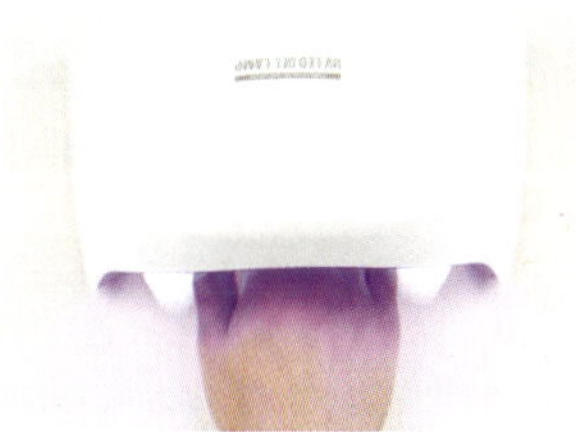
㉘ 경화하기

㉙ 미 경화 젤 제거하기

2. 젤 원톤 스컬프처 순서 정리

손 소독 → 프리에지 조형 → 에칭 작업 → 광택 제거 → 분진 제거 → 네일 폼 재단 → 네일 폼 접착 → 전 처리제 도포 → 베이스 젤 도포(경화) → 클리어 젤 연장(경화) → 클리어 젤 오버레이(경화) → 미 경화 젤 제거 → 네일 폼 제거 → 구조 조형 → 표면 정리 → 분진 제거 → 손 닦기 → 톱 젤 도포(경화) → 미 경화 젤 제거

⑲ 인조 네일의 구조를 고려하여 부족한 부분을 메꾸고 전체를 연결한다.
⑳ 아크릴 네일이 완전히 굳기 전에 살짝 핀치를 넣는다.
㉑ 네일 폼의 윗부분을 뜯고 네일 폼의 끝을 모아 아래로 내리면서 제거한다.

⑲ 클리어 볼 오버레이하기

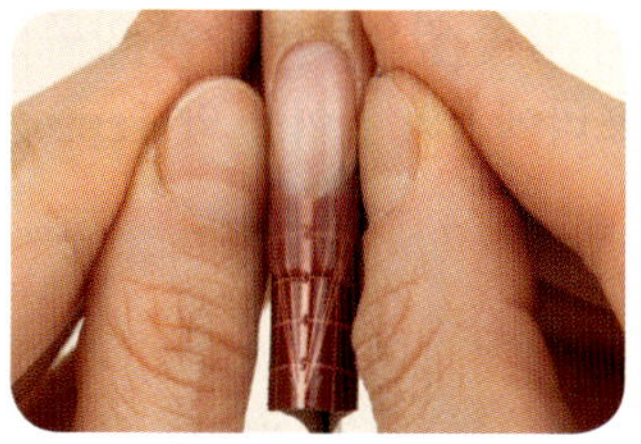
⑳ 1차 핀치 넣기

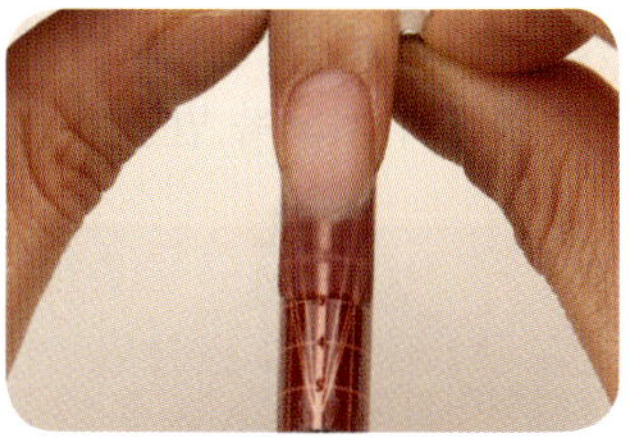
㉑ 네일 폼 제거하기

㉒ 네일 폼을 제거한 후, 다시 한 번 핀치를 넣는다.
㉓ 인조 네일용 파일을 사용하여 프리에지의 길이를 조절하고 형태를 스퀘어로 조형한다.
(프리에지의 길이 : 0.5~1cm, 프리에지의 두께 : 0.5~1mm, C-형태의 곡선 : 20~40%)
㉔ 인조 네일용 파일을 사용하여 인조 네일의 구조를 조형한다.

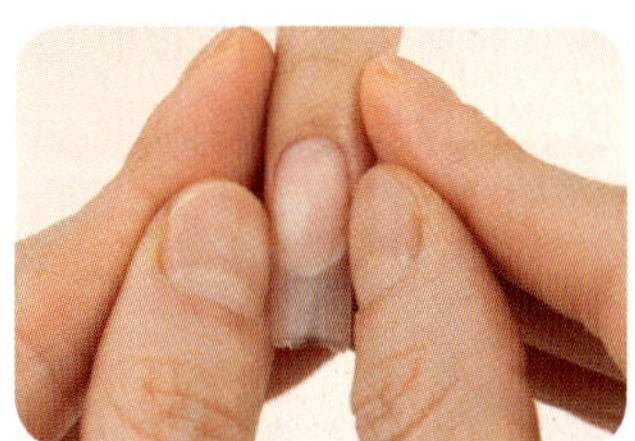
㉒ 2차 핀치 넣기

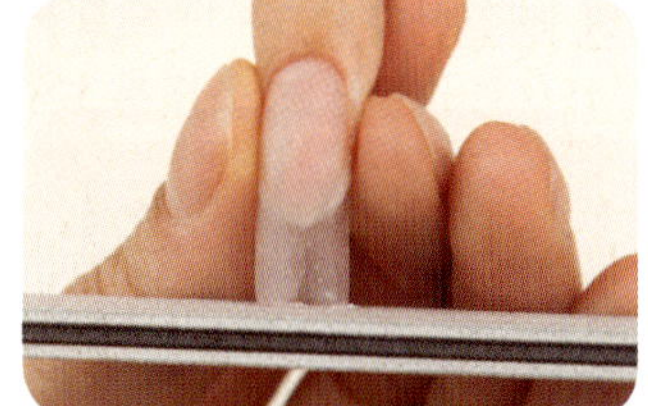
㉓ 프리에지 조형하기

㉔ 구조 조형하기

㉕ 샌딩 파일을 사용하여 표면을 매끄럽게 다듬고 거스러미를 제거한다.
㉖ 광택용 파일을 사용하여 인조 네일 전체에 광택을 낸다.
㉗ 네일 더스트 브러시를 사용하여 분진을 제거하고 냉 · 온 수건 또는 멸균거즈를 사용하여 손을 닦아준다.

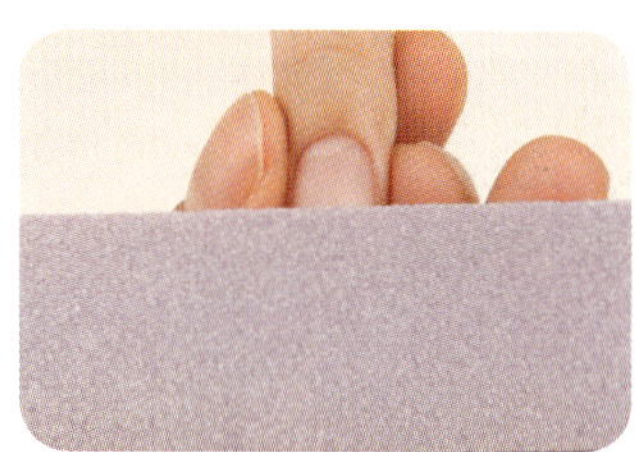
㉕ 표면 다듬기

㉖ 광택내기

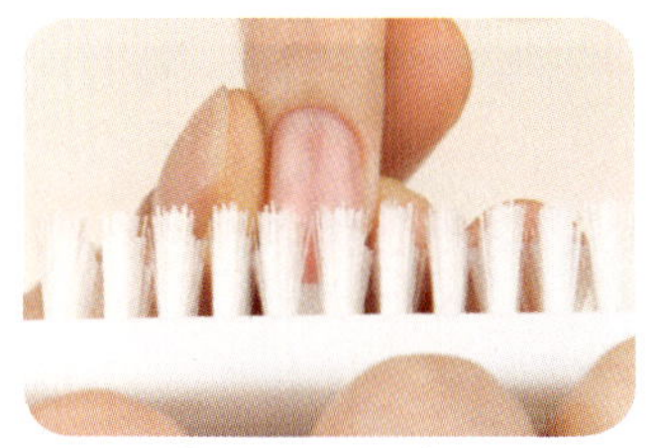
㉗ 분진 제거하기

2. 아크릴 원톤 스컬프처 순서 정리

손 소독 → 프리에지 조형 → 에칭 작업 → 광택 제거 → 분진 제거 → 네일 폼 재단 → 네일 폼 접착 → 전 처리제 도포 → 클리어 볼 연장 → 클리어 볼 오버레이 → 1차 핀치 넣기 → 네일 폼 제거 → 2차 핀치 넣기 → 구조 조형 → 표면 정리 → 광택내기 → 분진 제거 → 손 닦기

3. 아크릴 원톤 스컬프처 완성

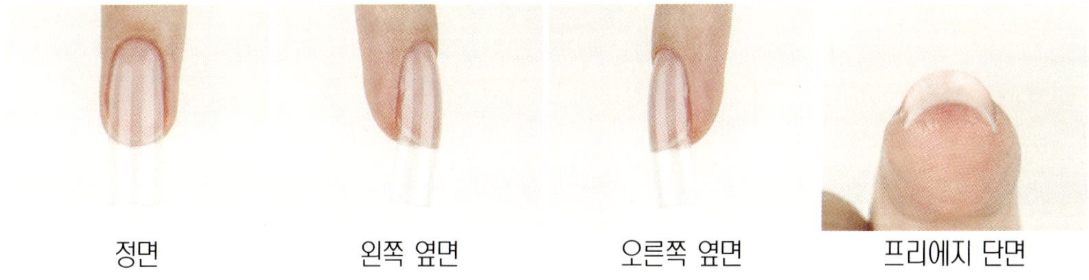

정면 왼쪽 옆면 오른쪽 옆면 프리에지 단면

4. 아크릴 원톤 스컬프처 확인

순번	확인 사항	확인
①	네일 폼이 올바르게 접착되었는지 확인	
②	아크릴이 올바르게 연장되었는지 확인	
③	프리에지의 길이가 0.5~1cm 미만, 두께가 0.5~1mm 이하인지 확인	
④	C-형태의 곡선이 20~40% 유지하고 정확한 스퀘어 형태를 유지하는지 확인	
⑤	아크릴 원톤 스프처의 표면이 투명하고 깨끗하게 작업되었는지 확인	
⑥	아크릴 원톤 스컬프처의 표면이 굴곡 없이 매끄럽고 광택이 나는지 확인	
⑦	아크릴 원톤 스컬프처의 길이와 두께, 곡선이 다른 손가락과 전부 동일한지 확인	
⑧	자연 네일과 인조 네일이 자연스럽게 연결되었는지 확인	
⑨	네일 파일로 인하여 출혈이 발생하지 않았는지 확인	

SECTION 3. 아크릴 프렌치 스컬프처

1. 아크릴 프렌치 스컬프처 작업 순서

① 소독제를 탈지면에 분사하여 작업자의 양손과 손톱 주변, 손톱을 소독한다.
② 소독제를 탈지면에 분사하여 고객의 양손과 손톱 주변, 손톱을 소독한다.
③ 자연 네일용 파일을 사용하여 프리에지 길이는 약 0.1cm 정도로 조절하고 프리에지의 형태를 라운드 또는 오발로 조형한다.

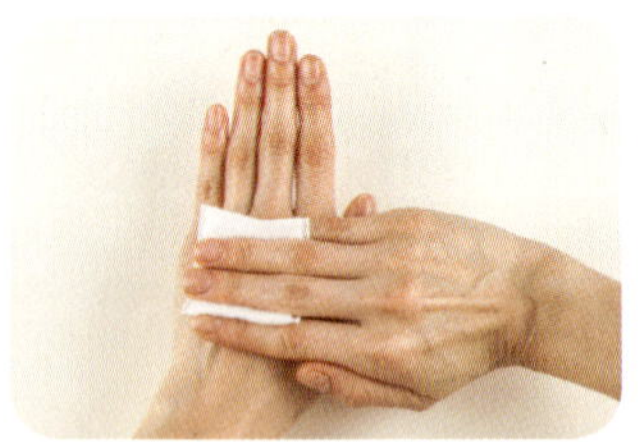
① 작업자 손 소독하기

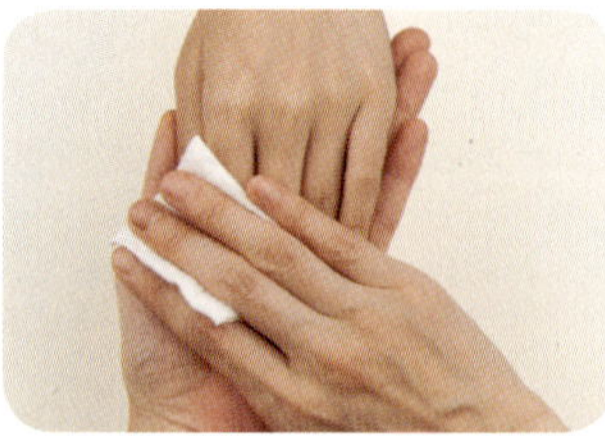
② 고객 손 소독하기

③ 프리에지 조형하기

④ 큐티클 푸셔로 큐티클을 밀어주고, 필요시 큐티클 니퍼를 사용하여 큐티클을 정리할 수 있다.
⑤ 네일 파일을 사용하여 에칭 작업을 하고, 자연 네일의 광택과 거스러미를 제거한다.
⑥ 네일 더스트 브러시를 사용하여 분진을 제거한다.

④ 큐티클 밀어 올리기

⑤ 에칭 작업하기

⑥ 분진 제거하기

⑦ 옐로 라인의 곡선과 네일 폼의 곡선을 동일하게 재단한다.
⑧ 네일 폼이 처지거나 비뚤어지지 않도록 균형을 맞추어서 접착한다.
⑨ 네일 폼이 올바르게 접착되었는지 확인한다.

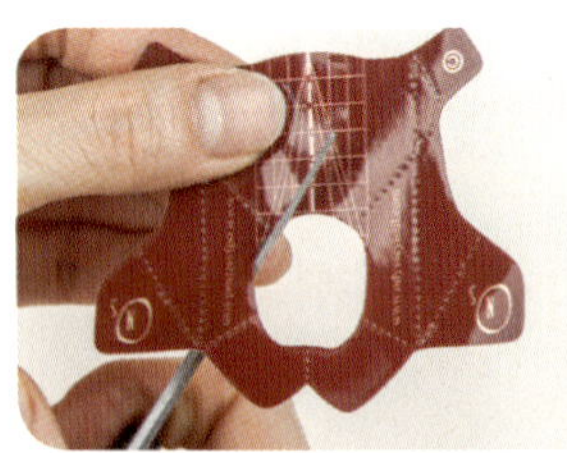
⑦ 네일 폼 재단하기

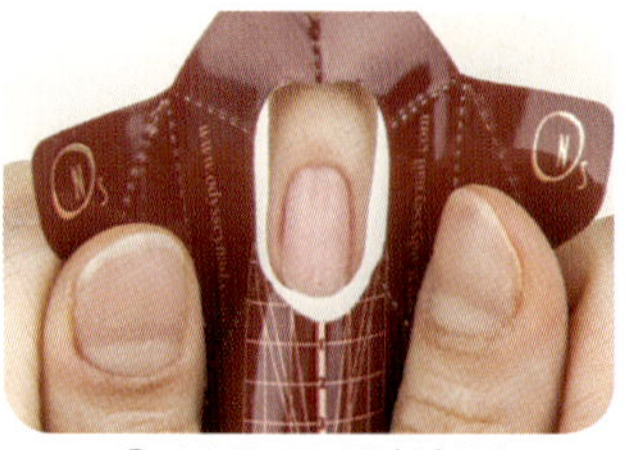
⑧ 네일 폼 접착하기

⑨ 접착 확인하기

⑩ 전 처리제를 자연 네일에 소량 도포한다.
⑪ 적당한 농도의 화이트 볼을 만들어 옐로 라인 부분에 올리고 양쪽 옆으로 펴준다.
⑫ 스마일 라인을 고려하며 화이트 볼을 오른쪽으로 눌러 올려주며 오른쪽 스트레스 포인트가 일직선이 되도록 만들어준다.

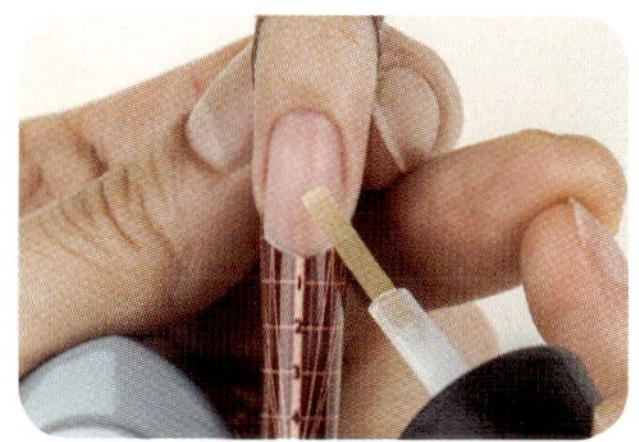
⑩ 전 처리제 도포하기

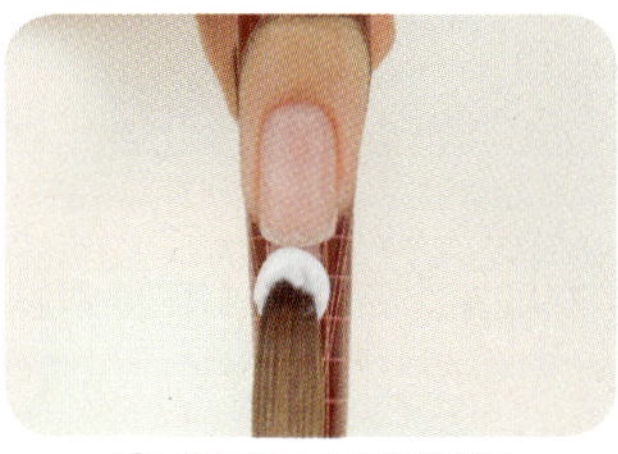
⑪ 화이트 볼 올리기

⑫ 화이트 볼 연장하기

⑬ 스마일 라인을 고려하며 아크릴 볼을 왼쪽으로 눌러 올려주며 왼쪽 스트레스 포인트가 일직선의 스퀘어 형태가 되도록 만들어주고 프리에지의 길이를 약 1cm 정도로 연장한다.
⑭ 작은 화이트 볼로 오른쪽 스마일 라인 끝 부분을 세밀하게 정리한다.
⑮ 작은 화이트 볼로 왼쪽 스마일 라인 끝 부분을 세밀하게 정리하고 좌우 대칭을 맞춘다.

⑬ 화이트 볼 올리기

⑭ 화이트 볼 올리기

⑮ 화이트 올리기

⑯ 핑크 또는 클리어 볼을 스마일 라인 안쪽 부분에 올린다.
⑰ 기포가 발생하지 않게 주의하며 오른쪽 스마일 라인 안쪽을 채워준다.
⑱ 기포가 발생하지 않게 주의하며 왼쪽 스마일 라인 안쪽을 채워준다.

⑯ 핑크 또는 클리어 볼 올리기

⑰ 핑크 또는 클리어 볼 올리기

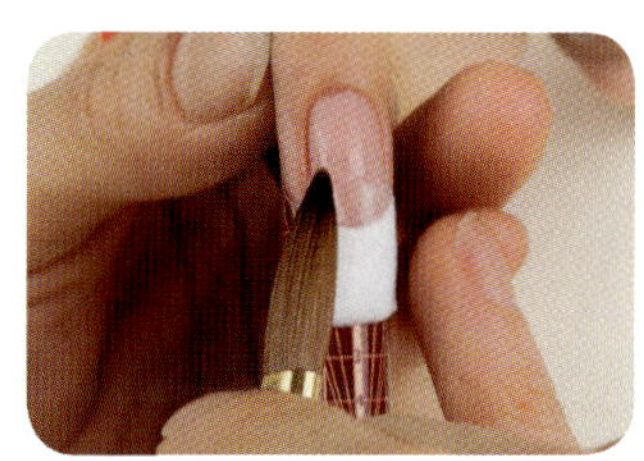
⑱ 핑크 또는 클리어 볼 올리기

⑲ 핑크 또는 클리어 볼을 가장 높은 지점에 올리고 자연스럽게 연결한다.
⑳ 큐티클 부분에 얇게 핑크 또는 클리어 볼을 올리고 경계가 생기지 않게 자연스럽게 연결한다.
㉑ 인조 네일의 구조를 고려하여 부족한 부분을 메꾸고 전체를 연결한다.

⑲ 핑크 또는 클리어 볼 올리기

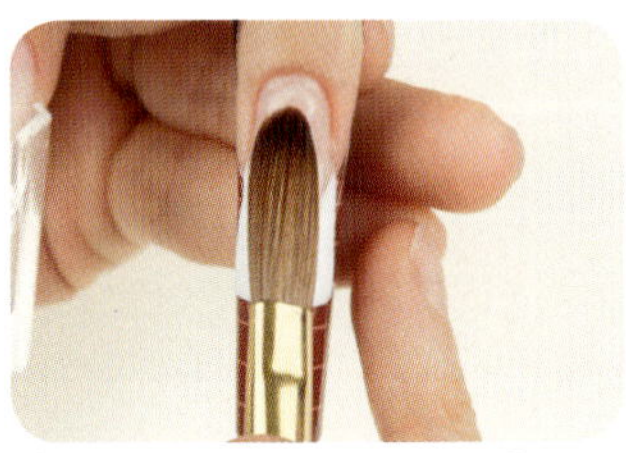
⑳ 핑크 또는 클리어 볼 올리기

㉑ 핑크 또는 클리어 볼 올리기

㉒ 아크릴 네일이 완전히 굳기 전에 살짝 핀치를 넣는다.
㉓ 네일 폼의 윗부분을 뜯고 네일 폼의 끝을 모아 아래로 내리면서 네일 폼을 제거한다.
㉔ 네일 폼을 제거한 후, 다시 한 번 핀치를 넣는다.

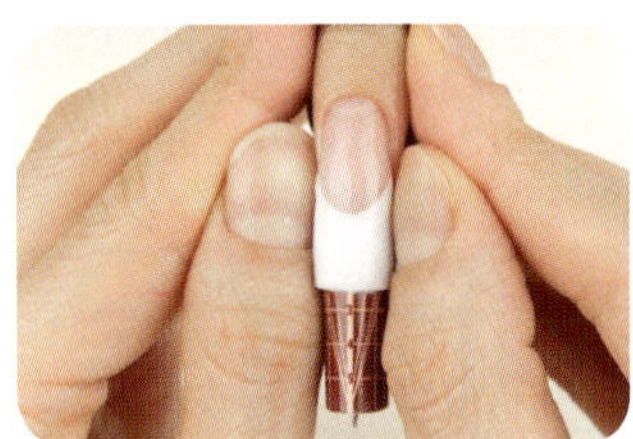
㉒ 1차 핀치 넣기

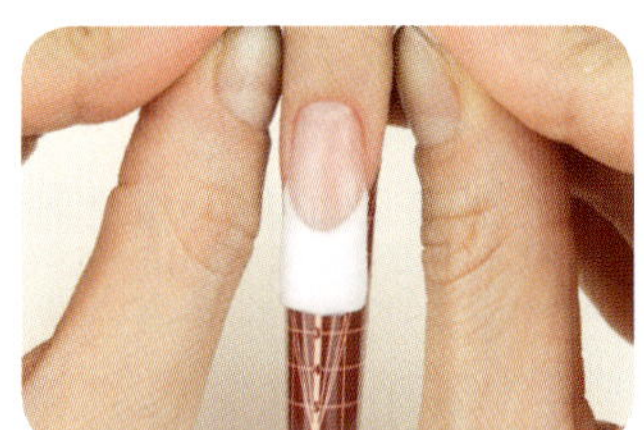
㉓ 네일 폼 제거하기

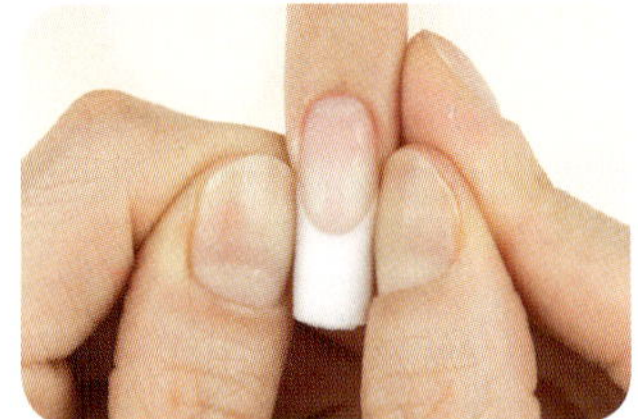
㉔ 2차 핀치 넣기

㉕ 인조 네일용 파일을 사용하여 프리에지의 길이를 조절하고 형태를 스퀘어로 조형한다. (프리에지의 길이 : 0.5~1cm, 프리에지의 두께 : 0.5~1mm, C-형태의 곡선 : 20~40%)
㉖ 인조 네일용 파일을 사용하여 인조 네일의 구조를 조형한다.
㉗ 샌딩 파일을 사용하여 표면을 매끄럽게 다듬고 거스러미를 제거한다.

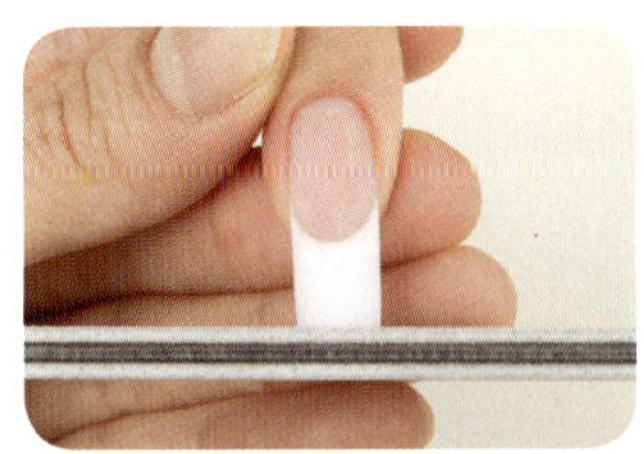
㉕ 프리에지 조형하기

㉖ 구조 조형하기

㉗ 표면 다듬기

㉘ 광택용 파일을 사용하여 인조 네일 전체에 광택을 낸다.
㉙ 네일 더스트 브러시를 사용하여 분진을 제거한다.
㉚ 냉 · 온 수건 또는 멸균거즈를 사용하여 손을 닦아준다.

㉘ 광택내기

㉙ 분진 제거하기

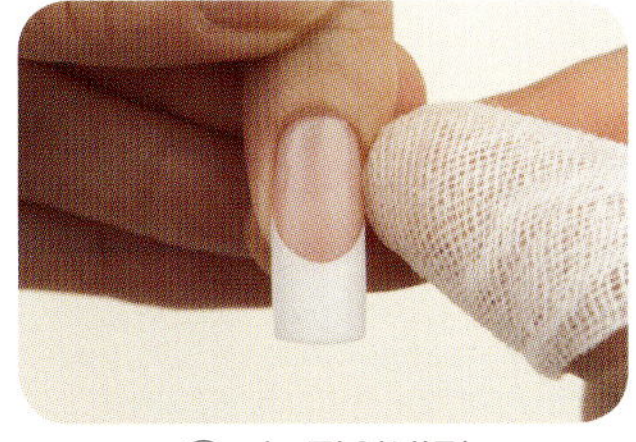
㉚ 손 닦아내기

2. 아크릴 프렌치 스컬프처 순서 정리

손 소독 → 프리에지 조형 → 에칭 작업 → 광택 제거 → 분진 제거 → 네일 폼 재단 → 네일 폼 접착 → 전 처리제 도포 → 화이트 볼 스마일 라인 조형 & 연장 → 핑크 또는 클리어 볼 오버레이 → 1차 핀치 넣기 → 네일 폼 제거 → 2차 핀치 넣기 → 구조 조형 → 표면 정리 → 광택내기 → 분진 제거 → 손 닦기

3. 아크릴 프렌치 스컬프처 완성

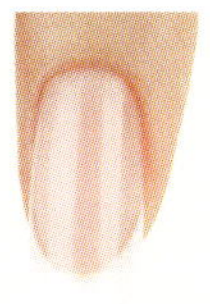
정면

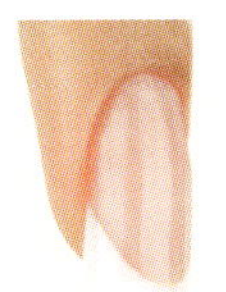
왼쪽 옆면

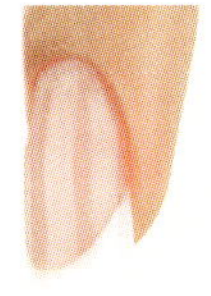
오른쪽 옆면

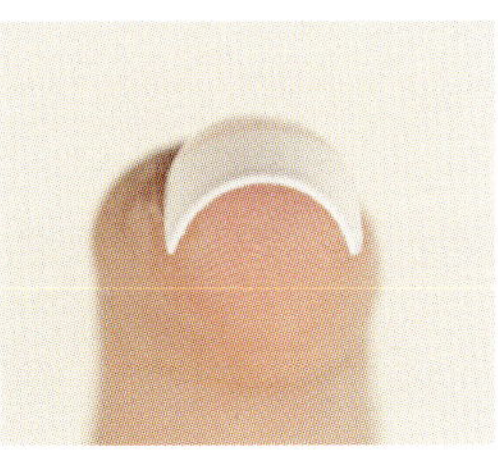
프리에지 단면

4. 아크릴 프렌치 스컬프처 확인

순번	확인 사항	확인
①	네일 폼이 올바르게 접착되었는지 확인	
②	아크릴이 올바르게 연장되었는지 확인	
③	프리에지의 길이가 0.5~1cm 미만, 두께가 0.5~1mm 이하인지 확인	
④	C-형태의 곡선이 20~40% 유지하고 정확한 스퀘어 형태를 유지하는지 확인	
⑤	아크릴 프렌치 스컬프처의 스마일 라인이 선명하고 깨끗하게 작업되었는지 확인	
⑥	아크릴 프렌치 스컬프처의 표면이 굴곡 없이 매끄럽고 광택이 나는지 확인	
⑦	아크릴 프렌치 스컬프처의 길이와 두께, 곡선이 다른 손가락과 전부 동일한지 확인	
⑧	자연 네일과 인조 네일이 자연스럽게 연결되었는지 확인	
⑨	네일 파일로 인하여 출혈이 발생하지 않았는지 확인	

PART 15.

자연 네일 보강

자연 네일 보강이란 자연 네일이 손상되지 않도록 네일 화장물을 사용하여 자연 네일을 보강하는 능력

능력단위요소	수 행 준 거
네일 랩 화장물 보강하기	1.1 네일 랩을 이용하여 약해진 자연 네일을 전체적으로 보강할 수 있다. 1.2 네일 랩을 이용하여 손상된 자연 네일을 부분적으로 보강할 수 있다. 1.3 네일 랩을 이용하여 찢어진 자연 네일을 보강할 수 있다.
아크릴 화장물 보강하기	2.1 아크릴을 이용하여 약해진 자연 네일을 전체적으로 보강할 수 있다. 2.2 아크릴을 이용하여 손상된 자연 네일을 부분적으로 보강할 수 있다. 2.3 아크릴을 이용하여 찢어진 자연 네일을 보강할 수 있다.
젤 화장물 보강하기	3.1 젤을 이용하여 약해진 자연 네일을 전체적으로 보강할 수 있다. 3.2 젤을 이용하여 손상된 자연 네일을 부분적으로 보강할 수 있다. 3.3 젤을 이용하여 찢어진 자연 네일을 보강할 수 있다.

자연 네일 보강의 주요 학습 포인트!

자연 네일은 건강 상태나 외부 환경 등에 이유로 손상될 수 있다. 다양한 네일 화장물을 사용하여 자연 네일을 보강할 수 있으며, 손상 정도에 따라 두께를 조절한다.

본 파트에서는 네일 화장물에 따른 자연 네일 보강의 작업 방법과 찢어진 자연 네일의 보강 방법을 중점적으로 학습한다.

SECTION 1	자연 네일 보강의 특성
SECTION 2	네일 랩 화장물 자연 네일 보강
SECTION 3	아크릴 화장물 자연 네일 보강
SECTION 4	젤 화장물 자연 네일 보강

SECTION 1. 자연 네일 보강의 특성

1. 자연 네일 보강

자연 네일의 보강은 약해진 자연 네일과, 손상된 자연 네일, 찢어진 자연 네일로 구분할 수 있으며, 건강한 네일도 손상을 예방하기 위해 보강할 수 있다.

약하거나 손상된 네일은 자연 네일 표면에 바로 네일 화장물을 적용하며 찢어진 자연 네일의 경우에는 찢어진 부분을 먼저 접착한 후, 네일 화장물을 적용한다.

[자연 네일 보강의 분류]

구 분	이미지
약해진 자연 네일의 보강	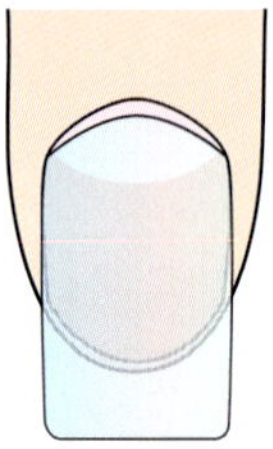
손상된 자연 네일의 보강	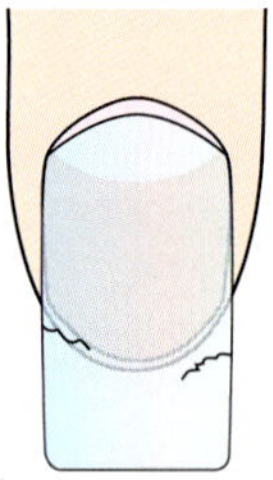
찢어진 자연 네일의 보강	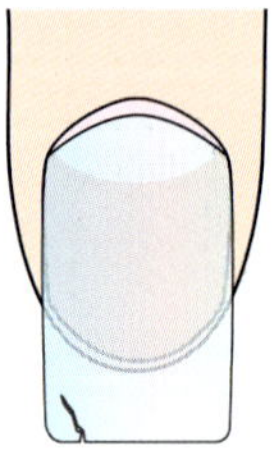

2. 자연 네일 보강 화장물

자연 네일 보강은 사용하는 재료에 따라 크게 네일 랩, 아크릴, 젤로 구분된다. 자연 네일의 손상도와 특징에 따라 적절한 네일 재료를 선택하여 작업한다.

[자연 네일 보강 화장물의 분류]

구분	내용
네일 랩 보강	네일 랩 화장물로 자연 네일을 보강함
아크릴 보강	아크릴 화장물로 자연 네일을 보강함
젤 보강	젤 화장물로 자연 네일을 보강함

네일 상식

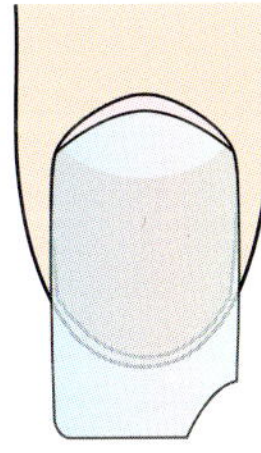

자연 네일이 깨져서 부분적으로 없어지거나 부러진 경우에는 자연 네일을 보강하는 것이 아닌 자연 네일을 연장하는 작업을 해야 한다.

SECTION 2. 네일 랩 화장물 자연 네일 보강

◈ 네일 랩 화장물 자연 네일 보강 작업 준비 사항

※ 작업자의 복장 및 작업대 준비

① 작업자는 위생가운과 보안경, 마스크를 착용한다.
② 작업대를 소독한 후, 수건을 깔고 위생봉지를 붙인다.
③ 고객의 방향에 손목 받침대를 올려놓고 손목 받침대 앞쪽으로 키친타월을 깐다.
④ 재료 정리함을 사용하기 편한 위치에 놓는다.

[작업대 준비물품]

준비물품	수건, 손목 받침대, 키친타월, 위생봉지, 재료 정리함

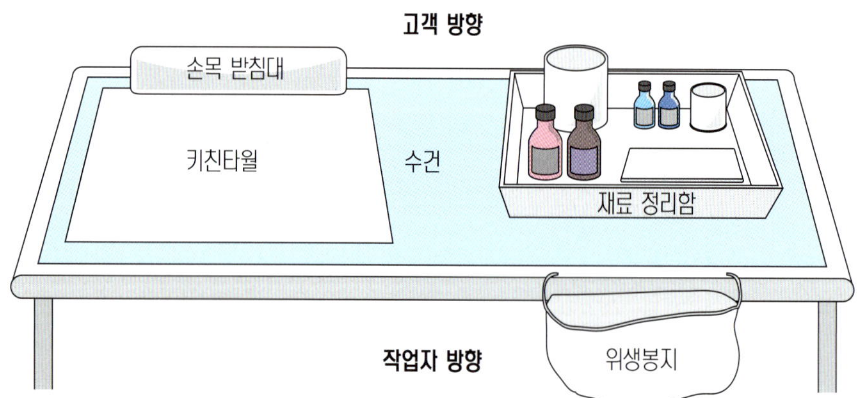

※ 재료 정리함 준비

① 재료 정리함에 랩 네일 재료를 준비하고 네일 도구의 소독을 마친다.

② 소독용기 바닥에 탈지면을 깔고 큐티클 니퍼, 큐티클 푸셔, 네일 클리퍼, 오렌지 우드스틱, 네일 더스트 브러시를 넣고 에탄올수용액 70%에 10분 이상 담가준다.

③ 파일 꽂이에 자연 네일용 파일, 인조 네일용 파일, 샌딩 파일, 광택용 파일, 가위를 꽂아준다.

④ 뚜껑이 있는 용기에 소독용 탈지면과 제거용 탈지면, 멸균거즈, 키친타월을 넣어둔다.

[재료 정리함 준비물품]

준비물품	· 소독용기(큐티클 니퍼, 큐티클 푸셔, 네일 클리퍼, 오렌지 우드스틱, 네일 더스트 브러시) · 파일 꽂이(자연 네일용 파일, 인조 네일용 파일, 샌딩 파일, 광택용 파일, 가위) 용기(소독용 탈지면, 제거용 탈지면, 멸균거즈, 키친타월) · 네일 랩(실크), 네일 접착제, 필러 파우더, 경화 촉진제 · 에탄올, 소독제, 지혈제

1. 네일 랩 화장물 자연 네일 보강 작업 순서

① 소독제를 탈지면에 분사하여 작업자의 양손과 손톱 주변, 손톱을 소독한다.
② 소독제를 탈지면에 분사하여 고객의 양손과 손톱 주변, 손톱을 소독한다.
③ 자연 네일용 파일을 사용하여 찢어진 부분에 주의하며, 프리에지의 길이를 조절하고 형태를 조형한다.

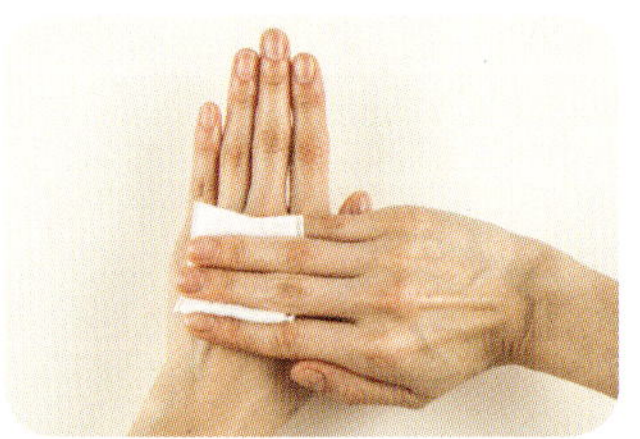
① 작업자 손 소독하기

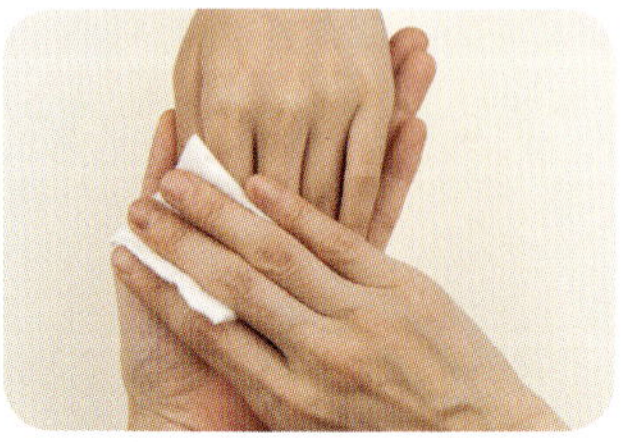
② 고객 손 소독하기

③ 프리에지 조형하기

④ 큐티클 푸셔로 큐티클을 밀어주고, 필요시 큐티클 니퍼를 사용하여 큐티클을 정리할 수 있다.
⑤ 네일 파일을 사용하여 에칭 작업을 하고, 자연 네일의 광택과 거스러미를 제거한다.
⑥ 네일 더스트 브러시를 사용하여 분진을 제거한다.

④ 큐티클 밀어 올리기

⑤ 에칭 작업하기

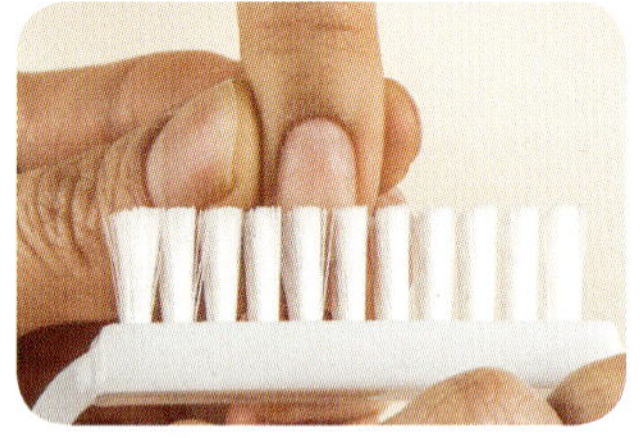
⑥ 분진 제거하기

⑦ 자연 네일에 찢어진 부분을 확인하고 찢어진 부분 사이에 네일 접착제를 도포한다. 찢어진 부분이 없고 약하거나 손상된 자연 네일은 ⑪ 단계로 이동한다.
⑧ 오렌지 우드스틱으로 찢어진 부분을 눌러 붙여주고 경화활성제를 분사한다.
⑨ 샌딩 파일을 사용하여 네일 랩이 잘 접착하도록 표면에 광택을 제거한다.

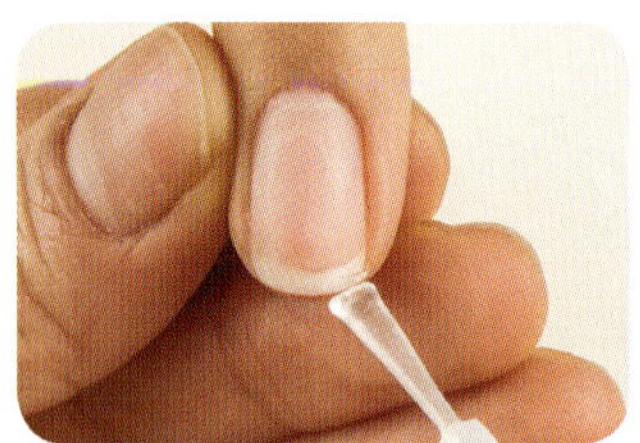
⑦ 네일 접착제 도포하기

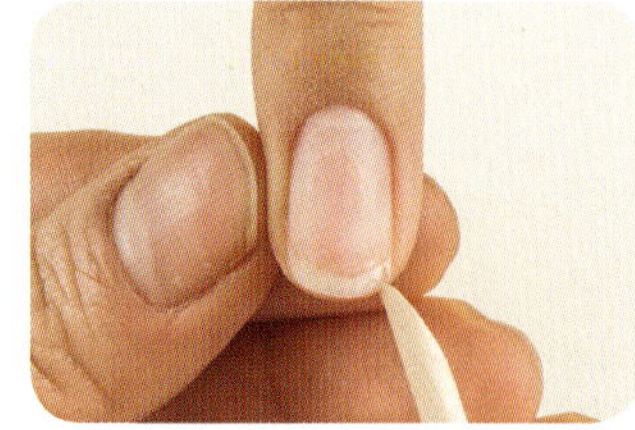
⑧ 찢어진 부분 붙이기

⑨ 광택 제거하기

⑩ 네일 더스트 브러시를 사용하여 분진을 제거한다.
⑪ 네일 랩의 길이를 자연 네일의 길이보다 조금 넉넉하게 재단하고 고객의 큐티클 라인 왼쪽 부분의 곡선을 확인한다.
⑫ 네일 랩을 큐티클 라인 왼쪽 부분의 곡선과 동일하게 재단한다.

⑩ 분진 제거하기

⑪ 곡선 확인하기

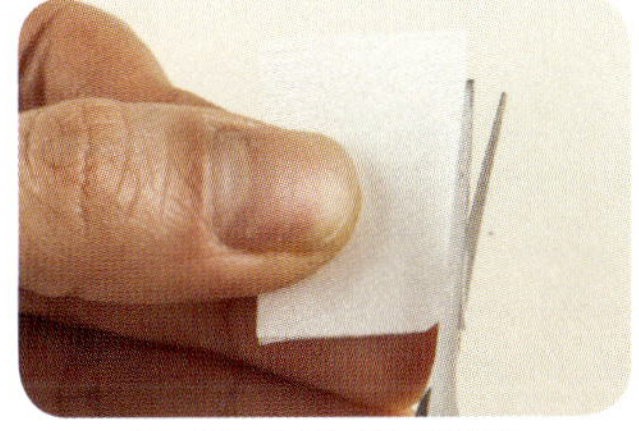
⑫ 네일 랩 재단하기

⑬ 네일 랩 뒷면에 종이를 살짝 벗긴다.
⑭ 네일 랩을 큐티클 라인에서 약 0.1~0.2cm정도 남기고 가볍게 접착한다.
⑮ 큐티클 라인 오른쪽 부분의 곡선을 확인하고 동일하게 네일 랩을 재단한다.

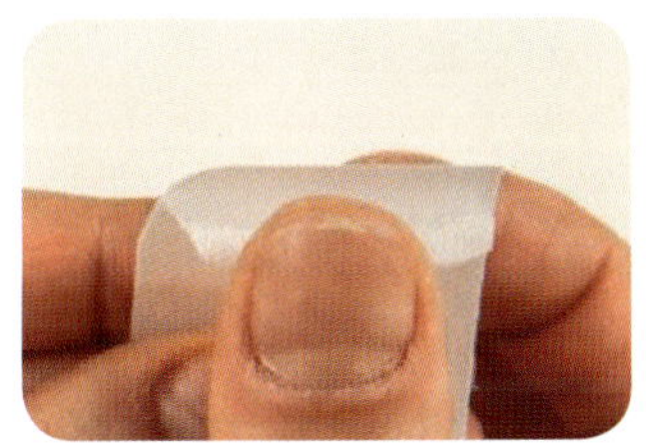
⑬ 네일 랩 벗겨내기

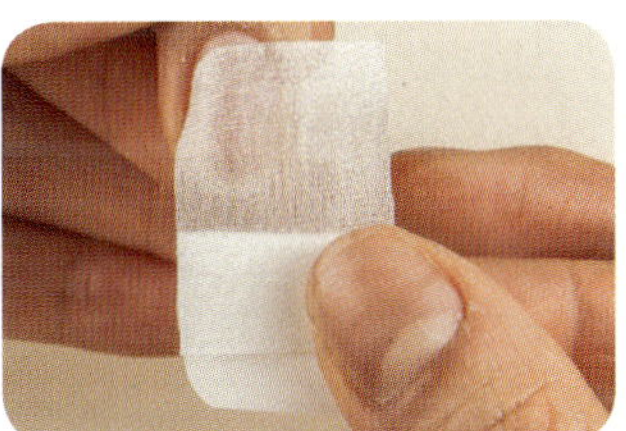
⑭ 네일 랩 접착하기

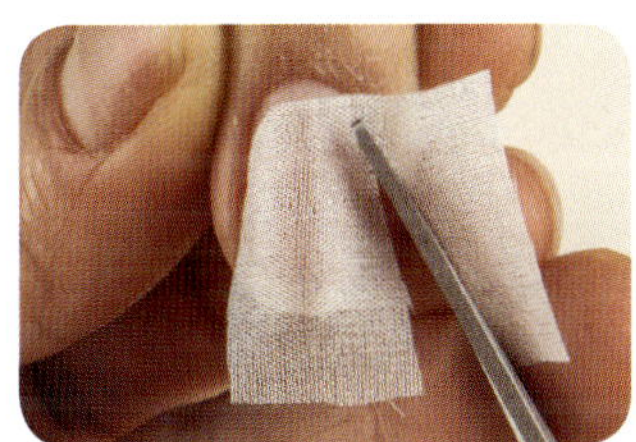
⑮ 네일 랩 재단하기

⑯ 네일 랩을 완전히 눌러 접착시킨다.
⑰ 네일 접착제를 도포하여 네일 랩을 고정한다.
⑱ 점성이 높은 브러시 글루를 사용하여 두께를 조절하고 전체를 연결한다. 손상이 심한 경우에는 필러 파우더를 함께 적용할 수 있다.

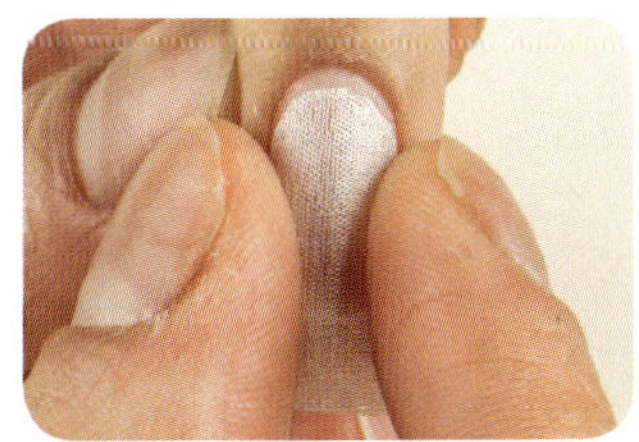
⑯ 네일 랩 눌러주기

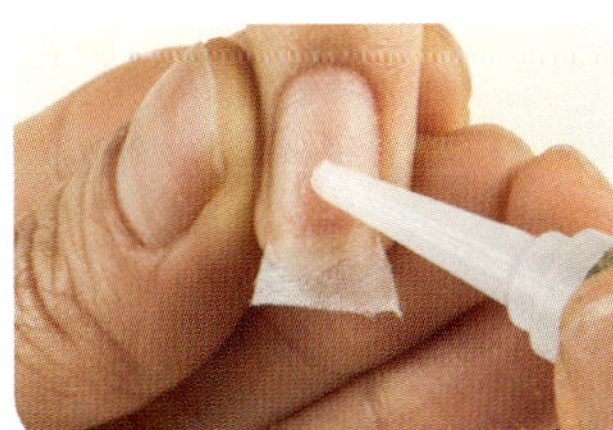
⑰ 네일 랩 고정하기

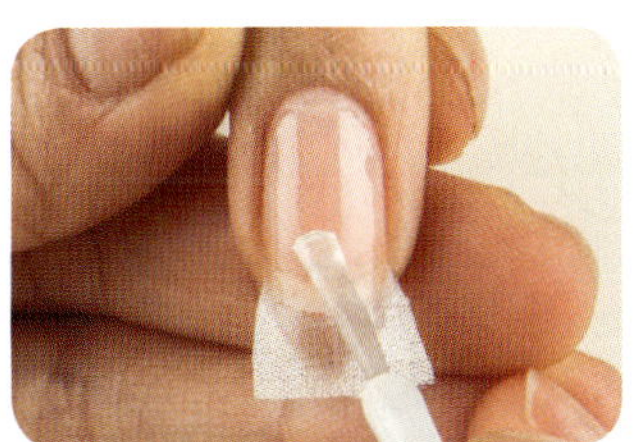
⑱ 두께 조절하기

⑲ 주변으로 네일 접착제가 넘쳤을 경우 키친타월을 사용하여 네일 접착제를 닦아준다.
⑳ 경화 촉진제를 10cm 이상의 거리에서 약하게 분사할 수 있다.
㉑ 인조 네일용 파일을 사용하여 프리에지의 길이와 형태를 조형한다.

⑲ 네일 접착제 닦기

⑳ 경화 촉진제 분사하기

㉑ 프리에지 조형하기

㉒ 인조 네일용 파일을 사용하여 네일 랩 턱을 제거하고 표면을 조형한다.
㉓ 샌딩 파일을 사용하여 표면을 다듬고 프리에지 밑 거스러미를 제거한 후, 네일 더스트 브러시를 사용하여 분진을 제거한다.
㉔ 자연 네일의 강도와 광택 효과를 높이기 위해 브러시 글루를 자연 네일 전체에 도포한 후, 경화 촉진제를 10cm 이상의 거리에서 약하게 분사하여 고정한다.

㉒ 표면 조형하기

㉓ 표면 다듬기

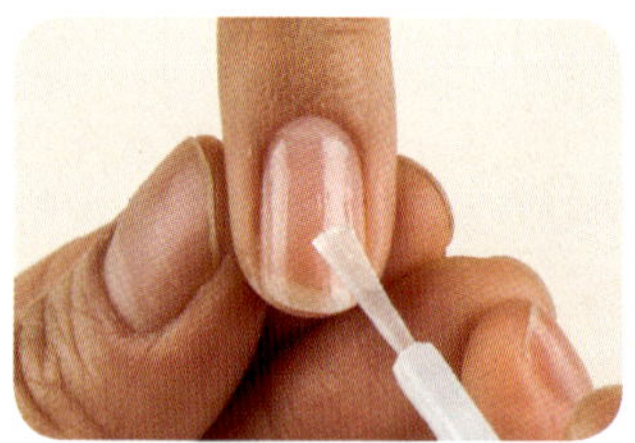
㉔ 브러시 글루 도포하기

㉕ 샌딩 파일을 사용하여 브러시 글루의 광택을 제거한다.
㉖ 광택용 파일을 사용하여 표면에 광택을 낸다.
㉗ 네일 더스트 브러시를 사용하여 분진을 제거한 후, 냉 · 온 수건 또는 멸균거즈를 사용하여 손을 닦아준다.

㉕ 광택 제거하기

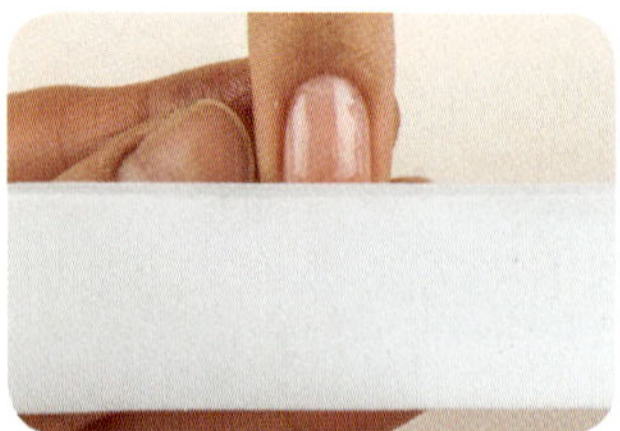
㉖ 광택내기

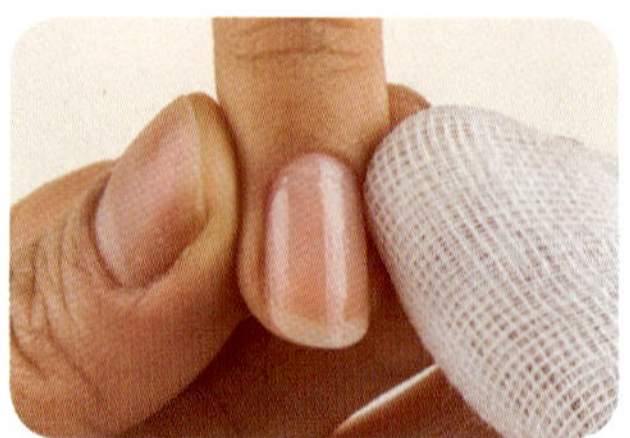
㉗ 손 닦아내기

2. 네일 랩 화장물 자연 네일 보강 순서 정리

손 소독 → 프리에지 조형 → 에칭 작업 → 광택 제거 → 분진 제거 → 찢어진 부분 접착 → 네일 랩 재단 → 네일 랩 접착 → 두께 조절 → 프리에지 조형 → 네일 랩 턱 제거→ 표면 조형 → 브러시 글루 도포 → 표면 정리 → 분진 제거 → 광택내기 → 손 닦기

3. 네일 랩 화장물 자연 네일 보강 완성

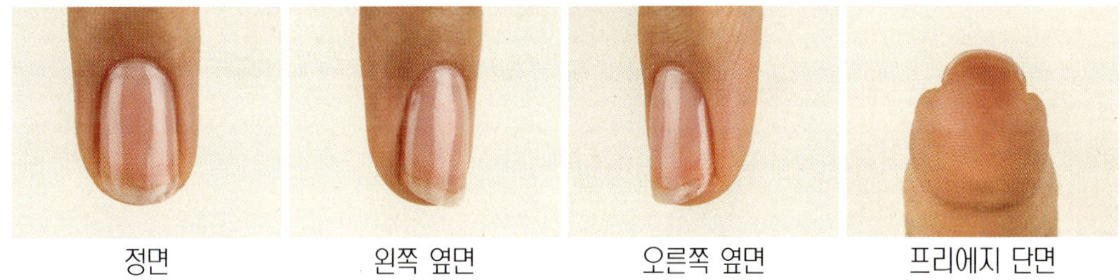

정면 왼쪽 옆면 오른쪽 옆면 프리에지 단면

4. 네일 랩 화장물 자연 네일 보강 확인

순번	확인 사항	확인
①	찢어진 부분이 올바르게 접착되었는지 확인	
②	네일 랩이 올바르게 접착되고 자연스럽게 보강되었는지 확인	
③	네일 랩 화장물로 보강된 표면이 투명하고 깨끗하게 작업되었는지 확인	
④	네일 랩 화장물로 보강된 표면이 굴곡 없이 매끄럽고 광택이 나는지 확인	
⑤	네일 파일로 인하여 출혈이 발생하지 않았는지 확인	

SECTION 3. 아크릴 화장물 자연 네일 보강

◈ 아크릴 화장물 자연 네일 보강 작업 준비 사항

※ 작업자의 복장 및 작업대 준비

① 작업자는 위생가운과 보안경, 마스크를 착용한다.
② 작업대를 소독한 후, 수건을 깔고 위생봉지를 붙인다.
③ 고객의 방향에 손목 받침대를 올려놓고 손목 받침대 앞쪽으로 키친타월을 깐다.
④ 재료 정리함을 사용하기 편한 위치에 놓는다.

[작업대 준비물품]

준비물품	수건, 손목 받침대, 키친타월, 위생봉지, 재료 정리함

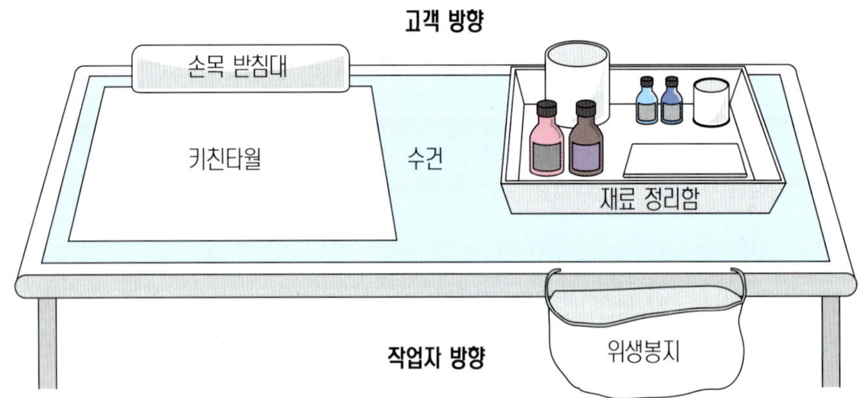

※ 재료 정리함 준비

① 재료 정리함에 아크릴 네일 재료를 준비하고 네일 도구의 소독을 마친다.
② 소독용기 바닥에 탈지면을 깔고 큐티클 니퍼, 큐티클 푸셔, 네일 클리퍼, 오렌지 우드스틱, 네일 더스트 브러시를 넣고 에탄올수용액 70%에 10분 이상 담가준다.
③ 파일 꽂이에 자연 네일용 파일, 인조 네일용 파일, 샌딩 파일, 광택용 파일, 아크릴 브러시를 꽂아준다.
④ 뚜껑이 있는 용기에 소독용 탈지면과 제거용 탈지면, 멸균거즈, 키친타월을 넣어둔다.
⑤ 다펜디시에 아크릴 리퀴드를 넣어둔다.
⑥ 아크릴 브러시를 닦는 키친타월을 별도로 준비한다.

[재료 정리함 준비물품]

준비물품	· 소독용기(큐티클 니퍼, 큐티클 푸셔, 네일 클리퍼, 오렌지 우드스틱, 네일 더스트 브러시) · 파일 꽂이(자연 네일용 파일, 인조 네일용 파일, 샌딩 파일, 광택용 파일, 아크릴 브러시) · 용기(소독용 탈지면, 제거용 탈지면, 멸균거즈, 키친타월) · 아크릴 파우더(클리어), 아크릴 리퀴드, 다펜디시, 전 처리제 · 에탄올, 소독제, 지혈제

1. 아크릴 화장물 자연 네일 보강 작업 순서

① 소독제를 탈지면에 분사하여 작업자의 양손과 손톱 주변, 손톱을 소독한다.
② 소독제를 탈지면에 분사하여 고객의 양손과 손톱 주변, 손톱을 소독한다.
③ 자연 네일용 파일을 사용하여 찢어진 부분에 주의하며, 프리에지의 길이를 조절하고 형태를 조형한다.

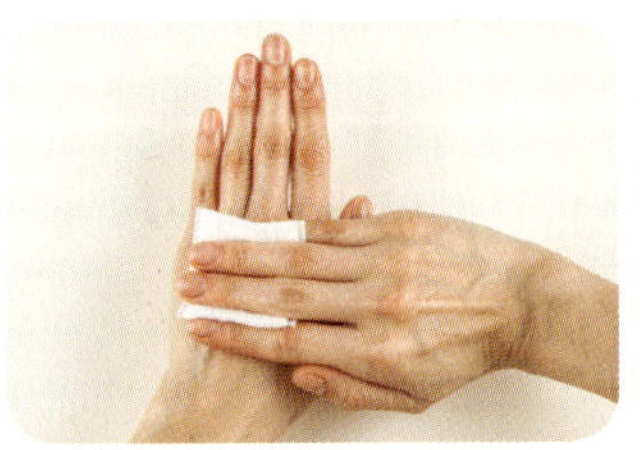
① 작업자 손 소독하기

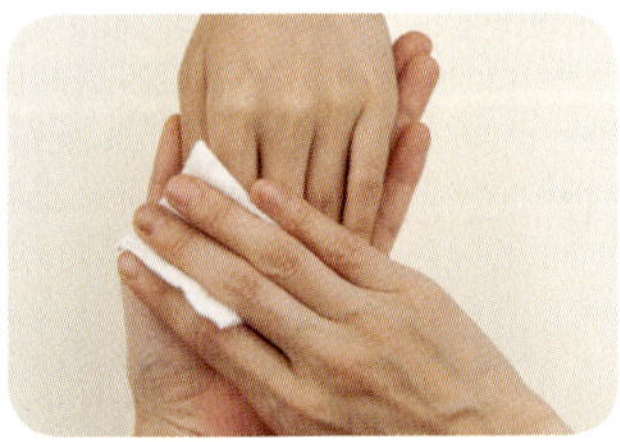
② 고객 손 소독하기

③ 프리에지 조형하기

④ 큐티클 푸셔로 큐티클을 밀어주고, 필요시 큐티클 니퍼를 사용하여 큐티클을 정리할 수 있다.
⑤ 네일 파일을 사용하여 에칭 작업을 하고, 자연 네일의 광택과 거스러미를 제거한다.
⑥ 네일 더스트 브러시를 사용하여 분진을 제거한다.

④ 큐티클 밀어 올리기

⑤ 에칭 작업하기

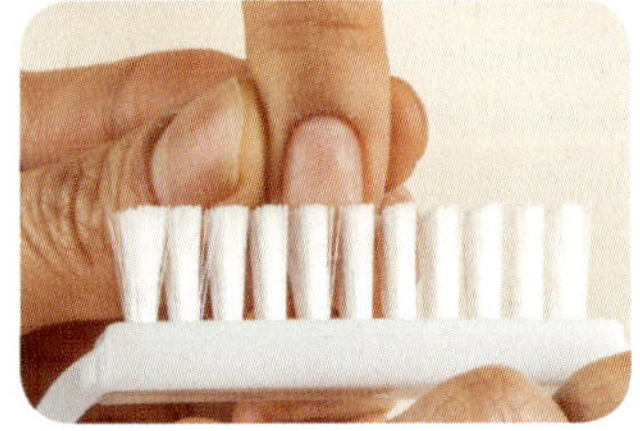
⑥ 분진 제거하기

⑦ 자연 네일에 찢어진 부분을 확인하고 찢어진 부분 사이에 네일 접착제를 도포한다. 찢어진 부분이 없고 약하거나 손상된 자연 네일은 ⑪ 단계로 이동한다.
⑧ 오렌지 우드스틱으로 찢어진 부분을 눌러 붙여주고 경화활성제를 분사한다.
⑨ 샌딩 파일을 사용하여 아크릴이 잘 접착하도록 표면에 광택을 제거한다.

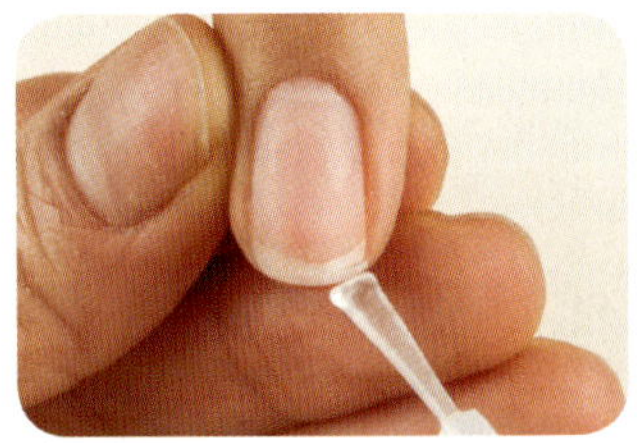
⑦ 네일 접착제 도포하기

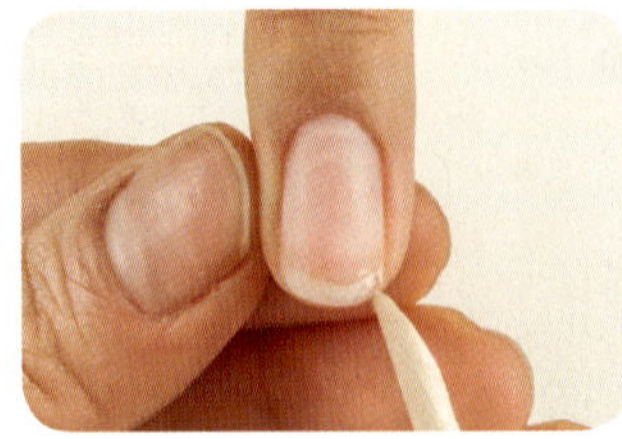
⑧ 찢어진 부분 붙이기

⑨ 광택 제거하기

⑩ 네일 더스트 브러시를 사용하여 분진을 제거한다.
⑪ 전 처리제를 네일 주변 피부에 닿지 않게 주의하며 자연 네일에만 소량 도포한다.
⑫ 아크릴 볼을 자연 네일의 1/3 정도에 올린다.

⑩ 분진 제거하기

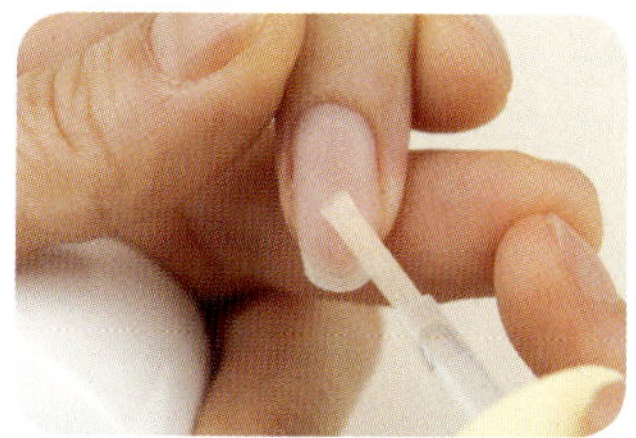
⑪ 전 처리제 도포하기

⑫ 아크릴 볼 올리기

⑬ 오른쪽으로 펴주면서 프리에지까지 연결한다.
⑭ 왼쪽으로 펴주면서 프리에지까지 연결한다.
⑮ 아크릴 볼을 자연 네일의 2/3 정도에 올린다.

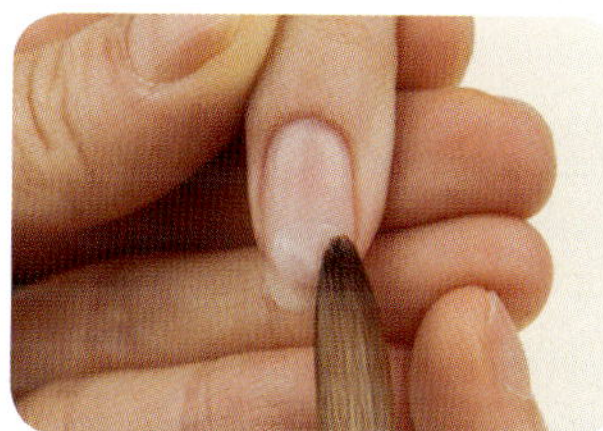
⑬ 아크릴 볼 올리기

⑭ 아크릴 볼 올리기

⑮ 아크릴 볼 올리기

⑯ 오른쪽으로 펴주면서 경계가 생기지 않게 자연스럽게 연결한다.
⑰ 왼쪽으로 펴주면서 경계가 생기지 않게 자연스럽게 연결한다.
⑱ 큐티클 부분에 얇게 아크릴 볼을 올린다.

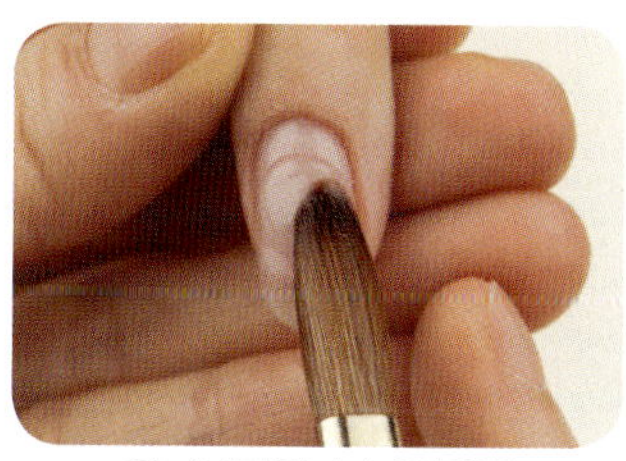
⑯ 아크릴 볼 올리기

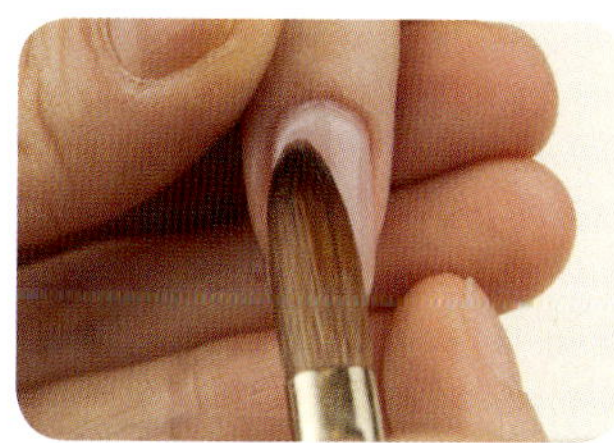
⑰ 아크릴 볼 올리기

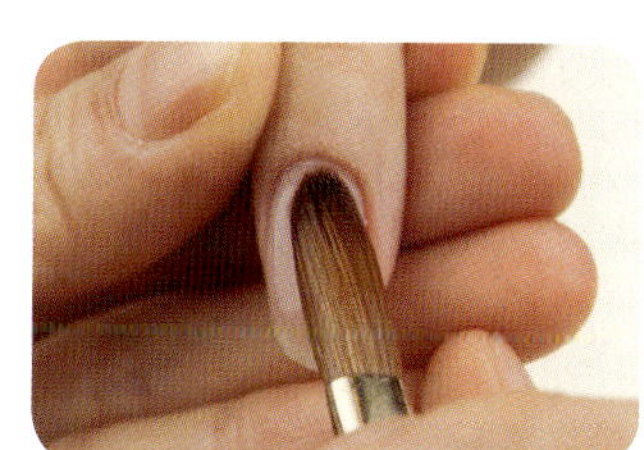
⑱ 아크릴 볼 올리기

⑲ 양쪽으로 펴주면서 경계가 생기지 않게 자연스럽게 연결한다.
⑳ 손상여부에 따라 두께를 조절하고 전체를 연결한다.
㉑ 자연 네일이 퍼져 보이지 않게 핀치를 넣는다.

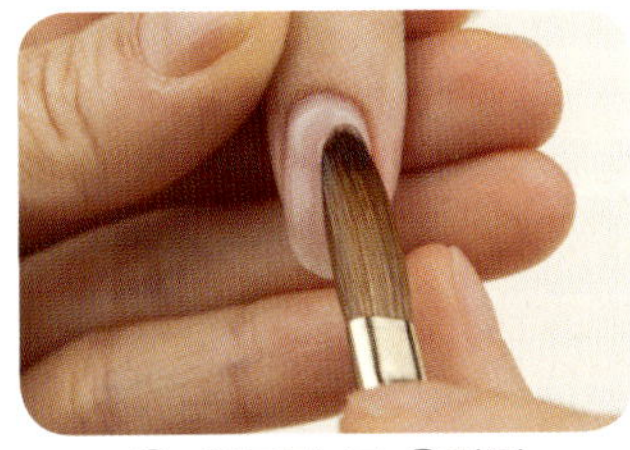
⑲ 아크릴 볼 올리기

⑳ 아크릴 볼 올리기

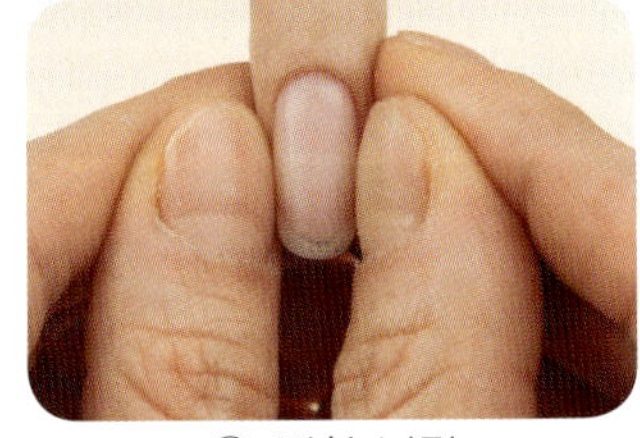
㉑ 핀치 넣기

㉒ 인조 네일용 파일을 사용하여 프리에지의 길이와 형태를 조형한다.
㉓ 인조 네일용 파일을 사용하여 표면을 조형한다.
㉔ 샌딩 파일을 사용하여 표면을 매끄럽게 다듬고 거스러미를 제거한다.

㉒ 프리에지 조형하기

㉓ 표면 조형하기

㉔ 표면 다듬기

㉕ 광택용 파일을 사용하여 표면에 광택을 낸다.
㉖ 네일 더스트 브러시를 사용하여 분진을 제거한다.
㉗ 냉 · 온 수건 또는 멸균거즈를 사용하여 손을 닦아준다.

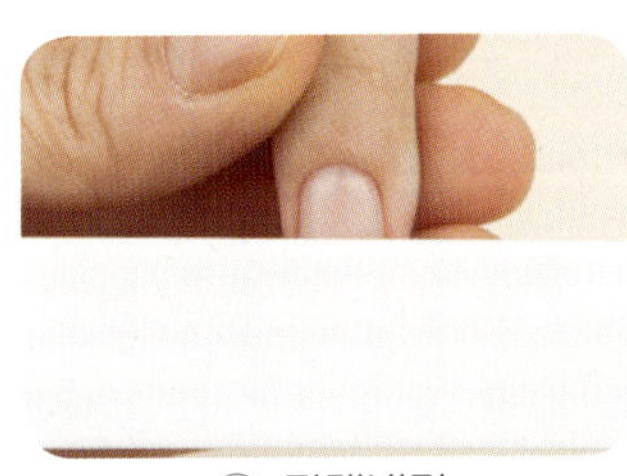
㉕ 광택내기

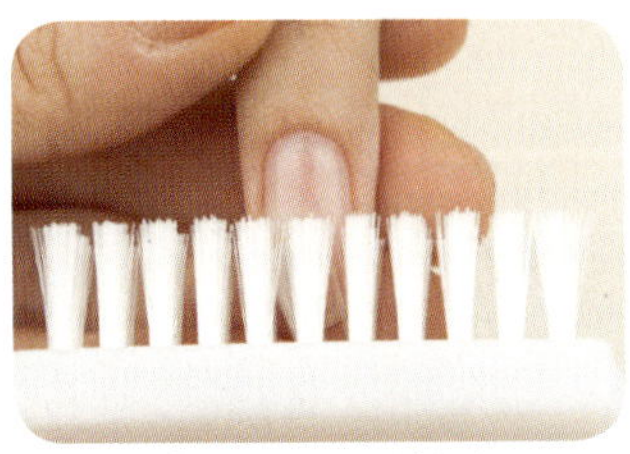
㉖ 분진 제거하기

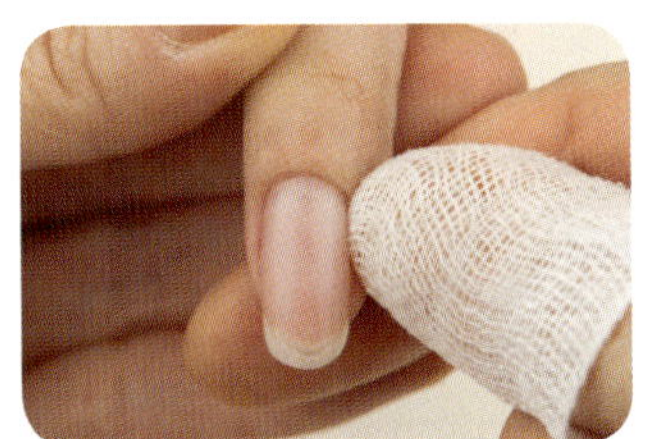
㉗ 손 닦아내기

2. 아크릴 화장물 자연 네일 보강 순서 정리

손 소독 → 프리에지 조형 → 에칭 작업 → 광택 제거 → 분진 제거 → 찢어진 부분 접착 → 전 처리제 도포 → 아크릴 보강 → 핀치 넣기 → 프리에지 조형 → 표면 조형 → 표면 정리 → 광택내기 → 분진 제거→ 손 닦기

3. 아크릴 화장물 자연 네일 보강 완성

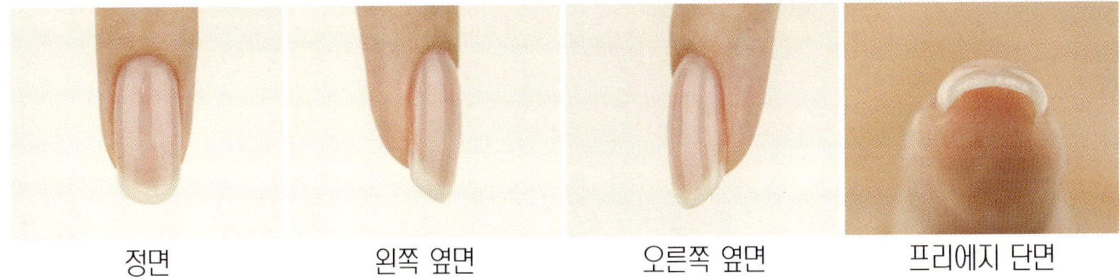

정면 / 왼쪽 옆면 / 오른쪽 옆면 / 프리에지 단면

4. 아크릴 화장물 자연 네일 보강 확인

순번	확인 사항	확인
①	찢어진 부분이 올바르게 접착되었는지 확인	
②	아크릴이 자연스럽게 보강되었는지 확인	
③	아크릴 화장물로 보강된 표면이 투명하고 깨끗하게 작업되었는지 확인	
④	아크릴 화장물로 보강된 표면이 굴곡 없이 매끄럽고 광택이 나는지 확인	
⑤	네일 파일로 인하여 출혈이 발생하지 않았는지 확인	

SECTION 4. 젤 화장물 자연 네일 보강

◈ 젤 화장물 자연 네일 보강 작업 준비 사항

※ 작업자의 복장 및 작업대 준비

① 작업자는 위생가운과 보안경, 마스크를 착용한다.
② 작업대를 소독한 후, 수건을 깔고 위생봉지를 붙인다.
③ 고객의 방향에 손목 받침대를 올려놓고 손목 받침대 앞쪽으로 키친타월을 깐다.
④ 재료 정리함을 사용하기 편한 위치에 놓는다.
⑤ 젤 램프기기의 입구를 고객 방향으로 맞추어 올려둔다.

[작업대 준비물품]

준비물품	수건, 손목 받침대, 키친타월, 위생봉지, 젤 램프기기, 재료 정리함

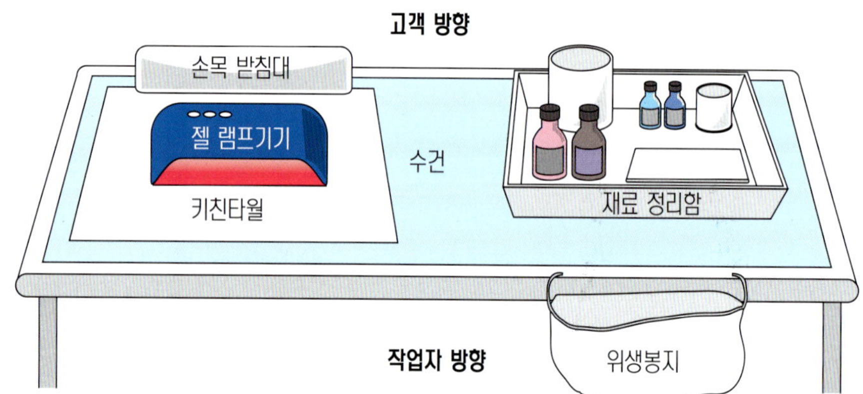

※ 재료 정리함 준비

① 재료 정리함에 젤 네일 재료를 준비하고 네일 도구의 소독을 마친다.

② 소독용기 바닥에 탈지면을 깔고 큐티클 니퍼, 큐티클 푸셔, 네일 클리퍼, 오렌지 우드스틱, 네일 더스트 브러시를 넣고 에탄올수용액 70%에 10분 이상 담가준다.

③ 파일 꽂이에 자연 네일용 파일, 인조 네일용 파일, 샌딩 파일, 젤 브러시를 꽂아준다.

④ 뚜껑이 있는 용기에 소독용 탈지면과 제거용 탈지면, 젤 와이퍼, 멸균거즈를 넣어둔다.

[재료 정리함 준비물품]

준비물품	· 소독용기(큐티클 니퍼, 큐티클 푸셔, 네일 클리퍼, 오렌지 우드스틱, 네일 더스트 브러시) · 파일 꽂이(자연 네일용 파일, 인조 네일용 파일, 샌딩 파일, 젤 브러시) · 용기(소독용 탈지면, 제거용 탈지면, 젤 와이퍼, 멸균거즈) · 베이스 젤, 젤(클리어), 톱 젤, 젤 클렌저, 전 처리제 · 에탄올, 소독제, 지혈제

1. 젤 화장물 자연 네일 보강 작업 순서

① 소독제를 탈지면에 분사하여 작업자의 양손과 손톱 주변, 손톱을 소독한다.
② 소독제를 탈지면에 분사하여 고객의 양손과 손톱 주변, 손톱을 소독한다.
③ 자연 네일용 파일을 사용하여 찢어진 부분에 주의하며, 프리에지의 길이를 조절하고 형태를 조형한다.

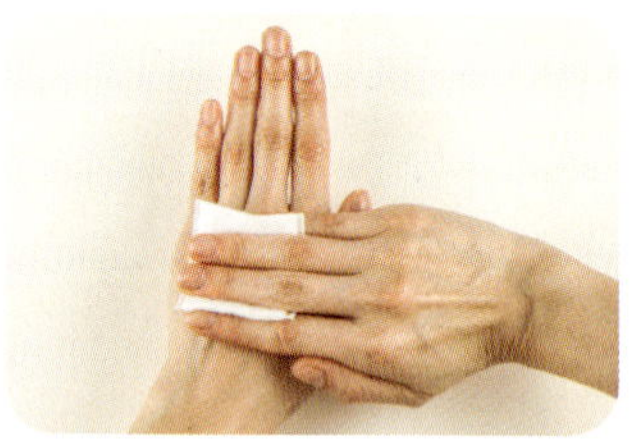
① 작업자 손 소독하기

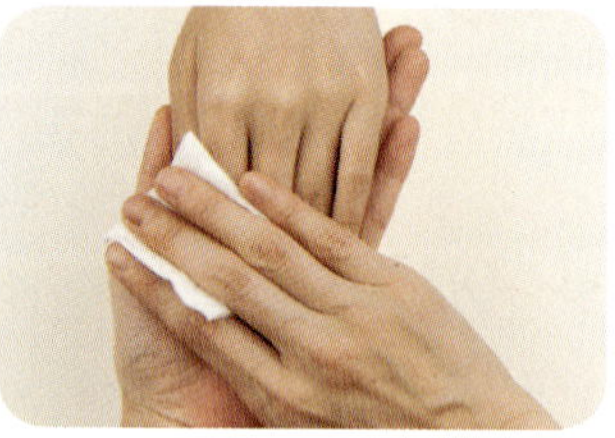
② 고객 손 소독하기

③ 프리에지 조형하기

④ 큐티클 푸셔로 큐티클을 밀어주고, 필요시 큐티클 니퍼를 사용하여 큐티클을 정리할 수 있다.
⑤ 네일 파일을 사용하여 에칭 작업을 하고, 자연 네일의 광택과 거스러미를 제거한다.
⑥ 네일 더스트 브러시를 사용하여 분진을 제거한다.

④ 큐티클 밀어 올리기

⑤ 에칭 작업하기

⑥ 분진 제거하기

⑦ 자연 네일에 찢어진 부분을 확인하고 찢어진 부분 사이에 네일 접착제를 도포한다. 찢어진 부분이 없고 약하거나 손상된 자연 네일은 ⑪ 단계로 이동한다.
⑧ 오렌지 우드스틱으로 찢어진 부분을 눌러 붙여주고 경화활성제를 분사한다.
⑨ 샌딩 파일을 사용하여 젤이 잘 접착하도록 표면에 광택을 제거한다.

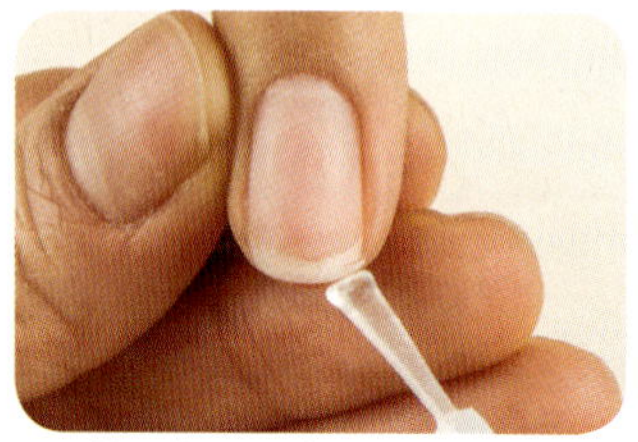
⑦ 네일 접착제 도포하기

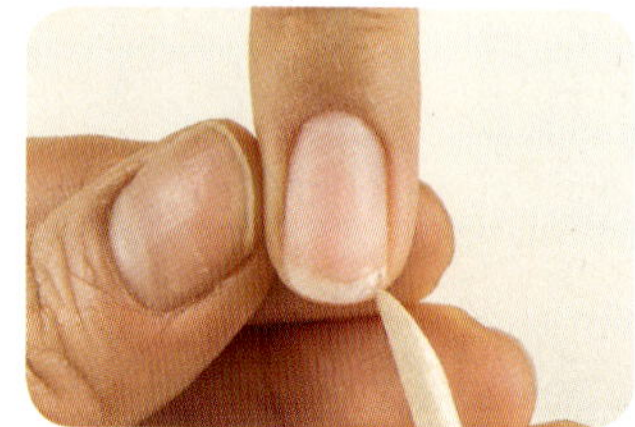
⑧ 찢어진 부분 붙이기

⑨ 광택 제거하기

⑩ 네일 더스트 브러시를 사용하여 분진을 제거한다.
⑪ 전 처리제를 네일 주변 피부에 닿지 않게 주의하며 자연 네일에만 소량 도포한다.
⑫ 베이스 젤을 자연 네일 전체에 도포한다.

⑩ 분진 제거하기

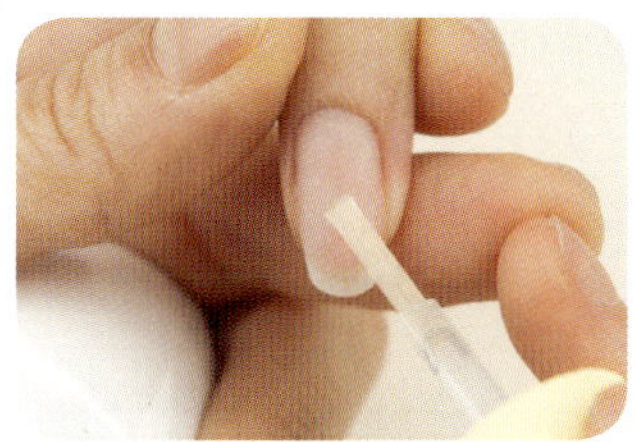
⑪ 전 처리제 도포하기

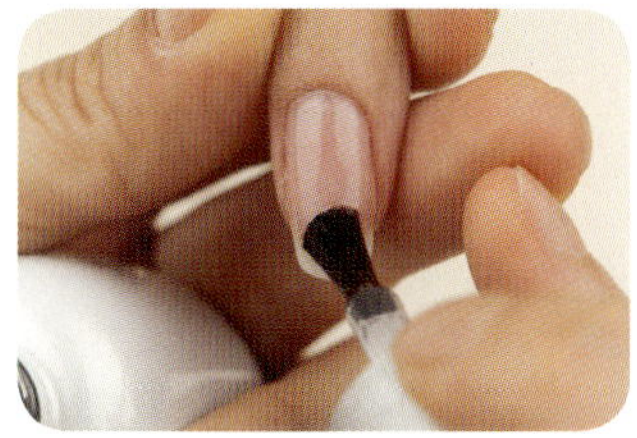
⑫ 베이스 젤 도포하기

⑬ 주변에 묻은 베이스 젤을 정리한 후, 젤 램프기기에 경화한다.
⑭ 클리어 젤을 자연 네일의 1/3 정도에 올리고 프리에지까지 연결한다.
⑮ 주변에 묻은 클리어 젤을 정리한 후, 젤 램프기기에 경화한다.

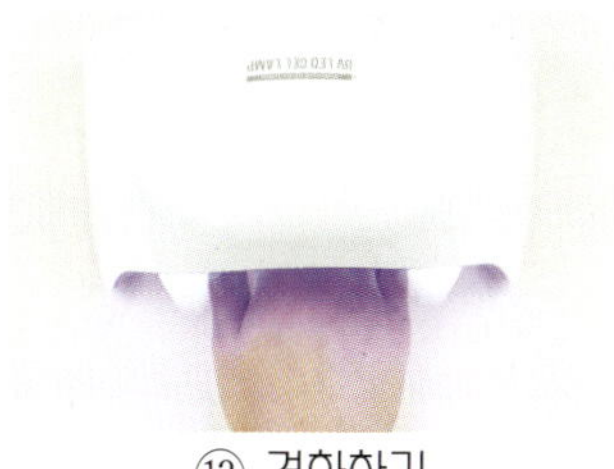
⑬ 경화하기

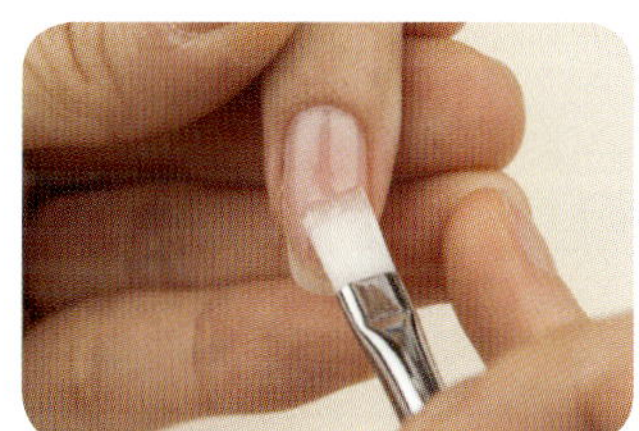
⑭ 클리어 젤 올리기

⑮ 경화하기

⑯ 클리어 젤을 자연 네일의 2/3 정도에 올리고 양쪽으로 펴주면서 경계가 생기지 않게 자연스럽게 연결한다.
⑰ 주변에 묻은 클리어 젤을 정리한 후, 젤 램프기기에 경화한다.
⑱ 큐티클 부분에 얇게 클리어 젤을 올리고 양쪽으로 펴주면서 경계가 생기지 않게 자연스럽게 연결한다.

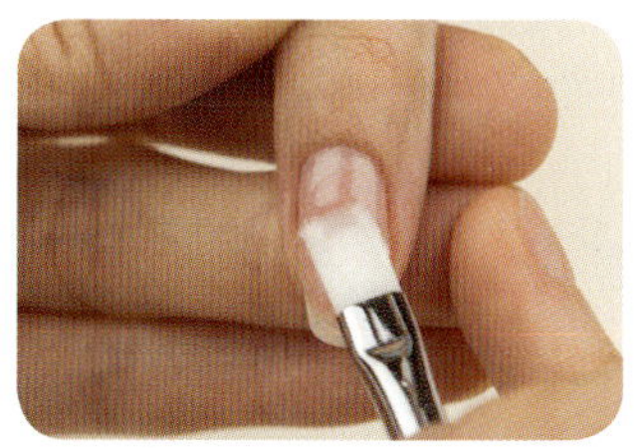
⑯ 클리어 젤 올리기

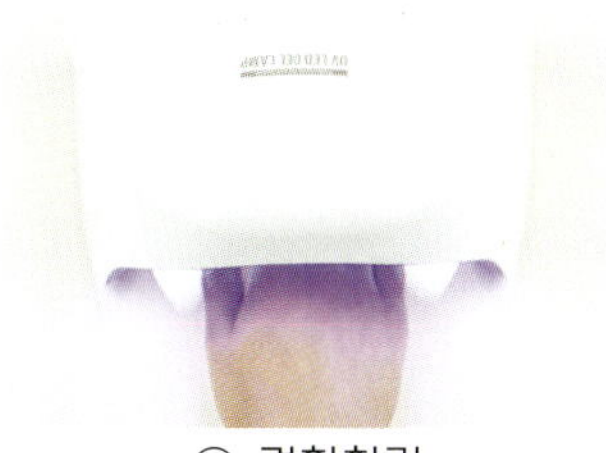
⑰ 경화하기

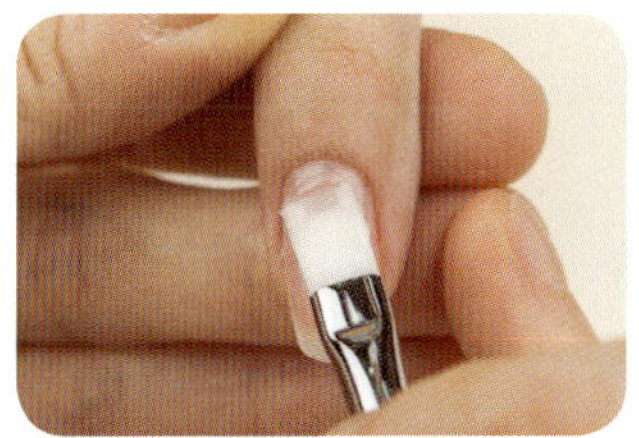
⑱ 클리어 젤 올리기

⑲ 주변에 묻은 클리어 젤을 정리한 후, 젤 램프기기에 경화한다.
⑳ 손상여부에 따라 두께를 조절하고 전체를 연결한다.
㉑ 주변에 묻은 클리어 젤을 정리한 후, 젤 램프기기에 경화한다.

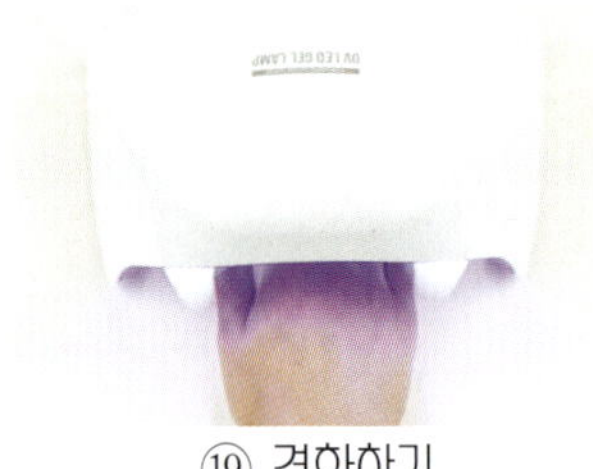
⑲ 경화하기

⑳ 클리어 젤 오버레이하기

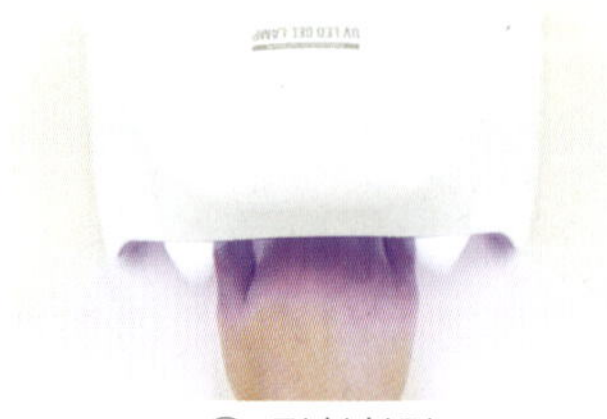
㉑ 경화하기

㉒ 젤 클렌저를 젤 와이퍼에 적시고 미 경화 젤을 제거한다.
㉓ 인조 네일용 파일을 사용하여 프리에지의 길이와 형태를 조형한다.
㉔ 인조 네일용 파일을 사용하여 표면을 조형한다.

㉒ 미경화 젤 제거하기

㉓ 프리에지 조형하기

㉔ 표면 조형하기

㉕ 샌딩 파일을 사용하여 표면을 매끄럽게 다듬고 거스러미를 제거한다.
㉖ 네일 더스트 브러시를 사용하여 분진을 제거한다.
㉗ 냉 · 온 수건 또는 멸균거즈를 사용하여 손을 닦아준다.

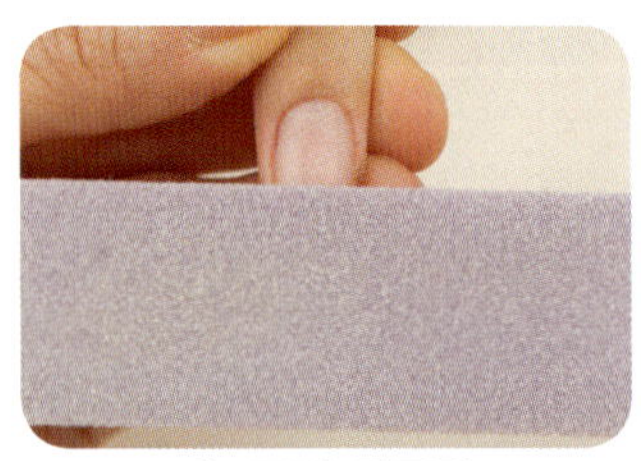
㉕ 표면 다듬기

㉖ 분진 제거하기

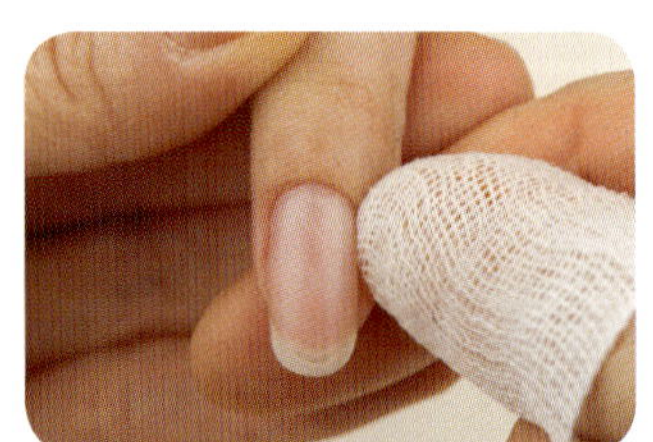
㉗ 손 닦아내기

㉘ 톱 젤을 인조 네일 전체에 도포한다.
㉙ 주변에 묻은 톱 젤을 정리한 후, 젤 램프기기에 경화한다.
㉚ 미경화 젤이 남은 경우에는 젤 클렌저를 젤 와이퍼에 적셔 미경화 젤을 제거한다.

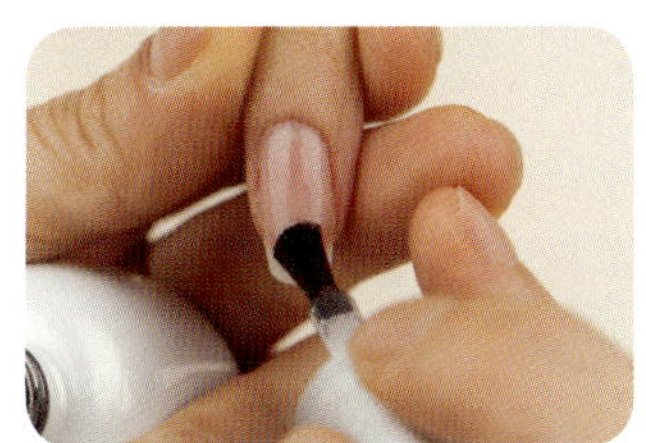
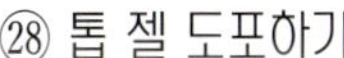
㉘ 톱 젤 도포하기

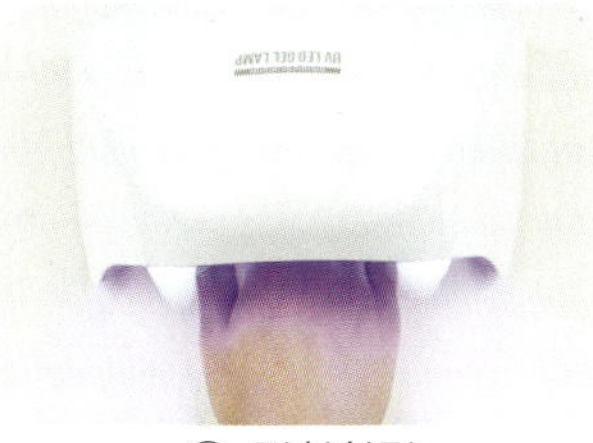
㉙ 경화하기

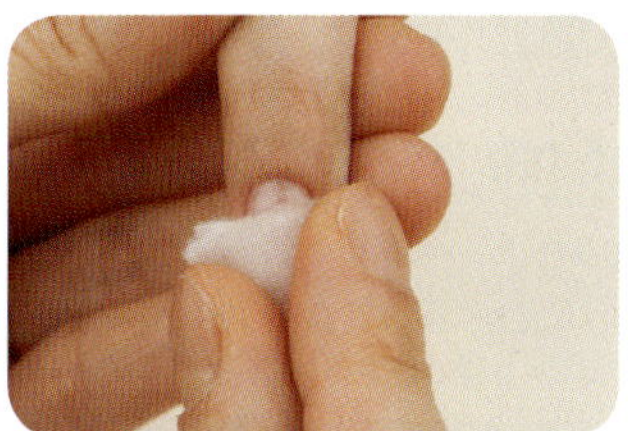
㉚ 미경화 젤 제거하기

2. 젤 화장물 자연 네일 보강 순서 정리

손 소독 → 프리에지 조형 → 에칭 작업 → 광택 제거 → 분진 제거 → 찢어진 부분 접착 → 전 처리제 도포 → 베이스 젤 도포(경화) → 젤 보강(경화) → 미경화 젤 제거 → 프리에지 조형 → 표면 조형 → 표면 정리 → 분진 제거 → 손 닦기 → 톱 젤 도포(경화) → 미경화 젤 제거

3. 젤 화장물 자연 네일 보강 완성

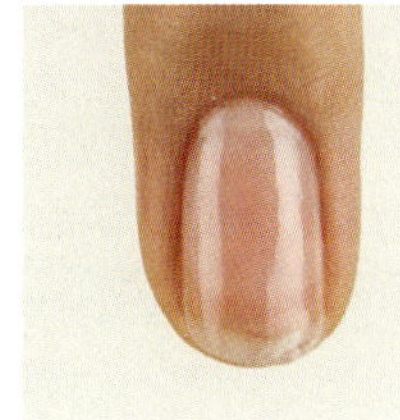
정면

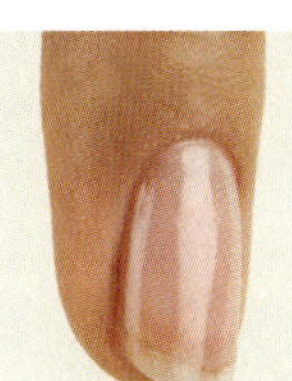
왼쪽 옆면

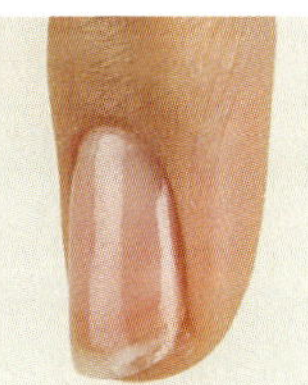
오른쪽 옆면

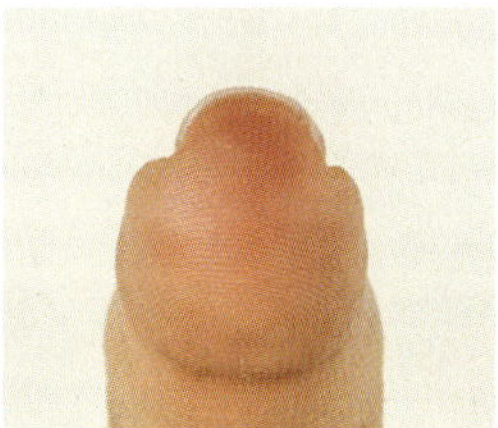
프리에지 단면

4. 젤 화장물 자연 네일 보강 확인

순번	확인 사항	확인
①	찢어진 부분이 올바르게 접착되었는지 확인	
②	베이스 젤이 도포되었는지 확인	
③	클리어 젤이 자연스럽게 보강되었는지 확인	
④	톱 젤이 도포되었는지 확인	
⑤	올바르게 젤이 경화되고 미경화 젤이 남지 않았는지 확인	
⑥	젤 화장물로 보강된 표면이 투명하고 깨끗하게 작업되었는지 확인	
⑦	젤 화장물로 보강된 표면이 굴곡 없이 매끄럽고 광택이 나는지 확인	
⑧	네일 파일로 인하여 출혈이 발생하지 않았는지 확인	

PART 16.

인조 네일 보수

인조 네일 보수란 기 작업된 인조 네일의 상태에 따라 보수하는 능력

능력단위요소	수 행 준 거
팁 네일 보수하기	1.1 기 작업된 네일 팁의 상태에 따라 보수를 선택할 수 있다. 1.2 기 작업된 네일 팁의 들뜬 네일 화장물을 제거할 수 있다. 1.3 기 작업된 네일 팁 화장물의 턱을 제거할 수 있다. 1.4 네일 팁과 동일한 화장물을 적용하여 보수할 수 있다.
랩 네일 보수하기	2.1 기 작업된 네일 랩의 상태에 따라 보수를 선택할 수 있다. 2.2 기 작업된 랩 네일의 들뜬 네일 화장물을 제거할 수 있다. 2.3 기 작업된 랩 네일 화장물의 턱을 제거할 수 있다. 2.4 랩 네일과 동일한 화장물을 적용하여 보수할 수 있다.
아크릴 네일 보수하기	3.1 기 작업된 아크릴 네일의 상태에 따라 보수를 선택할 수 있다. 3.2 기 작업된 아크릴 네일의 들뜬 네일 화장물을 제거할 수 있다. 3.3 기 작업된 아크릴 네일 화장물의 턱을 제거할 수 있다. 3.4 아크릴 네일과 동일한 화장물을 적용하여 보수할 수 있다.
젤 네일 보수하기	4.1 기 작업된 젤 네일의 상태에 따라 보수를 선택할 수 있다. 4.2 기 작업된 젤 네일의 들뜬 네일 화장물을 제거할 수 있다. 4.3 기 작업된 젤 네일 화장물의 턱을 제거할 수 있다. 4.4 젤 네일과 동일한 화장물을 적용하여 보수할 수 있다.

인조 네일 보수의 주요 학습 포인트!

인조 네일은 시간이 경과하면 보수해야 하는 경우와 제거해야 하는 경우가 있다. 고객의 인조 네일을 확인하고 정확히 판단할 수 있어야 하며 적절한 방법을 선택해야 한다.

본 파트에서는 인조 네일 보수의 특성과 네일 화장물에 따른 보수 방법에 대해 알아본다.

SECTION 1	인조 네일 보수의 특성
SECTION 2	팁 네일 보수
SECTION 3	랩 네일 보수
SECTION 4	아크릴 네일 보수
SECTION 5	젤 네일 보수

SECTION 2. 팁 네일 보수

1. 팁 네일 보수 작업 순서

① 소독제를 탈지면에 분사하여 작업자의 양손과 손톱 주변, 손톱을 소독한다.
② 소독제를 탈지면에 분사하여 고객의 양손과 손톱 주변, 손톱을 소독한다.
③ 큐티클 푸셔로 큐티클을 밀어주고, 필요시 큐티클 니퍼를 사용하여 큐티클을 정리할 수 있다.

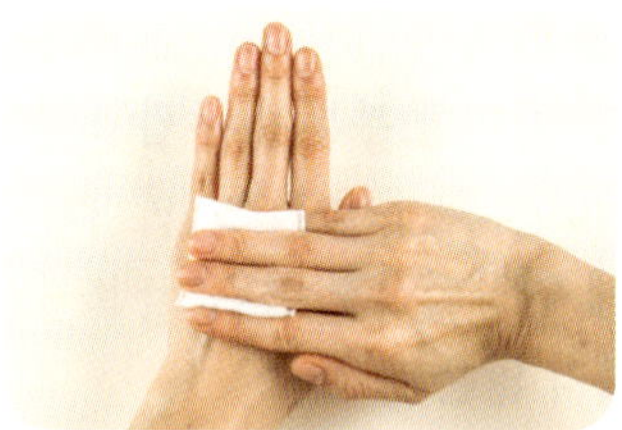
① 작업자 손 소독하기

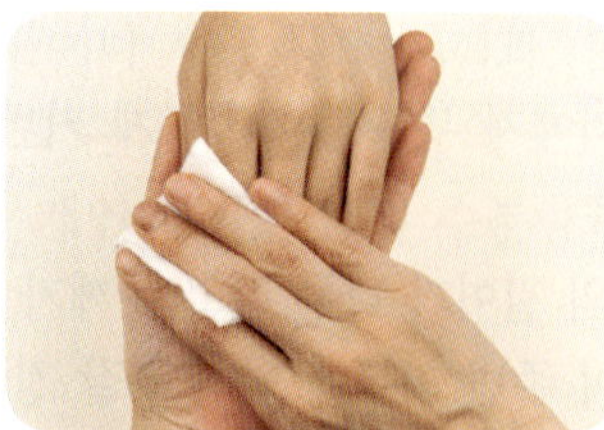
② 고객 손 소독하기

③ 큐티클 밀어 올리기

④ 보수할 부분을 확인한 후, 인조 네일용 파일을 사용하여 경계를 없애고 인조 네일의 접착력을 높이기 위해 에칭 작업을 한다.
⑤ 샌딩 파일을 사용하여 자연 네일과 인조 네일의 광택을 제거하고 거스러미를 제거한다.
⑥ 네일 더스트 브러시를 사용하여 분진을 제거한다.

④ 경계 없애기

⑤ 광택 제거하기

⑥ 분진 제거하기

⑦ 보수를 해야 할 부분에 네일 접착제를 도포하고, 주변으로 네일 접착제가 넘쳤을 경우 키친타월을 사용하여 네일 접착제를 닦아준다.
⑧ 네일 접착제를 도포한 부분에 필러 파우더를 뿌려준 후 오렌지 우드스틱을 사용하여 주변에 묻은 필러 파우더를 정리한다.
⑨ 보수한 부분이 주변과 자연스럽게 연결되도록 네일 접착제를 도포한다.

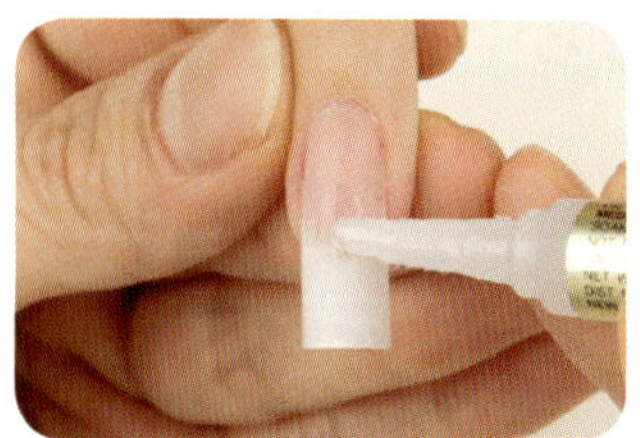
⑦ 네일 접착제 도포하기

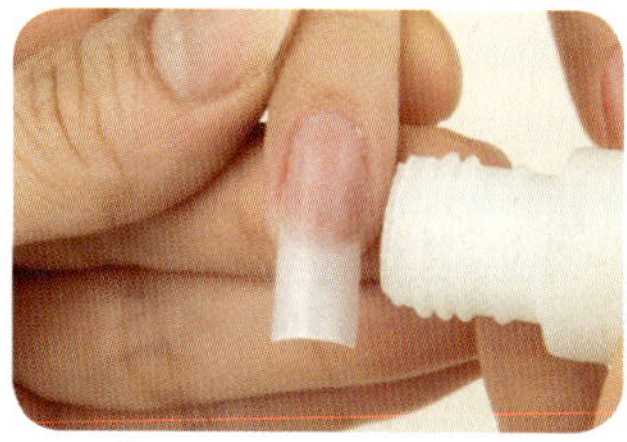
⑧ 필러 파우더 뿌리기

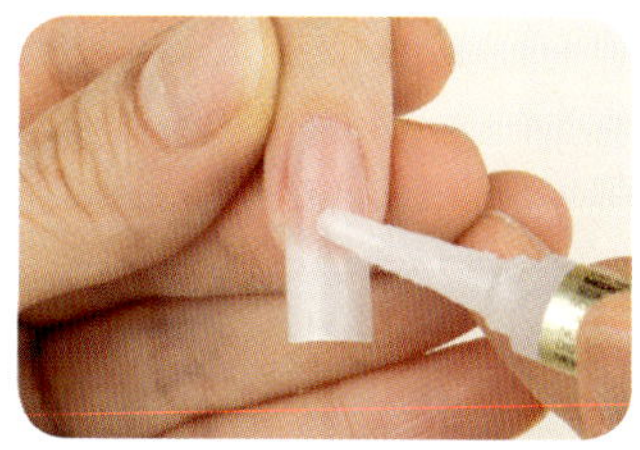
⑨ 네일 접착제 도포하기

⑩ 팁 네일의 구조를 고려하여 부족한 부분에 필러 파우더를 뿌려준다.

⑪ 오렌지 우드스틱을 사용하여 주변에 묻은 필러 파우더를 정리한 후, 네일 접착제를 도포한다.

⑫ 팁 네일의 구조가 형성되면 경화 촉진제를 10cm 이상의 거리에서 약하게 분사하여 고정한다.

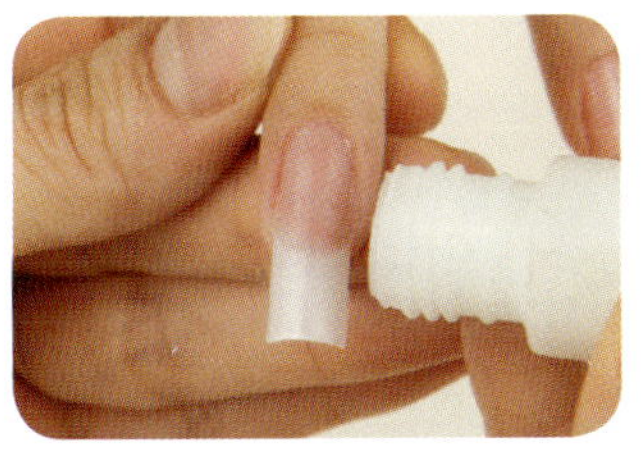

⑩ 필러 파우더 뿌리기

⑪ 네일 접착제 도포하기

⑫ 경화 촉진제 분사하기

⑬ 인조 네일용 파일을 사용하여 프리에지의 길이를 조절하고 형태를 조형한다.

⑭ 인조 네일용 파일을 사용하여 인조 네일의 구조를 조형한다.

⑮ 샌딩 파일을 사용하여 표면을 매끄럽게 다듬고 거스러미를 제거한다.

⑬ 프리에지 조형하기

⑭ 표면 조형하기

⑮ 표면 다듬기

⑯ 네일 더스트 브러시를 사용하여 분진을 제거한다.

⑰ 광택 효과를 높이기 위해 브러시 글루를 인조 네일 전체에 도포한다.

⑱ 경화 촉진제를 10cm 이상의 거리에서 약하게 분사하여 고정한다.

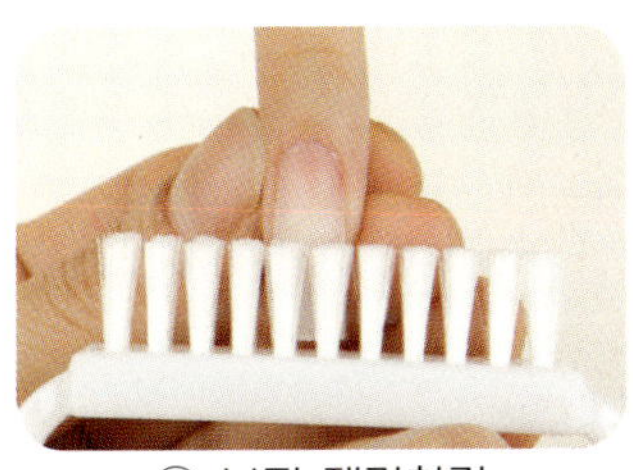

⑯ 분진 제거하기

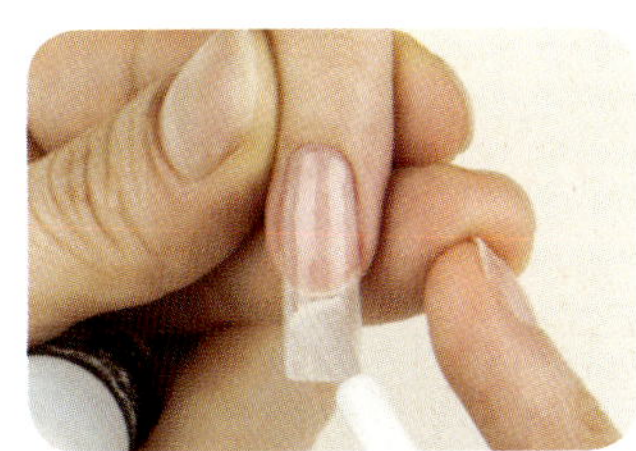

⑰ 브러시 글루 도포하기

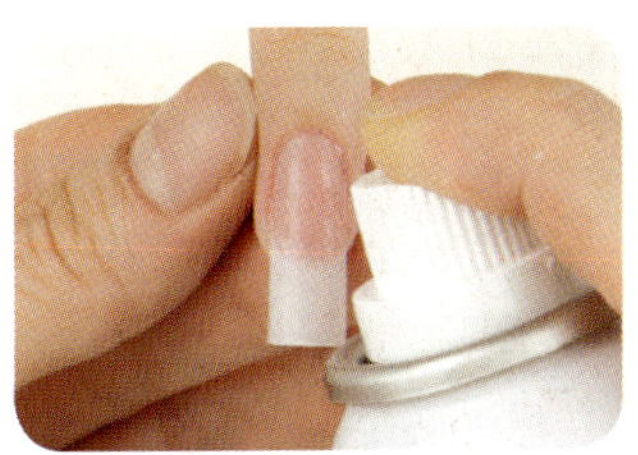

⑱ 경화 촉진제 분사하기

⑲ 샌딩 파일을 사용하여 브러시 글루의 광택을 제거한다.
⑳ 광택용 파일을 사용하여 인조 네일 전체에 광택을 낸다.
㉑ 네일 더스트 브러시를 사용하여 분진을 제거한 후, 냉 · 온 수건 또는 멸균거즈를 사용하여 손을 닦아준다.

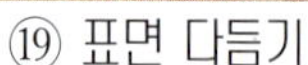
⑲ 표면 다듬기

⑳ 광택내기

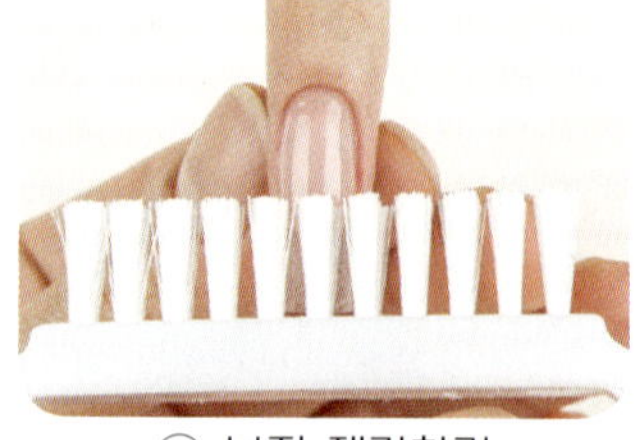
㉑ 분진 제거하기

2. 팁 네일 보수 순서 정리

손 소독 → 큐티클 밀기 → 경계 제거 → 에칭 작업 → 광택 제거 → 분진 제거 → 필러 파우더 보수 → 구조 조형 → 표면 정리 → 분진 제거 → 브러시 글루 도포 → 광택 제거 → 광택내기 → 분진 제거 → 손 닦기

3. 팁 네일 보수 완성

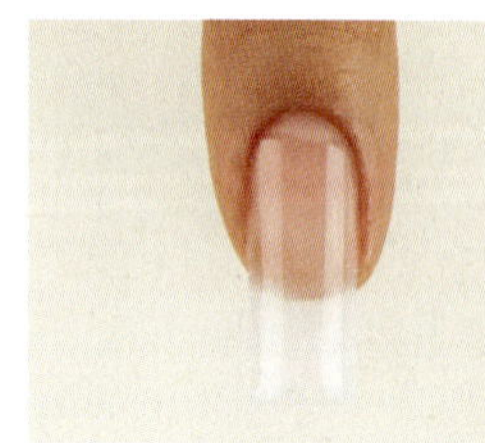
정면

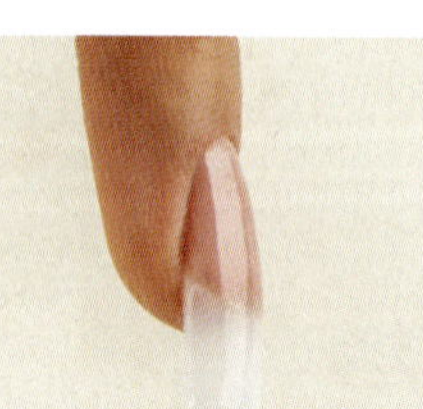
왼쪽 옆면

오른쪽 옆면

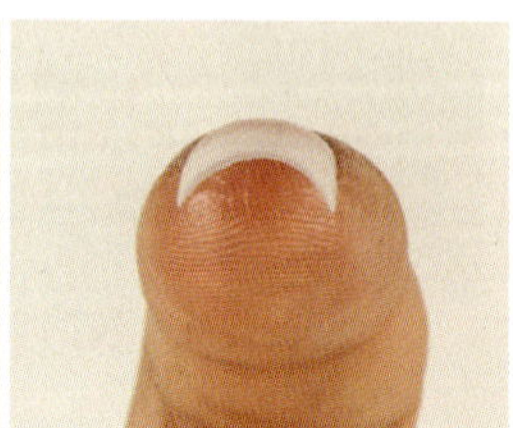
프리에지 단면

4. 팁 네일 보수 확인

순번	확인 사항	확인
①	보수한 부분의 경계가 보이지 않고 자연스럽게 연결되었는지 확인	
②	부족한 부분이 없고 올바르게 메꾸어졌는지 확인	
③	팁 네일의 표면이 투명하고 깨끗하게 작업되었는지 확인	
④	팁 네일의 표면이 굴곡 없이 매끄럽고 광택이 나는지 확인	
⑤	팁 네일의 길이와 곡선이 다른 손가락과 자연스러운지 확인	
⑥	네일 파일로 인하여 출혈이 발생하지 않았는지 확인	

1. 랩 네일 보수 작업 순서

① 소독제를 탈지면에 분사하여 작업자의 양손과 손톱 주변, 손톱을 소독한다.
② 소독제를 탈지면에 분사하여 고객의 양손과 손톱 주변, 손톱을 소독한다.
③ 큐티클 푸셔로 큐티클을 밀어주고, 필요시 큐티클 니퍼를 사용하여 큐티클을 정리할 수 있다.

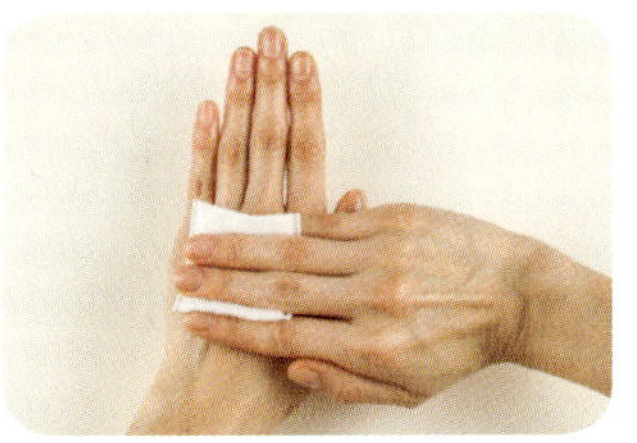
① 작업자 손 소독하기

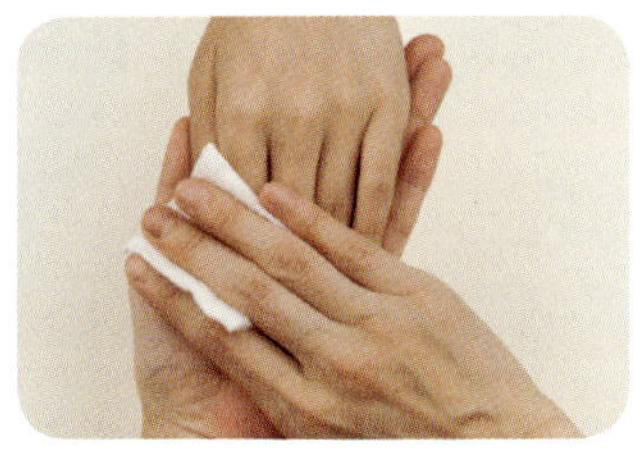
② 고객 손 소독하기

③ 큐티클 밀어 올리기

④ 보수할 부분을 확인한 후, 인조 네일용 파일을 사용하여 경계를 없애고 인조 네일의 접착력을 높이기 위해 에칭 작업을 한다.
⑤ 샌딩 파일을 사용하여 자연 네일과 인조 네일의 광택을 제거하고 거스러미를 제거한다.
⑥ 네일 더스트 브러시를 사용하여 분진을 제거한다.

④ 경계 없애기

⑤ 광택 제거하기

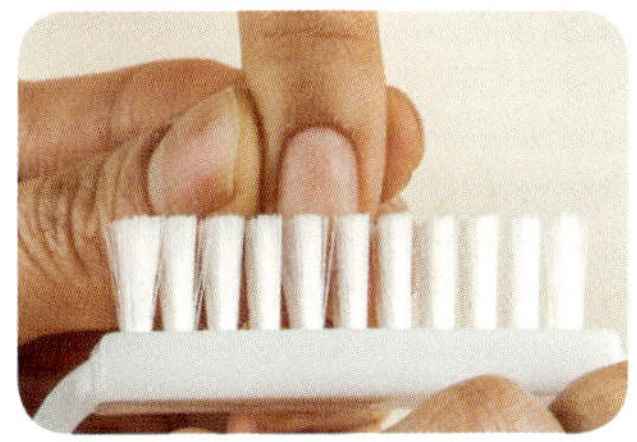
⑥ 분진 제거하기

⑦ 보수를 해야 할 부분에 네일 접착제를 도포하고, 주변으로 네일 접착제가 넘쳤을 경우 키친타월을 사용하여 네일 접착제를 닦아준다.
⑧ 필러 파우더를 경계 부분에 뿌려주며 자연스럽게 연결하고, 오렌지 우드스틱을 사용하여 주변에 묻은 필러 파우더를 정리한다.
⑨ 보수한 부분이 주변과 자연스럽게 연결되도록 네일 접착제를 도포한다.

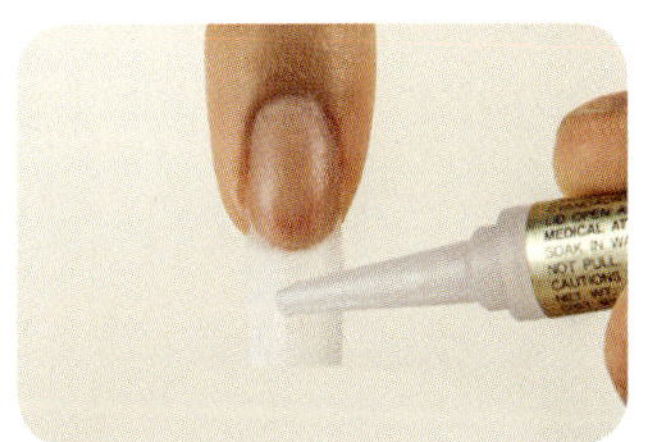
⑦ 네일 접착제 도포하기

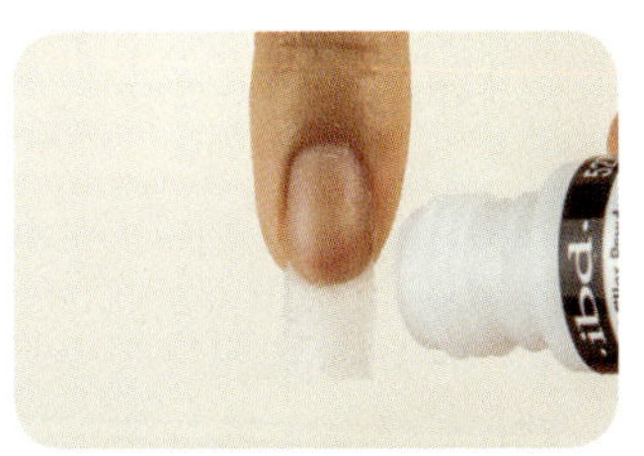

⑧ 필러 파우더 뿌리기

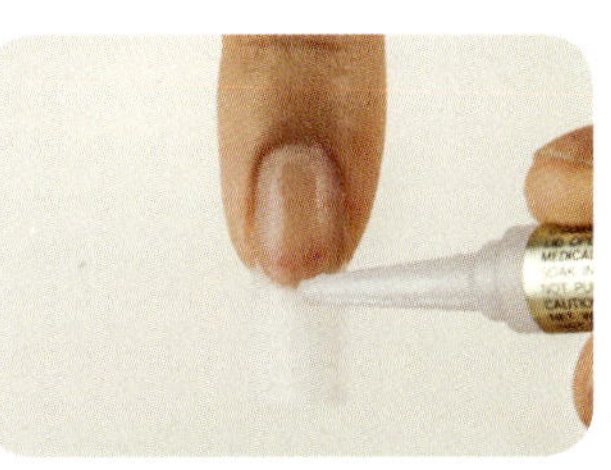
⑨ 네일 접착제 도포하기

⑩ 랩 네일의 구조를 고려하여 부족한 부분에 필러 파우더를 뿌려준다.
⑪ 오렌지 우드스틱을 사용하여 주변에 묻은 필러 파우더를 정리한 후, 네일 접착제를 도포한다.
⑫ 랩 네일의 구조가 형성되면 경화 촉진제를 10cm 이상의 거리에서 약하게 분사한다.

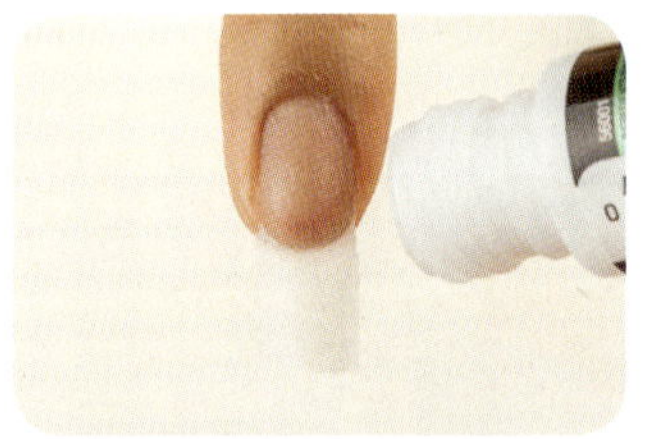
⑩ 필러 파우더 뿌리기

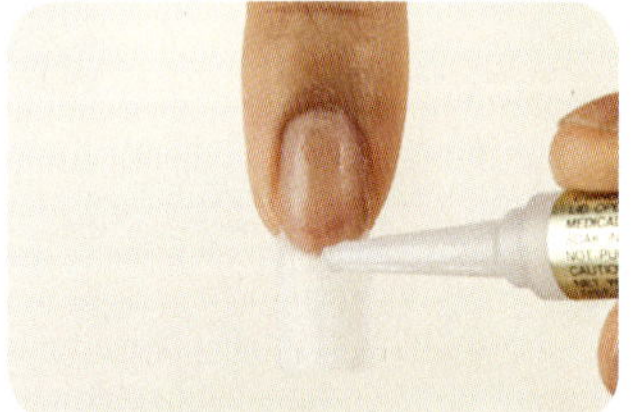
⑪ 네일 접착제 도포하기

⑫ 경화 촉진제 분사하기

⑬ 인조 네일용 파일을 사용하여 프리에지의 길이를 조절하고 형태를 조형한다.
⑭ 인조 네일용 파일을 사용하여 인조 네일의 구조를 조형한다.
⑮ 샌딩 파일을 사용하여 자연 네일의 표면을 다듬고 프리에지 밑 거스러미를 제거한다.

⑬ 프리에지 조형하기

⑭ 표면 조형하기

⑮ 표면 다듬기

⑯ 네일 더스트 브러시를 사용하여 분진을 제거한다.
⑰ 두께 보강과 광택 효과를 높이기 위해 브러시 글루를 인조 네일 전체에 도포한다.
⑱ 경화 촉진제를 10cm 이상의 거리에서 약하게 분사하여 고정한다.

⑯ 분진 제거하기

⑰ 브러시 글루 도포하기

⑱ 경화 촉진제 분사하기

⑲ 샌딩 파일을 사용하여 브러시 글루의 광택을 제거한다.
⑳ 광택용 파일을 사용하여 인조 네일 전체에 광택을 낸다.
㉑ 네일 더스트 브러시를 사용하여 분진을 제거한 후, 냉 · 온 수건 또는 멸균거즈를 사용하여 손을 닦아준다.

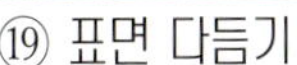
⑲ 표면 다듬기

⑳ 광택내기

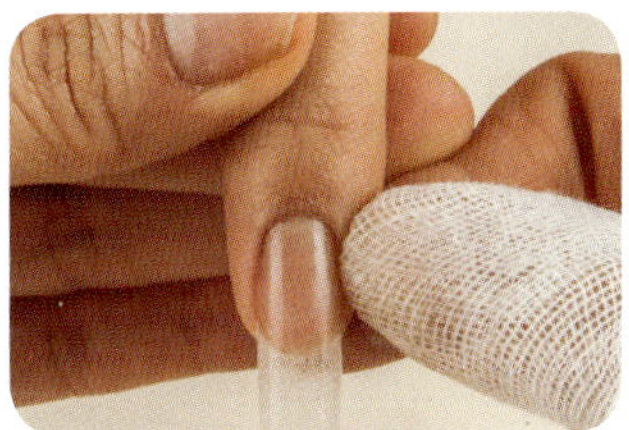
㉑ 손 닦아내기

2. 랩 네일 보수 순서 정리

손 소독 → 큐티클 밀기 → 경계 제거 → 에칭 작업 → 광택 제거 → 분진 제거 → 필러 파우더 보수 → 구조 조형 → 브러시 글루 도포 → 표면 정리 → 광택내기 → 분진 제거 → 손 닦기

* 랩 네일의 상태에 따라 네일 랩을 접착해서 보수할 수도 있다.

3. 랩 네일 보수 완성

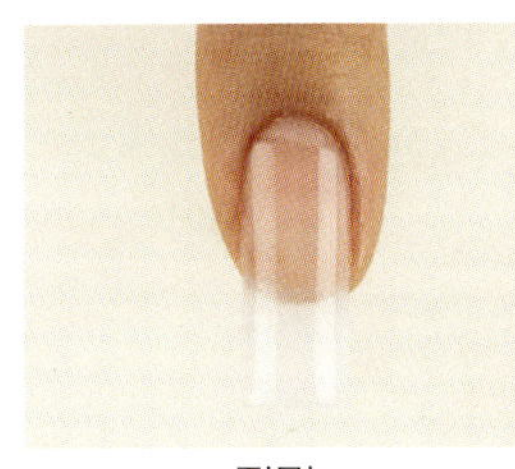
정면

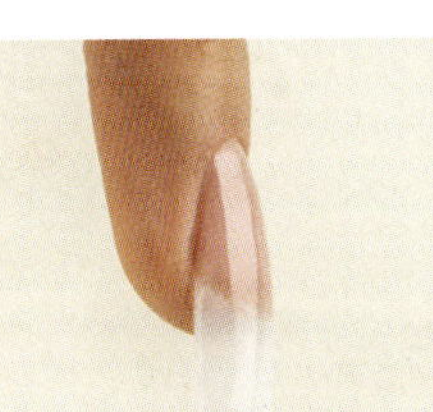
왼쪽 옆면

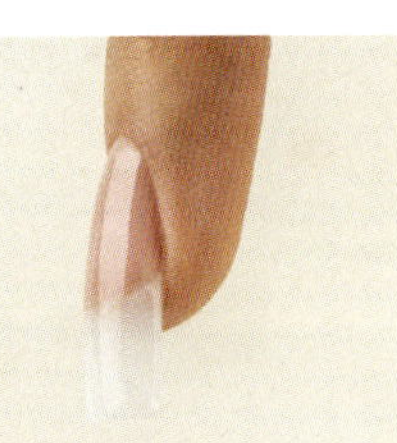
오른쪽 옆면

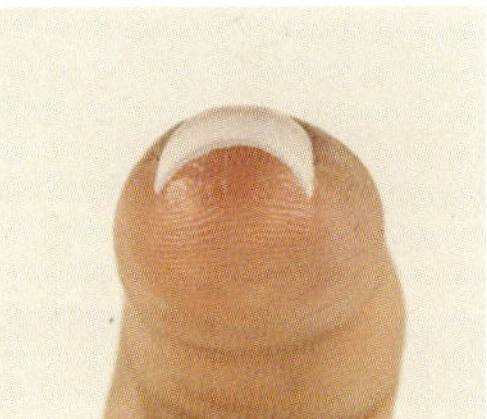
프리에지 단면

4. 랩 네일 보수 확인

순번	확인 사항	확인
①	보수한 부분의 경계가 보이지 않고 자연스럽게 연결되었는지 확인	
②	부족한 부분이 없고 올바르게 메꾸어졌는지 확인	
③	랩 네일의 표면이 투명하고 깨끗하게 작업되었는지 확인	
④	랩 네일의 표면이 굴곡 없이 매끄럽고 광택이 나는지 확인	
⑤	랩 네일의 길이와 곡선이 다른 손가락과 자연스러운지 확인	
⑥	네일 파일로 인하여 출혈이 발생하지 않았는지 확인	

SECTION 4. 아크릴 네일 보수(아크릴 원톤 스컬프처)

1. 아크릴 네일 보수 작업 순서

① 소독제를 탈지면에 분사하여 작업자의 양손과 손톱 주변, 손톱을 소독한다.
② 소독제를 탈지면에 분사하여 고객의 양손과 손톱 주변, 손톱을 소독한다.
③ 큐티클 푸셔로 큐티클을 밀어주고, 필요시 큐티클 니퍼를 사용하여 큐티클을 정리할 수 있다.

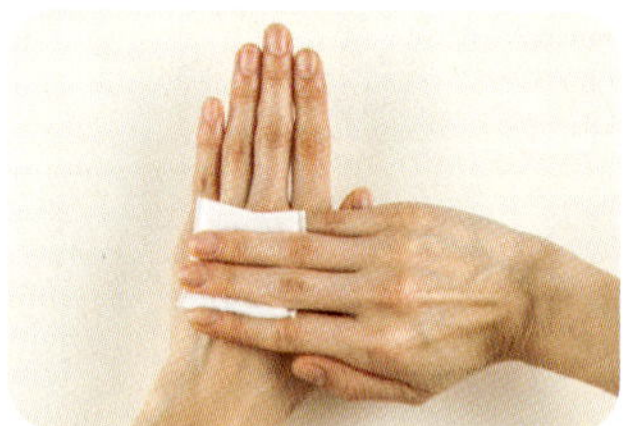
① 작업자 손 소독하기

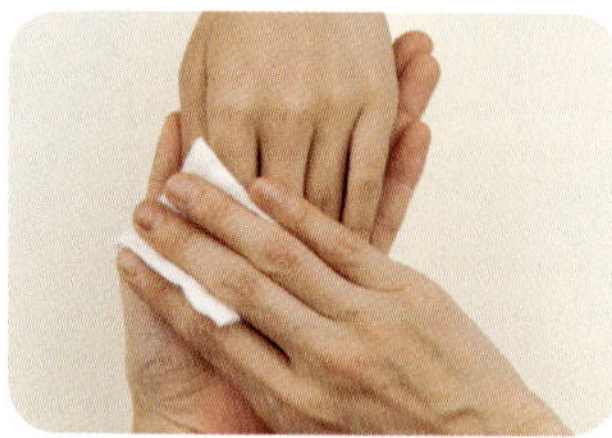
② 고객 손 소독하기

③ 큐티클 밀어 올리기

④ 보수할 부분을 확인한 후, 인조 네일용 파일을 사용하여 경계를 없애고 인조 네일의 접착력을 높이기 위해 에칭 작업을 한다.
⑤ 샌딩 파일을 사용하여 자연 네일과 인조 네일의 광택을 제거하고 거스러미를 제거한다.
⑥ 네일 더스트 브러시를 사용하여 분진을 제거한다.

④ 경계 없애기

⑤ 광택 제거하기

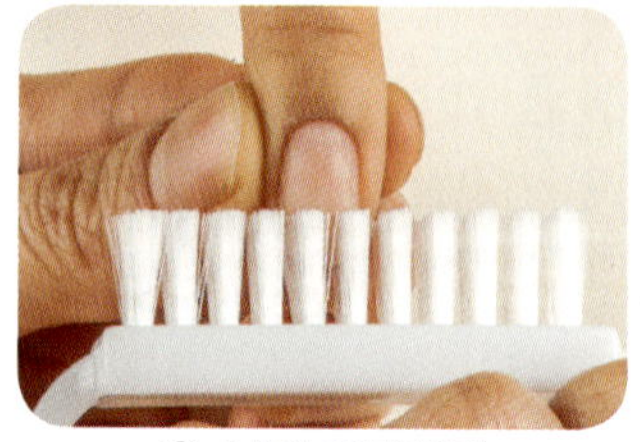
⑥ 분진 제거하기

⑦ 전 처리제를 네일 주변 피부에 닿지 않게 주의하며 자라 나온 자연 네일에만 소량 도포한다.
⑧ 보수를 해야 할 부분에 아크릴 볼을 올린다.
⑨ 오른쪽으로 펴주면서 경계 부분을 메꿔주며 자연스럽게 연결한다.

⑦ 전 처리제 도포하기

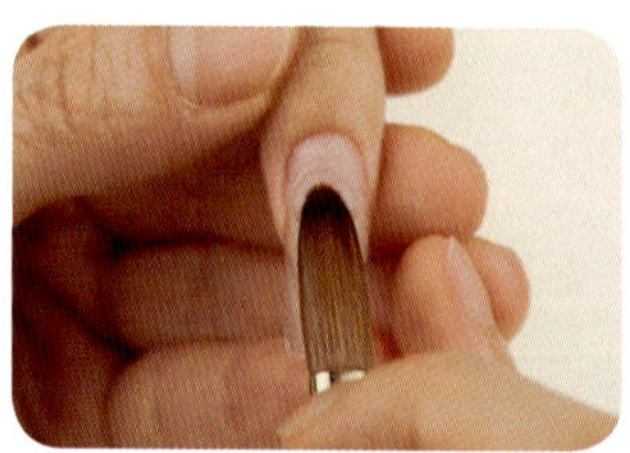
⑧ 클리어 볼 올리기

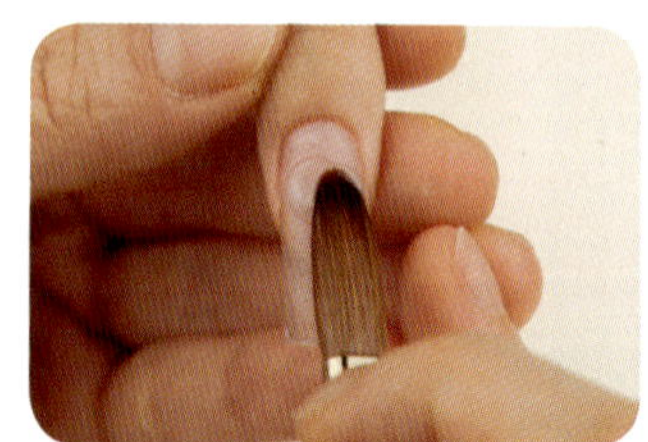
⑨ 클리어 볼 올리기

⑩ 왼쪽으로 펴주면서 경계 부분을 메꿔주며 자연스럽게 연결한다.
⑪ 아크릴 네일의 구조를 고려하여 부족한 부분에 아크릴 볼을 올린다.
⑫ 양쪽으로 펴주면서 경계가 생기지 않게 자연스럽게 연결한다.

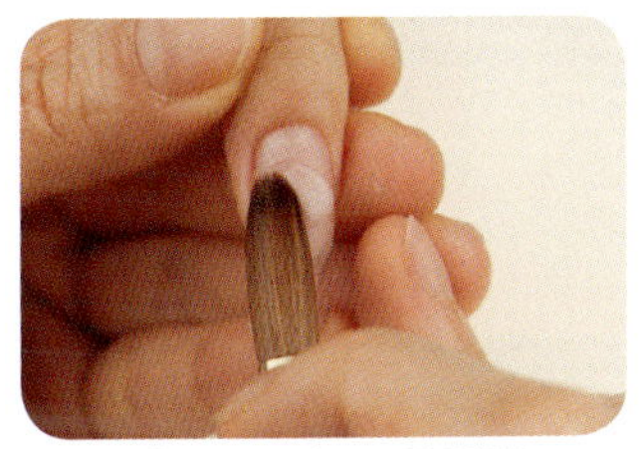
⑩ 클리어 볼 올리기

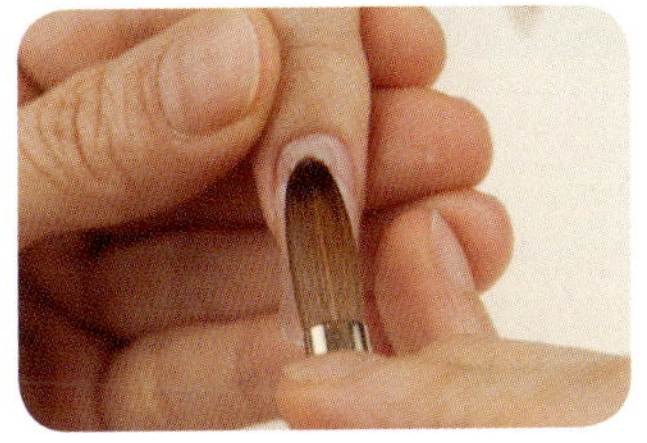
⑪ 클리어 볼 올리기

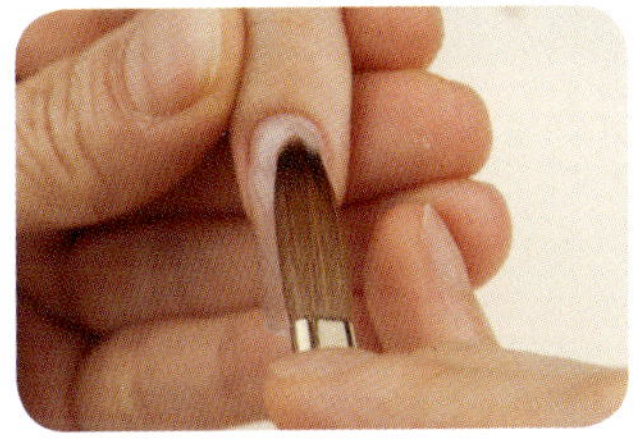
⑫ 클리어 볼 올리기

⑬ 아크릴 네일이 완전히 굳기 전에 살짝 핀치를 넣는다.
⑭ 인조 네일용 파일을 사용하여 프리에지의 길이를 조절하고 형태를 조형한다.
⑮ 인조 네일용 파일을 사용하여 인조 네일의 구조를 조형한다.

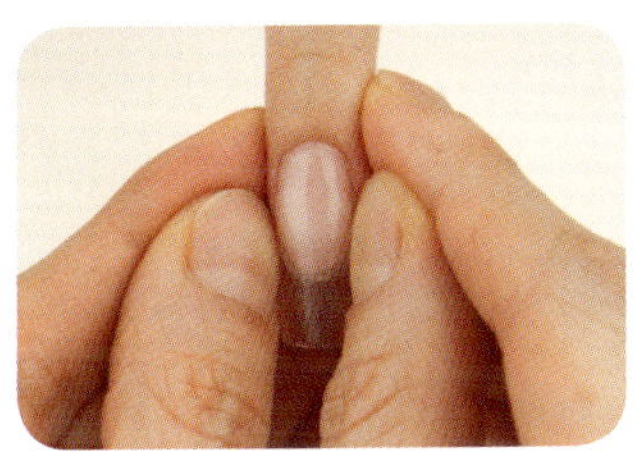
⑬ 핀치 넣기

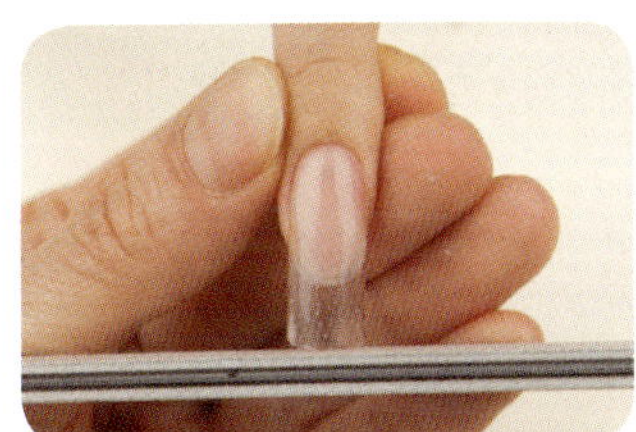
⑭ 프리에지 조형하기

⑮ 표면 조형하기

⑯ 샌딩 파일을 사용하여 표면을 매끄럽게 다듬고 거스러미를 제거한다.
⑰ 광택용 파일을 사용하여 인조 네일 전체에 광택을 낸다.
⑱ 네일 더스트 브러시를 사용하여 분진을 제거한 후, 냉 · 온 수건 또는 멸균거즈를 사용하여 손을 닦아준다.

⑯ 표면 다듬기

⑰ 광택내기

⑱ 분진 제거하기

2. 아크릴 네일 보수 순서 정리

손 소독 → 큐티클 밀기 → 경계 제거 → 에칭 작업 → 광택 제거 → 분진 제거 → 전 처리제 도포 → 아크릴 보수 → 핀치 넣기 → 구조 조형 → 표면 정리 → 분진 제거 → 손 닦기

3. 아크릴 네일 보수 완성

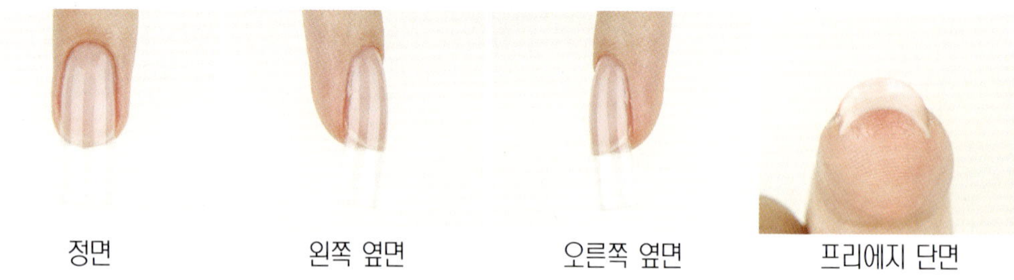

정면 왼쪽 옆면 오른쪽 옆면 프리에지 단면

4. 아크릴 네일 보수 확인

순번	확인 사항	확인
①	보수한 부분의 경계가 보이지 않고 자연스럽게 연결되었는지 확인	
②	부족한 부분이 없고 올바르게 메꾸어졌는지 확인	
③	아크릴 네일의 표면이 투명하고 깨끗하게 작업되었는지 확인	
④	아크릴 네일의 표면이 굴곡 없이 매끄럽고 광택이 나는지 확인	
⑤	아크릴 네일의 길이와 곡선이 다른 손가락과 자연스러운지 확인	
⑥	네일 파일로 인하여 출혈이 발생하지 않았는지 확인	

1. 젤 네일 보수 작업 순서

① 소독제를 탈지면에 분사하여 작업자의 양손과 손톱 주변, 손톱을 소독한다.
② 소독제를 탈지면에 분사하여 고객의 양손과 손톱 주변, 손톱을 소독한다.
③ 큐티클 푸셔로 큐티클을 밀어주고, 필요시 큐티클 니퍼를 사용하여 큐티클을 정리할 수 있다.

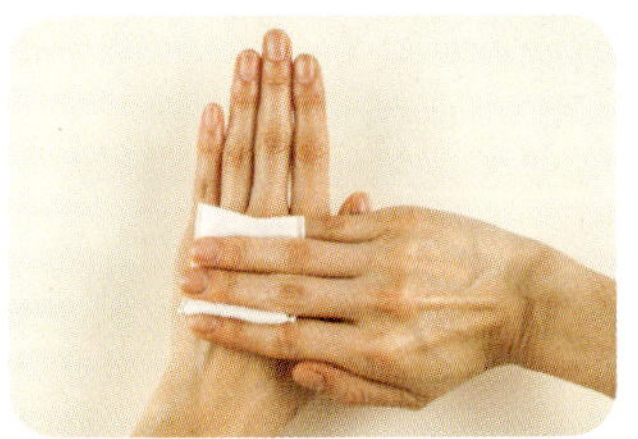
① 작업자 손 소독하기

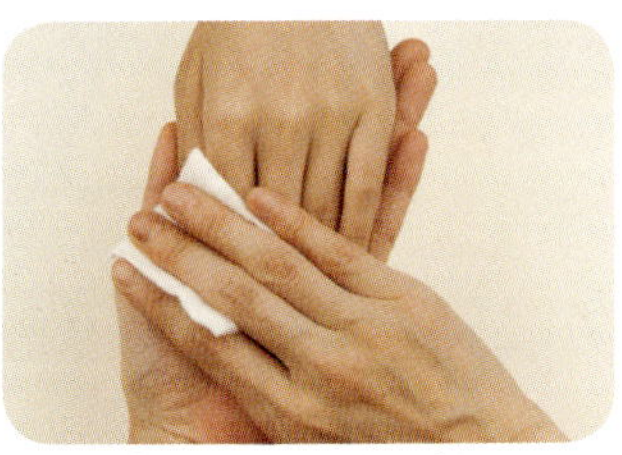
② 고객 손 소독하기

③ 큐티클 밀어 올리기

④ 보수할 부분을 확인한 후, 인조 네일용 파일을 사용하여 경계를 없애고 인조 네일의 접착력을 높이기 위해 에칭 작업을 한다.
⑤ 샌딩 파일을 사용하여 자연 네일과 인조 네일의 광택을 제거하고 거스러미를 제거한다.
⑥ 네일 더스트 브러시를 사용하여 분진을 제거한다.

④ 경계 없애기

⑤ 광택 제거하기

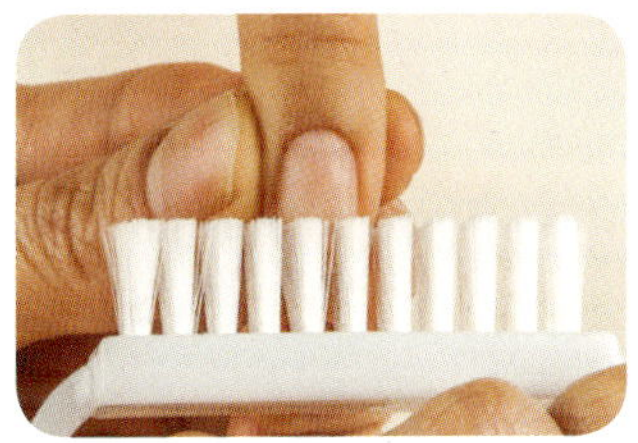
⑥ 분진 제거하기

⑦ 전 처리제를 네일 주변 피부에 닿지 않게 주의하며 자라 나온 자연 네일에만 소량 도포한다.
⑧ 베이스 젤을 자연 네일과 인조 네일 전체에 도포한다.
⑨ 주변에 묻은 베이스 젤을 정리한 후 젤 램프기기에 경화한다.

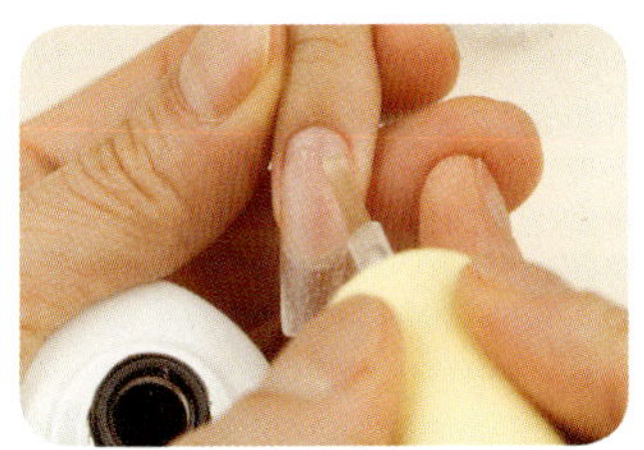
⑦ 전 처리제 도포하기

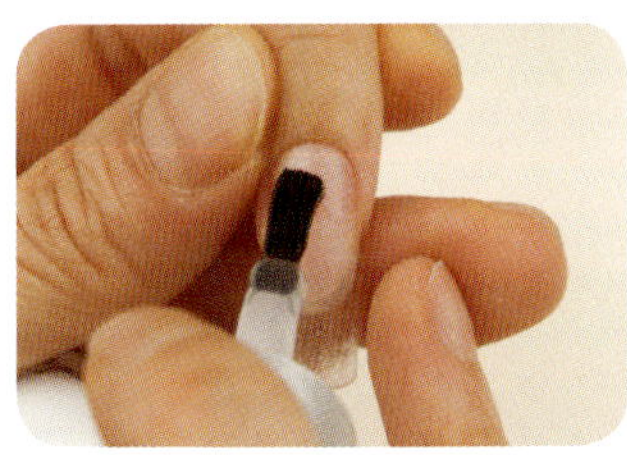
⑧ 베이스 젤 도포하기

⑨ 경화하기

⑩ 보수를 해야 할 부분에 젤을 올리고 경계 부분을 메꿔주며 자연스럽게 연결한다.
⑪ 주변에 묻은 젤을 정리한 후, 젤 램프기기에 경화한다.
⑫ 젤 네일의 구조를 고려하여 부족한 부분에 젤을 올리고 자연스럽게 연결한다.

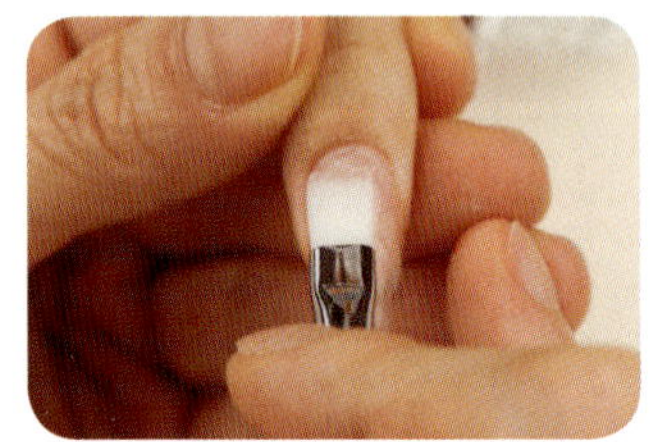
⑩ 클리어 젤 올리기

⑪ 경화하기

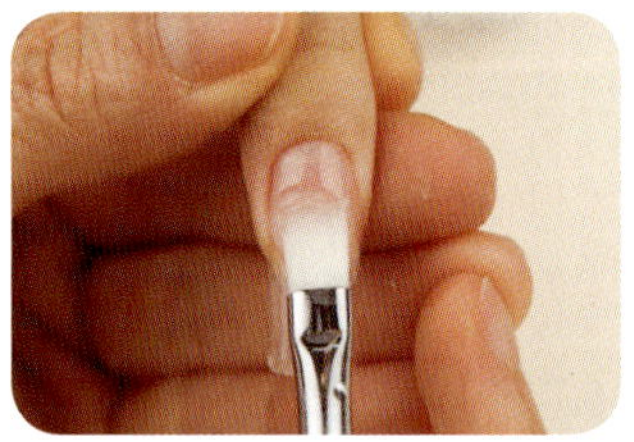
⑫ 클리어 젤 올리기

⑬ 주변에 묻은 클리어 젤을 정리한 후, 젤 램프기기에 경화한다.
⑭ 젤 클렌저를 젤 와이퍼에 적시고 미 경화 젤을 제거한다.
⑮ 인조 네일용 파일을 사용하여 프리에지의 길이를 조절하고 형태를 조형한다.

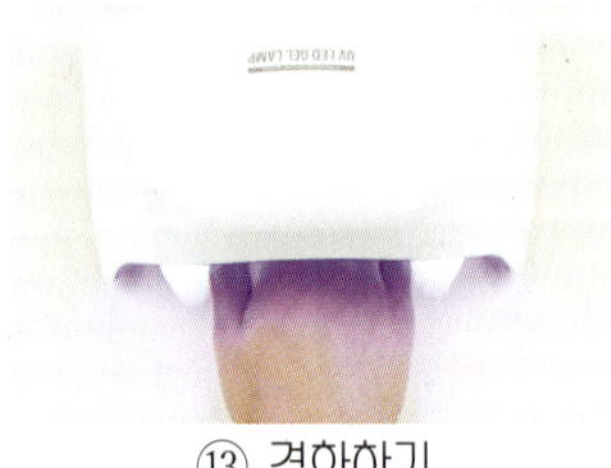
⑬ 경화하기

⑭ 미경화 젤 제거하기

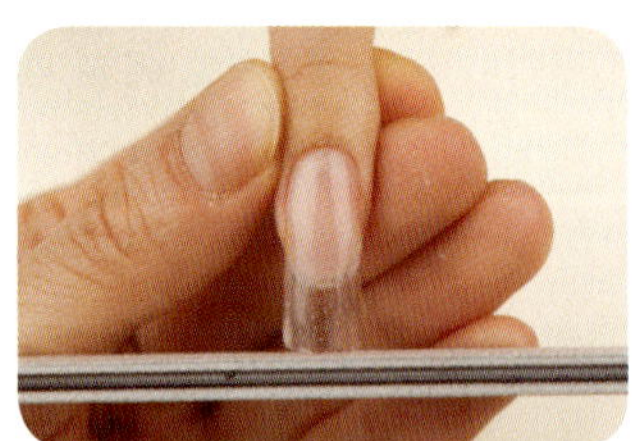
⑮ 프리에지 조형하기

⑯ 인조 네일용 파일을 사용하여 인조 네일의 구조를 조형한다.
⑰ 샌딩 파일을 사용하여 표면을 매끄럽게 다듬고 거스러미를 제거한다.
⑱ 네일 더스트 브러시를 사용하여 분진을 제거한 후, 냉 · 온 수건 또는 멸균거즈를 사용하여 손을 닦아준다.

⑯ 표면 조형하기

⑰ 표면 다듬기

⑱ 분진 제거하기

⑲ 톱 젤을 인조 네일 전체에 도포한다.
⑳ 주변에 묻은 톱 젤을 정리한 후, 젤 램프기기에 경화한다.
㉑ 미경화 젤이 남은 경우에는 젤 클렌저를 젤 와이퍼에 적셔 미경화 젤을 제거한다.

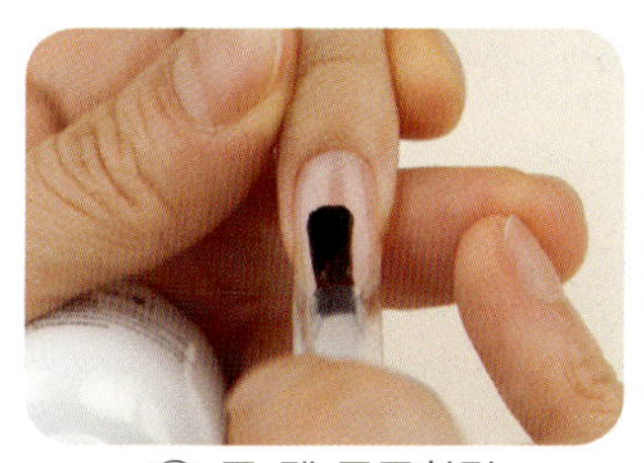
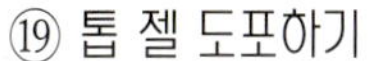
⑲ 톱 젤 도포하기

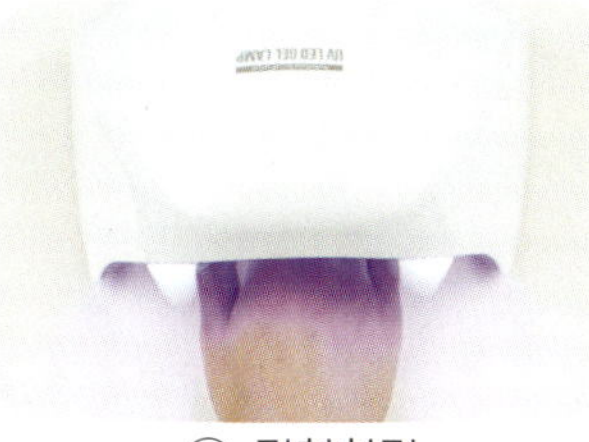
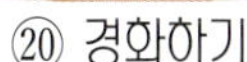
⑳ 경화하기

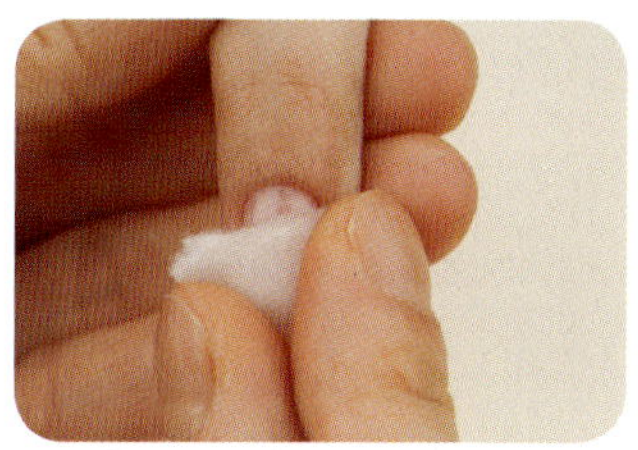
㉑ 미 경화 젤 제거하기

2. 젤 네일 보수 순서 정리

손 소독 → 큐티클 밀기 → 경계 제거 → 에칭 작업 → 광택 제거 → 분진 제거 → 전 처리제 도포 → 베이스 젤 도포(경화) → 젤 보수(경화) → 미 경화 젤 제거 → 구조 조형 → 표면 정리 → 분진 제거 → 손 닦기 → 톱 젤 도포(경화) → 미 경화 젤 제거

3. 젤 네일 보수 완성

정면

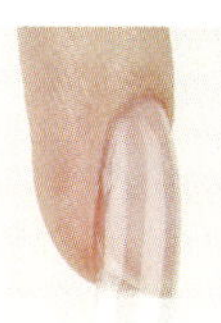
왼쪽 옆면

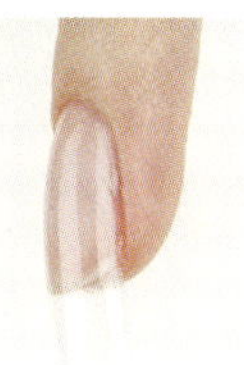
오른쪽 옆면

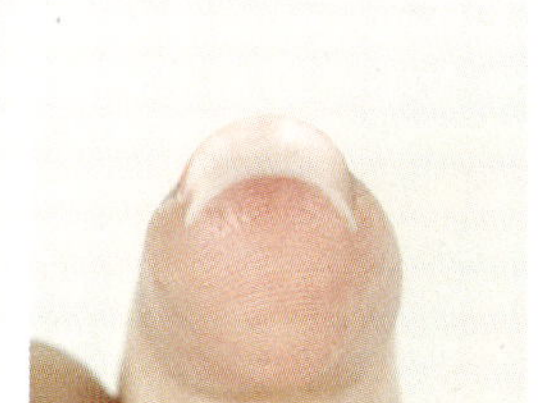
프리에지 단면

4. 젤 네일 보수 확인

순번	확인 사항	확인
①	베이스 젤과 톱 젤이 도포되었는지 확인	
②	보수한 부분의 경계가 보이지 않고 자연스럽게 연결되었는지 확인	
③	부족한 부분이 없고 올바르게 메꾸어졌는지 확인	
④	올바르게 젤이 경화되고 미경화 젤이 남지 않았는지 확인	
⑤	젤 네일의 표면이 투명하고 깨끗하게 작업되었는지 확인	
⑥	젤 네일의 표면이 굴곡 없이 매끄럽고 광택이 나는지 확인	
⑦	젤 네일의 길이와 곡선이 다른 손가락과 자연스러운지 확인	
⑧	네일 파일로 인하여 출혈이 발생하지 않았는지 확인	

참고문헌

- 고용노동부 · 한국산업인력공단(2017). 『국가직무능력표준 네일미용』.
- 교육부 · 한국직업능력개발원(2018). 『학습모듈 네일미용』.
- 김미영(2010). 『네일아트 시술별 유기화합물의 노출증상과 자각증상』. 박사학위논문. 인제대학교 보건대학원.
- 민방경(2014). 『네일숍 제품판매구조와 매출과의 상관성』. 석사학위논문. 중앙대학교 의약식품대학원.
- 민방경(2019). 『미용사(네일) 실기 단기끝장』. 에듀윌.
- 민방경(2019). 『적중미용사(네일) 필기+이론 핵심문제』. 예문사.
- 이미선(2011). 『트랜드를 만드는 Nail Art&Technic』. 교학사.
- 이창현, 강화정, 김정우, 김희선, 문용석, 박승택, 박주영, 박필남, 유경원, 이영희, 정석희, 정철윤, 최고야, 최봉실, 한의혁(2013). 『체계적인 인체해부학』. JMK.
- Nancy W. Dall · Timothy A. Agnew · R.T.Floyd. 이완희(2010). 『치료적 마사지를 위한 임상운동학』. 정담미디어 · (주)학지사
- 한국네일협회 출제위원회(2014). 『네일&』. 한국네일협회.
- 한국네일산업연구소(2019). 『미용사(네일) 필기 2주끝장』. 에듀윌.
- 日本ネイルリスト検定試験センター(2014). 『ネイルリスト検定試験 筆記試験 過去問題集 1級·2級·3級』. Japan Nailist Examination Center
- インターナショナルネイルアソシエーション(2017). 『ネイル·プロファッショナル』. インターメディカル.
- NPO法人日本ネイルリスト協会 教育委員会(2017). 『JNA TECHNICAL SYSTEM BASIC』. NPO法人日本ネイルリスト協会 (JNA).
- NPO法人日本ネイルリスト協会 教育委員会(2017). 『JNA TECHNICAL SYSTEM GEL NAIL』. NPO法人日本ネイルリスト協会 (JNA).
- Jacqui Jefford & Anne Swain(2010). 『The Encyclopedia of nails 2nd Edition』. Cengage Learning EMEA.
- Jane Foulston, Fae Major, Marguerite Wynne(2015). 『The Art and Science of Beauty Therapy』. EMS.
- Louse Tucker(2015). 『Anatomy&Physiology 4th Edition』. EMS.

민 방 경
現) 한국네일산업연구소 소장
국가직무능력표준(NCS) 학습모듈 '네일미용' 대표 집필자

방 효 진
現) 가톨릭관동대학교 뷰티미용학과 학과장
국가직무능력표준(NCS) '네일미용' 검토위원

이 주 미
現) 인천재능대학교 뷰티케어과 교수
한국미용건강학회 미용건강 분과위원장

김 수 민
現) 초당대학교 뷰티디자인학과 메이크업 · 네일아트과 교수
전남대학교 뷰티미용과 겸임교수역임

설 현 진
現) 정화예술대학교 뷰티 · 네일전공 교수
국가직무능력표준(NCS) '네일미용' 학습모듈 개발위원

김 정 시
現) 영진사이버대학교 뷰티케어학과 교수
교육부 특성화사업 NCS 교육과정개편 사업진행

최 은 미
現) 서경대학교 미용예술학과 초빙교수
원광대학교 뷰티디자인학과 겸임교수역임

최 인 희
現) 대전과학기술대학교 네일디자인 전공 겸임교수
국가직무능력표준(NCS) '네일미용' 개발위원

전 민 규 (네일개론)
現) 대경대학교 뷰티아트스쿨 네일아트 겸임교수
나무고양이 네일아트 대표

김 옥 인
現) 동덕여자대학교 대학원 미용보건학과 외래교수
평생학습계좌제 '네일미용' 수준분류 전문위원

박 소 현
現) MBC아카데미 뷰티스쿨 원장
국가직무능력표준(NCS) 학습모듈 '네일미용' 집필위원

이 희 정
現) 대한네일미용업중앙회 기술강사협의회 회장
국가직무능력표준(NCS) '네일미용' 개발위원

NCS 네일미용

인쇄 2020년 1월 29일 1판 1쇄
발행 2020년 2월 10일 1판 1쇄

지은이 민방경 · 방효진 · 이주미 · 김수민 · 설현진 · 김정시
최은미 · 최인희 · 전민규 · 김옥인 · 박소현 · 이희정

펴낸이 고범석

발행처 Gadam PLUS 가담플러스
주소 서울시 마포구 동교로 144-7 영일빌딩
전화 02.322.7303 / 팩스 070.4324.1775
홈페이지 www.gadamplus.com
메일 gadambooks@naver.com
출판등록 2014년 3월 18일 제2014-000094호
ISBN 979-11-86447-35-2 (93590)
정가 33,000원